Energetisches Regionalisieren

LUXEMBURG-STUDIEN
ÉTUDES LUXEMBURGEOISES
Herausgegeben von
Peter Gilles, Markus Hesse,
Michel Pauly und Christian Schulz

Band 10

Zu Qualitätssicherung und Peer Review der vorliegenden Publikation

Die Qualität der in dieser Reihe erscheinenden Arbeiten wird vor der Publikation durch einen Herausgeber der Reihe sowie durch einen externen, von der Herausgeberschaft benannten Gutachter im Blind-Verfahren geprüft. Dabei ist der Autor der Arbeit dem Gutachter während der Prüfung namentlich nicht bekannt.

Notes on the quality assurance and peer review of this publication

Prior to publication, the quality of the work published in this series is reviewed by one of the editors of the series and blind reviewed by an external referee appointed by the editorship. The referee is not aware of the author's name when performing the review.

Fabian Faller

Energetisches Regionalisieren

Transformationspraktiken der Energiewende am Beispiel der Biogaserzeugung

PETER LANG
EDITION

Bibliografische Information der Deutschen Nationalbibliothek
Die Deutsche Nationalbibliothek verzeichnet diese Publikation in der Deutschen Nationalbibliografie; detaillierte bibliografische Daten sind im Internet über http://dnb.d-nb.de abrufbar.

Zugl.: Dissertation an der Universität Luxemburg sowie der Universität des Saarlandes (Cotutelle de thèse 2015)
Betreuer: Prof. Dr. Christian Schulz und Prof. Dr. Peter Dörrenbächer

Umschlagabbildung:
© d'Millen asbl

D 291
ISSN 2193-0104
ISBN 978-3-631-67319-5 (Print)
E-ISBN 978-3-653-06550-3 (E-Book)
DOI 10.3726/978-3-653-06550-3

Peter Lang Edition ist ein Imprint der Peter Lang GmbH.

Peter Lang – Frankfurt am Main · Bern · Bruxelles · New York · Oxford · Warszawa · Wien

Diese Publikation wurde begutachtet.

www.peterlang.com

Danksagung

Das vorliegende Buch entstand im Zuge meines Promotionsverfahrens an den Universitäten in Luxemburg und Saarbrücken. Viele Menschen haben mich bei der Erstellung dieser Arbeit an unterschiedlicher Stelle und in unterschiedlicher Funktion sowie Art und Weise unterstützt. All ihnen danke ich aus tiefstem Herzen.

Großer Dank gilt meinen Doktorvätern, die mich meinen Vorstellungen und Bedürfnissen nach ideal unterstützten. Christian Schulz war für mich im fast täglichen Kontakt neben einem konstruktiven und geistig anregenden Gesprächspartner auch ein wunderbarer Chef. Peter Dörrenbächer gab mir in all unseren Gesprächen wichtige Inspiration – schade, dass die räumliche Entfernung eine noch bessere Interaktion erschwerte. Ebenfalls großer Dank geht an die weiteren Mitglieder des *comité d'encadrement de thèse*, Markus Hesse und Olaf Kühne, die mir in den Sitzungen wertvolle Hinweise gaben. Bedanken möchte ich mich auch bei den zusätzlichen Mitgliedern der Jury, Helga Kanning und Johannes Hamhaber, die sich gerne bereiterklärt haben, meine Arbeit zu prüfen.

Ohne die zahlreichen Interviewpartner hätte ich keine empirischen Ergebnisse. Für ihre Zeit, die bereitwillige Auskunft auch über teilweise sensible Aspekte ihrer Tätigkeit und die oft freundliche Bewirtung bedanke ich mich herzlich. Ich habe im Austausch mit den Experten und Landwirten viel lernen dürfen. *Merci villmools!*

Auch meinen Kolleginnen und Kollegen am Institut für Geographie und Raumplanung der Universität Luxemburg danke ich für den wertvollen und regelmäßigen Wissensaustausch, die wunderbare Stimmung im Labo, die Erfahrung, dass Forschung im Team so viel Freude macht. Herzlicher Dank gilt auch allen Mitwirkenden am IDENT-2 Projekt der Universität Luxemburg und am Arbeitskreis „Energie" der ARL, die mir als jungem Forscher so viel Zuspruch zuteilwerden und mich von ihren Erfahrungen lernen ließen. Den vielen Kolleginnen und Kollegen auf diversen Konferenzen und Sitzungen danke ich für kritische Fragen, konstruktive Anregungen und schließlich die Bestätigung, dass Forschung das ist, was mich fasziniert und motiviert.

An die Doktorandinnen und Doktoranden sowie die Postdocs in Aquarium und Terrarium: Ihr wart spitze! Der alljährliche Austausch mit den anderen „Raumaneigner_innen" über die kleinen und großen Probleme und Wehwechen eines Doktoranden war immer wieder motivierend und inspirierend. Auch den

Teilnehmerinnen und Teilnehmern an den Doktorandenkolloquien „Umweltorientierte Wirtschaftsgeographie" in Köln und Luxemburg, „Energiegeographie" in Saarbrücken und „Gesellschaftliche Raumverhältnisse" in Jena gilt mein bester Dank. Ohne die drei intensiven Schreibwerkstätten mit Amaru, Christian, Fränz und Hella wäre der Endspurt sicherlich weniger erfrischend verlaufen – Dank(e) Euch.

Die mühselige Arbeit des Korrekturlesens übernahmen Philip und Hella, Gerald half mir bei der Übersetzung der Zusammenfassung ins Englische. Malte war ein toller Helfer bei der Erstellung von Karten, Cyrille bei Abbildungen, Conny bei der Transkription. Für Eure vielen Stunden danke ich Euch herzlich!

Zu guter Letzt gilt mein Dank meiner Familie und meinen Freunden. Das Wissen, auf Euch alle zählen zu können, dass wir in allen Zeiten offene Ohren füreinander haben, dass wir für uns da sind, das ist unendlich wichtig! Hella, Deine vielen lieben Worte, Deine Motivationsarbeit, Dein eigenes Durchhalten, Deine Geduld in meinem intensiven Endspurt und Du selbst: für mich einfach unersetzlich!

Ein besonderer Dank geht an meine Mutter, die mich seit jeher auf ihre einmalige Art unterstützt, motiviert und anspornt.

Inhaltsverzeichnis

Zusammenfassung

Seit etwas über einem Jahrzehnt ist die Energiewende ein wichtiger Gegenstand der geographischen Forschung. Insbesondere regionalen Transformationen hin zu einer erneuerbaren Energieinfrastruktur kommt dabei Aufmerksamkeit zu. Die Analyseeinheit „Region" wird verstanden als ein Handlungsraum, der in Übereinstimmung mit politisch-administrativen Raumeinheiten steht und zwischen der lokalen und nationalen Ebene liegt (vgl. Gailing/Röhring, 2014, 7). Gesellschaftliche, energiebezogene Zusammenhänge werden innerhalb dieser Region oder zwischen verschiedenen Regionen betrachtet. Akteure und deren Netzwerke werden dabei beleuchtet und analysiert, wie diese ihren Handlungsraum prägen. Da die Analyseregion *a priori* gesetzt ist, wird deren Entstehung und Veränderung allerdings nicht weiter hinterfragt. Mit diesem Forschungsbedarf beschäftigt sich die vorliegende Arbeit.

Inspiriert von der Praktikenforschung rücken in der vorliegenden Arbeit routinisierte und improvisierte soziale Handlungen sowie Akteure und Gemeinschaften in den Mittelpunkt. Insbesondere die Entstehung und Verbreitung von Routinen, die Wirkungsmechanismen alternativer sozialer Handlungen, *communities of practice* und der Akteursbegriff werden als wesentlich für Transformationen wie die Energiewende herausgearbeitet. Aufbauend auf den *Transition Studies* werden darüber hinaus die Aspekte Raum, Ebenen und *agency* integriert, die es ermöglichen, die Evolution sozio-technischer Systeme aus räumlicher Perspektive zu beleuchten.

Am Beispiel einer Fallstudie über die Biogaserzeugung untersucht die vorliegende Arbeit, wie durch die Praktiken „Konfiguration" und „Betrieb" ein Biogassektor konstituiert wird, wie er sich im Laufe der Zeit verändert und welche räumlichen Aspekte dafür von Bedeutung sind. Das gewählte Untersuchungsgebiet setzt sich aus Luxemburg und dem westlichen Rheinland-Pfalz zusammen (vgl. Kap. 2.2), wo viele Biogasanlagen errichtet wurden, bisher aber wenig Forschungsarbeit zu dem Thema geleistet wurde. Der Zeitraum der Untersuchung reicht von der Konfiguration der ersten Anlage Mitte der 1990er Jahre bis 2013, dem Jahr, in dem der Großteil der empirischen Daten für die vorliegende Arbeit erhoben wurde. Die Untersuchung kann dabei an Arbeiten aus anderen Disziplinen und andere Fallstudien anknüpfen, die sich insbesondere mit Aspekten wie technologischer Innovation, agrarischem Investitionsverhalten, Finanzierung von Biogasanlagen, Raumplanung oder gesellschaftlicher Akzeptanz von Biogasanlagen beschäftigen (vgl. Kap. 2.1). Damit wird es möglich, das Verständnis über die Geographie der Biogaserzeugung in der Teildisziplin Energiegeographie zu vertiefen, in der bisher die Schwerpunkte auf andere Themen gelegt wurden (vgl. Einführung in Kap. 2).

Konzept

In der vorliegenden Arbeit werden insbesondere drei Elemente praktikenorientierter, wirtschaftsgeographischer Transitionsforschung entwickelt: (1) ein klarer Praktikenbegriff der Energiewende, samt Abgrenzung einzelner Praxiselemente sowie einem Verständnis über deren Entwicklung; (2) ein klarer Raum- und Ebenenbegriff der Energiewende unter Berücksichtigung der Bezüge von Raum und Zeit; (3) ein klarer Akteursbegriff unter Berücksichtigung der Zusammenhänge zwischen verschiedenen Akteuren im Energiesystem.

Praktikenbegriff

Das energetische Regionalisieren ist eine Praxis, die sich an die Werlen'sche „Weltbindung" (vgl. Kap. 3.1.2) anlehnt und damit gesellschaftliche Raumverhältnisse konstituiert. Werlen nimmt insbesondere Bezug auf Giddens Strukturationstheorie, die auf den Zusammenhang von Handlungen und Strukturen in Raum und Zeit eingeht. Für die vorliegende Arbeit ist dies von besonderem Interesse, da somit auf die raum-zeitliche Entstehung, also die Evolution und Transformation von Praktiken und Strukturen, eingegangen werden kann. Zudem wird mit Schatzkis „Praxisfeldern" gearbeitet, mit denen er einen differenzierten Raumbegriff (*site ontology*) anbietet. Zu Teilen baut dieser auf Bourdieus „Habitus und Feld" auf, in dem der Einfluss vergangener Erfahrungen auf die Gegenwart hervorgehoben wird, wodurch die Praxisforschung auch als evolutionärer Ansatz nutzbar ist (vgl. Kap. 3.1.1).

Das zugrunde gelegte Verständnis von Regionalisierung beziehungsweise von Regionalisieren wird in Kapitel 3.3 erläutert. Mit Fokus auf die Energiewende und insbesondere die Biogaserzeugung ist energetisches Regionalisieren eine Praxis, welche die Wirtschaft im Kontext der Energieversorgung und ihre Geographie konstituiert. Im zeitlichen Verlauf werden sowohl die Wirtschaft als auch ihre Geographie (re)produziert und transformiert. Dies geschieht durch die Weltbindung der Akteure. Physisch-materielle Komponenten werden durch Weltbindung von einem Individuum zueinander in Beziehung gesetzt und verbunden. Vor dem Hintergrund gesellschaftlicher Prozesse werden den physisch-materiellen Komponenten Bedeutungen und Sinn als Erfahrungskontexte und Deutungsmuster zugeschrieben. Durch Weltbindung bettet ein Individuum seine Handlungen in diesen physisch-materiellen Erfahrungskontext als Handlungskontext ein und passt sie diesem an (Rückbindung). Im zeitlichen Verlauf verändern sich sowohl der wahrgenommene Erfahrungskontext als auch die damit verbundenen Deutungsmuster. Für die Weltbindung sind individuelle Wissensbestände notwendig, die sich im *knowing in practice* und damit in Strukturen (ostensiv) und Handlungen (performativ) äußern. Dies stellt auch den Kernanknüpfungspunkt an die *Transition Studies* dar, bei denen die Erzeugung und Verbreitung von Wissen im Interessensfokus liegen. Der ostensive Aspekt der Wissensbestände deutet auf deren Einbettung in Normen, Werte und Routinen hin, die Gegenstand der *Transition Studies* sind. Gemäß der Differenzierung von Schatzki (vgl. s. 55 ff.) werden Normen und Werte dem gesellschaftlichen Kontext und Routinen dem Praxisfeld zugeordnet. Somit kann zwischen spezifischem Praxisfeld und gesellschaftlichem Kontext, im Sinne von Bourdieus "Feld", differenziert werden, was wiederum die Kategorien der *Transition Studies* (formale, normative und kognitive Regeln und Normen eines spezifischen soziotechnischen Regimes; übergeordnete kulturell-normative Wertvorstellungen als Megatrends) reflektiert. So stellt energetisches Regionalisieren eine Praxis dar, die die Wirtschaft im Kontext der Energieversorgung und ihre Geographie konstituiert.

Verschiedene soziale Praktiken werden im energetischen Regionalisieren sichtbar (vgl. Kap. 3.3.2). Dabei wird der analytische Startpunkt auf einzelne Hervorbringungen der Wirtschaft gerichtet. Von diesen ausgehend können spezifische Praktiken extrahiert werden. In der vorliegenden Arbeit sind diese Hervorbringungen Biogasanlagen, deren „Konfiguration" (vgl. Kap. 3.3.2.1) und „Betrieb" (vgl. Kap. 3.3.2.2) die Kernpraktiken darstellen. Vereinfacht ausgedrückt ist mit Betrieb der alltägliche Umgang und mit Konfiguration die Errichtung der Biogasanlage gemeint. Während ein Betreiber bei der Konfiguration das Umfeld reflektiert, wird das Umfeld selbst durch den Betrieb der Anlage kontinuierlich reproduziert sowie durch alternative Handlungen transformiert. Die Praktiken können wiederum in spezifische Praxiselemente untergliedert werden. So entwickeln sich auch die spezifischen Praktiken, wobei im energetischen Regionalisieren zwei Transitionspraktiken unterschieden werden: (Re)Produktion und Transformation (vgl. Kap. 3.3.2.3). Deutet ein Betreiber sein Umfeld anders oder neu und modifiziert daher seine Praxis, kann diese auch von anderen Betreibern als Handlungsmöglichkeit aufgegriffen werden. Eine Diffusion der alternativen Handlung wird angestoßen. Dies deutet auf das transformative Potenzial der Praxis hin: Der Wandel von Praktiken stößt Transitionen an und ist gleichermaßen Ausdruck dieser.

Raum- und Ebenenbegriff

Das energetische Regionalisieren baut auf einem konstruktivistischen Raumbegriff auf. Die Hervorbringung von Raum durch gesellschaftliche Praktiken wird fokussiert. Raum ist dabei genauso in gesellschaftlichen Kontexten verankert, wie Musik in einem Instrument: Es bedarf Praktiken zur Hervorbringung (vgl. Jones, 2008, 77). Transitionsräume werden daher durch die Zusammenhänge der vier Praxisphänomene und der damit verbundenen Praxiselemente analysiert. Durch Weltbindung werden physisch-materielle Komponenten im Raum vom Akteur verortet, gesellschaftliche Kontexte und individuelle Wissensbestände durch die Körperlichkeit des Akteurs lokalisiert und spezifische Praxisfelder über den Bezug des Akteurs zu einem Projekt (wie z. B. einer Biogasanlage) an Raum gebunden. Die Praxis der Weltbindung erzeugt Raum und spiegelt ihn wider. Dabei können drei Raumverständnisse unterschieden werden. (1) Der Containerraum steht für die Wahrnehmung und Deutung des Raumes kartographischer Art. Ein Individuum assoziiert den Containerraum mit konkreten Objekten, gebunden an und verbunden mit und durch physisch-materielle Komponenten („Länderkunde" oder „Raumwissenschaft im Alltag" (Felgenhauer, 2011, 329). (2) Der relationale Raum verweist auf Beziehungen zwischen den Praxisphänomenen, beispielsweise die räumliche Entstehung und Verbreitung von Routinen und Normen in Netzwerken. (3) Der Raum der Sinneswahrnehmung deutet auf individuelle Wissensbestände im Sinne von räumlichen Deutungsmustern und Raumwissen. Diese drücken die Akteure durch geographische Weltbilder und als „raumrelevante Vorannahmen" (Felgenhauer, 2009, 262) aus.

Für die drei Raumverständnisse entfalten verschiedene Ebenen eine besondere Bedeutung. Es werden sozio-technische (Regionalisieren mit dem Megatrend, Regionalisieren mit dem Regime, Regionalisieren durch alternative Praktiken) und sozio-räumliche Ebenen (lokal, regional, global) unterschieden (s. Kap. 3.3.3.1). Diese Ebenen sind analytischer Natur und dienen der Systematisierung verschiedener Raumbezüge, die sich in dem Verständnis der Betreiber über diese Ebenen und damit in der Weltbindung, also dem energetischen Regionalisieren, äußern. Da sich die Weltbindung im zeitlichen Verlauf ändert (Transitionspraktiken), ändern sich auch die Transitionsräume. Aus praxistheoretischer Perspektive interessieren dabei nicht die Region und *scales*, sondern das Regionalisieren und das *scaling*, also deren Produktion und Transformation.

Akteursbegriff

Energetisches Regionalisieren wird von Akteuren ausgeübt, die in konkreten Projekten tätig sind. Daher liegt der empirische Ansatzpunkt im Individuum, das den „Schmelztiegel“ der sozialen Praxis darstellt (s. Kap. 3.1.3.2). Im Individuum vereinen sich die diversen Akteure und damit die Praxisfelder und Praxiselemente, die Aufschluss über das energetische Regionalisieren geben. Ausgehend von individuellen Weltbindungen können Muster oder Schemata des energetischen Regionalisierens herausgearbeitet werden, die innerhalb der *community of practice* vorherrschen und zum routinierten *doing of business* beitragen. Die Individuen haben zudem individuelle Zeitbezüge, unterschiedliche Zeitbedarfe und -bedürfnisse (Grabher/Ibert, 2011). In konkreten Projekten gibt es demnach unterschiedliche Zeiten, die von individuellen Wahrnehmungen und Deutungen abhängig sind (Zeit als *kairos*; vgl. Kap. 3.3.3.2). So können Praktiken aufgedeckt werden, die auf Stabilität oder Wandel hinweisen. Damit werden die vier Praxisphänomene und deren Elemente für die empirische Analyse alternativer Praktiken bedeutsam. Sie sind gleichermaßen Bedingung und Ergebnis sozialer Praxis.

Methodik

Methodologisch bildet der empirische Individualismus (vgl. Kap. 3.3.4.1) die Grundlage für dieses Akteursverständnis. Individuelle Argumente und Routinen und deren Ursachen und Folgen stehen im Mittelpunkt des empirischen Individualismus. Dabei werden Wandel und Verstetigung sozialer Praktiken fokussiert. Somit wird es durch die Konzentration auf die Betreiber ermöglicht, Erkenntnisse über (Re)Produktion und Transformation von Praxisfeldern zu gewinnen, wie sich *communities of practice* entwickeln, welche Routinen sich herausbilden beziehungsweise ändern und wie sich die Praxisphänomene im zeitlichen Verlauf und in bestimmten räumlichen Kontexten transformieren.

Der methodische Zugang (s. Kap. 4) der vorliegenden Arbeit ist qualitativer Art, was dem skizzierten Konzept sowie der methodologischen Fundierung im empirischen Individualismus gerecht wird. Das Interview stellt die geeignete Forschungsmethode dar, um Aufschluss über individuelle Ausdrucksformen, Argumentationen und Darstellungen individueller Werteorientierung und Wissensbestände von Betreibern von Biogasanlagen zu erhalten (vgl. Kap. 4.2.1. Diese lassen Rückschlüsse auf die Praxisfelder und deren Transformation zu. In zwei empirischen Phasen wurden insgesamt 36 leitfadengestützte, problemzentrierte Interviews vor allem mit Betreibern von Biogasanlagen geführt (vgl. Kap. 4.2.2). Die Interviews wurden transkribiert und codiert. Eine weitere Aufbereitungsmethode, das “Interview Mapping”, wurde entwickelt, um zeitliche und inhaltliche Zusammenhänge aufzuzeigen (Kap. 4.2.3.2). Diese Methode fokussiert individuelle Schilderungen und Wahrnehmungen der Interviewten, um von ihnen vorgebrachte Elemente der Ebenen des energetischen Regionalisierens aufzunehmen. Diese werden entlang einer Zeitachse abgetragen, wodurch die synchrone sowie die diachrone Entwicklung der mit der Biogasanlage in Beziehung gebrachten Elemente abgebildet werden können und somit ein erster Aufschluss über die Konstitution von Transitionsräumen gegeben werden kann.

Die Analyse des empirischen Materials greift auf drei Verfahren zurück. (1) Die qualitative Inhaltsanalyse hilft, die verschiedenen individuellen Bedeutungszuschreibungen und Wahrnehmungen über Raumkategorien zu extrahieren (Containerraum, relationaler Raum und Raum der Sinneswahrnehmung) und verschiedene Typen der Bezugnahme auf räumliche Kontexte zu bilden (vgl. Kap. 4.3.1). (2) Die Argumentationsanalyse zielt auf individuelle Interpretationen von räumlichen Kontexten, auf die Analyse individueller Räume der Sinneswahrnehmung und der Konstitution sozio-räumlicher Ebenen. Dafür werden raumbezogene Deutungsmuster und Konstruktionen unter Zuhilfenahme des Argumentationsschemas von Toulmin (1996 [1958]) dekonstruiert (vgl. Kap. 4.3.2). Eine Behauptung (*claim*) wird durch einen begründeten Fakt (*data*) untermauert, der einer Schlussregel (*warrant*) folgt, die auf einem Hintergrund (*backing*) aufbaut. (3) Die reflexive Inhaltsanalyse kombiniert die Erkenntnisse der beiden ersten Verfahren sowie des Interview Mappings. Damit werden die Zusammenhänge der individuellen Konstitutionsleistungen der Betreiber und der damit verbundenen Transformationsprozesse in Raum und Zeit erklärt (vgl. Kap. 4.3.3).

Empirische Ergebnisse

Kapitel 5 und 6 legen dar, wie sich der Biogassektor in dem Untersuchungsraum Luxemburg und westliches Rheinland-Pfalz heute darstellt und wie er sich seit 1990 entwickelt hat. Kapitel 7 schildert, welche Ebenen der Biogaserzeugung dadurch entstanden und wie sie sich im Lauf der Zeit veränderten.

In Kapitel 5 werden die Fragen beantwortet, wie Praktiken der Biogaserzeugung von Raumkategorien beeinflusst werden, wie die Betreiber durch ihre Deutungen von gesellschaftlichen Kontexten, Routinen, Wissensbeständen und Netzwerken räumliche Bezüge hervorbringen und wie sie dabei von räumlichen Aspekten beeinflusst werden. Dabei wird ersichtlich, dass sich in den Praktiken der Betreiber die Logiken des Containerraums sowie des relationalen Raums niederschlagen: Naturraum und Klima, Höhenlage und Topographie, metrische Entfernungen und technische Elemente werden als Elemente des lokalen Containerraums und nachbarschaftliche Beziehungen als Element lokaler Relationen vor allem im Betrieb mobilisiert. Akzeptanz und Wirtschaftlichkeit sowie

Flächenverfügbarkeit und Routinen werden an einen regionalen Containerraum gebunden, wobei diverse Routinen sowie Werte und Normen zugleich als regionale Relationen aufgefasst werden. Einstellungen sowie politische Regulierung erscheinen in globalen Containern, die konkreten Orten zugewiesen und dort bedeutsam werden. Traditionen und gesellschaftliche Debatten werden als globale Relationen in Deutungsmuster rückgebunden. Innerhalb bestimmter *communities of practice* werden diese Raumbilder verbreitet, wobei verschiedenen Akteuren unterschiedliche Rollen zugesprochen werden: Vereinen für den Aufbau eines sozialen Netzes, Beratern und anderen Anlagenbetreibern für die Etablierung eines *knowing in practice* und die Diffusion anlagenbezogener Wissensbestände, Politikern und Verwaltungsangestellten für die Schaffung von Anreizen oder Verhinderung bestimmter Praktiken.

Kapitel 6 wendet sich der Frage zu, inwiefern individuelle Wahrnehmungen und Deutungsmuster innerhalb spezifischer Biogasprojekte abhängig von Zeit sind. Dabei werden einzelne Praxiselemente beleuchtet und analysiert, wie sich die Praxisphänomene entwickeln, wie sie in Beziehung zueinander stehen und welche wichtigen Elemente mit den verschiedenen sozio-räumlichen und soziotechnischen Ebenen in Verbindung gebracht werden. Deutlich wird, dass nahezu alle Praxiselemente eine Bedeutungsveränderung erfahren und entweder bedeutsamer oder weniger bedeutend werden. Die je drei verschiedenen Ebenen werden zudem in einer Matrix mit neun Dimensionen kombiniert (je lokale, regionale und globale alternative Praktiken, Regime und Megatrends). Dabei wird ersichtlich, dass regionale und globale Regimeelemente und regionale Megatrends stetig bedeutsamer werden und regionale Regime und lokale Megatrends Bedeutung einbüßen. Globale Megatrendelemente und alternative Praktiken werden im zeitlichen Verlauf erheblich unbedeutender. Es zeigt sich, dass keine räumlich gleichförmige Entwicklung des Biogassektors abläuft.

Kapitel 7 beschäftigt sich mit den Zusammenhängen von Raum und Zeit und damit, auf welche Art diese durch Praktiken der Weltbindung (re)produziert und transformiert werden. Aufbauend auf den Erkenntnissen der vorherigen Kapitel wird klar, dass die Änderungen der Zusammenhänge der Praxiselemente entscheidend zur Evolution des Biogassektors beitragen. Es wird deutlich, dass die Konstitution von Transitionsräumen komplexe Zusammenhänge der Praxiselemente reflektiert. Vor allem Regimeelemente und Megatrendelemente werden für das energetische Regionalisieren als bedeutsam dargelegt. Globale politische Aspekte und ressourcen- und akteursbezogene regionale Elemente sowie ökonomische Elemente des Megatrends werden zunehmend bedeutend. Die stärksten Einflüsse auf andere Elemente haben lokale alternative Praktiken und das globale Regime. Die Betreiber legen dar, wie sie durch energetisches Regionalisieren die verschiedenen Ebenen des Biogassektors in Beziehung setzen. Dadurch (re)produzieren und transformieren sie ihre Routinen und Netzwerke, tragen damit zur Evolution des Biogassektors und -regimes bei und erzeugen somit Transitionsgeschichten und -räume der Energiewende.

Fazit

Energetisches Regionalisieren ist eine Praxis, durch die Betreiber von Energieerzeugungs- beziehungsweise Biogasanlagen die Energiewirtschaft und ihre Geographie konstituiert. Durch Weltbindung werden physisch-materielle Komponenten (z. B. Energieinfrastruktur, Rohstoffe) vom Akteur im Raum verortet. Gesellschaftliche Kontexte (z. B. Nachbarschaft, agrarische Marktpreise oder Hoffolge) und individuelle Wissensbestände (z. B. Branchenkenntnis, Besuch von Fachmessen oder technologisches Wissen) werden durch die Körperlichkeit des Akteurs lokalisiert. Elemente spezifischer Praxisfelder (z. B. Einkommensgenerierung, Wärmenutzung, Genehmigung oder Beratung) werden über den Bezug des Akteurs zu einem Projekt (z. B. eine Biogasanlage) an Raum gebunden. Durch energetisches Regionalisieren stoßen die Betreiber vielfältige Regionalisierungen an. Durch diese konstituieren sie im Laufe der Zeit Energieregionen, die sich in unterschiedlichen Raumbildern und auf sowie zwischen unterschiedlichen Ebenen ausdrücken. Konkrete Orte, spezifische Gegenstände, soziale Netzwerke der Betreiber, Interaktion mit anderen Akteursgruppen und der Austausch von Wissen und Routinen sind die entscheidenden Praxiselemente, die zu Regionalisierungen im Biogassektor beitragen.

Durch energetisches Regionalisieren (re)produzieren und transformieren die Betreiber aber auch den gesamten Biogassektor. Routinen und Netzwerke werden gebildet und verändert und von den Betreibern in ihren Praktiken rückgebunden. Dadurch stabilisieren und transformieren sich verschiedene Praktiken sowie das Umfeld der Betreiber. Dies geschieht durch die Weltbindung der Akteure. Sie setzen physisch-materielle Komponenten, individuelle Wissensbestände, spezifische Praxisfelder (Konfiguration/Betrieb) und gesellschaftliche Kontexte zueinander in Beziehung. Regionalisierungen haben damit vielfältige Auswirkungen auf die Praktiken im Biogassektor. Die Betreiber legen dar, wie sie durch energetisches Regionalisieren die Energieregionen des Biogassektors in Form verschiedener Ebenen miteinander in Beziehung setzen. Dadurch (re)produzieren und transformieren sie ihre Routinen und Netzwerke und tragen damit zur Evolution des Biogassektors bei.

Insgesamt liefert die Arbeit einen Beitrag zur wirtschaftsgeographischen Transitionsforschung, indem sie auf die fundamentale Bedeutung von Praktiken für das Verständnis von Transformationen hinweist. Die fokussierten Praktiken sind dabei zum einen routinierte Handlungen, die ein etabliertes Regime reproduzieren. Zum anderen sind es alternative Praktiken, die in Reaktionen auf Änderungen in einem Regime oder Änderungen eines Megatrends entstehen oder auf vorherigen alternativen Praktiken aufbauen. Im zeitlichen Verlauf transformieren sich demnach die Routinen, da die Akteure auf Änderungen im Umfeld eingehen oder mit neuen Praktiken Routinen modifizieren.

Aus der Arbeit ergeben sich einige Anknüpfungspunkte für zukünftige Forschungsvorhaben. So könnte zum Beispiel weiter untersucht werden, inwieweit alternative Praktiken wirklich der entscheidende Mechanismus von Transitionen sind, inwiefern eine detaillierte Analyse von Machtstrukturen vertiefende Erkenntnisse bringen würde, ob das vorgeschlagene Konzept auf andere Bereiche der Energiewende oder sogar darüber hinaus anwendbar ist, oder welche anderen Regionalisierungen im Energiesektor zu beobachten sind.

Summarisation

The so-called energy transition has been object of geographical research for more than a decade now. Regional transitions to renewable energy infrastructures are a main focus of this strand of research. The analytical unit "region" is typically understood as a subnational action space (cf. Gailing/Röhring, 2014, 7). Researchers analyse social change related to energy developments taking place in or among such regions by focussing on actors and their networks as well as their implications for the region. The energy region itself is, nonetheless, considered pre-given; its evolution or transformation has hardly been investigated. Focussing on the production of biogas in combined-heat-and-power biogas co-fermentation (CHP) plants, the thesis in hand delivers an insight into this aspect: the evolution and transformation of the energy transition's regions.

Building on theories of practice, we zoom in on stabilised, routinised, and improvised social actions and actors that constitute energy regions. The main questions are: Which processes of regionalisation are initiated through the energy transition? Which implications for renewable energy developments emerge from these regionalisations? What are their implications for the energy transition? Our main focus is the evolution and diffusion of routines, and the understandings of actors and communities of practice. Additionally, inspired by the field of socio-technical transition studies, we integrate aspects such as space, scales and agency into the analytical framework. They enable us to shed light on the evolution of socio-technical systems from a spatial point of view.

As empirical case study we explore the energetic regionalising in the cross-border area of Luxembourg and western Rhineland-Palatinate (chap. 2.2) with special focus on the configuration and operation of CHP plants. The researched time-horizon spans from the mid-1990s (first configuration of a CHP plant in the area) to 2013 (main data collection). Our findings connect to other work studying technological innovation, agrarian investment behaviours, financing of CHP plants, spatial planning or social acceptance of CHP plants (chap. 2.1). Thereby, we contribute to the sub-field of energy geography that so far has not put major emphasis on that specific energy transition lexicon (chap. 2).

Concept

The concept we develop throughout this thesis contributes to the emerging literature on practices and transitions in economic geography. For answering the questions stated above our research object is a practice we call "energetic regionalising". Three analytical dimensions are central for analysing energetic regionalising: (1) practices of the energy transition and their evolution; (2) the space-time relations of specific places and scales of the energy transition; (3) actors of the energy transition and their relations.

Practices of the energy transitions

Energetic regionalising is a practice that constitutes society and its geography. Its understanding is, first, rooted in „*Weltbindung*". *Weltbindung* was introduced by Benno Werlen (chap. 3.1.2) to describe, how people embody their environment into practices. Inspired by Giddens' theory of structuration (Giddens, 1984), *Weltbindung* focuses on the synchronous evolution of space and time, and on the co-evolution of structure and action. The analysis of energetic regionalising builds on, second, Schatzki's site ontology, to distinguish between different places of practices and the contingencies of doings and sayings (chap. 3.1.1). Over time, both, society and its geography are (re)produced and transformed though energetic regionalising, through *Weltbindung*.

Basically, through *Weltbindung*, individuals set different physical-material components into relation to each other. They attribute meaning to them and develop interpretative patterns and experiential contexts. This happens against the background of social processes and individual knowledge's that become visible in i.e. knowledge practices as well as in structures (the ostensive part of practices), and actions (the performative part of practices). The ostensive aspect of knowledge indicates its embeddedness into norms, values and routines. Norms and values are part of the social context, and routines belong to practice fields (cf. Schatzki, 2002; see page 44 ff.). We connect this differentiation to the transition studies' categories of formal, normative, and cognitive rules and norms in specific socio-technical regimes, and cultural-normative value propositions as higher-order landscapes. This enables us to better understand the production and diffusion of knowledge. Consequently, our analysis of energetic regionalising focuses on the (re)production and transformation of norms, values and routines of the energy transition and related spatial knowledge of actors that co-constitute practices of the energy transitions.

Different practices are part of energetic regionalising (chap. 3.3.2). We set the analytical starting point on specific economic products, such as CHP plants and related practices. We emphasise three specific practices: (1) "configuration" describes the process and all related elements of building a biogas plant (chap. 3.3.2.1); (2) "operation" stands for the everyday and day-to-day activity related to the plant (chap. 3.3.2.2). (3) "(re)production and transformation" are the two transition practices in focus. By configuring a plant the operator reflects on contexts; through operating the plant, the operator (re)produces and transforms the contexts (chap. 3.3.2.3). If an operator changes his own interpretation of the environment, he also might change his everyday routines. Other operators can mirror this. A diffusion of alternative practices is started. This indicates the transformative potential of practices: changing practices can initiate transitions as well as be a response to transitions.

Spaces and scales of the energy transitions

For analysing energetic regionalising in its spatial dimension, we apply a constructivist understanding of space: Space is constituted through social practices. It is as much rooted in social contexts, as music in an instrument: We need practices to make it (cf. Jones, 2008, 77). Therefore, we analyse the evolution of transition spaces from relations of four practice phenomena (physical-material components, social contexts, individual knowledge, specific practice fields). By *Weltbindung* an actor locates physical-material components in space. Through the physical presence, or physicality, of the actor he binds social contexts and individual knowledge to space. Specific practice fields only exist by actors practicing on specific projects in space (e. g. a CHP plant). *Weltbindung* constitutes and reflects space.

In this thesis, we distinguish three understandings of space. (1) "Euclidean space" is the cartographic space of perceptions and interpretation. Individuals associate absolute space with objects bound and related to and with physical-material components. (2) "Relational Space" stands for relations among practice phenomena, such as the spatial evolution and diffusion of routines and norms in social networks. "Perceptional space" reflects individual knowledge about space and its interpretation, reflected by geographical world views and by "spatial presumptions" (*raumrelevante Vorannahme*); Felgenhauer, 2009, 262).

For analytical purposes, we distinguish different socio-technical and socio-spatial levels of energetic regionalising. The socio-technical levels are "regionalising with landscapes", "regionalising with regimes", and "regionalising through alternative practices". The socio-spatial are "local", "regional", and "global" (chap. 3.3.3.1). These scales help us to extract different spatial relations that operators refer to in their practices of *Weltbindung*. Since the transition practices change, transition scales and spaces change, too. In consequence, not scales, but scaling, not regions, but regionalising is our object of investigation.

Actors of the energy transitions

Energetic regionalising is a practice of actors that are engaged in energy projects. An individual combines multiple actors, practice fields and practice elements in itself. Individuals are the empirical subject for analysing energetic regionalising, as "melting pot" of social practices (chap. 3.1.3.2). Starting from individual *Weltbindung* we are able to extract patterns of energetic regionalising that prevail in the community of practice and contribute to the routinised doing of business. Furthermore, individuals have different time relations, time demands and time needs (Grabher/Ibert, 2011). Therefore, specific projects reveal different "times" dependent on individual perceptions and interpretations (time as *kairos*; chap. 3.3.3.2). Therefore, focussing on actors' practices in projects enables us to reveal those practices that indicate stability and change, that are preconditions for and results of energetic regionalising.

Methodology and methods

The methodological foundation of our work is empirical individualism (chap. 3.3.4.1). Routines and their preconditions and consequences are the focus of this approach as well as changing or stabilising social practices. They are rooted in doings and sayings of individuals. Focusing on operators we gain insights into the (re)production and transformation of practice fields, how actors shape communities of practice, how they create and change routines, and how the transform practice phenomena through time and space. Therefore, a qualitative research approach is appropriate (chap. 4).

The main method used is qualitative interviews. It enables us to gain insights into individual statements, argumentations, expressions of value orientations and knowledge of CHP plant operators (chap. 4.2.1). In total, we conduct 36 guided interviews with mainly operators of CHP plants (chap. 4.2.2). Beside transcription and coding we develop a second processing method called "interview mapping". Interview mapping enables us to highlight time and content relations (chap. 4.2.3.2). It focuses on individual explications and interpretations of interviewees to extract the different elements of energetic regionalising's scales. These elements are put on a time axis to illustrate the synchronous and diachronic development explicated by the operators. By this, we gain first insights into the constitution of transition scales and spaces.

For analysing the empirical material we use three different approaches. (1) Qualitative content analysis enables us to extract multiple individual attributions of meaning and perceptions about spatial categories (Euclidean, relational and perceptional space; Mayring, 2000; Mayring, 2004); 4.3.1). (2) Argument analysis helps us to understand individual interpretations of spatial context and the constitution of socio-spatial scales (Toulmin (1996 [1958]); chap. 4.3.2): A "claim" is substantiated by a "data" (the argument), following a "warrant" based on a "backing". (3) Reflexive content analysis combines the insights from the first two approaches. We develop this third approach to explain the relations of individual constitutions and related transition processes in space and time (chap. 4.3.3).

Empirical findings

Chapter 5 and 6 discuss the current state and the evolution of the CHP biogas sector in Luxembourg and western Rhineland-Palatinate. Chapter 7 pictures the transformation of transition scales and spaces.

Chapter 5 answers how spatial categories influence practices of biogas production. Operators utilise interpretation patterns of social contexts, routines and networks to steer their everyday practices that all are, as outlined above, spatially bound. The operators indicate that natural environment, climate, altitude, topography, metric distances and technical infrastructures are part of the local, absolute space. Relations to neighbours are local elements related to the operation of the plant. The regional absolute space contains elements like social acceptance and profitability as well as availability of agricultural land and routines, but various routines, values and norms are denominated as regional relations. As elements of global containers the operators refer to attitudes and political frameworks, bound to specific places where they unfold meaning for the practices. Global relations consist of traditions and social debates that operators bind into their interpretation patterns. Within communities of practice those different understandings of space are spread. The interviewees attribute roles to different actors for the process of diffusion: associations are in charge for establishing networks; consultants and other operators for creating the knowing in practice and diffusing plant related knowledge; politicians and public servants for providing incentives and preventing specific practices.

Chapter 6 questions how perceptions and interpretation patters of specific CHP projects depend on time. We focus on single elements of practice and analyse, how practice phenomena evolve, how their relations unfold, and in which ways operators constitute different socio-technical and socio-spatial scales. Most of the practice elements change importance. We develop a matrix of nine scale dimensions and thereby can illustrate that regional and global regime elements as well as regional landscapes gain more importance over time; regional regime and local landscape elements lose importance; global landscapes and alternative practices tremendously lose importance. From a time perspective, we cannot reveal clear spatial development patterns of the biogas sector‘s development.

In chapter 7 we show the relations of space and time, and in which ways *Weltbindung* (re)produces and transforms them. Building on insights from the previous chapters it becomes evident that the changing relations of elements of practice are crucial for the evolution of the biogas sector. The constitution of transition spaces reflects the complex interplay of elements of practice. Through energetic regionalising the operators set different scales of the energy transition into relation. They especially highlight the importance of regime and landscape elements, of global political, regional resources and actors related, as well as economic landscape elements. Dimensions with highest impact on others are local alternative practices and global regimes. Thereby, the operators (re)produce and transform routines and networks that together shape the evolution of a biogas sector and its transition history and spaces.

Contribution and future work

The thesis in hands contributes to the understanding of (energy) transition processes in the field of economic geography by highlighting the importance of a better understanding of transition practices. On the one hand, the practices in focus are routinised actions that reproduce established regimes. On the other hand, they are alternative practices reacting on regime or landscape changes as well as building on former practices. We show that over time actors transform routines by adapting them to context changes or by implementing new practices into established social practices.

For future work one could, for example, investigate in more detail whether alternative practices are the decisive mechanism of transitions or not and in how far a more detailed analysis of power relations would lead to a deeper understanding of transition processes. Another aspect could be to use the developed conceptual framework for other research projects dealing with the energy sector (e. g. other renewable as well as conventional energies, or energy grids) or with other sectors. For the further understanding of the spatial dimension of the energy transition future work could focus on other processes of regionalisation, for example in the political field or in the wider restructuring of energy utilities.

Kapitel 1 Einleitung

Als das Öko-Institut Freiburg im Jahr 1980 die Studie „Energie-Wende. Wachstum und Wohlstand ohne Erdöl und Uran" (Krause/Bossel/Müller-Reißmann, 1980) vorlegte, ahnten die Autoren[1] wohl nicht, dass zwei Jahrzehnte später die „Energiewende" ein gesellschaftliches Ziel sein würde. Ursprünglich verstanden als Reaktion auf die Ölkrise der 1970er Jahre und bezogen auf die Abkehr von der fossilen und nuklearen Energieerzeugung, wandelte sich das Begriffsverständnis hin zur gesamtgesellschaftlichen Transformation (Schellnhuber et al., 2011). Neue Akteure der Energieerzeugung (Genossenschaften, Landwirte, Betreibermodelle etc.), neue Erzeugungstechnologien (Solar- und Windenergie, Biogas etc.), eine zunehmende Dezentralisierung der Erzeugungsstandorte oder politische Entscheidungen zum Atomenergieausstieg (Belgien, Deutschland, Italien) sind Beispiele, die durch die Energiewende angestoßene Veränderungen beschreiben.

Seit der Jahrtausendwende beschäftigt sich auch die geographische Forschung zunehmend mit diesen Phänomenen. Insbesondere regionalen Transformationen hin zu einer erneuerbaren Energieinfrastruktur kommt Aufmerksamkeit zu. Die Analyseeinheit „Region" wird dabei meist verstanden als ein Handlungsraum, der in Übereinstimmung mit politisch-administrativen Raumeinheiten steht und zwischen der lokalen und nationalen Ebene liegt (vgl. Gailing/Röhring, 2014, 7). Gesellschaftliche, energiebezogene Zusammenhänge werden innerhalb dieser Region oder zwischen verschiedenen Regionen betrachtet, Akteure und deren Netzwerke analysiert und untersucht, wie sie ihren Handlungsraum prägen. Beispiele dafür sind die Analysen der Evolution von Akteuren und Unternehmensstrukturen der Windenergie in Deutschland (Kammer, 2012), von räumlicher Diffusion der Photovoltaikinstallationen in Deutschland (Rode/Weber, 2011), von Wechselwirkungen von Politik und Markt bei der Entwicklung der Photovoltaik in Deutschland (Dewald, 2010), von regionalen Wertschöpfungseffekten unterschiedlicher Organisationsformen bei der Stromerzeugung aus Biomasse (Kosfeld, 2012) oder von Entwicklungspfaden der Offshore-Windenergieindustrie in Nordwestdeutschland (Mossig/Fornahl/

1 Wenn in der vorliegende Arbeit von „Autor", „Interviewpartner", „Forscher", „Akteur" oder ähnlichen Personen (im Plural Gruppen) gesprochen wird, wird damit auf das Genus des Wortes Bezug genommen und keines Falls auf den Sexus. Damit schließen die Begriffe alle denkbaren Geschlechter mit ein.

Schröder, 2010). Da die Analyseregion *a priori* gesetzt ist, wird deren Entstehung und Veränderung allerdings bisher nicht weiter hinterfragt (vgl. Hamhaber, 2010, 16 f.). Daran knüpft die vorliegende Arbeit an.

Im Folgenden wird einleitend dargestellt, worin der Beitrag der vorliegenden Arbeit besteht und wie sie sich konzeptuell einordnen lässt. Anschließend werden die zentralen Fragestellungen erläutert und der Aufbau beschrieben.

1.1 Beitrag und Anknüpfungspunkte

Ziel der vorliegenden Arbeit ist es, die Entstehung und Veränderung von „Energieregionen" zu verstehen und damit Aufschluss über die räumliche Dimension von Transformationen wie der Energiewende zu gewinnen. Dafür wird ein konstruktivistischer Raumbegriff angelegt: Es steht nicht ein wie auch immer verfasster Raum im Zentrum, sondern die sozialen Praktiken seiner Hervorbringung und wie ihm als Kontext, beispielsweise in Form von Energieregionen, Bedeutung zugeschrieben wird. Region bezeichnet folglich einen spezifischen Raum-Zeit-Kontext, der durch routinisierte Praktiken entsteht. Und Regionalisieren bezeichnet diese Praktiken der Raumkonstitution, die sich im zeitlichen Verlauf ändern und damit eine Region stabilisieren oder transformieren. Regionen sind demnach Ergebnisse alltäglicher, sozialer Praktiken und sie sind zugleich für die Praktiken selbst bedeutsam, entfalten Wirkung in den alltäglichen Handlungen der Akteure. Im Kontext der Energiewende wird diese wechselseitige Beziehung im „energetischen Regionalisieren" deutlich. Energetisches Regionalisieren ist eine Praxis, welche die Wirtschaft im Kontext der Energieversorgung und ihre Geographie konstituiert. Es wird von Akteuren ausgeübt, die im Energiesektor tätig sind und die Tag für Tag durch ihre Praktiken energetisch Regionalisieren. Dadurch konstituieren und reproduzieren sie Energieregionen.

Die vorliegende Arbeit leistet einen Beitrag zum Verständnis gesellschaftlicher und räumlicher Zusammenhänge der Energiewende. Es wird ein Konzept zur Analyse des energetischen Regionalisierens entwickelt, das an drei Forschungsstränge anschließt: die *Transition Studies* (genauer in Kap. 3.2.1), die Praktikentheorien (genauer in Kap. 3.1.1) und die alltäglichen Regionalisierungen (genauer in Kap. 3.1.2). Damit wird eine praktikenorientierte, wirtschaftsgeographische Transitionsforschung vorgeschlagen. In den *Transition Studies* wird die Energiewende als sozio-technischer Transformationsprozess verstanden: Die langfristige Veränderung des Energiesystems[2] betrifft zahlreiche Bereiche,

2 Wenn von „dem Energiesektor" die Rede ist, ist damit keineswegs gemeint, dass es sich um einen einheitlichen Sektor, eine einheitliche Branche („Energiebranche"),

wie die Veränderungen in Märkten, Nutzerpraktiken, Politiken oder Technologien, wobei Beziehungen zwischen technischen Netzwerken, der Umwelt, zuständigen Institutionen und der Gesellschaft als Ganzes fokussiert werden (z. B. McCauley/Stephens, 2012; Monstadt, 2007b; Späth/Rohracher, 2010; Verbong/Geels, 2007; Verbong/Geels, 2010). Es werden gesellschaftliche Voraussetzungen für die Entwicklung sozio-technischer Systeme und deren Einfluss auf die Gesellschaft erklärt. Damit bieten die *Transition Studies* einen vielversprechenden Ansatz, um die Evolution und Transformation des Energiesektors zu verstehen. Kritik an den *Transition Studies* wird insbesondere hinsichtlich des mangelnden Verständnisses der räumlichen Dimension von Transformationen (Bridge et al., 2013; Truffer/Coenen, 2012) geäußert, des starken Fokus auf technologische Innovationen sowie eines „*comparative neglect of organizational, procedural and governance innovations*" (Schulz/Bailey, 2014, 287). Schulz und Bailey schlagen daher unter anderem vor, einen stärkeren Fokus auf „*identities, practices, and power relations*" (ebd.) zu legen. Daher ist die Praktikenforschung ein vielversprechender zweiter Zugang für die vorliegende Arbeit.

Praktikentheorien befassen sich im Kontext der Energiewende vor allem mit Änderungen in alltäglichen Nutzerpraktiken (z. B. McMeekin/Southerton, 2012; Shove/Walker, 2010). Es geht darum, zu verstehen, wie verschiedene Praktiken entstehen, warum sie wieder aufgegeben werden, wie sie in Zusammenhang zueinander stehen und wie unterschiedliche Eingriffe diese Dynamiken beeinflussen. Praktiken sind dabei routinierte Handlungen oder Sprechakte, wie die Nutzung von Haushaltsstrom, das regelmäßige Duschen oder die Rechtfertigung eines Kurzstreckenflugs. Sie werden immer von Individuen ausgeführt, die bestimmte Verständnisse, Wissensbestände und Ideen haben, Ziele verfolgen sowie persönliche Eigenschaften aufweisen und mit anderen Individuen sowie materiellen Komponenten ihres Umfelds interagieren, wie Gegenständen, Infrastrukturen oder der natürlichen Umwelt. Um Transformationen wie die Energiewende besser zu verstehen, stellen McMeekin/Southerton (2012) daher fest „*[that a] more detailed attention to what people* ***do*** *in their everyday lives and how*

---

einen homogenen Markt („Energiemarkt") oder einen uniformen Wirtschaftsbereich („Energiewirtschaft") handelt. Vielmehr werden damit Praktiken bezeichnet, die gezielt auf die Erzeugung von Energie ausgerichtet sind. Diese können aus diversen gesellschaftlichen Bereichen stammen, wie beispielsweise der Wirtschaft, der Politik oder Interessensverbänden. In der vorliegenden Arbeit werden die genannten Begriffe synonym verwendet. Diese Anmerkung trifft auch auf Bezeichnungen von Subsystemen zu, wie beispielsweise „den Biogassektor", „die Photovoltaikindustrie" oder „den Windenergiemarkt".

this is socially ordered will be a necessary part of the analysis“ (ebd., 358, Hervorhebung im Original). Um dieses Verständnis von Transitionen mit dem der *Transition Studies* gemeinsam in Wert setzen zu können, wählt die vorliegende Arbeit einen dritten konzeptuellen Zugang.

In der Theorie der alltäglichen Regionalisierungen steht es im Vordergrund, ein Verständnis über den Zusammenhang von Gesellschaft und Raum sowie von Struktur und Handlung zu entwickeln (z. B. Werlen, 2007; 2010a). Damit ermöglicht es dieser Ansatz, die zuvor angeführten *Transition Studies* mit ihrem Fokus auf Systeme (Strukturen) und die Praktikentheorien mit ihrem Fokus auf Praktiken (und damit Handlungen) gemeinsam zu nutzen und gezielt auf ihre räumliche Dimension hin auszurichten. Bisher wurde der Ansatz der alltäglichen Regionalisierungen nicht auf energiebezogene Fragestellungen angewendet, trifft aber den Kern des vorliegenden Forschungsvorhabens, die Regionalisierungen des Energiesektors durch räumliche Praktiken zu begreifen und dabei das Wechselspiel von Individuen und Umfeldbedingungen zu fokussieren. Dies ist vor dem Hintergrund relevant, dass nach wie vor „die Zusammenhänge zwischen den überwölbenden Steuerungswirkungen – etwa des EEG[3] – und den dezentralen Initiativen [...] weitgehend unerforscht [sind]“ (Gailing/Röhring, 2014, 11). Diese Zusammenhänge, so der Ausgangspunkt der vorliegenden Arbeit, werden durch eine Analyse der alltäglichen Praktiken der Akteure im Energiesektor sichtbar.

Da die Energiewirtschaft von sehr komplexen Wechselbeziehungen zwischen den Prozessketten (von Exploration über Aufbereitung und Lagerung hin zum Endverbrauch), der Politik, sozio-ökonomischen und räumlichen Rahmenbedingungen und einer Vielzahl von Akteuren und Praktiken gekennzeichnet ist (Brücher, 2009, 38), ist eine weitere Eingrenzung des Gegenstandes der vorliegenden Arbeit nötig. Wie ausgeführt, stehen Praktiken der Akteure im Energiesektor im Fokus. Da bisher vor allem Praktiken des Energieverbrauchs analysiert wurden (z. B. McMeekin/Southerton, 2012; Shove/Walker, 2010), legt die vorliegende Arbeit den Schwerpunkt auf Praktiken der Energieerzeugung. Dazu gehören beispielsweise die Investitionsentscheidung, die Auswahl der Finanzierungsform, die Planung, die Technologiebeschaffung, die Instandhaltung oder die Erneuerung der Energieerzeugungsanlage. Um den Akteurskreis weiter einzugrenzen wird das Augenmerk auf Betreiber von landwirtschaftlichen Biogasanlagen gelegt, also auf Landwirte, die Biogasanlagen betreiben. Was genau

3 EEG: Gesetz für den Ausbau erneuerbarer Energien; Kurztitel: Erneuerbare-Energien-Gesetz.

unter Biogasanlagen und Biogaserzeugung verstanden wird, ist Gegenstand von Kapitel 2.1. Der Fokus auf diese Energieform wird gewählt, da die Betreiber von Biogasanlagen an der gesamten Prozesskette der Biogaserzeugung beteiligt sind (vgl. Arbach, 2013, 60; Hauff/Haag/Zywietz, 2008, 15 ff.) und daher von vielfältigem energetischem Regionalisieren auszugehen ist. Es soll eruiert werden, wie die Betreiber von Biogasanlagen durch ihre alltägliche Auseinandersetzung mit der Biogasanlage zur Evolution und Transformation eines Biogassektors beitragen und welche Rolle dabei die Geographie spielt. Als zu untersuchender Zeitraum werden für die vorliegende Arbeit die Jahre von Mitte der 1990er Jahre bis 2013 gewählt, da diese zwei Jahrzehnte die primäre Entwicklungsphase der Biogasbranche abdecken (genauer in Kap. 2.2).

1.2 Zentrale Fragestellungen

Aus der einleitenden Diskussion lassen sich zwei forschungsleitende Fragen ableiten:

1. **Welche Regionalisierungen werden durch die Produktion von Biogas angestoßen?**
   Es gilt zu klären, was genau unter Regionalisierungen zu verstehen ist. Dabei wird, wie bereits angesprochen, der Untersuchungsfokus auf die Praxis des energetischen Regionalisierens gelegt. Konzeptuell wie empirisch werden einzelne Elemente dieser Praxis herausgearbeitet und analysiert, welche Rolle verschiedene Praxisphänomene spielen, wie sie zur Konstitution von Energieregionen beitragen und wie sie diese im Lauf der Zeit transformieren. Dazu werden gesellschaftliche Kontexte, Routinen und Wissensbestände sowie Akteursnetzwerke aus Betreibersicht beleuchtet. Somit wird es möglich, individuelle Regionalisierungen herauszuarbeiten und zu kollektiven Mustern zu generalisieren. Insgesamt soll so verstanden werden, wie die Betreiber von Biogasanlagen durch ihr energetisches Regionalisieren gemeinsam im Lauf der Zeit Energieregionen konstituieren.
2. **Welche Einflüsse haben Regionalisierungen auf die Entstehung eines Biogassektors?**
   Das Verständnis von Regionalisierungen liefert erst dann tiefere Einblicke in Prozesse der Energiewende, wenn die Wechselwirkungen von Konstitution und Reproduktion der Energieregionen analysiert werden. Das heißt, dass die Betreiber nach ihren Wahrnehmungen und Deutungsmustern von Energieregionen befragt werden. Es wird analysiert, wie sie für ihre alltägliche Arbeit mit der Biogasanlage auf die Energieregionen Bezug nehmen und auf welche Weise sie diese in ihren Praktiken rückbinden. Es soll verstanden werden,

inwiefern durch diese Rückbindungen die Energieregion des Biogassektors stabilisiert wird und wie Rückbindungen zu alternativen Praktiken führen und damit Transformationen anstoßen. Dafür werden individuelle Wissensbestände, physisch-materielle Komponenten, gesellschaftliche Kontexte und spezifische Praxisfelder beleuchtet und wie diese im zeitlichen Verlauf durch energetisches Regionalisieren (re)produziert oder transformiert werden.

1.3 Aufbau

Die Arbeit gliedert sich in insgesamt acht Kapitel. Nach der Einleitung gibt Kapitel 2 einen Überblick über den Untersuchungsgegenstand. Zuerst werden der Forschungsstand der Energiegeographie zum Thema Biogas diskutiert und mögliche Anknüpfungspunkte an andere Disziplinen aufgezeigt (Kap. 2.1), die sich mit dem Thema beschäftigen. Dann werden die Fallstudienauswahl begründet und der Untersuchungsraum im Grenzgebiet von Luxemburg und Deutschland vorgestellt (Kap. 2.2).

Kapitel 3 bildet den Kern der vorliegenden Arbeit. Hier wird das Konzept zur Analyse des energetischen Regionalisierens entwickelt (praktikenorientierte, wirtschaftsgeographische Transitionsforschung). In einem ersten Schritt wird dafür die Praxisforschung im Feld der Wirtschaftsgeographie beleuchtet (Kap. 3.1). Dafür werden die Praxistheorien von Bourdieu, Schatzki und Giddens kurz vorgestellt (Kap. 3.1.1) und ihre geographische Nutzung insbesondere durch die Arbeiten von Werlen dargelegt (Kap. 3.1.2). Außerdem werden die Kernaspekte wirtschaftsgeographischer Praxisforschung herausgearbeitet (Kap. 3.1.3) und auf die Herausforderungen dieser eingegangen (Kap. 3.1.4). In einem zweiten Schritt wird die Transitionsforschung in der Wirtschaftsgeographie aufgearbeitet (Kap. 3.2). Auch hier wird ein Überblick über die entscheidenden konzeptuellen Zugänge gegeben (Kap. 3.2.1), die Kernaspekte wirtschaftsgeographischer Transitionsforschung werden herausgearbeitet (Kap. 3.2.2) und auf Herausforderungen dieser eingegangen (Kap. 3.2.3). Im dritten Schritt wird die praktikenorientierte, wirtschaftsgeographische Transitionsforschung eingeführt (Kap. 3.3). Zuerst wird ein Praxisbegriff für die Transitionsforschung entwickelt (Kap. 3.3.1), dann wird auf die Möglichkeit der Abgrenzung einzelner Praktiken des energetischen Regionalisierens eingegangen (Kap. 3.3.2). Daran schließt die Diskussion der zentralen Relationen des energetischen Regionalisierens an (Kap. 3.3.2). Die konzeptuellen Ausführungen münden in der Operationalisierung des Konzepts (Kap. 3.3.4).

Kapitel 4 führt die Methodologie ein. Dabei werden zuerst die methodologischen Grundlagen qualitativer Forschung gelegt (Kap. 4.1) und dann das empirische (Kap. 4.2) und das analytische (Kap. 4.3) Vorgehen erläutert. Die kritische Reflexion der Methodik (Kap. 4.4) weist auf Grenzen der Arbeit hin und wie diese zukünftige adressiert werden könnten.

Kapitel 5 bis 7 stellen die empirischen Ergebnisse der Fallstudie vor. Kapitel 5 beschäftigt sich mit dem Zugang „Praxis und Raum“, geht also der Frage nach, wie räumliche Kontexte Praktiken der Biogaserzeugung beeinflussen. Dafür werden gesellschaftliche Kontexte (Kap. 5.1), Routinen und Wissensbestände (Kap. 5.2) sowie Netzwerke von Akteuren (Kap. 5.3) fokussiert und die Ergebnisse abschließend zusammengefasst (Kap. 5.4). Kapitel 6 beschäftigt sich mit dem Zugang „Praxis und Zeit“ und mit der Frage, inwiefern individuelle Wahrnehmungen und Deutungsmuster innerhalb spezifischer Biogasprojekte von Zeit abhängig sind. Dafür wird die Evolution individueller Wissensbestände (Kap. 6.1), physisch-materieller Komponenten (Kap. 6.2), gesellschaftlicher Kontexte (Kap. 6.3) und der Praxisfelder des Biogassektors (Kap. 6.4) analysiert und abschließend zusammengefasst (Kap. 6.5). Kapitel 7 analysiert den Zugang „Raum und Zeit“, die Transitionsräume des Biogassektors und gibt eine Antwort auf die Frage, auf welche Art Zeit und Raum durch Praktiken der Weltbindung von Biogaserzeugern (re)produziert und transformiert werden. Zuerst werden die verschiedenen Transitionsebenen der Biogaserzeugung fokussiert (Kap. 7.1). Dann wird auf die Entwicklung einzelner transformativer Praxiselemente (Kap. 7.2) und deren Zusammenhänge (Kap. 7.3) eingegangen. Zusammenfassend werden die Transitionsräume im Untersuchungsgebiet dargelegt (Kap. 7.4).

Kapitel 8 ist das Fazit. Zuerst werden die beiden forschungsleitenden Fragen beantwortet (Kap 8.1). Danach wird der Beitrag der vorliegenden Arbeit zur wirtschaftsgeographischen Transitionsforschung dargelegt (Kap. 8.2). Abschließend werden die Ergebnisse einer kritischen Reflexion unterworfen und ein Ausblick auf die zukünftige wissenschaftliche Auseinandersetzung mit einer praktikenorientierten, wirtschaftsgeographischen Transitionsforschung gegeben (Kap. 8.3).

Kapitel 2 Untersuchungsgegenstand und Stand der Forschung

Die geographische Energieforschung, oder Energiegeographie, kam als Teilgebiet der Disziplin Mitte der 1960er Jahre hervor und erfuhr mit der ersten Ölkrise 1973 einen Bedeutungszuwachs (vgl. Hoare, 1979). Bis Mitte der 1990er Jahre entstanden umfassende Monographien über den Zusammenhang von Energie, Gesellschaft und Raum (Manners, 1966; Cottrell, 1970; Calzonetti/Solomon, 1985; Chapman, 1991). Nichtsdestotrotz schreibt Brücher vor wenigen Jahren von der „Vernachlässigung" von und dem „mangelnde[n] Interesse" (Brücher, 2009, 31) an Energiefragen in der geographischen Forschung, was auch Schüssler in seiner historiographischen Literaturanalyse der deutschsprachigen Energiegeographie bestätigt (Schüssler, 2009). Seit 2009 erlebt die Energiegeographie eine rasche Entwicklung. Dies wird in zwei bedeutenden Sonderheften zur Energiegeographie deutlich (*Annals of the Association of American Geographers 101 - Energy*: Zimmerer, 2011 *Moravian Geographical Reports 22 - New trends and challenges for energy geographies*: Frantál/Martin Pasqualetti, 2014), an diversen Neuerscheinungen und -auflagen von Monographien und Sammelbänden, die sich dem breiten Spektrum energiegeographischer Fragestellungen zuwenden (bspw. Brücher, 2009; Calzonetti, 2013; Coe/Jones, 2010; Nader, 2010; Schüssler, 2010) sowie an einer deutlichen Zunahme an explizit energiegeographischen Konferenzen (z. B. *„Energy geographies in international perspective"* – 21./22.11.2014 in Bonn; vgl. Bridge et al., 2013).

Anfänglich standen in der Energiegeographie die Prozessketten der verschiedenen Subsysteme der Energiewirtschaft im Mittelpunkt (Brücher, 1997; 2010; Chapman, 1991). Mit der Etablierung des Forschungsfelds haben sich verschiedene empirische wie konzeptuelle Schwerpunkte entwickelt. Tabelle 2.1 gibt einen Überblick über diese, wobei bei den ausgewählten Beiträgen Erneuerbare Energien im Mittelpunkt stehen, da diese für die vorliegende Arbeit relevant sind.

Die Beiträge befassen sich mit verschiedenen Maßstabsebenen und Untersuchungsgebieten, von der städtischen über eine (sub)nationale bis hin zur internationalen oder globalen Ebene. Bei den empirischen Beispielen fokussieren sie meistens auf westliche Industrieländer. Windenergie und Photovoltaik stehen im Zentrum des energiegeographischen Diskurs über Erneuerbare Energien. Für die vorliegende Arbeit ergeben sich daraus geeignete Anknüpfungspunkte: Zum

Tabelle 2.1: Aktuelle Themen geographischer Energieforschung zu Erneuerbaren Energien seit 2010, eigene Zusammenstellung.

Aktuelle Themen	Beiträge
Bürgerenergie	George, 2012; Hildebrand/Rau/Schweizer-Ries, 2012; Jakubowski/Koch, 2012; Moss et al., 2013; Nestle/Degenhart, 2014; Pasqualetti, 2011b
Energielandschaft	Brühne/Tempel, 2013; Demuth et al., 2013; Pasqualetti, 2013; van der Horst, 2014; Warren, 2014
Energiesicherheit und -effizienz	Becker/Bues/Naumann, 2014; Bradshaw, 2010; Hodson/ Marvin, 2010; Johansson, 2011; Pasqualetti, 2011a
Entwicklungsforschung	Hoffmann et al., 2014; Larona/Meller/Marquardt, 2013
Finanz(ialis)ierung	Kemfert/Schäfer, 2012; Klagge/Anz, 2013
Governance	Bulkeley, 2010; Calvert/Mabee, 2014; Foxon, 2013; Kannen/Gee/ Bruns, 2010; Klagge/Arbach, 2013; Klagge/Brocke, 2013; Kunze/ Becker, 2014; Pollitt, 2012
Räumliche Struktur und Organisation	Berg/Hassink, 2013; Bosch, 2013; Reiner Lemoine Institut, 2013; Bridge et al., 2013; Coenen/Raven/Verbong, 2010; Dohanich, 2012; Gailing et al., 2013; Kedron, 2012; Mono/Glasstetter/Horn, 2014; Peters et al., 2014; Späth/Rohracher, 2010; Venjakob, 2012
Regionale Entwicklung, Verteilungseffekte, Wertschöpfung	Benz/Moser, 2010; Essletzbichler, 2012; Hofierka/Kanuk/ Gallav, 2014; Klagge/Brocke, 2012; Müller, 2014; Plankl, 2013; Trink et al., 2010
Sustainable Transitions	Bruns, 2013; Dewald/Truffer, 2012; Markard/Raven/Truffer, 2012; McCaulev/Stephens, 2012

einen ist die Hervorbringung räumlicher Zusammenhänge ihr Kerninteresse und das Untersuchungsgebiet in Westeuropa (s. Kap. 2.2). Zum anderen befasst sich die vorliegende Arbeit mit der Biogaserzeugung, die bisher in der Energiegeographie kaum thematisiert wurde, wie die folgenden Ausführungen verdeutlichen.

2.1 Energiegeographie und Biogaserzeugung

In der vorliegenden Arbeit wird unter Biogaserzeugung Folgendes verstanden: Organische Stoffe werden in einem Tank (Fermenter) unter Sauerstoffabschluss vergoren (fermentiert). Bei diesem biologischen Prozess entsteht vor allem Methan, aber auch Kohlenstoffdioxid. Das Methan wird entweder genutzt, um einen Motor anzutreiben, mit dem Strom hergestellt wird – dabei fällt zudem nutzbare Wärme an – oder das Methan wird qualitativ aufbereitet und in das Erdgasnetz eingespeist (s. Abb. 2.1; genauer bspw. in Dannenberg et al. 2012; Mach/Blickwedel/Dehmel 1985). Nicht berücksichtigt werden die Energieerzeugung aus holzartigen Biomassen sowie die Herstellung von Biokraftstoffen. Die Energieerzeugung aus holzartigen Biomassen folgt mit der Verbrennung einem anderen Produktionsverfahren und unterscheidet sich daher grundlegend; Biokraftstoff wiederum wird im Untersuchungsgebiet (s. u.) nicht hergestellt.

Abbildung 2.1: Funktion einer Biogasanlage.

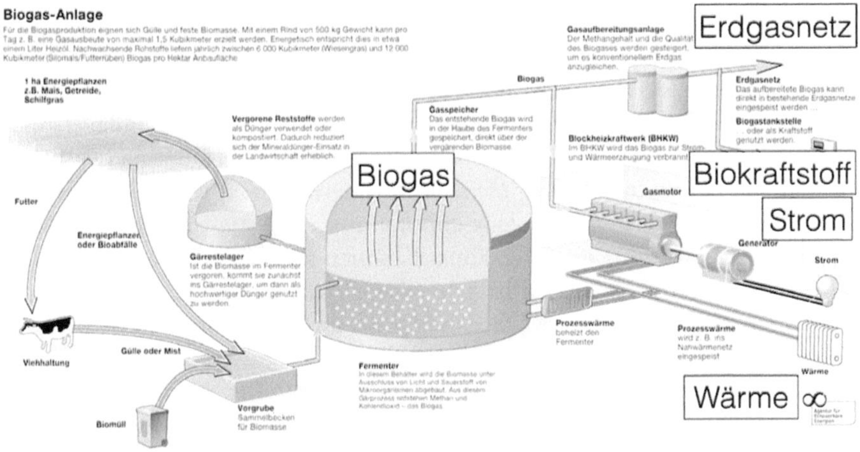

Die Biogaserzeugung durch Fermentation wurde in der energiegeographischen Literatur bisher lediglich in einer Studie explizit behandelt. Wirth et al. (2013) untersuchen den Einfluss informeller Institutionen und Berufskulturen auf die Entwicklung und Verbreitung der Biogaserzeugung in Österreich. Sie stellen fest, dass politische Rahmenbedingungen nur im Zusammenhang mit Berufskulturen zu verstehen sind und dass es deutlich erkennbare regionale Unterschiede der normativen und kulturellen Kontexte gibt (physische Bedingungen, landwirtschaftliche Strukturen, formelle Institutionen, Berufsbild und Teilnahme an Gemeinschaftsaktivitäten). Dies führen sie insbesondere darauf zurück, dass die Biogaserzeugung in etablierte landwirtschaftliche Prozesse eingegliedert werden muss, was einen erheblichen Einfluss auf die Bereitschaft der Technologienutzung hat. In Anlehnung an Scott (2008) subsumieren sie, dass „*institutional structures may vary at a local level. In other words, actors and their actions are shaped by the institutional environment they are embedded in*“

(Wirth et al., 2013, 22). Dieses Verständnis ist allerdings äußerst unidirektoral, wird doch angenommen, dass Akteure selbst nicht die Möglichkeit haben, auf Strukturen einzuwirken. Diesem Aspekte wendet sich die vorliegende Arbeit zu und trägt damit dem von Wirth et al. identifizierten weiteren Forschungsbedarf Rechnung, dass ein *„comprehensive assessment of the relative role of informal institutions and institutional dynamics“* (ebd., 38) für das bessere Verständnis der Biogaserzeugung nötig ist.

Die Arbeit von Seiwald (2014) thematisiert Nahwärmenetze auf Biogasbasis, was sehr nah an der skizzierten Form der Biogaserzeugung liegt. Ebenfalls mit Fokus auf Österreich stellt er fest, dass sozio-technische Konfigurationen gleichzeitig auf verschiedenen Ebenen entstehen. Eine große Vielfalt an Akteuren ist in die Entwicklung und Etablierung der Technologie eingebunden. Dabei handelt es sich beispielsweise um einzelne Landwirte, landwirtschaftliche Genossenschaften, Energieversorgungsunternehmen oder Gemeindevertreter, die nicht über die gleichen Wissensbestände, Normen oder Routinen verfügen. Er schließt, *„[that] by adapting the scale of renewable energy plants to local circumstances, the scope of technology diffusion can be increased“* (Seiwald, 2014, 53). Der Fokus auf Organisationskonstellationen im Kontext der Technologieentwicklung und -verbreitung ist sehr vielversprechend. Allerdings stellt der Autor fest, *„[that] future research should focus on identifying already successful intermediary actors in the field, and on analysing their organizational arrangements and future possibilities to develop new innovative approaches“* (ebd., 53). Die Rolle dieser sogenannten intermediären Akteuren wird im Kontext der *low carbon transition* auch von Hodson und Marvin (2012) hervorgehoben, wobei sie darauf hinweisen, dass die Rolle der Akteure, die die Transition umsetzen, deutlich mehr Aufmerksamkeit verlange. Die vorliegende Arbeit wird zeigen, wie eine Fokussierung auf diese Akteure der Umsetzung – also vorrangig auf die Landwirte – hilft, ein Verständnis von der Entwicklung eines Sektors beziehungsweise Regimes zu gewinnen.

Außerhalb der geographischen Literatur gibt es diverse Beiträge, die sich mit der Biogaserzeugung beschäftigen und dabei einen prinzipiell humangeographischen Blickwinkel[1] anlegen. Sowohl Wirth et al. (2013) als auch Seiwald (2014) beziehen sich konzeptuell auf die Innovationsforschung und dabei insbesondere auf das Feld der *Socio-Technical Transition Studies* (vgl. auch

---

1 Da die vorliegende Arbeit in der Humangeographie angesiedelt ist, wird die physischgeographische Perspektive auf die Biogaserzeugung (z. B. Bauböck (2009) oder diverse Beiträge im Sammelband von Ruppert/Kappas/Ibendorf (2013)) ausgeblendet.

Kap. 3.2.1). Hinsichtlich der Biogaserzeugung werden in diesem Forschungsfeld diverse Erkenntnisse als grundlegend dargestellt (Decker et al., 2007; Geels/Raven, 2007; Geels/Raven, 2006; Markard/Stadelmann/Truffer, 2009; Negro/Hekkert, 2008; Raven, 2004; Raven/Geels, 2010). Erstens seien Innovationserfolg und Verbreitung der Biogaserzeugung wesentlich abhängig von der Verfügbarkeit der Rohstoffe sowie von der politischen Unterstützung (Decker et al., 2007; Negro/Hekkert, 2008). Diese Erkenntnis wird von Geels/Raven (2007) sowie Wirth et al. (2013) allerdings kontrastiert, die die Rolle sozialer Netzwerke und gemeinsamer Erwartungshaltungen als Triebfedern für die Entstehung und Verbreitung der Technologie identifizieren. Zweitens sei die Entstehung von Biogasanlagen begründet in spezifischen natürlichen und landwirtschaftlichen Bedingungen, was bedeute, dass kleine Anlagen typischerweise von einem Landwirt und größere Anlagen von Gemeinschaften oder größeren Unternehmen betrieben würden (Geels/Raven, 2006; Negro/Hekkert, 2008; Raven, 2004; Raven/Geels, 2010). Drittens sei die Größe einer Biogasanlage Ergebnis einer Wahl der Konstruktionsweise, da die Fermenter beliebig skalierbar seien (Welsh et al., 2010), wobei sie zugleich von politischen Vorgaben abhänge. Am Beispiel Österreichs zeigen Walla/Schneeberger (2006; 2008), dass vor allem Anlagen der Größe 100 oder 250 KW_{el} gewählt werden, da die Tarifstruktur der Einspeisevergütungen diese Größen begünstigen. Insgesamt wird in diesen Studien die Rolle kognitiver und normativer Faktoren, die eine Mischung aus je kontextabhängigen individuellen und strukturellen Elementen darstellen, für die Evolution der Biogaserzeugung hervorgehoben. Diese Mischung wird auch im Kontext von Investitionsverhalten und Finanzierung diskutiert.

Aus agrarökonomischer Sicht befassen sich einige Forschungsvorhaben mit dem Investitionsverhalten von Landwirten im Bereich der Biogaserzeugung. Dieses sei „maßgeblich durch persönliche Faktoren des Betriebsleiters wie Risikoneigung und Unternehmerorientierung beeinflusst“ (Granoszewski et al., 2009, 39) und weise daher starke individuelle Unterschiede auf. Die Möglichkeit zur betrieblichen Diversifizierung bei gleichzeitig rechtlicher wie finanzieller Sicherheit durch das EEG stellen laut Granoszewski et al. (ebd.) für viele Landwirte die wesentlichen Entscheidungsgründe dar. Nach Kretschmer/Schnell/Jäkel (2003) gibt es eine Vielzahl individueller Betriebsziele und Beurteilungskriterien, die für die Investitionsentscheidung relevant sind, wie die Wahl der Rechtsform, der rechtliche Rahmen, die Rohstoffverfügbarkeit und Energiepotenziale, Vorabsprachen mit Zulieferfirmen für Kofermente und mit Abnehmern von Energie, Wärme und anderen Endprodukten, die Wirtschaftlichkeit der Anlage oder Vorstellungen über die konkrete Anlagenkonfiguration.[2] „Die Dauer des Regimes, die gesetzlichen Grundlagen, die Möglichkeit von Änderungen des Rechtsrahmens, die Erfahrungen mit Anpassungen sowie die Implikationen von Regierungswechseln sind Faktoren, die bei der Finanzierungsentscheidung eine Rolle spielen. Zu bedenken sind auch Planungs- und Genehmigungsprozesse, Netzzugang bzw. Infrastruktur sowie Abnahmeverträge bzw. Regeln mit Blick auf die Abnahme produzierter Energie" (Degenhart/Holstenkamp, 2011, 28). Damit wird deutlich, dass sowohl nationalstaatliche als auch lokale Faktoren von Bedeutung sind. Insgesamt sei die Biogasproduktion dennoch „weitgehend politikgetrieben" (ebd., 14). In einer Befragung stellen Granoszewski et al. allerdings fest, dass „*the farmers only perceived 55 % of the amount of the total investment subsidy*" (Granoszewski et al., 2013, 286). Der Informationsgrad der Landwirte sei also zum einen unterschiedlich und zum anderen müssten andere Faktoren als Vergütungen oder Subventionen für die eindeutig begrenzt rationalen Akteure wichtig sein. Dazu gehörten die betriebliche Ausstattung und technologisches Interesse und Wissen (vgl. Voss et al., 2008) sowie der Erfahrungsaustausch in sozialen Netzwerken in Form von Meinungen von Kollegen und Bekannten oder von Familie und Mitarbeitern (vgl. Retter/Stahr/Boland, 2002). Trojecka (2007) und Anspach/Möller (2008) arbeiten heraus, dass ökologische Abwägungen eine Motivation für jene Landwirte darstellt, die von einer regionalspezifischen Branchen- und Betriebsstruktur abhängen. Granoszewski et al.

2 Als Betriebsziele und Beurteilungskriterien benennen Kretschmer et al. (2003, 4): „Modernisierung des gesamten Betriebsregimes, insbesondere Einführung eines Energiemanagements zur Senkung des Energieverbrauchs des Gesamtbetriebes; teilweise Ablösung der Energieabnahme vom regionalen Energieversorgungsunternehmen; Senkung der spezifischen Energiekosten für Kühl-, Heiz- und Reinigungsprozesse; Zusatzerlös durch gesetzliche Einspeisevergütung für Strom aus regenerativen Energieträgern oder durch Annahme von Kofermenten aus gewerblicher oder kommunaler Sammlung (Entsorgungsgebühr); energetische Nutzung anfallender Reststoffe mit Reduzierung des mineralischen Düngerbedarfs; Schaffung energetisch und betriebswirtschaftlich optimaler Voraussetzungen für geplante Betriebserweiterungen (z. B. Gewächshäuser, Trocknungs-, Schlachtanlagen); Senkung des Feststoffgehaltes der Gülle zur Sicherung einer guten Pumpfähigkeit; Umfunktionieren der vorhandenen Gebäude und technischen Einrichtungen, z. B. Güllebehälter; Reduzierung der Geruchsemissionen der Rohgülle durch Vergärung zur Biogasgülle bei gleichzeitiger Nutzung der günstigeren pflanzenbaulichen Eigenschaften der Biogasgülle; Verbesserung des Betriebsmanagements in ökologisch wirtschaftenden Betrieben; klimawirksame Senkung der CO_2 und CH_4-Emissionen als Beitrag des Landwirtschaftsunternehmens in der Region".

(2009; 2011; 2013) widersprechen diesem Befund und führen insbesondere das Argument an, dass viele Anlagen über Jahre hinweg hinsichtlich des Ressourceneinsatzes ineffizient betrieben werden oder wurden (vgl. Pöschl/Ward/Owende, 2010). Anzumerken ist, dass alle genannten Beiträge Fallstudien bearbeiten ohne explizit auf regionale Besonderheiten einzugehen. Ferner folgen sie bei diesem Verständnis von Entscheidungsverhalten einem linearen Entscheidungsmodell. Es werden ex-ante Annahmen über individuelle Attribute gemacht, Akteure als Dummies in Modellen verstanden und Dynamik oder Veränderungen nicht berücksichtigt. Die Evolution des Biogassektors und die Bedeutung der Geographie werden vernachlässigt.

Ein zweiter ökonomischer Aspekt der Biogaserzeugung sind die Finanzierungsformen landwirtschaftlicher Biogasanlagen. Für Banken sei die Projektfinanzierung von Biogasanlagen interessant, „sofern sie eine hinreichende technische Stabilität aufweisen und über ein zugeschnittenes Rechts- und Regulierungsumfeld verfügen" (Böttcher, 2013, 22). Individuelle (Stabilität) sowie kontextabhängige (Umfeld) Aspekte spielten demnach eine Rolle. „Jedes einzelne Bioenergieprojekt erfordert aufgrund der stark variierenden Rahmenbedingungen eine individuelle Betrachtung" (Reimer, 2009, 88). Einerseits seien die Faktoren für Finanzierung und Betrieb einer Biogasanlage abhängig von der regionalen Branchenkenntnis der finanzierenden Banken und Berater (Schaper/Beitzen-Heineke/Theuvsen, 2008). Andererseits rückten Kompetenzen des Betreibers in den Fokus der Kreditinstitute, womit individuelle Fähigkeiten der Landwirte außerhalb des eigenen Hofes bedeutsam werden. „Ein besseres Verständnis für das Verhalten landwirtschaftlicher Entscheidungsträger würde es der Beratung ermöglichen, dem tatsächlichen Bedarf der Landwirte angepasste Angebote zu entwickeln, und der Politik erlauben, bei ihren Entscheidungen, bspw. der Implementierung von Förderprogrammen, die Folgen ihres Handelns besser abzuschätzen" (ebd., 67). Auf diesen Forschungsbedarf ist die vorliegende Arbeit ausgerichtet.

Aus juristischer Perspektive lässt sich die Bedeutung von Verträgen im Kontext der Biogaserzeugung anführen. Für Bau und Betrieb werden diverse sachspezifische Verträge geschlossen, etwa Finanzierungsverträge mit Banken oder Investoren, Kaufverträge mit Technologieherstellern, Dienst- und Werkverträge mit Beratern und Planungsbüros, Netzanschlussverträge mit dem Stromnetzbetreiber, Wärmelieferverträge mit den Abnehmern oder Substratlieferverträge mit anderen Landwirten. Dabei gleicht kaum ein Vertrag dem anderen; vielmehr werden flexible und individuelle Verträge geschlossen, die „den besonderen Verhältnissen zwischen den Vertragspartnern Rechnung tragen" (Valentin, 2009, 182). Bezüglich der Gestaltung dieser Verträge stellt Semmler (2013) fest, dass ein „Rückgriff auf Erfahrungswerte […] auf Grund der geringen Anzahl von zugänglichen Verträgen, Literatur und Rechtsprechung derzeit nur begrenzt möglich [ist]“ (ebd., 141). Verträge dienen insbesondere dem Zweck, den Betrieb der Anlage zu sichern (Hattesohl, 2006). Es wird deutlich, dass die Auseinandersetzung mit Einzelfällen und die Berücksichtigung der spezifischen Situation für die empirische Arbeit wichtig sind und in eine Konzeptualisierung über Praktiken der Biogaserzeugung einfließen sollten.

Auch im Feld der Raumplanung wird zunehmend über Biogasanlagen diskutiert. Dabei wird ein ganzheitlicher Planungsansatz gefordert, „von der Rohstoffgewinnung über die Umwandlungs- und Nutzungsphase bis zur Rückführung der Reststoffe in den Naturhaushalt“ (Kanning, 2011, 171). In diesen Ansatz sollten politische Zielsetzungen, regionale Biogaspfade, potenzielle (natur-)räumliche Auswirkungen, vielfältige Akteurslandschaften sowie planerische Gestaltungsansätze integriert werden (Kanning/Buhr/Steinkraus, 2009; Kanning, 2011; Wiehe/Rode/Kanning, 2011). Der regionalen Ebene wird eine besondere Steuerungswirkung zugesprochen, die über den bewussten Einsatz verschiedener Instrumente erfolgt. Dazu gehören gemäß den Autoren die Landschaftsplanung, im Sinne von Bewirtschaftungsvorgaben und optimierten Standorten für Biogasanlagen, die Festsetzung von Schutzgebieten sowie Agrarumweltprogramme oder spezielle Fachkarten. Zudem weißen sie auf informelle Planungsinstrumente hin, denen zunehmend Bedeutung zukommt, beispielsweise der dialogischen Entwicklung von Leitbildern oder von regionalen Energiekonzepten. Die Bedeutung „der Region“ wird in den Vordergrund gestellt, was für die vorliegende Arbeit vor dem Hintergrund des energetischen Regionalisierens besonders interessant erscheint.

Die gesellschaftliche Akzeptanz von Biogasanlagen stellt ein weiteres Betrachtungsfeld dar, dem sich insbesondere die Umweltpsychologie zuwendet. Am Beispiel zweier deutscher Regionen macht (Griesen, 2010) drei Hauptfaktoren für Akzeptanz aus: erstens ethische Überlegungen, zum Beispiel „Tank oder Teller“, dass also der Energiepflanzenanbau mit dem Anbau von Nahrungs- und Futtermitteln um die begrenzt vorhandenen landwirtschaftlichen Flächen konkurriert (vgl. Beckmann et al., 2013; Franck, 2013); zweitens die metrische Entfernung zwischen der Biogasanlage und den Wohnorten der Anwohner und drittens Wahrnehmungen der Anwohner von Biogasanlagen. Zoellner/Schweizer-Ries/Wemheuer (2008) stellen fest, dass es zwischen der Akzeptanz und der empfundenen Gleichbehandlung einen Zusammenhang gibt. Sie stellen transparente Entscheidungsprozesse und Beteiligungsmöglichkeiten im Planungsprozess als wichtig für die Akzeptanz von Biogasanlagen heraus (ebd, 4140; auch Roesch/Kaltschmitt, 1999, 348). Diese Erkenntnisse bestätigen Wüst/Schmuck (2013) und weisen zudem darauf hin, dass dezentrale, partizipative Bioenergieprojekte eine höhere Akzeptanz aufweisen als großindustrielle Projekte, dass die Nutzung von Reststoffen (z. B. Bioabfall, Restholz) positiver bewertet wird als die von nachwachsenden Rohstoffen (NaWaRo) und dass Möglichkeiten der finanziellen Partizipation sowie die Einbindung von Interessensgruppen (z. B. Tourismus, Naturschutz) förderlich sind. Ehrenstein/Strauch/Hildebrand (2012) zeigen darüberhinaus, dass die „Identifikation der Einwohner mit ihrer Region [...und die] regionalspezifische[n] Ausprägungen der landwirtschaftlichen Strukturen" (ebd., 6) miteinander in Verbindung stehen, weshalb Biogasanlagen Gegenstand kontroverser Diskussionen seien.

Die verschiedenen wissenschaftlichen Perspektiven auf das Thema Biogaserzeugung haben gemeinsam, dass Akteure und deren räumliche Interaktion beleuchtet werden und dass auf kontextspezifische Zusammenhänge hingewiesen wird. Abbildung 2.2 gibt einen Überblick über die angesprochenen Blickwinkel auf die Biogaserzeugung und wie sie mit der vorliegenden Arbeit in Zusammenhang stehen. Konzeptionell beschäftigt sich die vorliegende Arbeit mit konstruktivistischen Fragen des Regionalisierens durch Biogaserzeugung, also wie Akteure durch ihre Praktiken Raum und/oder Regionen produzieren und reproduzieren. Empirisch wird dies mit einer Fallstudie im Grenzraum von Luxemburg und Rheinland-Pfalz umgesetzt. Warum dieses Gebiet ausgewählt wurde, wird im folgenden Kapitel dargelegt.

Abbildung 2.2: Perspektiven auf Biogaserzeugung, eigene Darstellung.

2.2 Abgrenzung und Vorstellung der Fallstudie

Das empirische Untersuchungsgebiet der vorliegenden Arbeit liegt inmitten der sogenannten Großregion. Die Großregion besteht seit 1998 und zielt auf die Zusammenarbeit von institutionellen Akteuren aus dem Saarland, Rheinland-Pfalz, Luxemburg, Lothringen und Wallonien (vgl. Großregion, 2004; Wille, 2012). In diesem Gebiet befanden sich im September 2013[3] 266 Biogasanlagen mit einer Erzeugungskapazität von etwa 420 MW[4]. Etwa je ein Drittel der Energie wurde von Anlagen in Wallonien und Lothringen erzeugt, etwa 20 Prozent kamen aus Rheinland-Pfalz, sechs Prozent aus Luxemburg und ein Prozent aus dem Saarland, wobei dies in keiner Weise dem Bestand an installierten Anlagen entspricht. Über zwei Drittel der Anlagen standen in Rheinland-Pfalz, knapp über zehn Prozent je in Luxemburg und Wallonien, sechs Prozent im Saarland und zwei Prozent in Lothringen. Diese Diskrepanz von Erzeugungskapazität und installierten Anlagen ist vorrangig mit der Kleinteiligkeit der Erzeugung in Rheinland-Pfalz und Luxemburg zu erklären, wo ein Großteil der Anlagen eine Leistung bis zu 500 kW erbringt. Die Betrachtung der Anlagenstandorte zeigt darüber hinaus, dass eine Konzentration im westlichen Rheinland-Pfalz und in Luxemburg festzustellen ist, wohingegen die Anlagen in Lothringen, aber auch in Wallonien, weit verstreut stehen (Abb. 2.3).

Zur Erklärung der hohen Konzentration von Anlagen im westlichen Rheinland-Pfalz sei im Vorgriff auf die Auswertung des empirischen Materials ein Interviewpartner zitiert: „Rheinland-Pfalz ist ja, was Biogas anbelangt, kein schlimmes Land. Wir haben in Rheinland-Pfalz 114 Biogasanlagen, glaube ich. Wenn ich da zum Beispiel sehe in Bayern, mit ihren 2000 Anlagen, oder Niedersachsen mit 1800 Anlagen, da sind wir ja Entwicklungsland, was Biogas anbelangt. Rheinland-Pfalz hat nur ein einziges Problem, das ist diese Knüppelung, oder diese Zentrierung auf den Kreis Bitburg mit diesen Biogasanlagen. Ansonsten, wenn die im ganzen Land verteilt wären, würde kein Mensch hier in Rheinland-Pfalz über Biogas sprechen“ (I-34). Das westliche Rheinland-Pfalz

3 Stand 19. September 2013, Datenzusammenstellung auf Basis folgender Quellen: Länderarbeitskreis Energiebilanzen (2013); Statistisches Landesamt Rheinland-Pfalz (2013); Biogasvereenegung (2014); ICEDD (2013); ATEE (2013).

4 Zum Vergleich: Das Kernkraftwerk in der Großregion in Cattenom, das drittgrößte in Frankreich, erzeugt 5.448 MW; das Pumpspeicherkraftwerk in Vianden, das drittgrößte in der EU, erzeugt 1.096 MW; der Windpark Wörrstadt, der größte in Rheinland-Pfalz, erzeugt 55,5 MW.

Abbildung 2.3: Biogasanlagen in der Großregion, eigener Entwurf, Kartographie: Malte Helfer, Datengrundlagen: Länderarbeitskreis Energiebilanzen (2013); Statistisches Landesamt Rheinland-Pfalz (2013); Biogasvereenegung (2014); ICEDD (2013); ATEE (2013).

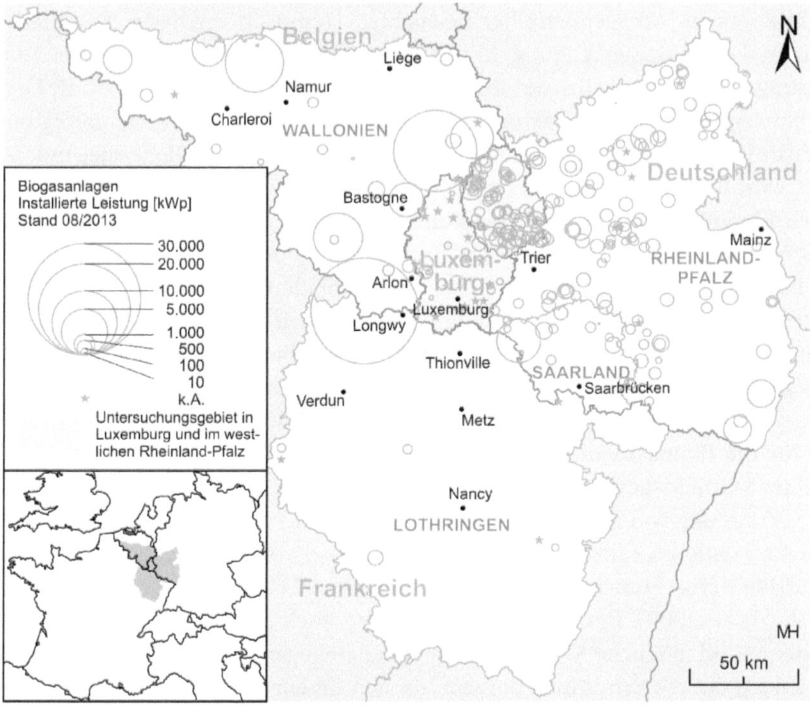

ist gekennzeichnet von einer hohen Anzahl an Anlagen gemessen an der Fläche. Mit der vorliegenden Arbeit soll geklärt werden, wie die Betreiber von Biogasanlagensich das energetische Regionalisieren in diesem Untersuchungsraum ausprägten. Dabei wird auch Luxemburg betrachtet; ausgehend von der Literaturdiskussion in Kapitel 2.1 wird dieser unterschiedliche nationalstaatliche Kontext bewusst in die Untersuchung eingebunden. So wird der Blick auf die Bedeutung von Politik und Regulierung fokussiert, womit zugleich andere Faktoren herausgearbeitet werden können. Zudem wird ein territorial zusammenhängender, nationale Grenzen überschreitender Untersuchungsraum gewählt, um Einflüsse politischer Regelung herauszuarbeiten. Dabei geht es gemäß Stake (2005) vor allem darum, die Zusammenhänge in der Untersuchungsregion aufzudecken, und die Entwicklung als „*multiply sequenced, multiply contextual, and coincidental more than causal*" (ebd., 449) zu begreifen.

Zu dem umrissenen Untersuchungsgebiet gibt es bisher lediglich einen geographischen Beitrag, der sich mit der Biogaserzeugung beschäftigt (Faller, 2014). Er ist aus der vorliegenden Arbeit entstanden. Dort werden aus einer auf „Gouvernementalität“[5] gerichteten Perspektive die Auswirkungen der Energiepolitik auf die Anlagenbetreiber beleuchtet. Demnach erschwere Regulierung zum Teil die Biogaserzeugung, in der Praxis fänden die Erzeuger aber meistens Lösungen für ihre spezifische Situation. Gemeinsame Lerneffekte über die Grenze hinweg seien wichtige Faktoren und so würden sogenannten Energieregionen konstituiert, als Konstrukt gesellschaftlicher Aushandlung. Die vorliegende Arbeit wird über die Fokussierung des Wechselspiels von Energiepolitik und Betrieb hinausgehen, eine zeitliche Komponente mit einbinden und neben dem Betrieb auch die Konfiguration von Biogasanlagen beleuchten.

Es gibt eine Vielzahl von Studien zu den beiden Teilgebieten des Untersuchungsraums, die sich aus vorrangig ingenieurwissenschaftlicher Perspektive mit der Biogaserzeugung beschäftigen. Es liegen Biomassepotenzialstudien für Rheinland-Pfalz (Heck et al., 2004), Luxemburg (Scholwin et al., 2006) und den luxemburgischen Kanton Redingen (Koster/Hild/Schmitt, 2008) vor. Strategien für die Biomassenutzung in Luxemburg (Biermayr et al., 2007) sowie dem Gebiet Saarland-Lothringen-Luxemburg (Heck et al., 2008) und ein Handbuch zur Errichtung von Biogasanlagen (MULEWF, o. J.) wurden erarbeitet. Darüber hinaus existieren Erhebungen über den Bestand von Biogasanlagen in Rheinland-Pfalz (von Francken-Welz et al., 2012) sowie Luxemburg (Less/Thyes, 2012, auch Maier, 2009). In den Dokumenten wird auch auf die Rolle verschiedener Akteure und mögliche Kooperationsansätze eingegangen. Im Wesentlichen geht es jedoch um die Ermittlung der technischen Erzeugungspotenziale und um die deskriptive oder präskriptive Analyse gesetzlicher Rahmenbedingungen. Eine humangeographische oder generell sozialwissenschaftliche Auseinandersetzung mit der Biogaserzeugung in Luxemburg oder im westlichen Rheinland-Pfalz fand bisher noch nicht statt, was vor dem Hintergrund des hohen Besatzes an Anlagen verwundert. Demnach liegen auch keine kontextspezifischen Erkenntnisse über die Entstehung des Biogassektors im Untersuchungsgebiet vor oder wie er in weitere transformative Zusammenhänge wie etwa die Energiewende eingebunden ist.

---

5 Das Konzept der „Gouvernementalität“ wurde von dem französischen Philosophen Michel Foucault eingeführt. Es bietet ein auf Macht orientiertes analytisches Konzept, dass in der jüngeren Vergangenheit in der Geographie und anderen Raumwissenschaften vermehrt Aufmerksamkeit erhält (bspw. Amann et al., 2014, Füller/Marquardt, 2009)

Um die transformativen Elemente zu extrahieren, also die alternativen sozialen Handlungen aufzudecken, wird im Späteren (Kap. 5) dargelegt, wie sich für die Betreiber in der heutigen Auseinandersetzung mit der Biogasanlage – und damit dem Biogassektor – der Alltag gestaltet und wie dadurch Räume der Biogaserzeugung (re)produziert werden. Anschließend wird die Entstehung dieses Regimes analysiert (Kap. 6): Wie entwickelte es sich? Welche intrinsischen Anreizstrukturen und welche symbolischen oder normativen Verankerungen einzelner Elemente der Praxisfelder stabilisierten und routinisierten einzelne Praktiken im Laufe der Zeit? In einem dritten Schritt werden die transformativen Potenziale der Praxis beleuchtet (Kap. 7): Welche transformativen Neukombinationen von Praxiselementen und welche Praxisinnovationen waren für die Evolution des Biogasregimes im Untersuchungsraum entscheidend? Doch zuerst gilt es, einen konzeptuellen Rahmen zu entwickeln, um sich mit der Thematik zu befassen.

Kapitel 3 Theoretisch-konzeptioneller Rahmen

Ein Kernbegriff und zugleich der zentrale Forschungsgegenstand der vorliegenden Arbeit ist „energetisches Regionalisieren". Damit werden Praktiken bezeichnet, welche die Wirtschaft im Kontext der Energieversorgung und ihre Geographie konstituieren. Die unterschiedlichen Konstitutionen umfassen Konstruktionen, Produktionen, Reproduktionen und Transformationen. Im Folgenden werden die Verbindungslinien und Konstitutionsmodi der Begriffe Praxis, Energiewirtschaft[1] und Geographie diskutiert. Dabei werden in einem ersten Schritt verschiedene praxistheoretische Zugänge vorgestellt. Bei diesen Ausführungen geht es nicht darum, einen vertieften Überblick zu geben, sondern ein Verständnis von Praktiken herauszuarbeiten, das für die Erforschung energetischen Regionalisierens zielführend ist. Im zweiten Schritt wird die Transformationsforschung als Heuristik diskutiert, die gerade für die evolutionäre Dimension der Energiewende einen fruchtbaren Anknüpfungspunkt anbietet. Danach wird das Konzept des energetischen Regionalisierens dargelegt, das die benannten Verbindungslinien herstellt.

3.1 Praktikenforschung in der Wirtschaftsgeographie

Seit Anfang der 2000er Jahre wird in der Wirtschaftsgeographie vermehrt über Praktiken diskutiert. Dabei rücken vor allem solche Praktiken in den Fokus, die sich mit Themen beschäftigen wie Lernen und Innovation (Faulconbridge, 2006; Gertler, 2003; Hall, 2009), industrielle Organisation und Routinen (Bathelt/Malmberg/Maskell, 2004; Glückler, 2007; James, 2007; Pain, 2008; Radwan/Kinder, 2013; Yeung, 2003), Märkte und Marktkonstitution (Berndt/Boeckler, 2009; Ouma, 2012), Netzwerke und Globalisierung (Amin, 2002; Hess, 2004; Jones, 2008), alltägliche Haushalts- und Konsumentenpraktiken (McMeekin/Southerton, 2012; Shove/Walker, 2010) oder *livelihood* Strategien, Entwicklungsforschung, Genderfragen sowie neoliberaler Governance (vgl. Jones/Murphy,

1 Wenn von „der Energiewirtschaft" die Rede ist, ist damit keineswegs gemeint, dass es sich um einen homogenen Sektor, eine spezielle Branche oder einen einheitlichen Markt handelt. Vielmehr sind damit alle Praktiken gemeint, die gezielt auf die Erzeugung von Energie ausgerichtet sind.

2010). Im Kern dieser Auseinandersetzung stehen konstitutive, kontingente, transformative, subversive, improvisierte oder auch unvorhersehbare Praktiken.

Die Diskussion findet vor dem Hintergrund des epistemologischen Wandels von einer institutionellen hin zu einer praktikenorientierten Forschung statt. Dieser wendet sich nach Jones/Murphy (2010, 372) zwei grundlegenden Aspekten zu: Die Untersuchung der Wirtschaft mit Fokus auf Praktiken kann erstens zeigen, „*how the everyday actions of actors constitute, reproduce, or transform structural forms (eg, production systems, institutions, communities, livelihood patterns, networks, markets, power structures).*" Zweitens wird es möglich zu analysieren, „*how and why some actors are able to resist and/or bypass the power imposed by conventional or hegemonic structures*" (ebd.). Die Ausgangspunkte, Kernaspekte und Vorteile einer so ausgerichteten Wirtschaftsgeographie werden in diesem Kapitel beleuchtet.

Die Hauptreferenzpunkte der wirtschaftsgeographischen Praktikenforschung liegen in den Arbeiten zur Praktikentheorie von Bourdieu, Schatzki und Giddens. Diese Ansätze – und damit auch deren Implementierung in der Geographie – sind von einer großen Heterogenität hinsichtlich ihres zugrundeliegenden Praxisbegriffes gekennzeichnet. Trotz dieser Vielfältigkeit können diverse gemeinsame Vorteile des breiten Felds der Praktikenforschung benannt werden. Sie werden im Folgenden erläutert.

Grundlegender Ausgangspunkt der Praktikenforschung sind Akteure. Damit stehen diese *qua natura* im erkenntnistheoretischen Fokus der Analyse[2]. Die mit diversen Prozessen wie Produktion, Konsum, oder Lernen in Zusammenhang stehenden Praktiken erlangen damit die Hauptaufmerksamkeit. So können auch heterogene Akteursinteressen herausgearbeitet werden, da diese von individuellen Zielen, Blickwinkeln und Interpretationen abhängen (Radwan/Kinder, 2013, 2447). Darüberhinaus ermöglicht Praktikenforschung, über die idiosynkratischen mikro-sozialen Verhaltensformen hinaus zu generalisieren. So können nicht-routinisierte, zufällige, kontingente oder improvisierte Handlungsweisen aufgedeckt und deren Bedeutung für Individuen, Unternehmen, *communities* und damit ganze Wirtschaftsbereiche hervorgehoben werden (Jones/Murphy, 2010). Dies ermöglicht erstens, lokale oder regionale Kontexte und vor allem Besonderheiten der wirtschaftlichen Entwicklung zu verstehen. Zweitens kann der Wandel der damit verbundenen Prozesse und

---

2 Auch in strukturalistischen oder Institutionenansätzen wird mit Akteurskonzepten gearbeitet; insbesondere im Kontext der Entstehung und Verbreitung von Routinen kommt individuellen wie kollektiven Akteuren dabei Bedeutung zu (vgl. Kap. 3.1.3.1.)

Aktivitäten herausgearbeitet werden, was für das Verständnis dieser Entwicklung von großer Bedeutung ist. Und drittens können Akteure als Individuen konzeptualisiert werden, die in sozio-ökonomische Kontexte eingebettet sind und daher nicht durch „*reference to atomistic individual motives alone*" (Martin, 2000, 79) erklärt werden können. Damit ist praktikenorientierte Forschung besonders geeignet für die Erforschung von Veränderungen, „*particularly when action, interdependencies, and people's cooperation or conflicts are constitutive elements of a recurring problem and there is little standardization*" (Radwan/Kinder, 2013, 2447). Darüber hinaus wird der Praktikenforschung eine große Politikrelevanz zugeschrieben. Denn wenn Ursachen des Praktikenwandels – wie beispielsweise spezifische Situation, Regeln oder Akteure – klar identifiziert werden können, wird es möglich, Interventionspunkte und -möglichkeiten auszumachen (ebd.).

Deutlich wird, dass Praktikenforschung qualitativ orientiert ist: Sie fokussiert die Konstituierung, Reproduktion und Transformation von Kontexten und trägt dazu bei, deren Bedeutungen für Handeln und Praxis in verschiedenen sozialen Situationen, Räumen und auf unterschiedlichen Maßstabsebenen zu verstehen. So kann sie auf Komplexitäten, Kontingenzen, Identitäten und Bedeutungen wirtschaftlicher Aktivität hinweisen. Wie Jones/Murphy (2010, 2010) zudem feststellen, kann

> „*the study of practice [...] complement existing explanations for economic-geographical phenomena (eg, institutional, radical, or relational) by* ***providing an analytical 'object'*** *whose study can demonstrate how higher-order phenomena such as institutions, networks, class structures, and gender inequalities are enacted, reproduced, and/or transformed through the everyday actions embedded within them}*" (Jones/Murphy, 2010, 357; eigene Hervorhebung).

Für das Interesse der vorliegenden Forschungsarbeit heißt das, dass besser verstanden werden kann, welche Implikationen, Kontexte, räumlichen Besonderheiten und Maßstäbe die Energiewende als Praxisphänomen hervorbringt.

3.1.1 Drei Denkschulen der Praktikenforschung

Grundsätzlich geht es in der Praktikentheorie um die Beziehung von Handlung und der sozialen Welt, in der gehandelt wird. In der (Wirtschafts-)Geographie wird dabei insbesondere auf drei Autoren verwiesen: Bourdieu, Schatzki und Giddens. Eine umfassende Diskussion derer Theorien ist nicht das Ziel der vorliegenden Arbeit. Vielmehr sollen diejenigen Kernbegriffe herausgearbeitet werden, die für das später entwickelte Konzept „energetische Regionalisieren" von Bedeutung sind.

Pierre Bourdieu (1987; 1991) entwickelte für seine Praktikentheorie (s. Abb. 3.1) als zentralen Begriff den Habitus.[3] Habitus ist ein "*generative principle of regulated improvisation [...] which reactivates the sense objectified in institutions*" (Bourdieu, 1990, 57 ff.). Er bezeichnet „Schemata des Wahrnehmens, Denkens und Handelns“ (Bremer, 2004, 63) und „*refers to the ways in which processes of class formation - and reproduction - are facilitated by the storage and (transposable) transmission of core cultural dispositions in the individual*“ (Butler, 2003, 36). Dispositionen sind Präferierungsmodi, die einen praktischen Sinn ermöglichen. Sie ergeben sich durch die „Erfahrungen und Auseinandersetzungen in der Praxis“ (Dörfler/Graefe/Müller-Mahn, 2003, 16) mit sogenannten Feldern. Als Feld bezeichnet Bourdieu die Gesamtheit der gesellschaftlichen Interaktionen und Konstellationen und benennt Felder wie Kunst, Politik oder Wirtschaft. Felder werden „durch spezifische Relationen zwischen den Subjekten, durch ihre Positionen und durch ihren ‚Einsatz‘ strukturiert“ (ebd.). Bourdieu hebt mit seinem Konzept auch die Wirkung vergangener Erfahrungen auf die Gegenwart hervor, wodurch deutlich wird, dass soziale Bedeutung über die Intentionen von einzelnen Akteuren hinaus geht. Wille (2012) stellt insbesondere Bourdieus Routinisierungsthese heraus, „welche die Repetitivität und Kontinuität sozialer Praktiken zum sozialen Normalfall erklärt“ (Wille, 2012, 70), was auf die Dynamik sozialer Praxis hinweist.

Abbildung 3.1: Bourdieus Habitus und Feld (Dörfler/Graefe/Müller-Mahn, 2003, 17).

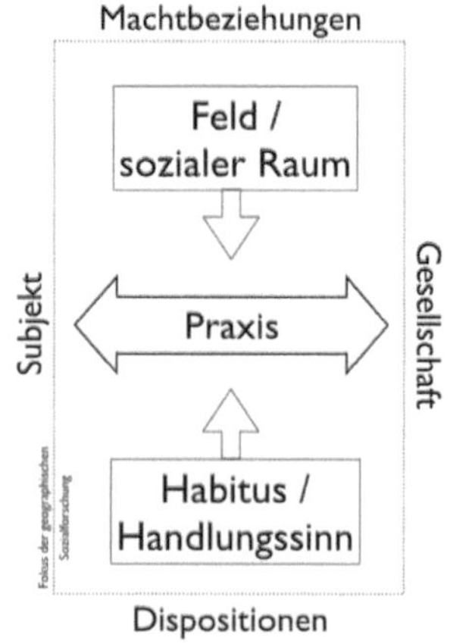

3 Insbesondere in der deutschsprachigen Sozialgeographie wird dieses Konzept häufig rezipiert, z. B. in Dirksmeier (2003); Dörfler/Graefe/Müller-Mahn (2003); Drilling (2004); Janoschka (2009); Lippuner (2006); Rothfuß (2006).

Theodore Schatzkis Praktikentheorie (2003) (s. Abb. 3.2) sieht Praktiken als Bündel menschlichen Handelns, die zu sozialer Ordnung führen. Diese Bündel umfassen in der Weiterentwicklung seiner Argumente durch Reckwitz (2002, 249 f.) verschiedene Formen des Verstehens und Nutzens von Gegenständen und Emotionen, aufbauend auf Wissensbeständen. Schatzkis zentrales Konzept ist die *site ontology*. Dessen Kernaussage ist, dass „*the character and transformation of social life are inherently tied to the site of the social*" (Schatzki, 2003, 177). *Site* bezieht sich auf drei unterschiedliche Aspekte. Erstens sind damit Orte einer Handlung im physisch-metrischen Raum und zu einer bestimmten Zeit, teleologische Orte und der Handlungsort im Sinne des „*particular activity place(s) in the layout of places and paths in that setting where it [the practice] is performed*" (ebd. 176) gemeint. Zweitens zielt *site* auf „*the broader region or set of phenomena in which it [the praxis] exists or takes place*" (ebd.). Und drittens ist *site* „*that realm or set of phenomena (if any) of which it is intrinsically a part*" (ebd. 177), womit Schatzki die Praktiken in ihrem Praxisfeld meint (z. B. die Praktiken des Promovierens, wie Literaturrecherche, Datenerhebung, Datenanalyse oder wissenschaftliches Schreiben). Schatzki schließt folglich neben Praktiken auch materielle und immaterielle Einheiten in seine Praktikentheorie ein. Er fragt nach den Beziehungen dieser und wie sie Ordnungen oder Arrangements von Einheiten wie materiellen Dingen, Artefakten, Organismen oder Bedeutungen erzeugen. Jegliche Form von Arrangements wird also in und durch Praktiken konstituiert. Wie Everts/Lahr-Kurten/Watson (2011) darlegen, schließt dies auch die räumliche Dimension gesellschaftlichen Lebens ein.

Abbildung 3.2: Schatzkis site ontology, *eigene Darstellung.*

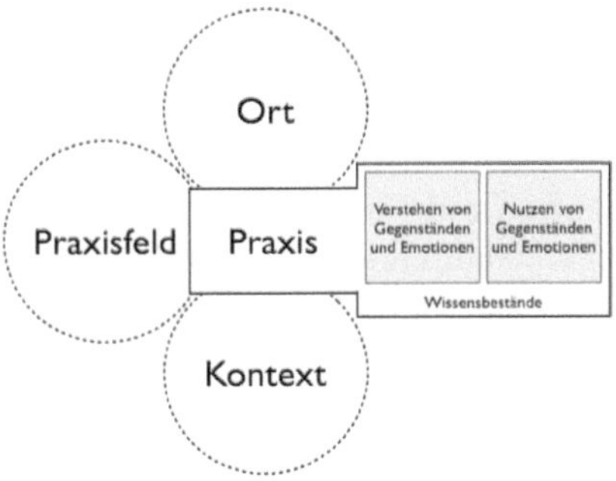

Für Anthony Giddens (1984) sind Praktiken all jene sozialen Handlungen, die rekursiv diejenigen Strukturen produzieren und reproduzieren, die die Handlungen wiederum ermöglichen und begrenzen (s. Abb. 3.3). Seine Theorie der

Strukturation fasst dies durch die Dualität der Struktur: die Wechselwirkung zwischen Handeln und Struktur. Er ist interessiert daran, wie sich diese Dualität in Raum und Zeit erstreckt. Handlungen sind nach Giddens (1984) Verhaltensabläufe im Alltagsleben. Sie beziehen sich nicht auf Handlungsabsichten, sondern auf das prinzipielle Vermögen zu handeln. Sie können intentional sein, wenn eine Handlungswirkung erwartet wird. Nicht-intentionales Handeln geht von einer bewussten Handlung aus, deren Handlungsfolgen aber nicht abgeschätzt werden können. Es sind also auch unbeabsichtigte Handlungsfolgen möglich. Über sogenannte Rückkopplungsprozesse werden sämtliche Handlungsergebnisse – zusammen mit Regeln und Ressourcen – wiederum Bedingungen für weiteres Handeln.

Abbildung 3.3: Giddens Theorie der Strukturation, verändert nach Zerfaß (2010).

Ressourcen bezeichnen die Fähigkeit oder das Vermögen der Umgestaltung (Giddens, 1979, 68) und deuten somit auf die Fähigkeit hin, Personen und materielle Mittel und Bedingungen zu kontrollieren. Giddens unterscheidet allokative und autorative Ressourcen. „Allokative Ressourcen beziehen sich auf die Fähigkeiten – oder genauer auf Formen des Vermögens zur Umgestaltung –, welche Herrschaft über Objekte, Güter oder materielle Phänomene ermöglichen" (Giddens, 1988, 86). Die Hauptbezugsaspekte sind: materielle Aspekte der Umwelt, materielle Produktions- und Reproduktionsmittel sowie produzierte Güter. Dem gegenüber beziehen sich autorative Ressourcen auf „Typen des Vermögens zur Umgestaltung, die Herrschaft über Personen oder Akteure generieren" (ebd.). Die Hauptbezugsaspekte sind: Organisation von Raum und Zeit und die raumzeitliche Organisation von Wegen und Regionen, Produktion und Reproduktion des Körpers und damit die Organisation und Beziehung von Menschen in gegenseitiger Gemeinschaft sowie die Organisation von Lebenschancen.

„Regeln sind als Verfahrensweisen des Handelns, als Aspekt der Praxis" (Giddens, 1988, 73) zu begreifen. Daher können Regeln nur in Zusammenhang mit Ressourcen verstanden werden, denn erst diese stellen Mittel bereit, „damit die Bezugnahme auf Regeln einen transformativen Gehalt erreichen kann" (Werlen, 2007, 172). Regeln und Ressourcen sind die Grundlagen für Strukturen. Strukturen sind Medium und Ergebnis sowie ermöglichendes Mittel und begrenzender Zwang des Handelns. Über sie wird soziale Ordnung erzeugt. Zugleich existieren sie nicht ohne Handlung, determinieren sie aber auch nicht. Sie sind weder Systeme, noch Interaktionsmuster, sondern sind wie Sprache eine abstrakte Fähigkeit der Gesellschaft. „*Structure is present in his absence*" (Giddens, 1979, 64).

Mit diesen Grundbegriffen entwickelt Giddens in seiner Theorie der Strukturation zwei Forschungsperspektiven. Erstens werden Konstitutionen und Produktionen von handelnden Subjekten beleuchtet und zweitens werden gesellschaftliche Produktionen und Reproduktionen als Leistung von Subjekten gesehen. In der Geographie wurden diese Ideen zuerst im englischsprachigen Raum genutzt (z. B. Gregson, 1987; Thrift, 1993). In Deutschland führte Werlen (1999; 2007; 2010a) Giddens Überlegungen mit der Sozialgeographie der alltäglichen Regionalisierungen ein. Auf diese wird im Folgenden genauer eingegangen, da sie als grundlegende sowie ausdrücklich geographische Gesellschaftstheorie zu verstehen ist.

3.1.2 Geographische Rezeption der Praktikentheorie durch Werlen

Auch wenn die kurz diskutierten Schulen der Praktikentheorie Einzug in die Geographie erhalten haben, wurde bisher nur eine einzige umfassende und explizit geographische Theorie vorgelegt, die sich auf Praktikentheorien stützt. Alle anderen Arbeiten entwickeln Konzepte oder Rahmenwerke (*frameworks*) für geographische Praktikenforschung. Daher wird an dieser Stele auf diese eine geographische Umsetzung genauer eingegangen, um mögliche Anknüpfungspunkte aufzuzeigen sowie Schwachstellen zu benennen und damit ein geographisches Verständnis von Praktiken auszuarbeiten, das für das Erforschen energetischen Regionalisierens zielführend ist.

Der Sozialgeograph Benno Werlen hat aufbauend auf Giddens Strukturationstheorie seine „neue Regionalgeographie" entwickelt, auch bekannt als die „Sozialgeographie alltäglicher Regionalisierungen" (1999; 2007; 2010a; s. Abb. 3.4). Dieses vor allem in der deutschsprachigen Sozialgeographie breit rezipierte Konzept (bspw. Bürkner, 1999; Federwisch, 2012; Felgenhauer, 2007; Lippuner, 2005; Narr, 2010; Schlottmann, 2005; Wardenga, 2002; van Wezemael, 2005;

Wille et al., 2014)[4] zielt auf die Erforschung gesellschaftlicher Raumverhältnisse und der Prozesse des alltäglichen „Geographie-Machens". Es konzentriert sich „auf die menschliche Praxis unter besonderer Berücksichtigung der räumlichen Bedingungen der materiellen Medien des Handelns, ihrer sozialen Interpretation und Bedeutung für das gesellschaftliche Leben" (Werlen, 2007, 66). Die Fokussierung von Praktiken und deren Umsetzung, was Werlen als das „Primat der agency" (Werlen, 2010b, 323) bezeichnet, ermöglicht es ihm zufolge, die Zusammenhänge von Zeit, Bewusstsein, Körper und Raum besonders gut darzulegen. Darauf aufbauend entwickelt Werlen ein Verständnis von Raum als sozial hergestellt und wandelbar. Den damit verbundenen Prozess nennt er „Regionalisierung".

Abbildung 3.4: Weltbindung nach Werlen, eigene Darstellung.

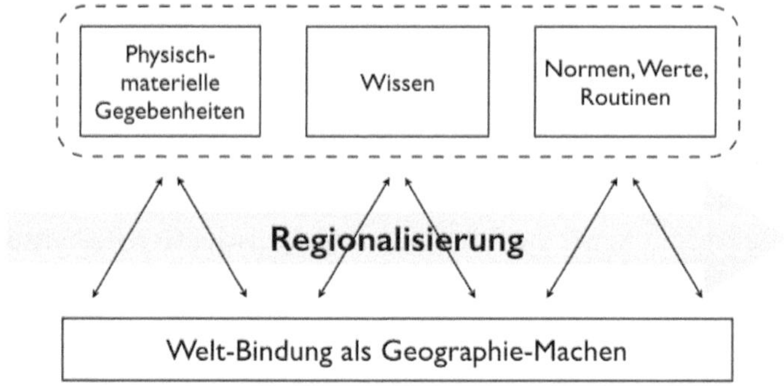

Regionalisierung

Regionalisierung bezeichnet Prozesse, in denen Regionen als spezifische Raum-Zeit-Kontexte von Individuen durch soziale Praktiken konstituiert und reproduziert werden. Dieser Prozess läuft vor dem Hintergrund gesellschaftlicher Strukturen ab. Regionalisieren heißt, physisch-materielle Komponenten

4 Da Werlen vorrangig auf Deutsch und Französisch publiziert, sind seine Ideen auch ausschließlich in den entsprechenden Literaturen aufgegriffen worden. So finden sich englischsprachige von Werlen verfasste wissenschaftliche Aufsätze in Fachzeitschriften über seine Arbeit lediglich in 2012 (im Zuge des UNESCO-Antrags für das „global year of understanding") und 2006 (in einem vorrangig französischsprachigen Themenheft). In englischsprachigen Sammelbänden hat er insgesamt sieben Beiträge publiziert: über das UNESCO-Jahr (2012), einen Überblick (2009a), über Subjektzentrierung (2008), Beiträge über alltägliches Geographie-Machen auf globaler, regionaler und lokaler Ebene (2004a) und über regionale und kulturelle Identität 1993.

zueinander in Beziehung zu setzen, zu verbinden und ihnen Sinn zuzuschreiben. Mit Regionalisierungen werden Prozesse bezeichnet, „in denen die Subjekte über ihr alltägliches Handeln die Welt einerseits auf sich beziehen, und andererseits erdoberflächlich in materieller und symbolischer Hinsicht über ihr Geographie-Machen ‚gestalten'" (Werlen, 2007, 194). Daher nennt Werlen Regionalisierungen auch „Weltbindungen" (ebd., 30). Diese wendet ein Individuum an, um die Welt auf sich selbst zu beziehen und damit das eigene Handeln zu steuern, sowie um zu versuchen, die Praxis anderer zu beeinflussen. Das mit der Weltbindung einhergehende alltägliche Geographie-Machen der Individuen basiert auf der Erfahrbarkeit der physisch-materiellen Welt. Mittels des eigenen Körpers können die raumzeitlichen Dimensionen der Welt zu einem Teil des eigenen Erlebens werden, wobei die Dinge der Außenwelt in der Berührung mit dem Körper des Subjekts als dinghaft erlebt werden. Durch diese Erfahrung konstituiert sich die Räumlichkeit der physisch-materiellen Welt (vgl. Lippuner, 2005, 71).

Raum

Raum bezeichnet Werlen als ein begriffliches Mittel zur Beschreibung von Praktiken der Weltbindung: „Raum [wird] dem Handeln nicht als Passform vorgegeben, sondern kann – als begriffliches Konzept – vielmehr als ein Element des Handelns verstanden werden, das [...] in unterschiedlicher Ausformung ein Mittel der Weltbindung darstellt" (Werlen, 2009b, 154). Es steht demnach nicht ein wie auch immer verfasster Raum im Zentrum der Forschung, sondern die sozialen Praktiken seiner Hervorbringung; Räume sind Teilaspekte sozialer Praktiken. Diese Praktiken bilden das Beziehungsverhältnis von physisch-materiellen Komponenten, subjektiven Sinnzuschreibungen und -deutungen (als Grundlage für Wissen) und gesellschaftlichen Strukturen (wie Normen, Werte oder Routinen) als Raum ab. Eine wichtige Schlussfolgerung aus Werlens Argumentation ist, dass Raum auch nicht als Erklärung für soziale Strukturen herangezogen werden kann. Denn räumliche Strukturen sind eine „Ausdrucksform über Handeln vermittelter sozialer Strukturen. [...] Doch gerade weil sie ‚Ausdruck' sind, können sie mit diesen nicht gleichgesetzt werden" (Werlen, 2007, 119). Dennoch ist Raum für soziale Praxis von Bedeutung, allerdings nicht *per se*, sondern als Handlungskontext in Form von Regionen.

Region

Werlens Regionsbegriff schließt an Giddens an. „Regionen [sind] als Handlungskontexte zu verstehen, ‚verbunden mit normativen Rechten, Verpflichtungen und Sanktionen' (Giddens, 1988, 336), die spezifische Rollen der Akteure innerhalb ihres Bereichs – qua Bezugnahme der Interaktionspartner auf diese – mitkonstituieren“ (Werlen, 2007, 180). Region bezeichnet einen spezifischen Raum-Zeit-Kontext, der durch routinisierte Praktiken entsteht. Oder in anderen Worten: Eine Region repräsentiert einen symbolisch markierten beziehungsweise bedeutungsvollen Ausschnitt des Lebenskontextes, der physisch-materiell rückgebunden werden kann. Zugleich sind Regionen als „sinnhaft konstituiert“ aufzufassen (ebd., 191). Sie sind „sozialer Art [und] nicht naturhaft vorgegeben, sondern Ausdruck von Konstitutionsleistungen und der sozialen Reproduktionsprozesse im Rahmen alltäglicher Praxis, das Produkt alltäglicher Regionalisierungen“ (ebd.). Mit alltäglichen Praktiken meint Werlen das routinisierte und unhinterfragte Handeln von Menschen. Für den Alltagsbegriff stützt er sich auf den Lebensweltansatz von Schütz und Luckmann (2003, Originalausgabe von 1988). Dieser geht davon aus, dass kollektiv geteilte Wissens- und Erfahrungshorizonte (Intersubjektivität) konstitutiv sind für die „gesellschaftliche Konstruktion der Wirklichkeit“ (Werlen, 2004b, 318).

Kritische Betrachtung der Sozialgeographie alltäglicher Regionalisierungen

Es gibt in der Literatur eine breite Palette von kritischen bis ablehnenden Beiträgen zu Werlens Konzept (z. B. Arnold (1998); Bürkner (1999); Oßenbrügge (1997); Narr (2010)). Im Folgenden werden einige ausgewählte und für das Konzept des energetischen Regionalisierens wichtige Punkte dieser Kritik aufgegriffen.

1. Werlen bleibt teilweise unklar in seiner Terminologie. Begriffe wie Raumkonstitution, Raumkonstruktion oder Raum(re-)produktion werden im Kontext von Regionalisierung oft nicht konsistent und/oder synonym verwendet. Auch die Begriffe Region und Raum werden teilweise synonym gebraucht und überschneiden sich weitgehend hinsichtlich der Begriffsinhalte (vgl. Bürkner, 1999; Narr, 2010). Eine klarere Abgrenzung und deutliche Definition der genannten fünf Begriffe sind daher unabdingbar, um Werlens Konzept für energetisches Regionalisieren nutzen zu können, auch um zu erfassen, welchen Nutzen der Regionsbegriff gegenüber dem Raumbegriff (und umgekehrt) bietet. Dabei gilt auch zu berücksichtigen, dass die Rede von Region im Werlenschen Sinne vor dem Hintergrund des alltagssprachlichen Verständnisses immer wieder für Verwirrung sorgt und Erklärungen einfordert. Zu diskutieren ist daher, wie mit diesem Problem umgegangen werden kann.
2. Die Unterscheidung von Handeln und Praktiken bleibt bei Werlen unklar. Wichtig ist, das Verhältnis von Kontinuität (Routine) und Diskontinuität (Kontingenz) näher zu bestimmen (vgl. Arnold (1998); Narr (2010)). Zentral

dafür ist es zu verstehen, wie sich Routinen herausbilden und verbreiten und wie sie dann für die Handlungen eines Akteurs bedeutsam werden. Wie tragen Handlungen zur Etablierung und Stabilisierung von Routinen bei? Wie werden Routinen durch Handlungen in Frage gestellt?

3. Auch Werlens Begriff der Alltäglichkeit scheint zu kurz gegriffen, um Regionalisierungen in ihrer vollen Bandbreite zu erfassen. Im linguistischen Sinn bezeichnet Alltäglichkeit lediglich Routinen und damit „tägliches Einerlei, gleichförmiger Ablauf im [Arbeits]leben" (Duden-Online, 2014). Im Kontext der Regionalisierung deutet sie jedoch auch eindeutig auf die tagtäglich neuen Konstitutionsleistungen durch Praktiken hin, die routiniert und routinisierend, aber eben auch improvisiert ablaufen können.
4. Ein Befund, der auch auf die weitere wissenschaftliche Anwendungen von Werlens Theorie zutrifft, ist, dass sich die theoretisch-konzeptionelle Durchdringungstiefe nicht in einer kohärenten, überzeugenden oder eindeutigen Methodologie und empirischen Umsetzung widerspiegelt, was Narr (2010) zurückhaltend bis ironisch mit „empirisch sparsam" bezeichnet.

Diese kritischen Punkte weisen darauf hin, dass die Sozialgeographie alltäglicher Regionalisierungen mit ihren konzeptuellen wie methodologischen Schwachstellen in ihrer Anwendung begrenzt ist. Doch Werlen selbst hat die an seiner Theorie geäußerte Kritik aufgegriffen und eine Weiterentwicklung vorgenommen, die er „Gesellschaftliche Raumverhältnisse" nennt (Werlen, 2010b).

<u>Gesellschaftliche Raumverhältnisse als Praxisphänomen</u>

In dem Konzept „Gesellschaftliche Raumverhältnisse" (Werlen, 2010b; s. Abb. 3.5) sollen verfügbare Mittel und Medien der Weltbindung analysiert werden. Diese sind laut Werlen „für die Hervorbringung jeder Form der Gesellschaftlichkeit konstitutiv" (Werlen, 2010b, 327). Dafür rücken unter expliziter Berücksichtigung von Machtfragen die drei Dimensionen ‚Handeln und Struktur', ‚Handeln und Körper' sowie ‚Körper und Raum/Räumlichkeit' als erweiterte Relationierungen der gesellschaftlichen Raumverhältnisse in den Fokus. Die erste Dimension versteht „Handeln stets als (mehr oder weniger) machtgeladenes Tun [...], das gleichzeitig als strukturierend und strukturiert zu verstehen ist" (ebd. 324). Die zweite Dimension bezieht sich auf körpervermitteltes Tun und wendet sich dem „Zusammenhang von Körper und Macht" (ebd.) zu. Die dritte Dimension erschließt unter Einbeziehung des körpervermittelten Handelns den „Zusammenhang von Macht und Raum" (ebd.). Dabei bezieht Werlen auch die Koexistenz von Praktiken in zeitlicher Hinsicht mit ein: Im Verlauf der Zeit werden unterschiedliche „sozial geschaffene Mittel, Medien und Möglichkeiten" konstituiert, um „mit der Räumlichkeit von Handlungskonstellationen zurechtzukommen, die sich aus der Materialität der Dinge und der Körperlichkeit des Handelns ergeben“ (ebd. 327).

Abbildung 3.5: Gesellschaftliche Raumverhältnisse nach Werlen, eigene Darstellung.

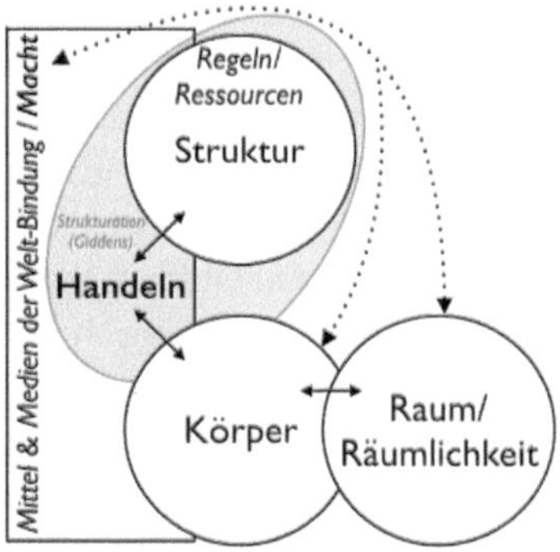

Bei dieser Weiterentwicklung verpasst Werlen jedoch die Chance, neuere Strömungen der Praktikenforschung aufzunehmen, die stärker auf Materialitäten (z. B. Shove/Pantzar/Watson, 2012; Watson, 2012) Bezug nehmen. Zudem bleibt sein Unterfangen weiterhin methodisch vage (vgl. Pohl, 2011; Schmidt, 2012). Wenn die Analyse der gesellschaftlichen Raumverhältnisse sich also das Ziel setzt, gesellschaftliche Raumverhältnisse und Prozesse des alltäglichen Geographie-Machens zu erforschen, muss sie sich dieser sowie der an ihrer Vorgängerin geäußerten Kritik stellen. Die vorliegende Arbeit wird dazu einen Beitrag leisten.

3.1.3 Kernaspekte wirtschaftsgeographischer Praktikenforschung

Die diskutierten Praktikentheorien beleuchten unterschiedliche Aspekte der Beziehung von Handlung und sozialer Welt, in der gehandelt wird. Grundsätzlich gehen sie jedoch alle von vier Schlüsselaspekten aus:

1. Handlungen sind grundlegend für die Produktion gesellschaftlichen Lebens. Was auch immer produziert wird und wie es sich ändert – seien es Giddens soziale Strukturen, Werlens Weltbindung, Bourdieus Feld und Habitus, oder Schatzkis Praxisfelder – stets bilden alltägliche Handlungen die Grundlage.
2. Theoretische Dualismen[5] werden überkommen.

---

5 Zu diesen Dualismen können gezählt werden: Körper und Geist, Vorstellung und Handlung, Objekt und Subjekt, Struktur und Handlung, Individuum und Institution,

3. Das Zusammenspiel und die Beziehung gegenseitiger Konstitution (Relationalität) der verschiedenen Elemente einer jeden Praktikentheorie werden hervorgehoben (Feldman/Orlikowski, 2011).
4. Aus geographischem Blickwinkel ist festzustellen, dass die Geographie der Praxis (Feld, Ort oder Raum) für soziale Praktiken wichtig ist.

Diese vier Aspekte bedingen sich gegenseitig und müssen daher gemeinsam behandelt werden. In der neueren wirtschaftsgeographischen Literatur (z. B. James, 2007; Radwan/Kinder, 2013; Vallance, 2011) wird dies durch das Konzept der sozio-ökonomischen Praktiken geleistet, die nach Jones/Murphy (2010, 367) definiert werden als:

> „*the stabilized, routinized, or improvised social actions that constitute and reproduce economic space, and through and within which diverse actors (eg, entrepreneurs, workers, caregivers, consumers, firms) and communities (eg, industries, places, markets, cultural groups) organize materials, produce, consume, and/or derive meaning from the economic world.*"

Im Kontext der Energiewende sind insbesondere jene Praktiken zu analysieren, die auf Energieerzeugung und -verbrauch abzielen. Beispiele dafür sind Investitionsentscheidungen, der Bau und alltägliche Betrieb einer Energieerzeugungsanlage, die Formulierung strategischer Ziele, der Aufbau eines Interessenverbandes oder Konsumentscheidungen. Ein zweiter Aspekt ist die Alltäglichkeit sozio-ökonomischer Praktiken. Diese wird vor allem in der Ausprägung der Praktikenforschung beleuchtet, die in der von Jones (2013) entwickelten Systematisierung der relationalen Wirtschaftsgeographie zugeordnet werden kann. Dort werden vier Strömungen der Praktikenforschung unterschieden. Die erste wendet sich Praktiken innerhalb und zwischen Unternehmen zu und untersucht die Beziehungen unterschiedlicher unternehmerischer Praktiken, wie Produktion und Vertrieb, Finanzen, Wissenstransfer, Lernen und Innovation, Wertschöpfungsketten und globale Produktionsnetzwerke, oder Clusterungsprozesse sich als Praxisphänomene verändern. Die Zweite fragt nach den räumlichen Dynamiken industrieller Organisation und fokussiert routinierte und gemeinsame Praktiken, „*that legitimate, control and coordinate business activities, and that can help to create the relational proximity (and in some cases trust) needed for firms to act at a distance in a globalized economy*" (ebd., 7). Ein dritter Forschungsstrang beschäftigt sich mit alternativen Wirtschaftsformen, wie etwa dem *islamic banking*. Dabei stehen Governancepraktiken und deren Zusammenhang

Wille und Determinismus (Reckwitz, 2002). Zur genaueren Diskussion dieses Aspekts siehe auch Feldman/Orlikowski (2011).

mit Entwicklungsstrategien, oder auch die Wechselbeziehung von Haushaltsökonomien und Alltagspraktiken mit der weiteren Wirtschaftsentwicklung im Fokus. Die vierte Strömung arbeitet über Performativität und wirtschaftliche Relationen im Sinne der relationalen Wirtschaftsgeographie von Berndt/Boeckler (2009). Hier soll ein geographisches Verständnis darüber entwickelt werden, wie Praktiken (*practices/performances*) die Entstehung und Struktur von Märkten und Marktverhalten konstituieren.

Die alltäglichen sozio-ökonomischer Praktiken konstituieren demnach als „*everyday relational processes*" (Jones, 2013, 7) die Ökonomie „*and hold communities or firms together within, and in relation to, particular geographic contexts*" (ebd.). Dabei ist es wichtig, dass nicht wirtschaftliches, sondern gesellschaftliches Handeln als analytischer Ausgangspunkt gilt, denn: „*All economic action is always and everywhere entangled in social influences. It is not embedded in the social because it does not exist independently of social practice or societal influences*" (Jones, 2008, 75). Konsequenter Weise muss der analytische Startpunkt auf wirtschaftliche Ergebnisse, auf Hervorbringungen der Wirtschaft, gerichtet werden, auf „*products of individual and collective practices in space and time that lead (in part) to tangible economic effects and outcomes*" (ebd., 79). Von diesen ausgehend können dann diejenigen Praktiken extrahiert werden, welche die *economic spaces* und die *economic world* konstituieren, reproduzieren und transformieren. Die Praktiken, die dies im Kontext der Energiewende erbringen, werden in der vorliegenden Arbeit als „energetisches Regionalisieren" bezeichnet. Für die Entwicklung des Konzepts des energetischen Regionalisierens wird zunächst ein Überblick über die wichtigsten Termini wirtschaftsgeographischer Praktikenforschung gegeben: Stabilisierte, routinisierte und improvisierte soziale Handlungen (s. Kap. 3.1.3.1.) sowie Akteur und Gemeinschaft (s. Kap. 3.1.3.2).

3.1.3.1 Stabilisierte, routinisierte und improvisierte soziale Handlungen

Wie dargelegt, gibt es diverse Ansatzpunkte, um Handeln als soziale Praxis zu konzeptionalisieren. Eine der Kernfragen der wirtschaftsgeographischen Praktikenforschung kreist dabei um die Entstehung und Verbreitung von Routinen, also wie sich Handeln stabilisiert (z. B. Bathelt/Glückler, 2011; Ouma, 2012; Pain, 2008; Radwan/Kinder, 2013). Ein weiterer, oft erwähnter, aber außerhalb von alternativen Ökonomien kaum diskutierter Aspekt, fragt nach improvisierten oder alternativen Handlungen, die von Routinen abweichen, und ihrer Bedeutung für ökonomische Prozesse.

Es gibt einen großen Korpus an Fachliteratur, der sich mit der **Entstehung und Verbreitung von Routinen** in Organisationen oder Unternehmen (*organizational routines*) beschäftigt. Prominente Vertreter sind Bathelt (2005), Becker (2004), Gertler (2003), Hodgson (2003), Parmigiani/Howard-Grenville (2011), Pentland/Feldman (2005) und Sunley (2008). Die Analyse von Routinen aus praxistheoretischer Perspektive erlangt hingegen erst in jüngerer Zeit gesteigerte Aufmerksamkeit (Feldman/Orlikowski, 2011; Radwan/Kinder, 2013). Radwan und Kinder heben dafür insbesondere solche Routinen hervor, „*which involve high social complexity caused by interaction between heterogeneous actors*" (Radwan/Kinder, 2013, 2452). Dies gilt eindeutig auch für den Energiesektor, treffen hier doch zahlreiche unterschiedliche Akteursgruppen und Interessen aufeinander (vgl. Kap. 2). Da Interaktion Aktion voraussetzt, ist die Ausrichtung der Analyse von Routinen an sozialem Handeln nur konsequent. Werden Routinen also als Praxis aufgefasst, hebt dies hervor, dass Routinen durch Handlungen entstehen und dass Handlungen die Potenziale für deren Verbreitung und damit auch für Stabilität und Wandel der Routinen beinhalten (vgl. Feldman/ Orlikowski, 2011; Radwan/Kinder, 2013). Das bedeutet zugleich, dass Stabilität und Wandel relational sind, sich gegenseitig konstituieren. Sie sind „*different outcomes of the same dynamic rather than different dynamics. Moreover, change, from this perspective, may be engaged in order to promote stability, and stability may be essential to bringing about change*" (Feldman/Orlikowski, 2011, 10).

Unter Routinen können aus praxistheoretischer Sicht „*repetitive, recognizable patterns of interdependent actions, carried out by multiple actors*" (Feldman/ Pentland, 2003, 95) verstanden werden. Wesentlich für ihre Entstehung und (transformative) Verbreitung sind Wissensbestände sowie Interaktionen. Wissen ist im praxistheoretischen Verständnis immer praktisches Wissen (*knowing in practice*). Es äußert sich in konkreten Handlungen, die Artefakte, Individuen, Netzwerke und Gemeinschaften miteinander in Beziehung setzen (Faulconbridge, 2006). Das in den Praktiken vereinte Wissen wird zugleich die Basis für die wiederholte Ausübung einer Routine (Orlikowski, 2002). Werden Praktiken in das Zentrum der Analyse gestellt, so geht es also auch beim Wissen um dessen soziale Konstitution zwischen Struktur und Handlung.

Im Kontext von Wissenspraktiken werden Strukturen häufig auch als der ostensive Aspekt der Praxis bezeichnet. Sie sind kodifizierte Standardoperationen, also abstrakte Handlungsmuster (vgl. Radwan/Kinder, 2013; Feldman/ Orlikowski, 2011). Sie sind aktiv änderbar und zugleich ohne Handlung bedeutungslos. Sie existieren als Wissen über die Umsetzung bestimmter Fähigkeiten, wie etwas gesagt, getan oder geschrieben wird. Damit sind Strukturen die Basis jeder sozialen Praxis, die dann als Implementierung von Wissen zu verstehen ist (Werlen, 2007, 167). Handlungen, der performative Aspekt von Wissen, sind die konkreten Umsetzungen von Routinen durch bestimmte Menschen zu einer bestimmten Zeit an einem bestimmten Ort. Dabei beziehen sich die Handelnden auf die ostensiven Aspekte *„to guide, refer to and account for their performances“* (Feldman/Orlikowski, 2011, 11). Dies ist die Relationalität ostensiver und performativer Praktiken: sie konstituieren sich gegenseitig.

Unter Wissen wird *„not a static entity or stable disposition“* verstanden *„but rather an ongoing and dynamic production that is recurrently enacted as actors engage the world in practice“* (Feldman/Orlikowski, 2011, 7). Etwas zu wissen ist *„an ongoing social accomplishment, constituted and reconstituted in everyday practice“* (Orlikowski, 2002, 252). Damit hängen Wissensbestände durch ihre Bindung an die Körperlichkeit der Handelnden von ihrem Entstehungskontext ab und können nicht einfach in gleicher Form zwischen verschiedenen Kontexten transferiert werden. Faulconbridge (2006) stellt jedoch heraus, dass *„the social production of knowledge as a practice is not about adapting existing practices to suit local conditions, but using social interaction to inform understanding and develop new logics“* (ebd., 526). Das bedeutet, dass der Kontext der Hervorbringung einer Routine nicht mit einem erdräumlichen Ort gleichgesetzt werden kann. Vielmehr spielt Wissen auf die Bedeutung von Interaktion an und damit auf die Konstitution sozialer Praxis. Zusammengefasst bedeutet das, dass Routinen verstanden werden als *„generative systems created through the mutually constitutive and recursive interaction between the actions people take (performative aspect of routines) and the patterns these actions create and recreate (ostensive aspects of routines)“* (Feldman/Orlikowski, 2011, 11).

Die Verbreitung einer Routine erfolgt durch den Austausch von Wissensbeständen und damit durch interaktive Praktiken. Sie kann verstanden warden *„as situated practices dispersed in time and space“* (Radwan/Kinder 2013, 2454). Prinzipiell werden Routinen zuerst in lokalen Kontexten ausgetauscht (Asheim/Coenen/Vang, 2007; Bathelt/Malmberg/Maskell, 2004; Malmberg/Maskell, 2010) bevor sie in den Unternehmensroutinen verschiedener Organisationen rekontextualisiert werden können (*local buzz*). Letzteres kann beispielsweise durch Arbeitsmigration oder Investitionen in Artefakte geschehen. Durch diesen Austausch können sich ostensive Elemente der Praxis ändern und damit auch die Handlungen einzelner Akteure (um)definiert werden (Sydow/Lerch/Staber, 2010, 176). Dieser wechselseitige Prozess wird in der relationalen Wirtschaftsgeographie mit den Prozessen der *downward* und der *upward causation* beschrieben. In Anlehnung an Giddens bezeichnet *downward causation* den institutionell getriebenen Transfer von Makrostrukturen – wie zum Beispiel dem kapitalistischen Wirtschaftssystem – zu Individuen (Bathelt, 2006). *Upward causation* beschreibt den umgekehrten Transfer: wie Handeln in übergeordnete institutionelle Arrangements übertragen wird und damit die Makroebene beeinflusst (Hodgson, 2003). Geschieht dies über räumliche, institutionelle oder soziale Distanz, wird es auch als *global pipeline* bezeichnet (Bathelt/Malmberg/Maskell, 2004).

Austausch setzt voraus, dass es translokal mobile Elemente der Routine gibt. Diese müssen auf bestimmte Weise kodifiziert und kommuniziert werden. Die Kommunikation erfolgt „*through certain channels over time among the members of a social system*" (Rogers, 1995, 5). Durch Kodifizierung wird Wissen öffentlich verfügbar (*codified/explicit knowledge*) und kann relativ einfach zwischen Erzeuger und Empfänger ausgetauscht werden. Allerdings können nur Personen darauf zugreifen, die den gewählten Code verstehen und über ihre Vorbildung den transportierten Inhalt verstehen können (Meusburger, 2009). Zudem kann nicht jedes Wissen mobilisiert werden. Unbewusst Gewusstes und Unartikulierbares (*tacit knowledge*) entzieht sich der Dokumentation. Es kann nicht barrierefrei zwischen Kontexten ausgetauscht werden (Gertler, 2003) und erfordert für die Weitergabe entweder (i) lokalisiertes Lernen, Kopräsenz und/oder Akteursnetzwerke (Maskell/Malmberg, 1999), (ii) transnationale Unternehmensnetzwerke (Chaminade/Vang, 2008), oder (iii) temporäre Nähe und *face-to-face*-Interaktion (Bathelt/Schuldt, 2008).

Damit wird die translokale Mobilisierung von Unternehmensroutinen zu einem komplexen sozialen Prozess, der in engem Zusammenhang mit organisationalen sowie territorialen Kontexten steht (Jones/Murphy, 2010). Dieser ist unter anderem abhängig von „*organizational structures and processes, in their institutional environment, in their embedding in social structures, and in the cognitive preconditions*" (Radwan/Kinder, 2013, 2451). Dieser Kontext eröffnet Handlungsräume, auf die sich Akteure für innovative Handlungen berufen können. Wie Binz/Truffer/Coenen (2014) zudem feststellen: „*As tacit and codified knowledge co-evolve, one can assume to find considerably complex geographic network structures underlying knowledge creation*" (ebd., 140). Konkrete Orte stellen solche Kontexte dar, in denen situierte Praktiken durch die Körperlichkeit des Handelnden stattfinden. Daher ist es beispielsweise „*not primarily relevant how national legislation ('national' here denotes a territorial scope) is constituted but, rather, how it becomes a frame of reference for the [... practices] of the ostensive and performative aspects of an organizational routine and how it can influence the diffusion process*" (Radwan/Kinder, 2013, 2446). Wie Grabher/Ibert(2014) aufzeigen, können auch virtuelle Räume, wie Internetforen, solche Kontexte darstellen. Zwar teilen Akteure hier nicht unbedingt den gleichen institutionellen Rahmen, was zu unterschiedlichen Wahrnehmungen und Interpretationen führen kann (Song et al., 2007). Durch den Projektbezug (*on-topic professionality*) und kumulative sowie problemorientierte Lernvorgänge kann das Fehlen eines gemeinsamen Rahmens aber auch kreative Dynamiken anregen – zum Beispiel durch Missverständnisse – und so zur Neuformierung von Wissensbeständen und Routinen führen.

Durch den evolutionären und transformativen Charakter von Routinen kann der Fokus auf die verschiedenen Praktiken der Reproduktion gelenkt werden, durch die Routinen sich langsam oder schnell verändern (Feldman, 2000). Ein wichtiger Aspekt sind dabei **alternative soziale Handlungen**, die von Routinen abweichen. In ihrem breit rezipierten Artikel schreiben Feldman und Pentland:

> „*When people do new things, whether in response to external changes or in response to reflexive self-monitoring, they alter the potential repertoire of activities that creates and recreates the ostensive aspect of the routine. [...] They may or may not get accepted as legitimate alternatives to existing practice. In the end, members of the organization may or may not choose to incorporate variations into the ostensive part of the routine*“ (Feldman/Pentland, 2003, 108 f.).

Dieses Zitat steht insofern stellvertretend für diesbezügliche Literatur, dass alternative soziale Handlungen stets als wichtiger Aspekt der Transformation von Routinen benannt werden, aber nicht weiter auf diese Alternativen oder Improvisationen eingegangen wird. Auch im wirtschaftsgeographischen Kontext ist dies der Fall. So schreiben zum Beispiel Radwan/Kinder (2013, 2447): „*The practice-based perspective is less harmonious and static: by means of conflicts, existing forms of the routines are questioned and these may subsequently be modified*“. Damit enden ihre Ausführungen und es bleibt offen, wie genau dieses Infrage stellen abläuft. Der Ankerpunkt dafür liegt in dem Verständnis von Alltäglichkeit. Alltäglichkeit bezeichnet, wie auf Seite 61 bereits beschrieben, lediglich im linguistischen Sinn Routinen und damit „tägliches Einerlei, gleichförmigen Ablauf im [Arbeits]leben“ (Duden-Online, 2014). Zugleich deutet sie auch auf die tagtäglich stattfindenden Konstitutionsleistungen durch Praktiken hin, die routiniert und routinisierend, aber eben auch improvisiert ablaufen können. Dies ist auch für die soziologische Praktikentheorie der fundamentale Ausgangspunkt, denn „*the 'breaking' and 'shifting' of structures must take place in everyday crises of routines, in constellations of interpretative interdeterminacy and of the inadequacy of knowledge with which the agent, carrying out a practice, is confronted in the face of a 'situation'*“ (Reckwitz, 2002, 255). In Praxiskrisen entfaltet sich das transformative Potenzial der Alltagspraxis. Die alltäglichen kleinen Krisen der sozialen Praxis – verortet in Handlungen – sind somit der Kernmechanismus für die Transformation von Routinen und damit der Praktiken selbst (s. Abb. 3.6).

Abbildung 3.6: Transformation durch Praxis und Handlung, eigene Darstellung.

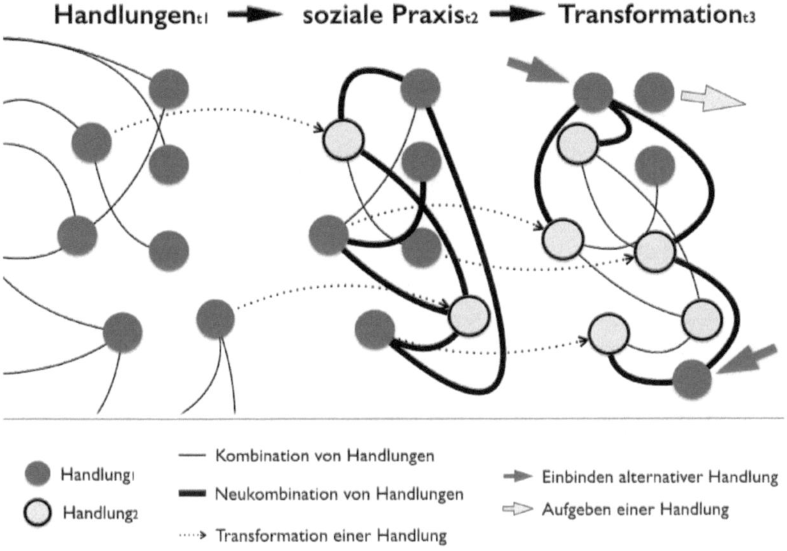

Krise setzt Bestand voraus. Shove/Pantzar/Watson (2012, 74 ff.) identifizieren drei Mechanismen, die für den Erhalt einer spezifischen bestehenden Praxis notwendig sind. Der Erste sind interne Anreizstrukturen, die einen Akteur dazu bringen, einer bestimmten Praxis nachzugehen oder einer Routine zu folgen. Ein erfolgreicher Fußballprofi zu sein, könnte beispielsweise für die Person selbst intrinsisch befriedigend sein, zugleich extrinsisch zu gesellschaftlicher Anerkennung und unter Umständen zu einem besseren Gehalt führen. Der zweite Mechanismus sind symbolische oder normative Verankerungen. Eine bestimmte Praxis wird als gut erachtet, als ein „*must do*" (ebd. 75). Der dritte Mechanismus des Praxiserhalts ist die Verbindung einer Praxis mit Anderen, also die Einbettung in ein Praxisfeld. Steht eine Praxis isoliert, wie es beispielsweise das Spielen mit einem Hula-Hoop-Reif oder mit einem Tamagotchi ist, dann ist es wahrscheinlicher, dass ein Akteur sie wieder aufgibt, als wenn sie in Verbindung mit anderen Praktik stünde. Ist eine Praxis also nicht (mehr) mit internem Anreiz ausgestattet, nicht (mehr) von symbolischer Bedeutung oder nicht (mehr) eingebettet in andere Praktiken, dann kann sie nicht fortbestehen, kommt in eine Krise (ebd. 81 ff.).

Alternative Praktiken entstehen durch Praxisinnovationen oder durch Neukombinationen einzelner Elemente der routinierten Praktiken mit Elementen anderer Praktiken, also dem Einbinden in ein anderes Praxisfeld. Dabei können entweder einzelne Elemente der Praxis verändert oder aufgegeben, oder alternative Praktiken entwickelt werden, die neue Elemente der Praxis einführen und besser dazu geeignet sind, die entsprechende Situation zu lösen. „*The arrival of new elements may lead to, and may in fact depend on, the demise of others*" (Shove/Pantzar/Watson, 2012, 58). Dies kann am Beispiel der Entwicklung von Schreibgewohnheiten illustriert werden: Neue technische Elemente ersetzten Alte, woraus unterschiedliche Schreibgewohnheiten und -möglichkeiten resultieren. So ging die Entwicklung der moderneren Schreibgeräte von der Feder über Füllfederhalter und Kugelschreiber hin zu Computer und Smartphone. Parallel dazu verlief die Entwicklung der schriftlichen Kommunikation: vom Kurzbrief mit Postkutsche über die Depesche mit telegrafischer Übermittlung bis zur digitalen Kurznachricht mit volldigitalem Mobilfunknetz. Mit den unterschiedlichen Kommunikationswegen sind und waren auch je spezifische Praktiken verbunden. Im zeitlichen Verlauf birgt also der performative Aspekt der sozialen Praktiken ein entscheidendes transformatives Potenzial der Praxis.

3.1.3.2 Akteur und Gemeinschaft

Wie bereits deutlich geworden ist, sind Akteure der empirische Ansatzpunkt für die Praktikenforschung. Denn es sind Akteure, „*who ‚carry' and ‚carry out' social practices*" (Reckwitz, 2002, 256). Im wirtschaftsgeographischen Kontext sind Akteure „*those people who act and interact in firms and other organizations to produce economic value*" (Jones, 2013, 2). Im Kontext der Energiewende sind es demnach jene Personen, die mit der Erzeugung und dem Verbrauch von Energie befasst sind – also eigentlich nahezu jeder Mensch, weshalb die Akteure der Energiewende in Kapitel 3.3 genauer diskutiert werden. Überlegungen aus der Akteur-Netzwerk-Theorie (ANT), die auf die materiellen und technischen Kontexte von Praxis eingehen, lenken das Augenmerk von Akteuren (*agents*) auf Aktanten (*agency*) (z. B.Callon, 1986; Latour, 2000; 2005). Auch nicht-menschlichen Entitäten wird in der ANT eine konstitutive Funktion zugeschrieben. Die so in das Forschungsinteresse gehobenen zahlreichen Aktanten bilden zusammen Netzwerke, die wiederum die Handlungsfähigkeiten produzieren. Gleichwohl sind es vor allem die Praktiken, die von praxisanalytischem Interesse sind. Wenn davon ausgegangen wird, dass Praktiken nur von ihren Resultaten ausgehend zu analysieren sind – wie oben beschrieben –, dann ist es auch sinnvoll, Akteure als ‚Träger' der sozialen Praxis zu benennen, die in gewisser Weise aus den ausgeführten Praktiken bestehen: „*As carriers of a practice, they are neither autonomous nor the judgmental dopes who conform to norms: They understand the world and themselves, and use know-how and motivational knowledge, according to the particular practice*" (Reckwitz, 2002, 256). Auf diese Weise sind auch nicht-menschliche Aspekte über die Weltbindung („*understand the world*") eingebunden und müssen nicht als eigene Aktanten konzeptionalisiert werden.

Auch für Individuen gibt es im Praxiskonzept einen eigenen Platz. Jedes Individuum übernimmt in verschiedenen Praxisfeldern eine bestimmte Akteursrolle. Ein Praxisfeld besteht aus sozialen Praktiken, die zueinander in Beziehung stehen. So umfasst beispielsweise das Praxisfeld Biogaserzeugung einzelne soziale Praktiken wie die Ressourcenbeschaffung oder die Instandhaltung der Biogasanlage. In diesem Praxisfeld ist ein Individuum dann zum Beispiel als Akteur „Biogaserzeuger" tätig. (s. Abb. 3.7). Das Praxisfeld Viehwirtschaft setzt sich hingegen aus anderen sozialen Praktiken zusammen. Hier ist der Viehwirt der entsprechende Akteur. Als Lohnunternehmer wird dann ein Akteur bezeichnet, der entsprechenden sozialen Praktiken aus diesem Praxisfeld nachgeht. Die skizzierten drei Akteure können sich in einem einzigen Individuum vereinen, dem Landwirt. Im Umkehrschluss kann festgehalten werden, dass jeder Akteur eine Vielzahl verschiedener sozialer Praktiken ausführt und daher das Individuum der „Schmelztiegel" dieser Praktiken ist (Reckwitz, 2002).

Abbildung 3.7: Individuum, Akteur und Praxis, eigene Darstellung.

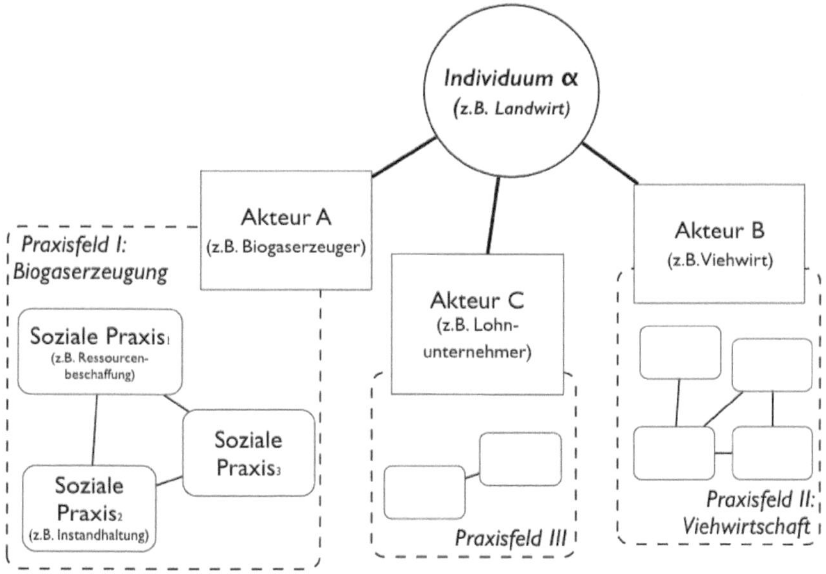

Ist ein Akteur in einem bestimmten Praxisfeld tätig, trifft er dort auf andere Akteure. So bilden sich *communities of practices* (s. Abb. 3.8). CoPs sind die sozialen Orte, an denen die ostensiven Aspekte einer Routine von mehreren Akteuren produziert, reproduziert und transformiert werden. Sie sind auch die Orte, zwischen denen Routinen ausgetauscht und auf diese Weise verbreitet werden (Gertler, 2001). Eine CoP hat einen gemeinsamen Interpretationsrahmen, der für die verschiedenen praktischen Wissensbestände die Grundlage bildet und diese miteinander verbindet (Orlikowski, 2002). Die Praktiken einer CoP schlagen sich in den alltäglichen Praktiken von beispielsweise Managern oder Angestellten nieder. Sie sind „*a source of coherence in a community*" (Wenger, 1998, 72). So haben sie eine Schlüsselrolle inne für die Entwicklung von Unternehmen, Industrien oder ganzen Regionen (im Sinne von territorial-politischen Einheiten) und dienen als „*repositories of tacit knowledge*" (Radwan/Kinder, 2013, 375). Die Praktiken einer CoP im ökonomischen Kontext werden im *doing of business* sichtbar (vgl. Bathelt/Malmberg/Maskell, 2004; Faulconbridge, 2006; Gertler, 2003; James, 2007). „*As such, learning within firms, clusters, and industries is driven by more than simply the aggregation of individual sources of human capital; it is instead the product of collectively legitimated (everyday) social practices wherein and through which knowledge is embedded*" (Jones, 2013, 375).

Abbildung 3.8: Communities of Practice, eigene Darstellung.

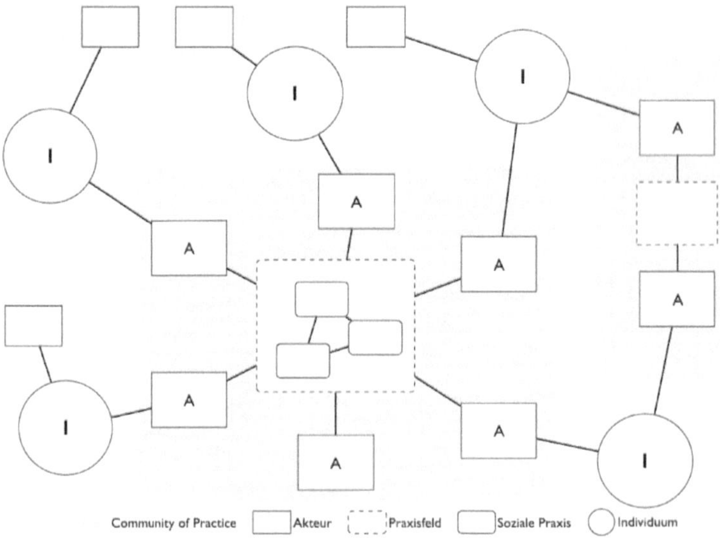

Wie in Abbildung 3.8 zu sehen ist, sind CoPs die Orte, über die Individuen miteinander in Kontakt kommen. Während Akteure innerhalb der CoP interagieren, stehen Individuen über ihre verschiedenen Akteursrollen in unterschiedlichen CoPs miteinander in Beziehung. In der in Abbildung 3.7 illustrierten Situation, in der drei Praxisfelder aufgeführt sind, ergeben sich drei CoPs mit zugehörigen Akteuren und Individuen. Zusätzlich ist es möglich, dass ein Individuum eine Akteursrolle übernimmt, die in keiner der angeführten CoPs liegt. Wie damit umgegangen wird, ist eine empirische Frage, auf die an dieser Stelle nicht genauer eingegangen werden soll. Was deutlich wird ist, dass Akteure stets in Gemeinschaft handeln, wobei das Praxisfeld maßgeblich für die Konstellation der Akteursinteraktion ist.

3.1.4 Herausforderungen wirtschaftsgeographischer Praktikenforschung – Zwischenfazit und Forschungsausblick

Es gibt einige Aspekte, die in der praxistheoretischen Forschung – insbesondere in der empirischen Arbeit – noch nicht behandelt wurden. So stellen sich die Fragen, wie genau einzelne Praktiken identifiziert werden können und wo die Grenzen zwischen einzelnen Praktiken liegen. Jones/Murphy (2010, 382 ff.) schlagen für die wirtschaftsgeographische Forschung zwar vier Kategorien vor (*perceptions*, *performances*, *patterns* und *power*) und bieten hierfür eine Art Operationalisierung an. Diese bleibt jedoch so vage, dass sie für eine unmittelbare empirische Umsetzung nicht hinreichend ist. Das heißt, dass die Abgrenzung zwischen Praktiken so ablaufen muss, „*that they are discernible as factors constituting or driving larger-order socio-economic phenomena*" (Jones, 2013, 8). Erst sobald einzelne Praktiken identifiziert sind, wird es möglich, die Bedeutung bestimmter Praktiken für wirtschaftliche Ergebnisse zu bestimmen.

In der Praktikentheorie geht es vorrangig um Beziehungen zwischen verschiedenen Elementen. Gerade in der relationalen Wirtschaftsgeographie wird dieser Aspekt besonders prominent positioniert. Doch unklar bleibt dabei, was genau diese Beziehungen ausmacht: Was sind beispielsweise die Praxiselemente, die das Infragestellen bestehender Routinen ausmachen? Was bedeutet relational?[6] Wie werden Relationalitäten als Phänome abgegrenzt? Nach Jones (2013, 5) geht es darum, zu verstehen, „*how relations are important in shaping economic activity or outcomes.*" Diese Bedeutung von Relationen kann nur über eine auch konzeptionell saubere Bestimmung geklärt werden. Die Frage der Entstehung und Veränderung sozialer Praktiken bleibt in den genannten Arbeiten jedoch

6 Im Englischen stellt sich diese Frage in dreifacher Weise: Worin liegen die Unterschiede zwischen *relation*, *relationship* und *relational*?

weitestgehend unbearbeitet. Im Kontext von Routinen wird sie zwar ausführlich diskutiert, aber können die Entstehungs-, Transformations- oder Ausbreitungsmechanismen von Routinen auf andere Aspekte sozialer Praktiken übertragen werden? Oder können soziale Praktiken gar auf Routinen beschränkt werden?

Der Aspekt der Zeit taucht in vielen Praktikentheorien am Rande auf, häufig in Bezug auf den Raum-Zeit-Kontext gesellschaftlichen Handelns. Was aber genau für die Evolution von Praktiken von Bedeutung ist, darüber geben die Theorien wenige Hinweise. Die Evolution gilt allgemein als hinreichende Bedingung für die Konstitution von Gesellschaft, wird aber nicht näher diskutiert. Die Arbeit von Grabher/Ibert (2011) zeigt, dass an einzelnen wirtschaftlichen Projekten beteiligte Akteure unterschiedliche Zeitbezüge entwickeln. Die Praktiken, die mit der Konstitution solcher Raum-Zeit-Bezüge in Zusammenhang stehen, müssen daher berücksichtigt werden. Ein genaue Konzeption dieser Raum-Zeit-Bezüge ist für ein solides Verständnis von Ökonomie, das auf soziale Praktiken abzielt, unumgänglich. Denn nur so wird überhaupt die Frage möglich, "*how the meaning and consequences of [...] different mechanisms and practices of cultural embedding for firms' observed behaviour and economic performance evolve over time, as firms grow in size, set up subsidiaries in other regions, or else merge with other firms*" (James, 2007, 410).

Und schließlich ist es für die empirische Forschung essenziell, dass auch die Möglichkeit zur Generalisierung der Ergebnisse besteht. Denn „*a practice-oriented epistemology means little unless it enables economic geographers to make generalizations about the space economy*" (Jones, 2013, 8). Dabei geht es nicht darum, Konzepte zu entwickeln, die jedes beliebige wirtschaftliche Phänomen erklären können und in jedem denkbaren Kontext angewendet werden können. Aufbauend auf der Arbeit von James (James, 2007, 409 f.) kann aber festgestellt werden, dass nur durch weitere konzeptionelle und empirische Arbeit ein Praxiskonzept für die Wirtschaftsgeographie entwickelt werden kann, das in der Lage ist, grundlegende Praxisphänomene zu identifizieren und deren Bedeutung für soziales Handeln und damit verbundene ökonomische Entwicklung zu erklären.

Zusammengefasst bedeuten diese kritischen Kommentare für die vorliegende Arbeit, dass folgende Aspekte hinsichtlich der Praktikenforschung genauer bestimmt werden müssen: Identifizierung und Abgrenzung einzelner Praktiken, Evolution von Praktiken, Raum-Zeit-Bezüge, saubere Bestimmung von Relationen und damit das Entwickeln eines Konzepts zur partiellen Generalisierung und dies jeweils im Kontext der Energieerzeugung. Da dieser Kontext, wie in den Kapiteln 1 und 2 ausgeführt, sehr stark vom Umgang der Gesellschaft mit Technologie und der Nutzung natürlicher Ressourcen geprägt ist, wird im nachfolgenden Kapitel zunächst die sozio-technische Transformationsforschung vorgestellt, die sich diesen Aspekten zuwendet und die im Kontext der Forschung über die Energiewende zunehmend Aufmerksamkeit erhält.

3.2 Transitionsforschung in der Wirtschaftsgeographie

Das Forschungsfeld *transition studies* hält verstärkt seit den letzten Jahren Einzug in die Wirtschaftsgeographie (z. B.Bridge et al. 2013; Coenen/Benneworth/Truffer 2012; Essletzbichler 2012; Hansen/Coenen 2014; Mattes/Huber/Koehrsen 2015; McCauley/Stephens 2012; ONeill/Gibbs 2013; Teschner et al. 2012; Truffer 2008; Weller 2012). In den *transition studies* geht es im Kern darum, langfristige Transformationsprozesse sozio-technischer Systeme zu analysieren. Die Energiewende ist ein typisches Beispiel für einen solchen Transformationsprozess und ist gemäß einer Literaturanalyse von Markard/Raven/Truffer (2012) auch in der empirischen Forschung am stärksten repräsentiert.[7]

Wie Truffer (2008, 977 ff.) darlegt, ist die Einbindung der *transition studies* in die Wirtschaftsgeographie vor allem aufgrund dreier Aspekte als produktiv zu erachten: Erstens haben beide ein ähnliches Akteursverständnis, beruhend auf Aspekten wie begrenzter Rationalität, Routinen und Regeln. Zweitens liegt beiden Ansätzen ein ähnliches Verständnis von Institutionen zugrunde, als sozial konstruiert, koproduziert und im Laufe der Zeit transformiert aufgrund sich ändernder Bedingungen. Und drittens legen beide großen Wert auf Skalarität, in der Geographie beispielsweise die Unterscheidung der lokalen, regionalen und globalen Ebene (sozio-räumliche Ebenen), in den *transition studies* die Differenzierung von *niche*, *regime* und landscape (sozio-technische Ebenen). Neben Gemeinsamkeiten bieten auch Besonderheiten Potenzial. Während die *transition studies* ein elaboriertes Konzept von Technologie aufweisen, von dem die Geographie profitieren kann, kann das Raumverständnis der Geographie für die *transition studies* fruchtbar sein. Somit ergeben sich Schnittpunkte, die in der wirtschaftsgeographischen Forschung seit geraumer Zeit genauer ausgearbeitet und in Wert gesetzt werden (s. Abb. 3.9).

---

7 Einige Beispiele für Forschung, die sich auf *transition studies* bezieht und den Energiesektor als Gegenstand hat, sind: Bridge et al. (2013); Essletzbichler (2012); Foxon (2013); Hauber/Ruppert-Winkel (2012); Hodson/Marvin (2010); McCauley/Stephens (2012); Monstadt (2007a); Raven (2004); Raven/Geels (2010); Sengers/Raven/Venrooij (2010); Teschner et al. (2012); Verbong/Geels (2010); Verbong/Geels (2007); Verbong/Geels/Raven (2008); Weller (2012).

Abbildung 3.9: Gemeinsame Elemente von Wirtschaftsgeographie und Transitionsforschung, eigene Darstellung.

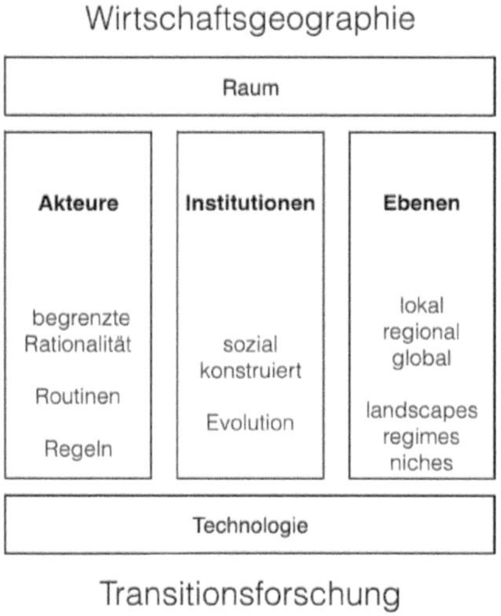

Die *transition studies* sind dem Feld der *social studies of technology* SST zuzuordnen, das sich mit *Socio-Technical Transitions* (STT) beschäftigt. Diese Denkweise wurde maßgeblich von der niederländischen Innovationsforschung seit den 1990er Jahren entwickelt (Kemp, 1994; Schot/Hoogma/Elzen, 1994; Rip/Kemp, 1998; Kemp/Schot/Hoogma, 1998; van den Ende/Kemp, 1999; Rip, 2000; Kemp/Rip/Schot, 2001; Geels, 2002a; Geels, 2010; Geels, 2011). Grundlegender Ausgangspunkt ist die Idee, dass sich technologische Entwicklung und gesellschaftlicher Wandel gegenseitig beeinflussen und gemeinsam entwickeln (Ko-Evolution). Der Forschungsfokus liegt auf den Beziehungen zwischen technischen Netzwerken, Nutzern, der Umwelt, zuständigen Institutionen und der Gesellschaft als Ganzes. Ziel ist es, die gesellschaftlichen Voraussetzungen für die Entwicklung sozio-technischer Systeme und deren Einfluss auf die Gesellschaft zu verstehen und zu erklären.[8]

3.2.1 Überblick über die Transitionsforschung

Transitionen wie die Energiewende werden als sozio-technisch bezeichnet, da sie neben der Technologieentwicklung auch Veränderungen von Märkten,

8 Dies bildet einen klaren Anknüpfungspunkt an die Strukturationstheorie sowie daran angelehnte geographische Konzepte.

Nutzerpraktiken, Politiken und Bedeutungszuschreibungen beinhalten. Ziel dieses Kapitels ist es, die zahlreichen Begriffe und Konzeptionen der SST überblicksartig darzustellen und Verbindungslinien mit den im vorherigen Kapitel vorgestellten Praxiskonzepten herauszuarbeiten. Wie Markard/Raven/Truffer (2012, 961) in ihrer sehr ausführlichen und umfassenden Analyse der Literatur auf dem Gebiet der Transitionsforschung feststellen, gibt es vier etablierte konzeptionelle Ansätze: *Transition Management*, *Strategic Niche Management*, Technologische Innovationssysteme und die Mehr-Ebenen Perspektive. Die ersten beiden Ansätze sind stärker auf (politische) Interventionen ausgerichtet und damit praktisch orientiert und stark normativ geprägt. Daher werden sie hier nur kurz vorgestellt. Die beiden letztgenannten Ansätze sind stärker theoriegeleitet und werden daher im Anschluss ausführlicher diskutiert.

Der Ansatz des Transition Management (TM) wurde vor allem entwickelt, um sozio-technische Systeme auf Nachhaltigkeit hin auszurichten. Kernelemente des TM sind nach Foxon/Reed/Stringer (2009, 6):

a) systemisches Denken bezüglich Akteurskonstellationen und Interaktionen in Wirtschaftssektoren auf verschiedenen Ebenen;
b) eine langfristige Perspektive (meist über 25 Jahre hinaus), um kurzfristige politische Lösungen zu finden;
c) Entwicklung von Visionen, Szenarien und Trendanalysen, aber auch kurzfristigen Reaktionsmöglichkeiten;
d) Stärkung eines *learning-by-doing*-Ansatzes;
e) Ausrichtung hin zu Innovationen und Experimenten;
f) Ziel, über Handlungsoptionen und -vielfalt zu lernen;
g) Partizipation von und Interaktion zwischen Stakeholdern.

Die Kernkritik am TM richtet sich vor allem an den funktionalistischen und strukturalistischen Ansatz, der an Rationalität orientiert ist und dabei Machtstrukturen und Agenda-Setting vernachlässigt. Aus geographischer Sicht ist anzuführen, dass Skalaritäts- und Raumfragen unberücksichtigt bleiben. Ein Beispiel, das diese Kritik bestätigt, kommt von Kern/Smith (2008): Die niederländische *Energy Transition Taskforce*, die 2005 gegründet wurde, um den Transitionsprozess in der Energiewirtschaft zu begleiten und die nationale Strategie dafür auszuarbeiten, wurde vom Geschäftsführer der niederländischen Tochter von Shell geleitet.[9]

9 Für eine vertiefende Lektüre sei hier auf die grundlegende Literatur hingewiesen: Kern/Smith (2008); Loorbach (2010); Rotmans/Kemp/van Asselt (2001).

Der Ansatz des Strategic Niche Management (SNM) zielt darauf ab, die Weiterentwicklung existierender Nischen und junger Technologien durch strategische Überlegungen zu stimulieren. Dafür werden *protected spaces* als Nischen konzeptionalisiert, in denen Akteure zwischen technologischer Anpassung und Innovation in einem kompetitiven ökonomischen Umfeld experimentieren. Die bewusste Erschaffung und Unterstützung solcher Nischen wird als wesentlich für einen übergeordneten Regimewandel gesehen. Einerseits hat SNM damit evolutorische Züge, was sich auch in Begriffen wie Anpassung, Variation oder Selektion äußert. Andererseits fließen sozial-konstruktivistische Aspekte in das Konzept ein, was sich auch begrifflich niederschlägt (soziale Netzwerke, Erwartungen, Einstellungen, Wahrnehmungen; vgl. Raven/Geels, 2010, 87). Darüber hinaus dient SNM als Entscheidungshilfe für Politiker hinsichtlich der Wahl spezifischer Instrumente, wobei zugleich der *open-end* Charakter von Transitionsprozessen betont wird: „*Independent 'outside positions' do not exist. This is one reason why open-ended learning processes are emphasised in SNM. From this perspective, resistance and conflict is to be expected*" (Schot/Geels, 2008, 549). Auch dieser Ansatz ist hinsichtlich seiner ‚Machtblindheit' zu kritisieren. Zudem hat das SNM eine Schräglage zugunsten der Analyse von *bottom-up* -Transformationsprozessen, die auf kleinen Akteursnetzwerken aufbauen, denen sogar so viel Bedeutung zugemessen wird, dass alleine sie in der Lage seien, existierende Strukturen zu überwerfen und zu ersetzen (vgl. Jørgensen, 2012, 999).[10]

Der Ansatz der Technologischen Innovationssysteme (TIS) und die Mehr-Ebenen Perspektive (MLP) bauen auf den Arbeiten der evolutionären Ökonomik vor allem von Nelson/Winter (1982) und den sozial-konstruktivistischen Anätzen in der Technologieforschung von Bijker/Hughes/Pinch (1987) auf. Grundannahme dieser Ansätze ist, dass sich die technologischen und institutionellen Eigenschaften sozio-technischer Systeme gegenseitig bedingen und gemeinsam entwickeln. Diese Ko-Evolution wird prinzipiell in fünf unterschiedlichen Systemen analysiert: Umwelt, Technologie, Institutionen, Unternehmen und Nutzerpraktiken (Norgaard, 1994; Kallis/Norgaard, 2010). Das Umweltsystem steht für natürliche Flüsse und Wechselwirkungen, die ein Ökosystem aufrechterhalten. Das technologische System bezeichnet Methoden und Verfahren zur Umwandlung von Materie, Energie und Information von einem in einen anderen Zustand. Institutionensysteme bilden die Strukturen menschlicher Interaktion ab. Das System Unternehmen beinhaltet Mittel und Verfahren, durch

10 Auch hier sei auf die wichtigste bzw. grundlegende Literatur hingewiesen: Kemp/Schot/Hoogma (1998); Raven/Geels (2010); Smith (2007).

die Unternehmensaktivitäten organisiert werden. Nutzerpraktiken beinhalten die routinisierten und gesellschaftlich eingebetteten Verhaltensweisen zur Bedürfnisbefriedigung. Eine separate Analyse dieser Systeme wird jedoch strikt abgelehnt. Empirisch werden vorrangig die Entwicklung nachhaltiger Technologien und die sogenannten *green transitions* beleuchtet, wobei die Schwerpunkten auf den Bereiche Energie und Mobilität liegen. Daher werden TIS und MLP im akademischen wie praktischen Diskurs über Nachhaltigkeit bei Innovation und Wettbewerbsfähigkeit viel beachtet (Markard/Raven/Truffer, 2012).

Wie Coenen/López (2010) aufzeigen, können die beiden Ansätze trotz dieser Gemeinsamkeiten als unterschiedliche Schulen der Transitionsforschung angesehen werden: TIS konzentriert sich auf Wandel *in* Systemen, MLP auf den Wandel *von* Systemen. Dies wird im Folgenden näher betrachtet.

3.2.1.1 Technologische Innovationssysteme

Der Ansatz der TIS, begründet von Carlsson/Stankiewicz (1991), baut auf der Forschung zu nationalen sowie sektoralen Innovationssystemen auf (z. B. Edquist, 1997; Freeman, 1987; Freeman/Perez, 1988; Lundvall, 1992; Malerba, 2002; Nelson, 1993). Der Ursprungsgedanke der TIS war es den Zusammenhang zwischen technologischer Innovation und regionalem Wirtschaftswachstum aufzuzeigen. Akteure und deren Interaktionen sowie verschiedene institutionelle Abhängigkeiten wurden beleuchtet. TIS waren definiert als ein *„network of agents interacting in a specific economic/industrial area under a particular institutional infrastructure or set of infrastructures and involved in the generation, diffusion, and utilization of technology“* (Carlsson/Stankiewicz, 1991, 111). Die Schule folgte dem Interesse, politische Handlungsempfehlungen herauszuarbeiten, die sich vor allem auf die Reorganisation von Institutionen ausrichten, um Marktversagen in der Technologieentwicklung vorzubeugen.

Neuere Ansätze der TIS haben den analytischen Fokus darauf ausgerichtet, Hemmnisse und Triebfedern von Innovation aufzudecken (Bergek/Jacobsson, 2003; Jacobsson/Bergek, 2004; Jacobsson/Lauber, 2006; Negro/Hekkert, 2008). Dabei werden nicht mehr Institutionen, sondern Prozesse im System selbst betrachtet (Carlsson et al., 2002; Edquist, 2005; Hekkert et al., 2007; Binz/Truffer/Coenen, 2014). Zudem wird der Ausgangspunkt von der Analyse des regionalen Wirtschaftswachstums durch Technologieentwicklung hin zu neuen Technologien als Nukleus sozio-technischer Transformation verschoben. Zunehmend werden dabei spezifische Technologien betrachtet, die aus radikalen Innovationen hervorgingen, wie *clean* und *sustainable technologies* (vgl. Coenen/Truffer, 2012; Coenen/López, 2010; Markard/Raven/Truffer, 2012). Damit rückt das

Forschungsinteresse vermehrt in Richtung früherer Entwicklungsstadien und dabei insbesondere der Frage, welche Potenziale aus ihnen erwachsen, um ein sozio-technisches System zu verändern. Darüberhinaus wird das Interesse an Marktversagen ersetzt durch ein Interesse an institutionellem Versagen und schlecht funktionierenden Netzwerken (vgl. Bergek et al., 2008; Jacobsson/Johnson, 2000; Klein Woolthuis/Lankhuizen/Gilsing, 2005; Kuhlmann/Shapira/Smits, 2010; Weber/Rohracher, 2012). Nach wie vor konzentriert sich auch die neuere TIS-Literatur auf staatliche Politik und deren Handlungsmöglichkeiten, um bestimmte nachhaltige Technologien zu unterstützen. Daher fließt viel Arbeit in das Aufdecken möglicher Innovationshemmnisse (Coenen/Truffer, 2012, 368 f.).

Im Mittelpunkt der TIS-Forschung stehen Entstehung und/oder Transformation von Technologien sowie damit einhergehender institutioneller und organisationeller Änderungen. Daher wird von TIS als sozio-technischem System gesprochen. Besondere Aufmerksamkeit erhalten Akteurskonstellationen, Netzwerken und institutionellen Strukturen und die Frage, wie diese sich mit und durch technologischem Fortschritt weiterentwickeln. Dabei geht es zunehmend darum, grundlegend neue sozio-technische Konfigurationen zu analysieren, die etablierte sektorale und räumliche Zusammenhänge durchbrechen (Coenen/López, 2010; Markard/Raven/Truffer, 2012). Auch Biogasanlagen können dafür ein Beispiel darstellen. Wenn sich ein TIS etabliert, kann es den sektoralen Strukturwandel maßgeblich befördern (Coenen/Benneworth/Truffer, 2012). Ein empirischer Befund ist, dass Transitionen durch die Marktdurchdringung neuer Technologien und Produkte entstehen: „*Sustainability transitions are characterized by substantially enhanced ecological efficiency with new socio-technological configurations*" (Coenen/Benneworth/Truffer, 2012, 969 f.).

Eine Erkenntnis der TIS-Studien ist, dass die Innovationsprozesse im soziotechnischen System gut laufen müssen, damit das System selbst funktioniert (Bergek et al., 2008; Hekkertet al., 2007; Markard/Raven/Truffer, 2012). Dabei wird die Idee linearer Innovationspfade strikt abgelehnt. Vielmehr sind die systemischen Zusammenhänge von Akteuren, die interaktiven und rekursiven Lernprozesse und die institutionellen Einbettung von Innovationen relevant (Bergek et al., 2008; Markard/Truffer, 2008). Folglich wird Innovation verstanden als „*an interactive, recursive process, embedded in a set of co-evolving actors, networks and institutions*" (Binz/Truffer/Coenen, 2014, 139). Innovationsprozesse laufen also in Systemen ab. Diese werden in zwei sogenannte „Funtkionen" unterschieden: Strukturen und Prozesse (s. Abb. 3.10).

Abbildung 3.10: Funktionen eines technologischen Innovationssystems, eigene Darstellung.

Prozesse bezeichnen einzelne Aktivitäten oder Praktiken, die für die Formierung und das Funktionieren eines TIS wichtig sind. Darunter fallen das Erzeugen und Verbreiten von Wissen, unternehmerisches Experimentieren, Marktbildung, die Beeinflussung von Suchrichtungen für potenzielle Innovationsfelder, die Mobilisierung von Ressourcen und das Erzeugen von Legitimität. Diese Prozesse sind entscheidend für die Entwicklung und Verbreitung von Innovationen als Systemfunktion. Damit sich ein TIS entwickeln kann, sollten möglichst alle dieser Prozesse positiv ablaufen (vgl. Bergek et al., 2008; Binz/Truffer/Coenen, 2014).

Strukturen bezeichnen die Komponenten eines TIS. Diese sind Akteure, Institutionen und deren Netzwerke, die gemeinsam die Entstehung, Verbreitung und Nutzung einer neuen Technologie oder des ganzen TIS voranbringen. Sie werden als im zeitlichen Verlauf relativ stabil angesehen. Akteure sind privat oder staatlich, beispielsweise Entwickler oder Nutzer von Technologien, Politiker oder Finanzierer. Durch bewusste Entscheidungen tragen sie zur Erzeugung und Verbreitung von Technologien bei. Das Zusammenwirken dieser Akteure ist entscheidend für Erfolg oder Misserfolg eines TIS (Primat der *agency*). Beispielsweise sind Unternehmer kaum bereit einen Betrieb aufzubauen, ohne eine prinzipielle staatliche ideelle oder materielle Unterstützung dafür erwarten zu können. Zugleich würden lokale oder nationale Regierungen kaum finanzielle Unterstützung anbieten, ohne entsprechende Argumente dafür seitens der Unternehmer zu kennen, um ihre Politik zu rechtfertigen. Institutionen werden nach North (1990) als „*rules of the game*" verstanden. Diese institutionentheoretische

Sichtweise unterscheidet formale Regeln und informelle Zwänge. Erstere sind formalisierte, kodierte Regeln und Normen. Sie bilden den gemeinsamen sozialen Bewertungsrahmen verschiedener Situationen ab. Zweitere stehen für den kognitiven Bereich, für informelle Zwänge wie Gepflogenheiten oder bestimmte Verhaltensregeln einer Branche.

Netzwerke bilden die Beziehungen von Akteuren und Institutionen ab, wie beispielsweise Produzenten-Konsumenten-Beziehungen, Produzentennetzwerke, *Public Private Partnerships* oder Technologieplattformen. Sie können das Ziel haben, ein bestimmtes Problem zu lösen, zum Beispiel durch Technologieentwicklung, die Schaffung eines Marktes oder den Abbau von Kommunikationshindernissen. Sie können aber auch mit politischem Interesse gebildet werden, um Institutionen zu beeinflussen oder aufzubauen (Bergek et al., 2008).

Was bei den Funktionen nicht berücksichtigt wird, ist die Ausgestaltung des Zusammenhangs zwischen der mit der neuen Technologie verbundenen soziotechnischen Situation und dem bestehenden Sektor (Coenen/Benneworth/Truffer, 2012, 969 f.) – und das, obwohl der Aspekt der Relationalität für TIS von großer Bedeutung ist. Er spielt insbesondere für die Erschaffung und Nutzung von Wissen eine große Rolle, was zugleich auf die Wichtigkeit einer räumlichen Perspektive hinweist (s. Kap. 3.1.3.1.). In relationaler Perspektive werden die Kategorien Raum und Ort nicht nur durch Prozesse und Strukturen innerhalb eines bestimmten Gebiets konstituiert, sondern auch durch Einflüsse des weiteren Rahmens (Bathelt/Glückler, 2003; Yeung, 2005). Dieser ist, wie Amin (2002) herausstellt, ‚fließend' (*fluid*) und wird auf verschiedenen Maßstabsebenen beständig reorganisiert. Akteure haben daher auf verschiedenen räumlichen Ebenen unterschiedliche Beziehungen, durch die sie sich Zugang zu bestimmten Ressourcen wie etwa Wissen eröffnen wollen, um ihre individuellen Ziele zu erreichen. Sowohl Beziehungen als auch die räumlichen Ebenen entfalten für das Verhalten der Akteure gleichzeitig Bedeutung (Amin, 2002; Binz/Truffer/Coenen, 2014; Coe/Bunnell, 2003; Coenen/Benneworth/Truffer, 2012).

An unterschiedlichen Orten herrschen aus diesen Gründen auch unterschiedliche Bedingungen für die Erschaffung und den Transfer von Wissen. Dies ist für die Innovationsforschung im Allgemeinen ein wichtiger Zugang. In TIS-Studien wurde der Aspekt Wissenstransfer bisher allerdings weitestgehend ignoriert. Dahinter steht die Annahme von global gleichen Voraussetzungen. Tatsächlich sind die Möglichkeiten der Wissensaneignung und des Wissenstransfers jedoch nicht ubiquitär verteilt (s. Kap. 3.1.3.1.). Wie Binz/Truffer/Coenen (2014, 139) für die TIS-Forschung äußern: „*By tracking the activities of core actors over time, processes like knowledge creation, entrepreneurial experimentation or market formation can be related to specific spatial setups*". Somit wird in jüngster Vergangenheit auch in der TIS-Forschung die ‚Raumfrage' gestellt (z. B. Binz/Truffer/Coenen, 2014; Coenen/Benneworth/Truffer, 2012; Coenen/López, 2010). Dies liegt daran, dass zuvor der Fokus vor allem auf Nationalstaaten als Innovationssysteme gelegt wurde und daher eine differenzierte Analyse der Bedeutung des Raumes nicht von Nöten war. Diese Nationalstaaten wurden dann üblicher Weise als in globale Netzwerke eingebettet betrachtet. Doch worin genau besteht der Zusammenhang zwischen solchen Netzwerken auf unterschiedlichen räumlichen Ebenen? Wie wird Innovationstätigkeit räumlich organisiert und wie funktionieren Innovationsprozesse innerhalb und zwischen in Wechselbeziehung stehenden räumlichen Ebenen? „*While indeed the development of a technology or technological fields does not stop short of territorial borders, its spatial set-up is neither randomly spread across the geographical landscape, but contingent on the specific technology in focus and the resources and relationships of actors involved in driving the relevant innovation processes*" (Binz/Truffer/Coenen, 2014, 140). Das weist darauf hin, dass erste Arbeiten zu einem Raumverständnis erscheinen, die die Beziehungen zwischen Akteuren in sozio-technischen Systemen im Zentrum haben. Dazu leistet auch die vorliegende Arbeit einen Beitrag.

3.2.1.2 Multi-Level Perspective

Die MLP hat in den letzten Jahren in der Wirtschaftsgeographie zunehmend Aufmerksamkeit erhalten (vgl. Schulz/Bailey, 2014, 286 und Schulz, 2012, 270). Sie wird genutzt, um langfristige Transformationsprozesse unterschiedlicher Art und auf unterschiedlichen Maßstabsebenen zu analysieren. MLP-Studien beschäftigen sich vorrangig mit dem Energiesektor im weitesten Sinne. Empirische Forschung gibt es beispielsweise zu Entwicklungsprozessen von Membranbelebungsreaktoren[11] (Binz/Truffer/Coenen, 2014, 140), von informellen Institutionen der Energieerzeugung (Wirth et al., 2013), von Energieleitungsinfrastruktur (Bridge et al., 2013) oder von erneuerbaren Energieerzeugunsganlagen auf nationaler (Essletzbichler, 2012), regionaler (McCauley/Stephens, 2012; Weller, 2012) oder lokaler Ebene (Hodson/Marvin, 2010).

In der MLP geht es darum, ein Verständnis von sozio-technischen Systemen zu entwickeln, das über das System selbst hinausgeht und dessen Einbettung in größere Zusammenhänge berücksichtigt. Die Kernfrage ist, wie neue Konfigurationen eines sozio-technischen Systems entstehen und zu einer gesellschaftlichen Transition beitragen. Der Begriff Transition enthält die allgemeinen,

11 Ein Membranbelebungsreaktor ist eine i. d. R. kleine Kläranlage, die einen zusätzlichen organischen Filter verwendet.

systemweiten Interaktionen und die Ko-Evolution neuer Technologien sowie Änderungen von Märkten, Nutzerpraktiken, Politiken, Diskursen und Regierungsinstitutionen. Damit wird gleichermaßen das konstruktivistische Element des Sozio-Technischen hervorgehoben: Technologie wie Gesellschaft sind soziale Produkte.

In der MLP-Schule werden Transitionen allgemein definiert als „*an outcome of multidimensional interactions between radical niche-innovations, an incumbent regime and an external landscape*" (Verbong/Geels, 2010, 1215). Diese drei Ebenen sind analytischer Art und beinhalten weder eine Hierarchie zwischen ihnen noch unterschiedliche räumliche Maßstäbe. Vielmehr sind sie ineinander verwoben und eingebettet. *Landscapes* – vom Wissenschaftlichen Beirat der Bundesregierung Globale Umweltveränderungen übersetzt als „Megatrends" (Schellnhuber et al., 2011, 100) – stehen für Rahmenbedingungen und den weiteren Kontext: alle technologieexternen Faktoren wie das Wirtschaftssystem (z. B. Kapitalismus, Post-Wachstum etc.), politische Koalitionen, kulturell-normative Wertvorstellungen oder Umweltprobleme (Geels, 2002a, 1260).

Regimes – auf Deutsch Regime – werden definiert als „*the coherent complex of scientific knowledges, engineering practices, production process, technologies, product characteristics, skills and procedures, and institutions and infrastructure*" (Rip/Kemp, 1998, 365). Nach Verbong/Geels (2007, 1026) umfassen Regime drei aufeinander bezogene Dimensionen: Akteursnetzwerke und soziale Gruppen; formale, normative und kognitive Regeln, die die Handlungsmöglichkeiten maßgeblich prägen; physisch-materielle und technische Elemente. Das Regime steht für den *status quo* einer etablierten Technologie und dem mit ihr in Beziehung stehenden Komplex der diversen genannten Aspekte.

Niches – Nischen – sind „*protected spaces in which actors learn about novel technologies and their uses*" (Geels, 2002b, 365). Sie sind ‚Inkubationsräume' für Innovation. In ihnen werden soziale Netzwerke aufgebaut, die innovationsfördernd wirken, etwa Liefer- oder Nutzer-Produzentenbeziehungen. Außerdem wird in diesen Nischen Wissen generiert, über *learning by doing* ebenso wie über *learning by using* oder *learning by interacting*.

Transitionen können auf unterschiedliche Art ablaufen. Abbildung 3.11 illustriert einen möglichen Ablauf einer Mehr-Ebenen-Transition. Wenn Innovationen aus der Nische mit etablierten Regimeaspekten in einen Wettbewerb treten, kann dies den Entwicklungspfad des bisherigen Regimes verändern. Gleichermaßen können Megatrends auf das Regime einwirken und darin Veränderungen anstoßen. Außerdem kann sich das Regime durch internen Stress destabilisieren und dadurch zu seiner eigenen Transformation beitragen. Verändert sich das Regime, hat dies wiederum Auswirkungen auf potenzielle Nischen, da diese dann in einen neuen Kontext eingebettet werden. Auch für die Megatrends kann ein Regimewandel von Bedeutung sein (Geels/Schot, 2007), was bereits die erste grundlegende Forschungsarbeit der MLP darlegte (Geels, 2002b): die Entwicklung der Dampfschifffahrt war bahnbrechend für die transatlantische Mobilität und damit für das Weltwirtschaftssystem. Die genannten Aspekte der Transition deuten darauf hin, dass Spannungen zwischen allen drei Ebenen für sozio-technischen Wandel bedeutend sind.

Die Ausbreitung von Nischen ist ein weiterer wichtiger Aspekt der Transition. Nischen können sich besonders gut in geschützten ‚Räumen' entwickeln, in denen sie sich dem Wettbewerbsdruck entziehen (Geels, 2002b, 1261). Diese sind nach Essletzbichler (2012, 794) gekennzeichnet von einige Aspekten: einem unterstützenden institutionellen und sozio-kulturellen Rahmen; der gleichzeitigen Entstehung komplementärer Technologien; der Bildung sozialer Netzwerke zwischen Akteuren in der Nische und dem Regime; von Netzwerken zwischen Innovatoren, Herstellern und Nutzern. Letztere können insbesondere bei der Schaffung der nötigen Akzeptanz, zur Absicherung der Wirtschaftlichkeit einer bestimmten Innovation und zur Etablierung einer Technologie durch die Darstellungen der Überlegenheit gegenüber etablierten Technologien des Regimes eine wichtige Rolle spielen. Dies zeigt, dass neben Spannungen auch unterstützende Strukturen und Praktiken wichtig für Transitionen sind.

Abbildung 3.11: Möglicher Ablauf von Mehr-Ebenen-Transitionen, eigene Darstellung.

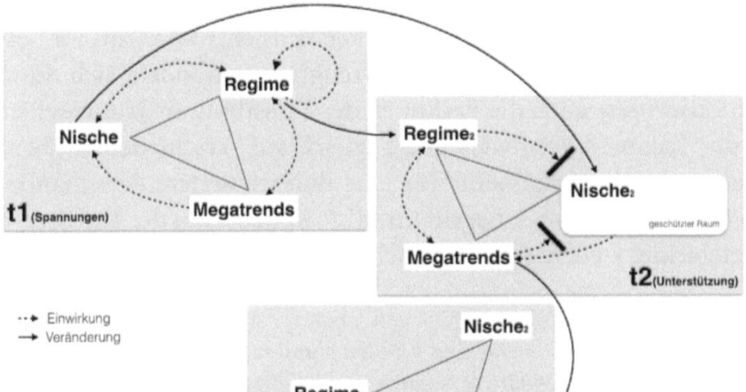

Zwei weitere zentrale Mechanismen der Transition sind von großer Bedeutung für deren Verständnis. Zum einen ist, wie Geels/Deuten (2006) aufzeigen, ein sozio-kognitiver Wandel lokaler Akteure wichtig, durch den sie eine globale Perspektive entwickeln. Zum anderen müssen nach Coenen/Benneworth/Truffer (2012) auch die Maßstabsebenen der Prozesse verstanden werden. Wie sind unterschiedliche Maßstäbe miteinander verwoben? Wie beeinflusst dies die Transitionsprozesse? „*It seems self-evidently useful to look at the role of local as well as wider territorial networks in shaping the upscaling of niches to become or challenge regimes in particular places as a means of deducing new insights into what controls the pace and direction of transitions as both shifts in socio-cognitive orientations as well as the territoriality of key development processes*" (Coenen/Benneworth/Truffer, 2012, 972). In der klassischen MLP-Literatur werden die Ebenen nicht in ihrer Räumlichkeit betrachtet: das Globale ist beispielsweise ein nicht-räumlich lokalisierbares Innovationsnetzwerk, das wiederum in interlokale, translokale und globale Netzwerke unterteilt werden kann. Zugleich gibt es übergeordnete epistemische Gemeinschaften, die die Entstehung von Technologien und Innovationen prägen. „*Purely local scale transition analyses ignore the fact that localized activities and resources are subject in differing amounts to external pressures or local control*" (ebd.). Dabei wird das Globale mit Gibson-Graham (1996) als *made everywhere* betrachtet, wie globale Produktionsnetzwerke, die konkret verortbar sind, mit selbständigen lokalen Akteuren, die zugleich auch die bestehende Situation – oder das bestehende sozio-technische Regime – in Frage stellen können. Damit wird eine große Bandbreite an Fragen aufgeworfen: Was genau bezeichnet ‚lokal' oder ‚global'? Was sind die Merkmale lokaler oder globaler Kontexte, Institutionen, Technologiepfade? Was sind die Charakteristika der verschiedenen Ebenen in räumlicher Hinsicht? Wie wird im Lokalen, im Regionalen, im Globalen Geographie erzeugt? Wie wandeln sich durch diesen Konstitutionsprozess auch die Praktiken der Konstitution? Was geschieht, wenn der Ort der Technologieentwicklung zugleich auf verschiedenen Ebenen liegt? Dabei bauen die Kernargumente für eine differenziertere Auseinandersetzung mit dem Raum- und Ebenenbegriff im MLP-Konzept auf der Kritik an der MLP auf. Essletzbichler stellt diese sehr anschaulich dar:

> „*the relationship between niche, regime and landscape levels are far more complex than originally envisioned; […] interactions between plural regimes and niches are more complex than suggested; […] empirical research is mainly „partial, situated and temporary"; […] there is a] missing of a clear understanding of existing power relations and distribution of resources among various actors; […] we observe a] lack of attention to spatial scale*" (Essletzbichler, 2012, 795)

Hinsichtlich der Bedeutung dieser Kritik für raumbezogene Fragestellungen fassen Coenen/Benneworth/Truffer zusammen: „*what is gained in a historical treatment has come at the expense of a neglect of spatial dimensions. In particular, transition analyses have overlooked where transitions take place, and the socio-spatial relations and dynamics within which transitions evolve*“ (ebd., 968). Daher wird in der MLP-Literatur seit einigen Jahren vermehrt über die räumliche Dimension von Transitionen diskutiert. Damit sind vor allem die Zusammenhänge von Gesellschaft und Raum sowie deren Dynamiken im Kontext von sozio-technischen Transitionen gemeint – und damit die Frage nach den konkreten Orten und dem „Wo“. Die Argumente, die für eine räumliche Dimension der Transitionsforschung sprechen, können beispielhaft durch eine Darstellung der Forschung zur sogenannten Energiewende veranschaulicht werden.

Es gibt eine große Bandbreite an Forschungsvorhaben, die sich der MLP bedienen und Energieforschung betreiben. Neben der vorrangig an der soziotechnischen Innovation interessierten Literatur (z. B. Arapostathis et al., 2013; Raven, 2004; Verbong/Geels, 2007; Verbong/Geels, 2010) etablierte sich in den letzten Jahren auch eine geographische Perspektive. Wie Bridge et al. (2013) darlegen, betrifft die Energiewende vor allem die „*interaction of natural, technical and cultural phenomena* ***in a geographical setting****, and how these particular assemblages vary over space and time*“ (Bridge et al., 2013, 336, Hervorhebunghinzugefügt). Die Materialität der Energieinfrastruktur erzeuge Verbindungen, Abhängigkeiten und damit Geographien der Kontrolle, die sich in spezifischen räumlichen Mustern wirtschaftlicher Tätigkeit ausdrückten. Dies führe zudem dazu, „*[that] different places can do things differently*“ (ebd., 336). Damit weisen Bridge et al. (2013) auf die Handlungsfähigkeiten und -optionen der Akteure hin, die je nach Kontext variieren. Die Kernerkenntnis der Autoren ist, dass Energiesysteme immer räumlich konstituiert sind. Somitverdeutlichen sie, dass sich die Analyse von Transitionsprozessen im Energiesektor auch auf die bestehenden räumlichen Konfigurationen und Organisationsformen des Energiesystems richten muss.

Auch Nadaï/van der Horst (2010) erläutern diesen Aspekt. Sie diskutieren die politische Steuerung der Energiewende und legen dar, wie bestehende sozio-technische Energiesysteme in engem diskursivem Zusammenhang mit physisch-materiellen Begebenheiten stehen – wie zum Beispiel Windpotenzial, die Verfügbarkeit von Biomasse oder die Sonneneinstrahlung als *landscape* für die Akteursentscheidungen Wirkung entfalten. Daher entwickeln sich, wie Nadaï/van der Horst am Beispiel nationaler Energiestrategien vor dem Hintergrund des Kyoto-Protokolls diskutieren, regional spezifische Handlungsansätze. Späth/Rohracher (2010) sowie Essletzbichler (2012) diskutieren dieses Phänomen aus wirtschaftlicher Perspektive. Sie untersuchen, wie die Energiewende die regionale Wertschöpfung erhöhen kann. Dabei werden Aspekte hervorgehoben wie sozio-technische Veränderungen, die Etablierung spezifischer Nischenpraktiken und der gezielte Aufbau eines Regimes. Für Späth/Rohracher (2010) ist dabei eine Region eine subnationale Einheit (in ihrem Fall das österreichische Murnau), für Essletzbichler (2012) oszilliert die Konzeption einer Region zwischen subnationalen und nationalen Einheiten (in seinem Fall im Vereinigten Königreich). Dabei wird Regionen ein großes Potenzial für die Erschaffung und Etablierung von Nischen zugesprochen. Innerhalb der Region könnten diese geschützt, gefördert und gezielt in das regionseigene Regime überführt werden. Insbesondere Essletzbichler (2012) führt eine Verräumlichung der MLP-Ebenen ein, die regionsspezifisch ist: es gibt regionale Nischen und Regime sowie extraregionale Megatrends. So führt er weiter aus, dass Regionen Gegenstand seien von „*national landscape pressures while regional regimes are also subject to regional selection pressures*" (Essletzbichler, 2012, 798).

Dass unterschiedliche räumliche Ebenen unterschiedliche Wirkungen für Transitionen entfalten, arbeiten auch Coenen/Benneworth/Truffer (2012) heraus. Sie stellen ferner fest, „*[that] even processes operating at a global geographical scale are influenced by differences in localities, mediated by the way they affect the 'local' flavor of the process*" (Coenen/Benneworth/Truffer, 2012, 972). Das bedeutet, dass jeder Systemwandel räumlich unterschiedlich abläuft und gleichzeitig in verschiedenen Formen existiert. Zusammengefasst sind Transformationen wie die Energiewende relationale Prozesse und umfassen „*simultaneous processes of integration and fragmentation associated with new energy infrastructure*" (Bridge et al., 2013, 339).

In der räumlich orientierten MLP-Energieforschung ist ein gemeinsames, zugrundeliegendes Verständnis von Geographie, Region *et cetera* erkennbar. Einerseits wird damit die erdräumliche Verteilung von Aktivitäten des Energiesektors beschrieben. Wo laufen welche energiebezogenen Prozesse ab und welche Ursachen dafür sind in spezifischen räumlichen Bedingungen zu finden? Andererseits wird gefragt, welche Verbindungen und Wechselbeziehungen zwischen verschiedenen Energie-‚Räumen' bestehen (vgl. Bridge et al., 2013, 333). Dies stellt nochmals die materielle sowie die relationale Dimension des Raumes heraus. Daran lässt sich allerdings kritisieren, dass insbesondere in der empirischen Forschung diese wie auch immer gearteten Regionen als Ausgangspunkt gesetzt werden. Häufig gestellte Forschungsfragen sind, wie an einem bestimmten Ort oder in einem bestimmten Staat die Energiewende als politisches Projekt realisiert wird, oder wie sie als wirtschaftliches Phänomen die regionale Wertschöpfung fördert. Somit wird der Region beziehungsweise dem Raum eine quasi-naturalistische Vorexistenz eingeräumt: Aktivitäten der Energiewende finden in einem bestimmten Gebiet statt, dieses Gebiet ist wichtig für die

Aktivitäten und zwischen verschiedenen Gebieten bestehen Austauschbeziehungen. Wie genau diese Gebiete aber konstituiert werden, inwiefern sie nicht einfach existieren, sondern durch Aktivitäten (Handlungen, Praktiken) erst erzeugt und reproduziert sowie verändert werden, wie eine Energie-„Region" entsteht, diese Fragen werden bisher in der MLP- und auch in der Transitionsforschung insgesamt nicht gestellt.

3.2.2 Kernaspekte wirtschaftsgeographischer Transitionsforschung

Die beiden dargestellten Ansätze der Transitionsforschung werden trotz ihrer zunehmenden Anwendung in der geographischen Forschung scharf kritisiert. Dies liegt vor allem an der übergeordneten und nach wie vor nicht gelösten Frage, was genau unter Raum, Ebenen und Praktiken von Transitionen zu verstehen ist. Ein differenziertes Verständnis darüber wird helfen, die von Coenen und Díaz López identifizierten epistemologischen Grundprobleme zu lösen bezüglich „*the system boundaries and definitions, the connection with micro-level theories and explanations and the conceptualisation of change*" (Coenen/López, 2010, 1156). Im Folgenden wird auf diese Aspekte eingegangen.

3.2.2.1 Raum und Ort

Insbesondere die Arbeiten von Coenen und Truffer sind der Raumfrage in der Transitionsforschung nachgegangen. Sie stellen fest: „*Both the TIS and MLP approaches suffer from a missing or naïve conceptualization of space*" (Coenen/Truffer, 2012, 369) *[and] fail to specify the spatial ranges over which relevant institutions operate*" (Coenen/Benneworth/Truffer, 2012, 973). Daher betonen sie die Wichtigkeit des besseren „*understanding which spatial scales are relevant in what fields of technology and at what phase of system development could generate important input for improving TIS-based theory development and policy advice*" (Binz/Truffer/Coenen, 2014, 151). Diese baut auf der Kritik auf, dass in der Transitionsforschung die Zeit als unabhängige Variable angenommen wird. Transitionen laufen ab. Die Zeit könne also nicht als erklärende Dimension dienen; es sei nicht möglich, über das konkrete „wann" der Transition eine Aussage zu treffen, was den Vergleich von Fallstudien erschwere (Coenen/Benneworth/Truffer, 2012). Doch auch Raum könne als erklärende Variable nicht isoliert genutzt werden. Wenn der Raum aber explizit in die Analyse mit eingeschlossen werde, dann könne auch die Zeit als eine Erklärungsdimension mit einbezogen werden, als raum-zeitliche Dimension (vgl. ebd., 975). Dies könne auch helfen, von dem bisher bestehenden Bias fortzukommen, dass die Transitionsforschung im Wesentlichen konzeptionell wie empirisch niederländischen Ursprungs und damit unklar ist, inwieweit das Konzept sowie die empirischen Befunde außerhalb des niederländischen Kontexts generalisierbar sind. Nach wie vor ist nicht geklärt, welche Rolle räumliche Kontexte genau spielen, was räumliche Kontexte sind, wie sie entstehen und wie sie Bedeutung für Transitionen entfalten. Wie Markard/Raven/Truffer (2012, 962) beobachten, wird insbesondere in der empirischen Arbeit noch häufig von nationalstaatlichen oder subnationalen Räumen ausgegangen, ohne jedoch explizit zu fragen, „*why these boundaries were chosen and how they affect the findings and the generalizability of the results*". Raum wird als gegeben, als räumliche Ebene aufgefasst, aber die Frage der Konstitution dieser wird nicht gestellt.

Coenen/Benneworth/Truffer (2012) schlagen vor, Netzwerke und deren Konfiguration als Variable für die Räumlichkeit von Transitionen heranzuziehen. Sie fragen, wie diese Netzwerke eingebettet sind in ein spezifisches, räumliches, institutionelles Umfeld, und wie diese Netzwerke und Institutionen gemeinsame Transitionsräume formen. Daraus schließen sie auf die Bedeutung von spezifischen Orten für die Entstehung von Transitionen. Wie die Diskussion der Praktikentheorien (s. Kap. 3.1) deutlich gemacht hat, kann dies aber keineswegs ausreichen. Netzwerke allein können keinen Aufschluss über die tatsächlich entscheidenden Prozesse und Praktiken der Transition geben. Zudem ist hervorzuheben, dass, genau so wie Transitionen nicht einfach im Raum sind, auch nicht jede Form von Institution in einem klar abgrenzbaren Raum existiert. Institutionen werden geschaffen, aufrechterhalten und transformiert, wodurch ihre Bedeutung für eine sozio-technische Transition entsteht.

Binz/Truffer/Coenen (2014) greifen diesen Gedanken teilweise auf, indem sie die Analyse weg von sozio-technischen Systemen auf klar abgrenzbare Technologien ausrichten. Ihnen geht es im Kern um Wahrnehmungen von Akteuren und wie sie Koalitionen und Legitimität für eine bestimmte Technologie bilden. Diese Wahrnehmungen werden in Netzwerken ausgetauscht und tragen so zur Ausbreitung von Ideen und damit zu Transitionen bei. Die Autoren identifizieren am Beispiel der Entwicklung der Bioverbrennungsmotorentechnologie sechs Formen von räumlichen Netzwerken, die über die Relationen der Akteure in der Praxis entstehen (lokale Innovationsnetzwerke, lokale Innovationssysteme, Mehr-Ebenen-Innovationssysteme, internationale Innovationsnetzwerke, internationale Innovationssysteme und globale Innovationssysteme). So einleuchtend, empirisch fundiert und wertvoll diese Einteilung auch ist, ein konzeptioneller Unterbau fehlt, der deutlich macht, inwieweit diese Unterteilung generalisierbar ist.

3.2.2.2 Maßstäbe und Ebenen

Sowohl die MLP als auch die TIS nehmen auf Maßstäbe und unterschiedliche Ebenen Bezug. In der MLP wird von Nischen, Regimen und Megatrends gesprochen; in der TIS findet eine Unterscheidung von lokal und global statt. Für beide Differenzierungen stellt sich die Frage, woher sie genau kommen, was die jeweiligen Ebenen unterscheidet und wie sie empirisch erfasst werden können (Essletzbichler, 2012; Jørgensen, 2012; Rohracher/Späth, 2014). Die bisherigen Arbeiten zur Raumfrage der Transitionen machen deutlich, dass die Skalarität ein wertvoller Beitrag zum bessern Verständnis von Transitionen ist. Insbesondere ist sie hilfreich, um zu verstehen „*whether and how localities (regions and cities) can draw upon agglomeration advantages in terms of localized resources, capabilities and institutions and/or access to global networks*" (Coenen/Truffer, 2012, 369). So wird es auch möglich, lokale Akteure, Technologien, Ressourcen und Institutionen auf der einen Seite, und translokale Aktivitäten, Bedürfnisse und Interessen auf der anderen Seite miteinander in Beziehung zu setzen und Gemeinsamkeiten beziehungsweise Widerstände aufzudecken. Hier identifizieren Coenen/Benneworth/Truffer (2012) einen erhöhten Bedarf für weitere empirische Forschung „*about the distinctive local conditions shaping evolutionary change, making clear at the same time the wider relations of control, dependency, competition and cooperation which influence what can be locally achieved*" (Coenen/Benneworth/Truffer, 2012, 977).

Die Berücksichtigung der Maßstäblichkeit ermöglicht zudem, Governance- und politische Entscheidungsprozesse, die für Innovationen und damit Transitionen wesentlich sind, in ihrer Mehr-Ebenen-Dimension zu verstehen, wie dies auch in der politikwissenschaftlichen Literatur üblich ist (Benz et al., 2007; Haus, 2007; Jacobsson/Lauber, 2006; Stoker, 1998). Damit verbunden ist die Machtdimension, die je nach Ebene unterschiedlich ausgestaltet sein kann. Dabei schreiben Coenen/Benneworth/Truffer (2012) der Multiskalarität eine entscheidende Rolle zu, weshalb sie analysieren und aufzeigen, wie „*actors' power depends on their relationships and connections within networks across a range of scales*" (Coenen/Benneworth/Truffer, 2012, 976). Dieses Verständnis von Macht ist aus praxistheoretischer Perspektive jedoch deutlich zurückzuweisen. Die Autoren schreiben: „*Places can be regarded as having power which emerges through the local and external relationships of actors in that territory. Places' power evolves over time both in response to changes in the networks of actors strategically coupled to the territory, and as a result of external changes in those networks*" (ebd.). Dass Orte selbst Macht haben, kann höchstens im Sinne der Weltbindung physisch-materieller Komponenten plausibel dargelegt werden. Auch aus relationaler Perspektive kann Macht nur zwischen Akteuren bestehen und somit zur Netzwerkbildung beitragen. Hier wird wieder deutlich, wie die rezenten Ansätze der Konzeptionalisierung von Raum in der Transitionsforschung selbst immer wieder in die „Raumfalle" (Lippuner/Lossau, 2004) treten – in diesem Fall hinsichtlich der Machtfrage. Und auch wenn durch den relationalen Raumbegriff, wie ihn Binz/Truffer/Coenen (2014) anlegen, eine Möglichkeit gefunden ist „*to open up the scalar boundaries that unconsciously have been drawn in many TIS and MLP case studies*" (Coenen/Truffer, 2012, 369), bleibt unklar, inwieweit diese erste Analyse von Wissensaustausch innerhalb einer Branche generalisierbar ist und ausreicht, um eine sozio-technische Transformation insgesamt zu verstehen.[12]

Mit einem Fokus auf zielorientierten und langfristigen sozio-technischen Wandel gehen Rohracher/Späth (2014) der Frage nach, wie „*urban energy visions*" vor Ort (in Graz und Freiburg) entwickelt und stabilisiert werden und wie diese Prozesse von politischen und technischen Kontexten beeinflusst werden. Dabei stellen sie fest, dass „*regime variations emerge at a local level*" (ebd., 11) und „*[that they are] more sustainable than the nationally and internationally dominant energy regime*" (ebd.). Gleichzeitig konstatieren sie, dass die Energiesysteme selbst sich kaum verändert haben und ebensowenig von größeren gesellschaftlichen Entwicklungen losgelöst ablaufen. Unter Bezug auf die MLP weise dies darauf hin, dass die beobachteten Transitionen „*not quite fit the niche-regime dichotomy of energy transitions*" (ebd. 12) und dass die Transformationen eher von hybridem Charakter sind, geprägt von variablen Nische-Regime-Konfigurationen. Regime seien heterogen, lägen teilweise außerhalb der Einflusssphäre einer Nische. Die Differenzierung sei insbesondere diskursiver Natur, um Visionen zu formen und Handlungsräume zu erschaffen.

Gerade für die Frage nach dem Zusammenhang und dem Wechselspiel von Ebenen liefern Affolderbach/Carr (2014) einen wichtigen Beitrag. In Anlehnung an die *Multi-Level-Governance* gehen sie auf die bewusste Inwertsetzung von Ebenen ein und auf die Frage, wie diese (nicht) voneinander abgrenzbar sind. Für Transitionsprozesse ist dabei insbesondere der Aspekt der Gleichzeitigkeit der Ebenen interessant, wie Akteure in unterschiedlichen Ebenen zu gleicher Zeit handeln und wie dabei unterschiedliche Rahmenbedingungen zum Tragen kommen. Das von Affolderbach und Carr vorgestellte Konzept des *scale blending*

12 Es muss den Autoren Binz/Truffer/Coenen (2014) allerdings an dieser Stelle zugestanden werden, dass diese Frage für sie nicht unmittelbar relevant ist. Vielmehr zeigen sie in ihrem Artikel sehr gut auf, dass Raum und Maßstäbe für die Analyse von Transitionen von großer Bedeutung ist.

zielt genau auf diesen Aspekt ab. Es beschreibt „the *maneuverings that actors employ in situations where the scales are collapsed and hardly distinguishable from one another*" (Affolderbach/Carr, 2014, 10). Damit stellen die Autorinnen dar, dass für die Akteure eine Unterscheidung verschiedener Ebenen nicht notwendigerweise gegeben ist und dass sie gleichzeitig in verschiedenen Ebenen handeln. Eine simple Unterscheidung von Maßstäben und Ebenen greift ihrer Ansicht nach folglich zu kurz.

Bereits 2007 haben Shove und Walker gefordert, von dem „*nested, hierarchical multilevel model as the only model in town*" (Shove/Walker, 2007, 768) abzukommen und Transitionen auch in ihrer systemischen und praxeologischen Dimension zu begreifen. Dabei forderten sie, die „*historical evolution of guiding images and ideals, of their circulation across different social and spatial scales, and of resistances to them*" (ebd., 765) zu berücksichtigen. Damit rücken sie – über Praktiken – Akteure in den Vordergrund.

3.2.2.3 Akteure und agency

Die energiebezogenen Transitionsforschung zeigt auf, dass Handlungsfähigkeiten und -motive, Kompetenzen, Verantwortlichkeiten, Strategien und damit Aspekte der *agency* berücksichtigt werden müssen, um die raum-zeitliche Dimension der Energiewende besser zu verstehen (Bridge et al., 2013; Jørgensen, 2012; Markard/Raven/Truffer, 2012). Wie ausgeführt, haben TIS und MLP ein ähnliches Akteursverständnis, das auf den Aspekten begrenzter Rationalität, Routinen und Regeln beruht. Ein auch für die MLP fruchtbarer Aspekt der TIS ist, dass Akteure auf verschiedenen räumlichen Ebenen unterschiedliche Beziehungen haben, durch die sie sich Zugang zu verschiedenen Ressourcen eröffnen, um ihre individuellen Ziele zu erreichen. Damit erzeugen die Akteure durch ihre Beziehungen auch Zusammenhänge räumlicher Ebenen.

Problematisch an dem „Primat der *agency*", wie es in den SST gefordert wird, ist nach Shove und Walker folgendes: „*The outcomes of actions are unknowable, the system unsteerable, and the effects of deliberate intervention inherently unpredictable, and, ironically, it is this that sustains concepts of agency*" (Shove/Walker, 2007, 768 f.). Daher sprechen sie von der „*illusion of agency*" im Kontext von Transitionen. Akteure seien immer selbst Teil eines Systems, das damit auch ihre Wahrnehmungsfähigkeiten und Verständniswege beeinflusse. Hier ist Werlens Lesart der agency produktiver, das die Relationierung von Zeit, Bewusstsein, Körper und Raum meint und damit explizit auf die Wechselwirkungen von Akteur und Umfeld eingeht. Damit können Transitionen auch eindeutig als Praxisphänomen begriffen werden, als „*ways of living and patterns of demand*"

(Shove/Walker, 2007, 768). So können Aspekte in die Transitionsforschung eingeschlossen werden wie alltägliche Praktiken, die Frage nach Gewinnern und Verlieren oder auch Normativität von beispielsweise nachhaltiger Entwicklung, die als Praxisphänomen gesehen werden kann. Gleichermaßen kann über die Anknüpfung an die Praktikentheorie auch die Frage nach Formen des Wandels besser begriffen werden, wie er im Kontext von Routinen ausführlich diskutiert wurde (s. Kap. 3.1.3.1). Denn „*transition processes are outcomes of the performed reproductive and reconfiguring actions*“ (Jørgensen, 2012, 997).

3.2.3 Herausforderungen wirtschaftsgeographischer Transitionsforschung – Zwischenfazit und Forschungsausblick

Die vorherigen Unterkapitel haben die Bandbreite an wirtschaftsgeographischer Transitionsforschung aufgezeigt. Dabei wurden zentrale Herausforderungen und weitere Forschungsbedarfe aufgezeigt. Rückblickend auf Kapitel 3.1.4 können zentrale Herausforderungen der wirtschaftsgeographischen Transitionsforschung in Zusammenhang mit denen der Praktikenforschung benannt werden:

- Welche Akteurs-, Praxis- und Raumbegriffe sind für eine produktive Analyse von Transitionen anzulegen?
- Wie können die verschiedenen Ebenen von Transitionen konzeptioniert und analysiert werden?
- Welche raum-zeitlichen Bezüge entstehen durch Transformationsprozesse?
- Welche Beziehungen entstehen zwischen Akteuren, die in sozio-technischen Systemen interagieren?
- Wie lassen sich Befunde einer auf Praktiken ausgerichteten Transformationsforschung generalisieren?

Abbildung 3.12 fasst diese Forschungsbedarfe zusammen und hebt die zentralen Verbindungslinien mit der wirtschaftsgeographischen Praktikenforschung hervor. Aufbauend auf diesen Gedanken wird im folgenden Kapitel das Konzept zur Analyse des energetischen Regionalisierens vorgestellt, das als erster umfassender Beitrag zur praktikenorientierten Transitionsforschung zu verstehen ist.

3.3 Praktikenorientierte, wirtschaftsgeographische Transitionsforschung

Ziel der vorliegenden Arbeit ist es, die Entstehung und Veränderung von „Energieregionen“ zu verstehen. Im Nachfolgenden wird dazu die praktikenorientierte, wirtschaftsgeographische Transitionsforschung als ein Zugang diskutiert.

Abbildung 3.12: Forschungsbedarfe und Verbindungslinien wirtschaftsgeographischer Praxis- und Transitionsforschung, eigene Darstellung.

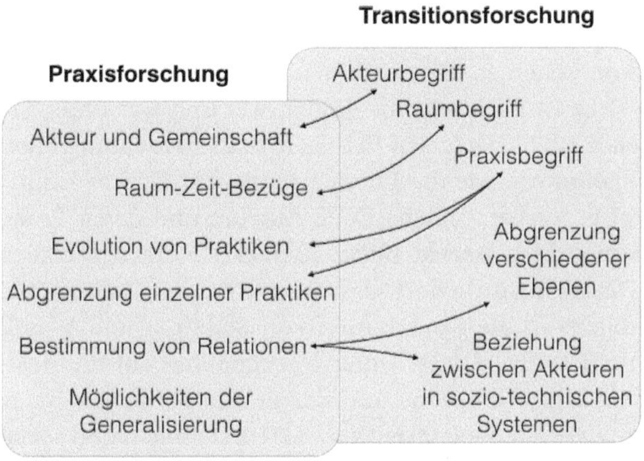

Zuerst gilt es, den Praxisbegriff weiter zu schärfen (Kap. 3.3.1). Dafür wird das energetische Regionalisieren und einzelne spezifische Praktiken dessen abgegrenzt (Kap. 3.3.2). Dies wird aufbauend auf den vorherigen Kapiteln mit einem Fokus auf die Energiewende geschehen. Anschließend werden die zentralen Relationen des Konzepts herausgearbeitet und diskutiert: Ebenen, Zeit und Raum (Kap. 3.3.3). Um das Konzept empirisch nutzbar zu gestalten und damit weder „sparsam" noch „vage" bleibe zu müssen, wird die Operationalisierung aufzeigen, was in der empirischen Forschung die Kernelemente darstellt (Kap. 3.3.4). Das anschließende Kapitel 4 wird die methodologischen Implikationen und eine Umsetzungsvariante aufzeigen.

3.3.1 Ein Praxisbegriff für die Transitionsforschung: energetisches Regionalisieren

Wie in Kapitel 1 kurz definiert, bezeichnet energetisches Regionalisieren eine Praxis, welche die Wirtschaft im Kontext der Energieversorgung und ihre Geographie konstituiert. Dieses Kapitel wird darlegen, was die Kernelemente des energetischen Regionalisierens sind und worin die Stärken eines Ansatzes liegen, der sich mit der Analyse des energetischen Regionalisierens beschäftigt.

Die Diskussion der verschiedenen Ansätze der Transitionsforschung in Kapitel 3.2 baut auf der Annahme auf, dass die Energiewende einen sozio-technischen Transformationsprozess beschreibt (vgl. Kap. 1). Es wurde dargelegt, wie die *Transition Studies* ein konzeptionelles Rahmenwerk bilden, um Strukturen und

Prozesse der Energiewende zu analysieren und deren Dynamiken sowie die multidimensionalen Interaktionsschemata herauszuarbeiten. Dabei bilden zwei Prozesse den Kern: (1) die Abgrenzung und das Zusammenwirken (Relationen) einzelner Systemelemente und (2) die Evolution und damit die raum-zeitliche Entwicklung von Systemen. Die Ausführungen mündeten in drei zentralen Kritikpunkten: (1) Es ist nach wie vor unklar, wie und was unter Transitionsräumen zu verstehen ist. (2) Es fehlen Einblicke in die Bedeutung unterschiedlicher Ebenen für Phänomene wie die Energiewende. (3) Und es kann nach wie vor nicht beantwortet werden, welche Rolle Akteure und deren Praktiken spielen. Für den letztgenannten Aspekt bildet Kapitel 3.1 einen geeigneten Anknüpfungspunkt. Deutlich wurde dort, dass über einen praxistheoretischen Zugang wertvolle Einblicke in die Konstitution von Stabilität und Wandel gewonnen werden können (s. Kap. 3.1.3). Unter Bezugnahme auf die beiden Konzepte des alltäglichen Regionalisierens und der gesellschaftlichen Raumverhältnisse wurde die grundlegende Bedeutung von Akteurshandeln und sozialer Praxis für die Hervorbringung von Räumlichkeit und Maßstäben dargelegt. Die praxistheoretischen Ansätze liefern demnach eine wertvolle analytische Perspektive, um jene gesellschaftlichen Prozesse herauszuarbeiten, die für die Konstitution, Reproduktion und Transformation von *economic spaces* und *economic worlds* maßgebend sind.

Um den Praxisbegriff für die Transitionsforschung weiter zu schärfen gilt es zum einen ein vertieftes Verständnis über den Zusammenhang von Strukturen und Handeln zu gewinnen. Zum anderen sind weitere Erkenntnisse über die raum-zeitliche Evolution von Routinen vor dem Hintergund alternativer Praktiken nötig. So gibt es offensichtlich das Potenzial, durch die gemeinsame Behandlung von Praxis- und Transitionsforschung jeweilige konzeptionelle Lücken zu schließen. Die nachfolgenden Ausführungen werden diese Möglichkeit aufgreifen und darlegen, wie die Verbindung des Praxisbegriffs mit der Transitionsforschung die Forschung zur Energiewende bereichern kann.

Die zentrale Praxis des hier vorgeschlagenen Konzepts zur Analyse der Energiewende als sozio-technisches Praxisphänomen ist das energetische Regionalisieren. Wie bereits angeführt, werden damit jene Praktiken bezeichnet, welche die Wirtschaft im Kontext der Energieversorgung und ihre Geographie konstituieren. Durch ihre Analyse soll Aufschluss über Implikationen, Kontexte, räumliche Besonderheiten und Maßstäbe der Energiewende als Praxisphänomen gewonnen werden.

Ausgangspunkt ist die Praxis der Weltbindung, wie sie von Werlen (2007; 2009c; 2010b, s. Kap 3.1.2 und 3.1.2) eingeführt wurde: Physisch-materielle Komponenten werden von einem Individuum zueinander in Beziehung gesetzt und verbunden. Vor dem Hintergrund gesellschaftlicher Prozesse werden ihnen Bedeutungen und Sinn als Erfahrungskontext und Deutungsmuster zugeschrieben. Sie sind einerseits Rückbindung und andererseits Zuschreibung. In Schatzkis (1996; 2002; 2003) Ausdrucksweise wird dies durch den teleologischen Ort und den Handlungsort im physisch-metrischen Raum zu einer bestimmten Zeit abgebildet (s. S. 55). Im Energiekontext beinhalten physisch-materiellen Komponenten in Anlehnung an die *Transition Studies* technische Elemente wie Leitungsinfrastruktur oder Energieerzeugungsanlagen sowie die natürliche Umwelt. Durch Weltbindung bettet ein Individuum seine Handlungen in diesen physisch-materiellen Erfahrungskontext als Handlungskontext ein und passt sie diesem an. Folglich verändern sich der wahrgenommene Erfahrungskontext und die damit verbundenen Deutungsmuster im zeitlichen Verlauf. Der ‚Kontext des Einzelnen' wird kontinuierlich (re)produziert und transformiert. Deutungsmuster formen und ermöglichen die Auseinandersetzung des Einzelnen mit der Alltagswelt. Nach Schütz/Luckmann (2003, 29 f.) gehören sie zu den unhinterfragten, als gegeben akzeptierten Bereichen des Alltags. Weltbindungen erzeugen diese physisch-materiellen Dimensionen der Energiewende, bringen damit Energieregionen hervor.

Neben physisch-materiellen Komponenten sind die sozio-technischen Geographien der Energiewende von höherem Interesse für das energetische Regionalisieren. Damit rücken auch die Weltbindungsdimensionen ‚Wissen' sowie ‚Normen, Werte und Routinen' in den Vordergrund. Diese lassen sich zudem an das wirtschaftsgeographische Praxisinteresse und das Vokabular der SST anknüpfen.

Wissen bezeichnet im praxistheoretischen Verständnis immer praktisches Wissen (*knowing in practice*) und äußert sich in Strukturen oder Handlungen, die zusammen den Kern der Praktikentheorien bilden (s. Kap. 3.1.3.1.). Für Giddens ermöglicht es erst das Wissen, in Handlungen auf spezifische Strukturen zurückzugreifen. Für Schatzki sind Wissensbestände entscheidend, um Gegenstände und Emotionen zu verstehen und zu nutzen. Werlen sieht Wissen als eigene Kategorie des Regionalisierens, die nötig ist, um die Weltbindung als subjektive Sinnzuschreibung und -deutung zu praktizieren. Und auch in den SST wird Wissen als eine zentrale Dimension erfasst. Seine Erzeugung (*learning by doing, by using, by interacting*) und Diffusion stehen dabei im Fokus des Interesses. Wissen stellt für Akteure eine zentrale Kategorie des Handelns, die daher nur durch die Auseinandersetzung mit individuellen Wissensbeständen analysiert werden können.

Normen, Werte und Routinen stellen im Konzept der Weltbindung den dritten Baustein dar. Für Werlen sind sie der soziale Kontext, in dem Weltbindungen stattfinden. Schatzki gliedert sie feiner. Für ihn sind Normen und Werte dem gesellschaftlichen Kontext und Routinen dem Praxisfeld zuzuordnen. Diese Differenzierung ist hilfreich, da sie für die Analyse eine Unterscheidung ermöglicht zwischen dem Praxisfeld für eine spezifische Praxis und dem weiteren gesellschaftlichen Rahmen, in den die Praxis eingebettet ist (vgl. dazu auch Bourdieus ‚Feld'). Auch in den SST sind diese Aspekte verankert. Werte finden sich als übergeordnete kulturell-normative Wertvorstellungen und damit als ein Megatrend wieder. Dies passt zu Schatzkis Lesart von Werten als Kontexte. Normen und Routinen sind in den SST formale, normative und kognitive Regeln und Normen eines spezifischen sozio-technischen Regimes (wie beispielsweise sektorale Politiken, industrielle Netzwerke oder etablierte Nutzerpraktiken). Routinen sind ein Bestandteil des spezifischen Praxisfelds und Werte Bestandteil des gesellschaftlichen Kontexts. Normen sind je nach Bezug dem spezifischen Praxisfeld oder dem gesellschaftlichen Kontext zuzuordnen.

Zusammenfassend ergeben sich für das energetische Regionalisieren vier Praxisphänomene: die physisch-materiellen Komponenten, die individuellen Wissensbestände, das spezifische Praxisfeld und der gesellschaftliche Kontext (s. Abb. 3.13). Im folgenden Kapitel werden die Praktiken herausgearbeitet, die für die Analyse des energetische Regionalisierens als Ausgangspunkt gelten.

Abbildung 3.13: Die vier Praxisphänomene des energetischen Regionalisierens, eigeneDarstellung.

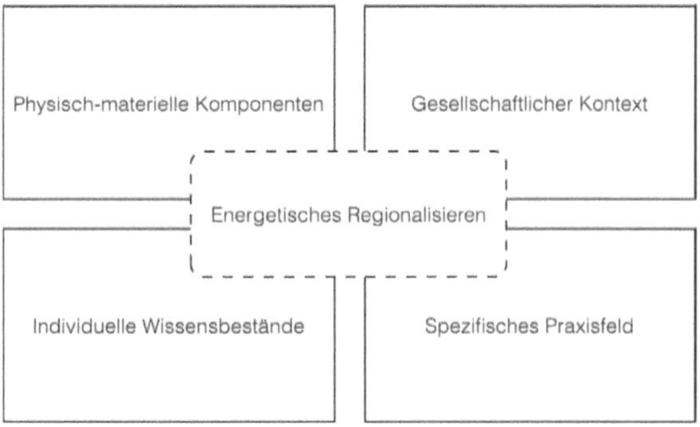

3.3.2 Abgrenzung einzelner Praktiken des energetischen Regionalisierens

Um die Bedeutung bestimmter Praktiken für wirtschaftliche Ergebnisse zu bestimmen, ist es notwendig, einzelne Praktiken zu identifizieren, die das wirtschaftliche Ergebnis konstituieren. Im Kontext der Energiewende sind insbesondere jene Praktiken zu analysieren, die auf Energieerzeugung und -verbrauch abzielen. Diese können sich beispielsweise auf Investitionsentscheidungen, den Bau und alltäglichen Betrieb einer Energieerzeugungsanlage, die Formulierung strategischer Ziele, den Aufbau eines Interessenverbandes oder Konsumentscheidungen beziehen.

Insbesondere Jones/Murphy (2010) haben eine Heuristik zur Abgrenzung einzelner Praktiken vorgeschlagen. Sie stellen fest, dass *„demarcating the fuzzy boundaries that distinguish one practice from another is critical if the concept is to serve as a useful unit of analysis for economic-geographical scholarship“* (Jones/Murphy, 2010, 382). Problematisch ist allerdings, dass die Differenzierung, wie sie die Autoren vornehmen, eine Trennbarkeit unterstellt, die den verwobenen Charakter der Praktiken unterschlägt. Zudem sind die Grenzen zwischen den einzelnen Praktiken unscharf. So stellen Radwan/Kinder (2013, 2447) für die Differenzierung sozialer Praktiken fest, *„[that] the number of barely predictable variables increases with the complexity and numbers of different actors“* – und an sozio-technischen Transformationen wie der Energiewende ist eine nahezu unüberschaubar große Anzahl von Akteuren beteiligt. Daher sollte ein Konzept entwickelt werden, das bewusst für empirische ‚Überraschungen‘ offen ist und nicht den Blick auf vorab extrahierte konkrete Formen von Praxis lenkt.

Für das energetische Regionalisieren wird eine deutliche Vereinfachung der Abtrennung sozialer Praktiken vorgeschlagen. Wie ausgeführt wird der analytische Startpunkt auf einzelne Hervorbringungen der Wirtschaft gerichtet. Von diesen ausgehend können spezifische Praktiken extrahiert werden. Grundsätzlich werden dafür dennoch zwei übergeordnete Praxisfelder differenziert. Eines ist der „Betrieb“ – in unserem Fall der Betrieb einer Biogasanlage, was aber auch auf jede andere Unternehmensform übertragen werden könnte –, das Zweite ist die „Konfiguration“. Im Beispiel einer konkreten Biogasanlage vereinen sich Akteure dieser Praxisfelder im sogenannten „Betreiber“. Dieser steht für ein (Alleinbetreiber) oder mehrere Individuen (Betreibergemeinschaft), die für die konkreten Handlungsentscheidungen verantwortlich sind, also beispielsweise der Landwirt, der sich entschließt, eine Biogasanlage auf seinem Hof zu errichten und dort zu betreiben.

Vereinfacht ausgedrückt ist mit Betrieb der alltägliche Umgang mit der Biogasanlage bezeichnet. Konfiguration zielt auf die Herstellung der Anlage ab, die vor dem Hintergrund des Umfelds stattfindet. Die Konfiguration ist dem Betrieb vorgelagert. Von entscheidender Bedeutung für die praktikenorientierte Transitionsforschung werden die Transitionspraktiken (Re)Produktion und Transformation (s. Abb. 3.14). Während die Konfiguration das Umfeld des Betreibers reflektiert, wird das Umfeld selbst durch den Betrieb der Anlage kontinuierlich reproduziert sowie durch alternative Handlungen transformiert. Denn wie Jørgensen in seiner Untersuchung zur Energiewende feststellt sind Transitionsprozesse *„outcomes of the performed reproductive and reconfiguring actions“* (Jørgensen, 2012, 997). Insbesondere die Reproduktion des Umfelds im Betrieb kann andere Deutungsmuster des Betreibers hervorbringen, die ihn unter Umständen zu einer Rekonfiguration der Anlage veranlassen, also einer Anpassung der ursprünglichen Konfiguration an ein neu gedeutetes Umfeld. In den nachfolgenden Kapiteln werden diese Aspekte der Transformation am Beispiel der Biogaserzeugung vertieft, aufbauend auf den Erläuterungen in Kapitel 2.

Abbildung 3.14: Aspekte des energetischen Regionalisierens am Beispiel der Biogaserzeugung, eigene Darstellung.

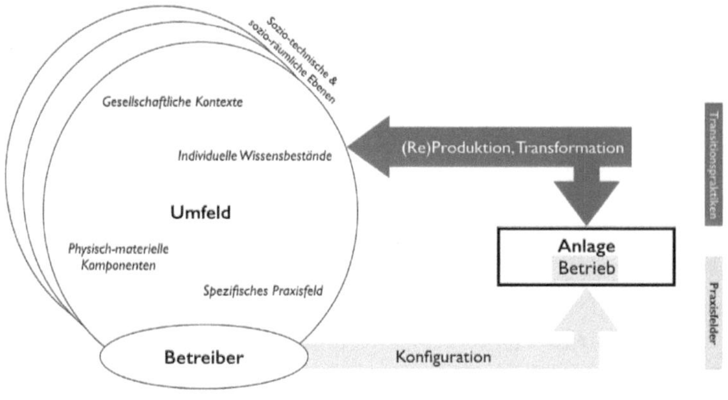

3.3.2.1 Konfiguration

Der Begriff Konfiguration zielt im Konzept des energetischen Regionalisierens auf die Hervorbringung eines wirtschaftlichen Ergebnisses. Er entspricht damit nicht dem Verständnis von Konfiguration, das in den SST in Anlehnung an die evolutionäre Ökonomik als ‚sozio-ökonomische Konfiguration‘ verwendet wird. Dort wird gefragt, wie etablierte sektorale und räumliche Zusammenhänge durchbrochen werden (TIS) oder wie neue Konfigurationen eines sozio-technischen Systems zu einer gesellschaftlichen Transition beitragen (MLP). Konfiguration wird in den SST als Zustand eines sozio-technischen Systems gesehen, der sich im zeitlichen Verlauf ändert. Die jüngere Forschung in diesem Feld stellt fest, dass vor allem die Analyse der Konfiguration von Akteursnetzwerken über die räumliche Dimension von Transitionen Aufschluss geben kann (s. Kap. 3.2). Doch dieses Verständnis von Konfiguration kann nicht mit dem des energetischen Regionalisierens gleichgesetzt werden.

Konfiguration im Sinne des energetischen Regionalisierens bezeichnet ein Praxisfeld, das jene sozialen Praktiken vereint, die zu einer wirtschaftlichen Hervorbringung führen. Sie bezeichnet die komplette Entstehung eines spezifischen Projekts, die demnach auch projektspezifische Ausprägungen vorweist. Für die Konfiguration bezieht ein Betreiber sein Umfeld auf sich (Weltbindung) und leitet daraus seine Entscheidung zur Hervorbringung eines wirtschaftlichen Ergebnisses ab. Die Weltbindung im Zuge der Konfiguration kann den Betreiber Betreiber dazu bringen, etablierte Routinen seinen spezifischen Bedürfnissen anzupassen. Die Konfiguration ist also ergebnisspezifisch und damit ein empirisches Phänomen. Aus der Analyse mehrerer einzelner Anlagen und damit mehrerer spezifischer Konfigurationen wird es möglich, im Sinne des ‚hermeneutischen Zirkels' „das Ganze aus dem Einzelnen und das Einzelne aus dem Ganzen" (Gadamer, 1959, 12) zu verstehen.

Wie in Kapitel 2 diskutiert, befasst sich die bisherige Forschung insbesondere mit den dem Betrieb einer Biogasanlage vorgeschalteten Prozessen. Das Praxisfeld Konfiguration schließt diese Aspekte mit ein, ist aber gleichermaßen offen für andere Praktiken, die für die Entstehung einer Biogasanlage relevant sind. Diese analytische Offenheit ermöglicht es, die für die Konfiguration wesentlichen Praktiken in der empirischen Arbeit zu erschließen, das heißt, die je relevanten Praktiken der Konfiguration zu identifizieren, um sie dann in einem zweiten Schritt durch Kombination diverser empirischer Erkenntnisse verallgemeinern zu können.

3.3.2.2 Betrieb

Der Begriff ‚Betrieb' steht im Konzept des energetischen Regionalisierens für die Praktiken des alltäglichen Handelns, die auf die alltägliche Erzeugung und den Verbrauch von Energie abzielen, wie beispielsweise das Betreiben einer Biogasanlage. Da die diskutierten Ansätze der Transitionsforschung sich mit Systemkonfigurationen beschäftigen, finden sich dort keine Anknüpfungspunkte für konkrete Betreiberpraktiken.

Der Betrieb der Anlage spiegelt das Praxisfeld der alltäglichen Auseinandersetzung des Betreibers mit seiner Biogasanlage wider. Durch die diversen in diesem Praxisfeld liegenden Praktiken bindet der Betreiber das Umfeld in seine Handlungen zurück (*downward causation*) und reproduziert es dabei. Er baut sich somit individuelle Wissensbestände über gesellschaftliche Kontexte sowie über physisch-materielle Komponenten auf. Sobald mehrere Betreiber auf prinzipiell gleiche Art solche Rückbindungen betreiben, deutet dies auf stabilisierte und routinisierte soziale Handlungen und damit auf gemeinsame Routinen, Wertvorstellungen, Regeln und Normen innerhalb einer *Community of Practice* hin.

Da jede Anlage spezifische Anforderungen an ihren Betreiber stellt, gilt, wie auch bei der Konfiguration, dass die Akteure dazu gezwungen sein können, Routinen ihren spezifischen Bedürfnissen anzupassen. Wenn also individuelle Wissensbestände oder spezifische physisch-materielle Komponenten für den Betreiber alternative Handlungen geeigneter erscheinen lassen, könnte dies dazu führen, dass er von etablierten Praktiken des Praxisfeldes abweicht. Würden Abweichungen von mehreren Betreibern als Verbesserung gedeutet, könnte dies zur Transformation des Praxisfeldes beitragen (*upward causation*). Ebenso könnte ein sich ändernder Betrieb auf Transformationen eines oder mehrerer Praxisphänomene hindeuten, da sich im Sinne der *downward causation* auch solche Änderungen in den Praktiken niederschlagen könnten. So könnten einerseits alternative Praktiken als Auslöser von Transition gesehen werden. Andererseits könnten sie auch als Reaktion auf eine Transition des Umfelds gedeutet werden (s. auch Kap. 3.1.3.1.). Eine Transition könnte zudem eine Rekonfiguration (bspw. der technischen Anlage zur Biogaserzeugung) bedingen, da neue Bedingungen und Bedürfnisse zu berücksichtigen sind. Der Betrieb könnte also auf unterschiedliche Art und Weise zur (Re)Produktion und Transformation des Praxisfeldes selbst beitragen sowie ablaufende Transitionen aufzeigen.

Empirischer Ansatzpunkt für die Analyse der beiden Praxisfelder ist das Individuum. Wie dargelegt (s. Kap. 3.1.3.2), ist es der „Schmelztiegel" sozialer Praxis. Im Individuum vereinen sich die diversen Akteure und damit Praxisfelder, die Aufschluss über die Praktiken des energetischen Regionalisierens geben. Wenn der analytische Startpunkt auf Hervorbringungen der Wirtschaft, wie beispielsweise eine Biogasanlage, gerichtet wird, können die an dieser Hervorbringung beteiligten Individuen identifiziert und deren energetisches Regionalisieren fokussiert und analysiert werden. Ausgehend von individuellen Weltbindungen können Muster oder Schemata des energetischen Regionalisierens herausgearbeitet werden, die innerhalb der *Community of Practice* vorherrschen und zum routinisierten *doing of business* beitragen. Zudem können alternative Handlungen aufgezeigt werden, die auf Stabilität oder Wandel hinweisen. Damit werden die vier Praxisphänomene insbesondere für die empirische Analyse alternativer Praktiken bedeutsam. Sie sind gleichermaßen Bedingung wie Ergebnis sozialer Praxis, verändern sich im Laufe der Zeit und sind damit Grundlage für die verschiedenen Transitionspraktiken.

3.3.2.3 (Re)Produktion und Transformation

Die gleichzeitige und gemeinsame Entwicklung von zueinander in Beziehung stehenden Aspekten wird auch als Ko-Evolution bezeichnet (s. S. 78). Diese besagt, dass Wandel in einem Bereich auch andere Bereiche beeinflusst. Es kann daher gefolgert werden, dass Änderungen in einem Praxisphänomen auch für andere Praxisphänomene Wirkungen entfalten, die sich durch das energetische Regionalisieren äußern. Die Weltbindungen eines Praxisphänomens entfalten als Deutungsmuster für andere Praxisphänomene Bedeutung und fungieren so als Zuschreibungen. Entwickelt ein Betreiber eine alternative Handlung, da er sein Umfeld anders oder neu deutet, kann diese auch von anderen Betreibern als Handlungsmöglichkeit aufgegriffen werden. Eine Diffusion der alternativen Handlung wird angestoßen. Wenn sich also Deutungsmuster verschieben, ist dies entweder Ausdruck einer ablaufenden Transition eines oder mehrerer Praxisphänomene, oder es werden umgekehrt dadurch Transitionen angestoßen. Insbesondere das Praxisfeld Betrieb schließt diese Weltbindungen ein und überführt sie in die Transitionspraktiken der (Re)Produktion und Transformation.

Da sich Deutungsmuster in Weltbindungen äußern und Weltbindungen den vier Praxisphänomenen des energetischen Regionalisierens zugeordnet sind, können Transitionen als praxeologischer Prozess verstanden werden. Der Wandel von Praktiken führt zu Transitionen und ist gleichermaßen Ausdruck dieser. „*By implication an analysis of changing practice […] requires an analysis both of the history of the elements involved and of the dynamic and often uncontrollable or emergent relation between them*" (Shove/Walker, 2010, 473). Die Analyse widmet sich zum einen – wie bereits ausgeführt – den Praxisphänomenen (*elements*) und ihrer (Ko-)Evolution. Zum anderen werden die Relationen dieser Praxisphänomene untersucht, worauf im Folgenden näher eingegangen wird.

3.3.3. Zentrale Relationen des energetischen Regionalisierens

Wie dargelegt, sind es zwei Praxisfelder (Konfiguration und Betrieb), vier Praxisphänomene (physisch-materielle Komponenten, individuelle Wissensbestände, das spezifische Praxisfeld, gesellschaftlicher Kontext) und zwei Transitionspraktiken ((Re)Produktion und Transformation), die für das energetische Regionalisieren von grundlegender Bedeutung sind. Ihre Beziehung herauszuarbeiten ist das empirische Ziel der vorliegenden Arbeit, denn wie Jones (2013) feststellt, ist ein entscheidendes Ziel der Praktikenforschung in der Wirtschaftsgeographie, besser zu verstehen, „*how relations are important in shaping economic activity or outcomes*" (Jones, 2013, 5). Abbildung 3.15 veranschaulicht, auf welche Forschungsaspekte dabei eingegangen wird:

- die Beziehungen der Praxisphänomene, ausgedrückt durch das energetische Regionalisieren;
- die Transitionspraktiken und deren Bedeutung für die Praxisphänomene;

- die zeitliche Veränderung einzelner Praxisphänomene sowie deren Wiederverankerung durch energetisches Regionalisieren, auch in anderen Praxisphänomenen, durch die Transformation.

Abbildung 3.15: Zentrale Relationen der Praxisfelder, Praxisphänomene und Transitionspraktiken, eigene Darstellung.

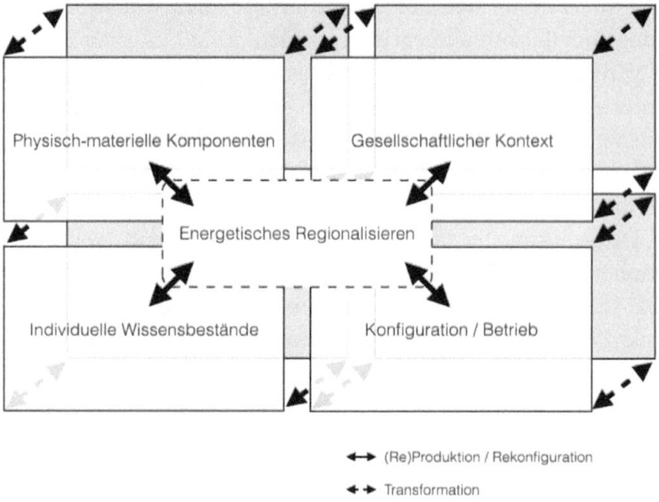

Der empirische Ausgangspunkt des energetischen Regionalisierens sind Akteure in konkreten Projekten. Konfiguration, Betrieb und individuelle Wissensbestände sind dabei beim Betreiber angesiedelt und damit einem einzelnen Subjekt zuzuordnen. Physisch-materielle Komponenten und gesellschaftliche Kontexte gehören zum Umfeld. Die Transitionspraktiken liegen als Phänomene zwischen Individuum und Umfeld; sie äußern sich im energetischen Regionalisieren, können ihren Ursprung sowohl beim Betreiber als auch im Umfeld haben. Es wird deutlich, dass verschiedene Ebenen des energetischen Regionalisierens zu unterscheiden sind. Diese gehen über die soeben aufgezogene Unterscheidung von Individuum und Umfeld hinaus, was im folgenden Unterkapitel genauer ausgeführt wird.

3.3.3.1 Ebenen des energetischen Regionalisierens

Die Differenzierung verschiedener Ebenen hat sich in der Transitionsforschung sowie der Wirtschaftsgeographie als sehr hilfreich erwiesen, um produktive analytische Arbeit zu leisten (s. Kap. 3.2). Für die Analyse des energetischen

Regionalisierens wird dies aufgegriffen, einerseits die Ebenen ‚lokal, regional, global' (sozio-räumlich) und andererseits ‚Nische, Regime, Megatrend' (sozio-technisch).

Shove/Walker (2010) merken an, dass die Fokussierung auf Ebenen tendenziell auf Kosten einer Vernachlässigung vielseitiger Wechselwirkungen und Zirkulationen geht. Daher schlagen sie vor, die MLP komplett durch soziale Praktiken zu ersetzen, die ihren Schwerpunkt setzen auf „*the horizontal circulation of elements and argues for a flatter model characterized by multiple relations (rather than hierarchical levels) of reproduction across different scales*" (Shove/Walker, 2010, 474). Dies bezeichnen sie als *flat approach*. Dem entgegenzusetzen ist, dass die vorgestellten Ebenen weder in der Wirtschaftsgeographie noch in der MLP einen hierarchischen Charakter aufweisen, sondern analytischer Natur sind. So schreibt Geels für die MLP: „*Levels refer to different degrees of stability, which are not necessarily hierarchical [and] levels are defined as referring to different degrees of structuration of local practices, which relate to differences in scale and the number of actors that reproduce regimes (and niches)*" (Geels, 2011, 37). Dieses Verständnis von Ebenen ist an Giddens Theorie der Strukutration und damit auch an das Konzept der Weltbindung anschlußfähig. Zudem können, wie zu zeigen sein wird, sowohl Wechselbeziehungen innerhalb einer Ebene als auch zwischen Ebenen produktiv abgebildet und untersucht werden. So kann auch der Gedanke des *scale blending* (Affolderbach/Carr, 2014) mit aufgegriffen werden: für Akteure kann die Unterscheidung verschiedener Ebenen strategischer Natur sein, zugleich aber auch unreflektiert oder gar unbewusst genutzt werden, um eigene Praktiken auszuüben. Dabei ist „nutzen" nicht notwendiger Weise positiv besetzt: „*Blending scales is […] both empowering and decapacitating*" (ebd., 12). Auch in der Transitionsforschung wird in jüngerer Vergangenheit auf diesen Aspekt eingegangen. Insbesondere Coenen/Benneworth/Truffer(2012) machen darauf aufmerksam, dass ein besseres Verständnis über Ebenen der Transitionen helfen würde, über geographische Besonderheiten und Implikationen Aufschluss zu gewinnen. Dafür geben sie drei Gründe:

> „*(1) scales are actively constructed through socio-spatial struggles by actors seeking to achieve their ends (2) following those relationships and struggles allows interpretation of the ways within which small niche experiments become influential in wider regimes (3), and that the way different scales interrelate in particular circumstances provides a means of understanding and comparing case studies*" (Coenen/Benneworth/Truffer, 2012, 976).

Der letzte Punkt zielt auf die Generalisierbarkeit empirischer Befunde, was für die Praktikenforschung von großem Mehrwert ist. Der zweite Punkt beschreibt die Einbettung von Nischen in Regime – in unserem Verständnis kann dies übertragen werden auf alternative Praktiken in ihrem Praxisfeld oder dem allgemeinen Umfeld. Außerdem ist anzumerken, „*[that] most niches do not emerge within regimes, but often outside them*“ (Geels, 2011, 37; vgl. auch Rohracher/Späth, 2014), was die oben betonte konzeptionelle Offenheit der Abgrenzung stützt. Der erste Punkt deutet auf den Nutzen der Praktikenforschung für das Verständnis von Ebenen hin. Ebenen werden durch Akteure und damit durch Praktiken hergestellt. Somit werden die Ebenen zu Aspekten der Weltbindung und zu den Praxisphänomenen inhärenten Dimensionen.

Die konkrete Ausgestaltung der Ebenen in den vier Praxisfeldern ist ein Phänomen, dass von dem jeweiligen Untersuchungskontext abhängt und durch die empirische Arbeit erschlossen wird. Nichtsdestotrotz kann eine grobe Einteilung vorgenommen werden. Dabei geht es nicht darum, ein Verständnis zu entwickeln, das jedes beliebige Phänomen erklärt und in jedem denkbaren Kontext angewendet werden kann. Vielmehr soll eine Perspektive eröffnet werden, um Transitionen als Mehr-Ebenen-Praxis zu analysieren und gleichermaßen offen zu sein für die Perspektiven der Akteure.

Megatrends sind, Rahmenbedingungen sowie der weitere Kontext (vgl. Kap. 3.2.1.2). Im Verständnis der MLP stehen sie für alle technologie-externen Faktoren, wie das Wirtschaftssystem, politische Koalitionen, kulturell-normative Wertvorstellungen oder Umweltprobleme. Sie sind relativ stabile Phänomene, ändern sich nicht oder nicht schnell, sofern keine Schockereignisse eintreten – wie beispielsweise der nukleare Unfall in Fukushima im März 2011, der zumindest in Teilen der EU zu einer gesellschaftlichen und politischen Neubewertung verschiedener Energieinfrastrukturen führte (vgl. Kap. 1). So bezeichnen Megatrends einerseits Aspekte, die außerhalb des eigentlich beobachteten empirischen Phänomens stehen. Akteure erkennen sie beispielsweise als wichtig für die Energieerzeugung, identifizieren sie aber als außerhalb des Energiesektors liegend.

Für das energetische Regionalisieren werden Megatrends andererseits aufgefasst als Elemente, die außerhalb der unmittelbar wahrgenommen Einflusssphäre eines Akteurs liegen. Es sind Aspekte, die in Handlungen insbesondere rückgebunden werden und die gedeutet werden als den eigenen Praktiken übergeordnet. Bezogen auf die Praxisphänomene können Megatrends vor allem in gesellschaftlichen Kontexten, aber auch in physisch-materiellen Komponenten verortet werden, die durch Praktiken der Weltbindung im Akteurshandeln ihre Wirkung entfalten. So ist beispielsweise die bestehende Infrastruktur des Energiesektors in Form von Kraftwerken oder Leitungsinfrastrukturen für einzelne Betreiber nicht änderbar. Auch im Falle einer selbst betriebenen Anlage trifft dies zu, da Investitionen getätigt und damit Stabilität erzeugt wurden.

Das Regime bildet den *status quo* eines sozio-technischen Systems in Bezug auf eine spezifische Technologie ab. Dazu gehören insbesondere kulturell-normative Wertvorstellungen, Regeln und Normen, Wissensbestände sowie physisch-materielle und technische Elemente. Es ist zu verstehen als „*an interpretive analytical concept that invites the analyst to investigate what lies underneath the activities of actors who reproduce system elements*" (Geels, 2011, 31).

Im Konzept des energetischen Regionalisierens rücken Akteure in den Mittelpunkt des Regimes. Die Akteure sind prinzipiell mit dem Regime vertraut und in der Lage, ihre Praktiken, Erfahrungen, Einschätzungen und Wahrnehmungen in Beziehung zu den Regime-Elementen zu setzen. Für Akteure des Energiesektors wird das Regime bedeutsam, wenn bestimmte Elemente als wichtig für die Energieerzeugung benannt werden (relationaler Erfahrungsbereich). Zugleich sind diese Elemente für die Akteure verhandelbar und eröffnen Handlungsmöglichkeiten und Gestaltungsspielräume (individuelle Lebenswelt). Somit wird es möglich, entgegen der Annahmen von Shove/Walker (2010) und Jørgensen (2012), Regime produktiv zur Erklärung von Spannungen und Widersprüchlichkeiten zu nutzen.

Energetische Regime sind in allen Praxisphänomenen aufzuzeigen. Sie sind in den spezifischen Praxisfeldern enthalten, entfalten in Handlungen Bedeutung und werden durch diese produziert und reproduziert. Sie bieten die Möglichkeit zum Anstoß und Abweichen vom *status quo* durch alternative Handlungen. In den gesellschaftlichen Kontexten sind sie beispielsweise als kulturell-normative Wertvorstellungen über Energiesysteme oder als staatliche Regeln wie dem EEG vertreten. Die energetischen Regime existieren auch in physisch-materiellen Komponenten. Dies können beispielsweise technische Elemente einer Biogasanlage sein, die defekt sind und ersetzt werden müssen, wobei gewisse grundlegende Handlungsspielräume wahrgenommen werden. Außerdem stehen energetische Regime für die individuellen Wissensbestände eines Akteurs über die benannten Aspekte.

Die dritte Ebene des energetischen Regionalisierens sind alternative Praktiken (s. S. 68 ff.). Damit hebt sich diese vom klassischen MLP-Verständnis der Nische als ‚Inkubationsraum' für Innovation ab. Vielmehr geht es um Praktiken, die Regime- und Megatrend-Elemente in Frage stellen und damit den Moment des Wandels abbilden. Diese Ebene zielt auf Akteure und deren neue, alternative Praktiken.

Ausgangspunkte für alternative Praktiken sind die individuellen Wissensbestände eines Akteurs und wie er diese mit den anderen Praxisphänomenen in Beziehung setzt. Die Alternativen beziehen sich dabei stets auf das Regime; es geht um Abweichungen davon durch spezifische individuelle Transformationspraktiken.

Allerdings gilt auch hier, dass „*most niches do not emerge within regimes, but often outside them*“ (Geels, 2011, 37). Dies impliziert, dass andere Aspekte, die außerhalb des Regimes unter Beobachtung liegen (z. B. Energie- oder Biogassektor), an Bedeutung gewinnen und dass andere Regime sowie Megatrends für die Weltbindung wichtig werden. Durch die Neukombinationen einzelner Elemente und Einführung neuer Elemente in die individuelle Praxis kann sich das transformative Potenzial alternativer Handlungen ausdrücken beziehungsweise kann sich eine ablaufende Transformation durch alternative Handlungen darstellen.

Wie deutlich geworden ist, ist die Differenzierung verschiedener Ebenen des energetischen Regionalisierens hilfreich, um die ersten beiden oben benannten Forschungsaspekte und zentralen Relationen (Beziehung der Praxisphänomene, Transitionspraktiken und deren Bedeutung für die Praxisphänomene) zu adressieren. Zwei Aspekte bleiben ungeklärt: die Zeitlichkeit von Praxisfeldern, Praxisphänomenen und Transitionspraktiken (zeitliche Veränderung und Wiederverankerung von Praxisphänomenen) und die Räumlichkeit dieser im Sinne der Geographie von Transformationen. Darauf gehen die beiden folgenden Kapitel ein.

3.3.3.2 Transitionsgeschichte – die Bedeutung der Zeit

Transitionen brauchen Zeit. Dabei laufen sie nicht einfach ab, sondern entwickeln sich durch die komplexen Beziehungen der verschiedenen Praxisphänomene. Ansätze wie die *transition pathways* (vgl. Rotmans/Kemp/van Asselt, 2001; Loorbach/Brugge/Taanman, 2008) werden diesem Sachverhalt nicht gerecht, da sie eine lineare Entwicklung annehmen, die in chronologisch aufeinander folgende Phasen unterteilt wird. Vielmehr ist es für die Analyse von Transitionen nötig, ein differenziertes Konzept von Zeit anzulegen.

Die Analyse von Transformationspraktiken stellt auch bei der zeitlichen Dimension die Akteure in den Mittelpunkt. Dies geschieht durch ein Verständnis von Zeit als *kairos*, als „*the duration of an event, with a beginning, middle, and end; thereby, connecting events through time. Event time reflects the human time of intentions and goals*“ (Slawinski/Bansal, 2012, 1540). Diese Konzeption steht in Kontrast zu der weit verbreiteten Lesart von Zeit als *chronos*, als „*discrete, linear, measurable, divisible, precise, deterministic, and subject to only one interpretation*“ (ebd.), wie sie die angeführten *transition pathways* zugrunde legen. Zeit als *kairos* zu verstehen, hebt die individuellen zeitlichen Konstitutionsleistungen hervor. Dies ermöglicht es, parachrone Zusammenhänge von Ereignissen aufzuzeigen. Der Neologismus „parachron“ bezieht sich dabei auf das Phänomen, dass einzelne Ereignisse – durch die individuellen Zeitbezüge der Akteure – im

Verlauf der Zeit unterschiedlich miteinander in Beziehung stehen, unabhängig von dem chronologischen Zeitpunkt ihres Stattfindens.

Akteure, die an spezifischen Transitionsprojekten, wie einer Biogasanlage, beteiligt sind, haben individuelle Zeitbezüge, unterschiedliche Zeitbedarfe und -bedürfnisse (Grabher/ Ibert, 2011). So ergeben sich in konkreten Projektkontexten Gemengelagen unterschiedlicher Zeiten, die abhängig sind von individuellen Wahrnehmungen und Deutungen der beteiligten Akteure. Dies bedeutet auch, dass Transitionen anhand der Ko-Evolution von Projekten erfasst werden können: „*To explain outcomes, the analyst needs to trace unfolding processes and study event sequences, timing, and conjunctures* (Geels, 2011, 34 f.). Daher sind für die Analyse von Praxisphänomen die akteursspezifischen Zeitbezüge und -relationen herauszuarbeiten.

Eine explizite Analyse der Zeit ermöglicht es darüber hinaus, die räumliche Dimension von Transitionen hervorzuheben: „*By tracking the activities of core actors over time, processes like knowledge creation, entrepreneurial experimentation or market formation can be related to specific spatial setups*" (Binz/Truffer/Coenen, 2014, 139). Denn wenn Zeit an Akteure und Projekte gebunden ist, ist sie durch deren physische Existenz auch im Raum präsent. Diese auf den ersten Blick raum-essenzialistische Betrachtungsweise wird auch aus konstruktivistischer Perspektive haltbar, wenn davon ausgegangen wird, dass die Konstitutionsleistungen der Akteure im Zentrum stehen. Die zitierten Aktivitäten und Prozesse werden in Praktiken gebündelt, durch die Zeit konstituiert wird – und gleichermaßen (teleologischer) Raum: Weltbindung der Praxisphänomene enthält eine zeitliche Dimension, die mit der räumlichen Hand in Hand geht. Zeit und Raum als Erfahrungskontext und mit diesem verbundene Deutungsmuster werden durch Praktiken der Weltbindung (re)produziert und transformiert. Welche Bedeutung hat der Raum für Transitionspraktiken?

3.3.3.3 Transitionsräume

Die räumliche Dimension von Transitionen ist seit einigen Jahren Gegenstand intensiver Debatten (vgl. Kap. 3.2.2.1.). Raum wird als Kontext aufgefasst, der für Prozesse wie die Energiewende wichtig ist. Aber wie und wodurch er diese Wirkung entfalten kann, ist nach wie vor Gegenstand der Debatte. Dabei gibt es eine große Bandbreite an Raumbegriffen, die den bisherigen Ausführungen teilweise konzeptionell entgegenstehen. Es wurde bereits ausgeführt, dass für das energetische Regionalisieren grundlegend ein konstruktivistischer Raumbegriff angelegt wird. Damit wird die Hervorbringung von Raum durch gesellschaftliche Praktiken fokussiert. Diese Praktiken werden durch die vier

Praxisphänomene untergliedert und diese wiederum schließen für sie typische Raumbezüge ein.

Transitionsräume werden in den Praxisphänomenen analysierbar. Der absolute Raum (Containerraum) kann als physisch-materieller Raum gedeutet werden. Im Kontext Erneuerbarer Energien werden so beispielsweise Aspekte der natürlichen Umwelt eingeschlossen: landwirtschaftliche Nutzflächen und deren Bodengüte, die Windhöffigkeit bestimmter Standorte, die Erreichbarkeit geothermischer Quellen *et cetera*. Diese physisch-materiellen Komponenten sind per Existenz erdräumlich gebunden und fließen so in die Praxis des energetischen Regionalisierens ein. Raum als System von (Lage-)Beziehungen (relationaler Raum) wird im gesellschaftlichen Kontext sowie dem spezifischen Praxisfeld eingebunden. Dies zielt einerseits auf Netzwerke, wie sie auch Coenen/Benneworth/Truffer (2012) und Binz/Truffer/Coenen (2014) nutzen (vgl. Kap. 3.2.2.1). Dabei geht es vorrangig um die räumliche Entstehung und Verbreitung von Routinen und mit diesen in Verbindung stehenden Normen in spezifischen Praxisfeldern. Andererseits fallen darunter auch die den Praxisfeldern zugehörigen Werte und Normen und ihr Beitrag zur räumlichen Strukturation und Transformation eines Wirtschaftsbereichs. Wird Raum als Kategorie der Sinneswahrnehmung aufgefasst, so wird er zum Element individueller Wissensbestände. Deutungsmuster und Raumwissen manifestieren sich als geographische Weltbilder, als „raumrelevante Vorannahmen“ (Felgenhauer, 2009, 262) und bieten Handlungsgründe (vgl. Felgenhauer/Schlottmann, 2007; Felgenhauer, 2009). Diese sind stets in gesellschaftliche Kontexte eingebettet und nicht solitär zu begreifen.

Die analytische Trennung des Verständnisses von Transitionsräumen ist hilfreich, um unterschiedliche evolutorische Bedingungen und deren Bedeutung für Handlungen zu analysieren. Die Räume sind als Teilaspekte sozialer Praktiken zu verstehen und damit als Bestandteile der Praxisphänomene. Durch Weltbindung werden physisch-materielle Komponenten im Raum vom Akteur verortet, gesellschaftliche Kontexte und individuelle Wissensbestände lokalisiert und spezifische Praxisfelder über den Bezug des Akteurs zu einem Projekt (wie z. B. einer Biogasanlage) an Raum gebunden. Weltbindung erzeugt Raum und spiegelt ihn wider. Damit deutet Raum auf eine Erfahrbarkeit hin, beruhend auf der physischen Existenz des Individuums, die es ermöglicht, die Welt als eine Welt der Ausdehnung zu begreifen. „*Practices are also constituted by the places, spaces, and material contexts where they are performed and which they link together in relationships. Spatial settings, outcomes, and influences of/on practice cannot be separated from their social dimensions*“ (Jones/Murphy, 2010, 384). So wird die Erschaffung der Lokalisierung des Selbst und der Welt ermöglicht (Werlen, 2007, 225 f.; 2010b, 301).

Raum ist aber kein empirischer Begriff, der einen gegenständlichen Ausschnitt der Erdoberfläche bezeichnet, sondern steht für einen relationalen Erfahrungsbereich, einen symbolisch beladenen beziehungsweise bedeutungsvollen Ausschnitt einer individuellen Lebenswelt, die in den Praxisphänomenen zurückgebunden werden kann. Es sind nicht „Raumeigenschaften" von analytischem Interesse (sie existieren ja aus konstruktivistischer Perspektive auch gar nicht), sondern die Praktiken der Weltbindung, die Raum konstituieren. Raum hat demnach keinen explizit territorialen Bezug, sondern definiert sich über die Praxisphänomene. So lassen sich auch die sozio-räumlichen Ebenen (global, regional, lokal) differenzierter fassen (s. dazu auch die Fragen auf S. 85).

Die sozio-räumlichen wie auch die sozio-technischen Ebenen beziehen sich auf die verschiedenen Praxisphänomene und auf mit ihnen verbundene Praktiken der Weltbindung. Es geht dabei um Bezugnahme und Deutung insbesondere von physisch-materiellen Komponenten und gesellschaftlichen Kontexten und deren Rückbindungen in die Praxis. Durch Weltbindung werden die unterschiedlichen Ebenen konstituiert, (re)produziert und transformiert. Die lokale und regionale Ebene können dabei als *economic space* aufgefasst werden, als direkter und räumlicher Erfahrungsbereich der Akteure. Die globale Ebene steht für die *economic world*, die übergeordnete, diffuse Aspekte der Praxisfelder und gesellschaftlichen Kontexte abbildet.

„Lokal" deutet auf die unmittelbare und alltägliche Auseinandersetzung mit den Praxisphänomenen hin. Dazu gehören beispielsweise die Ko-Existenz in Nachbarschaft, die Bewirtschaftung eigener landwirtschaftlicher Flächen oder die Regelung der Hoffolge mit den eigenen Kindern. Das lokale Umfeld spiegelt sich in individuellen Wissensbeständen über gesellschaftliche Kontexte und Praxisfelder im Zusammenhang mit physisch-materiellen Komponenten wieder. „Lokal" heißt, dass Gesellschaft und Praxis von Individuen verortet werden (können).

„Regional" bezieht sich auf routinierte Praktiken, die mit physisch-materiellen Komponenten in Beziehung stehen. So kann beispielsweise die Ressourcenbeschaffung für eine Biogasanlage als regional betrachtet werden, da sie eine routinierte Praxis darstellt, die an physisch-materielle Komponenten gebunden wird (bspw. Transportkostenempfindlichkeit ab x Kilometern). Das regionale Umfeld spiegelt sich vor allem in individuellen Wissensbeständen über sich zeitlich ändernde Phänomene wieder. „Regional" heißt, dass spezifische Praxisfelder vor dem Hintergrund sich ändernder gesellschaftlicher Kontexte und physisch-materieller Komponenten für Handeln erschlossen werden und zu ihnen beigetragen werden kann.

„Global" zielt auf übergeordnete, außerhalb des eigenen Einflussbereiches stehende Phänomene. Das Globale ist *made everywhere*, ist aber dennoch konkret verortbar, über selbständige lokale Akteure, die Praxisphänomene deuten. So können beispielsweise etablierte Praktiken der Biogaserzeugung als globales Phänomen aufgegriffen werden, die routiniert und unhinterfragt übernommen, aber nicht explizit an physisch-materielle Komponenten gebunden werden. „Global" heißt, gesellschaftliche Kontexte und Praktiken losgelöst von physisch-materiellen Komponenten in individuelle Wissensbestände einzubinden.

Wird Raum als eigener Erfahrungsgegenstand aufgefasst, so ist er explizit lediglich in der lokalen und der regionalen Ebene aufzufinden. Er wird durch das Zusammenspiel spezifischer Praxisfelder mit gesellschaftlichen Kontexten unter Bezugnahme auf physisch-materielle Komponenten konstituiert. Durch Weltbindung binden die Akteure den Raum und seine Ebenen in ihre Praktiken ein. Im zeitlichen Verlauf reproduzieren und transformieren diese Praktiken dann beides, den Raum wie seine Ebenen.

3.3.3.4 Eine praktikenorientierte Perspektive auf Transformationsprozesse

Das in diesem Kapitel erarbeitete Konzept zur praktikenorientierten, wirtschaftsgeographischen Transitionsforschung stellt das energetische Regionalisieren in den Mittelpunkt. Energetisches Regionalisieren ist eine Praxis, welche die Wirtschaft im Kontext der Energiewende und ihre Geographie konstituiert. Die unterschiedlichen Konstitutionen umfassen drei Transitionspraktiken:

- Produktion/Reproduktion,
- Rekonfiguration und
- Transformation.

Die Transitionspraktiken werden vor dem Hintergrund der Praxisphänomene des energetischen Regionalisierens untersucht:

- physisch-materielle Komponenten,
- individuelle Wissensbestände,
- spezifische Praxisfelder (Konfiguration/Betrieb) und
- gesellschaftliche Kontexte.

Die Praxisphänomene werden durch die dem energetischen Regionalisieren eigene Praktik der Weltbindung von Akteuren zueinander in Beziehung gesetzt. Vor dem Hintergrund gesellschaftlicher Prozesse schreiben Akteure den Praxisphänomenen Bedeutungen und Sinn als Erfahrungskontext und Deutungsmuster zu. Akteure agieren stets in Projektkontexten und einem spezifischen Umfeld, welche durch die Praxisphänomene eingeschlossen sind.

Das energetische Regionalisieren umfasst drei Ebenen:

- Regionalisieren mit dem Megatrend
- Regionalisieren mit dem Regime und
- Regionalisieren durch alternative Praktiken.

Diese Ebenen sind analytischer Natur und unterstützen die Forschung bei der Identifizierung unterschiedlicher Praxisphänomene. Dies trifft auch auf die Transitionsräume zu.

Transitionsräume sind Teilaspekte sozialer Praktiken und damit Bestandteile der Praxisphänomene. Sie stehen für einen relationalen Erfahrungsbereich, einen symbolisch beladenen beziehungsweise bedeutungsvollen Ausschnitt einer individuellen Lebenswelt, die in den Praxisphänomenen zurückgebunden werden kann. Es gibt drei Ebenen dieser Räume:

- Lokal heißt, dass Gesellschaft und Praxis von Individuen verortet werden (können).
- Regional heißt, dass spezifische Praxisfelder vor dem Hintergrund sich ändernder gesellschaftlicher Kontexte und physisch-materieller Komponenten für Handeln erschlossen werden und zu diesen beigetragen werden kann.
- Global heißt, gesellschaftliche Kontexte und Praktiken losgelöst von physisch-materiellen Komponenten in individuelle Wissensbestände einzubinden.

Das Konzept hebt zum einen die Bedeutung von Routinen und zum anderen von alternativen Praktiken hervor. Letztgenannte entstehen, so die Überlegungen, als Reaktionen auf Änderungen von Routinen, im Zuge von Megatrendimpulsen, oder im Zusammenspiel mit anderen alternative Praktiken. Im Lauf der Zeit transformieren sich die Routinen und mit ihnen das Regime und gegebenenfalls Megatrends, da die Akteure auf ihr Umfeld reagieren oder dieses durch neue Praktiken modifizieren (s. Abb. 3.16).

Die wesentliche Stärke dieses Erklärungsansatzes ist, dass es möglich wird aufzuzeigen, wie Geographie für Individuen im Verlauf der Zeit unterschiedliche Bedeutungen hat. Denn durch den Fokus auf Praktiken wird kontextspezifische Forschung ermöglicht, die auf räumliche und zeitliche Zusammenhänge eingehen kann und dabei nicht-routiniertes, kontingentes, improvisiertes oder sogar zufälliges Handeln berücksichtigt, was für das Verständnis von Transitionen entscheidend ist. Wie können die bisherigen Ausführung zum energetischen Regionalisieren für die empirische Analyse nutzbar gemacht werden? Das folgende Kapitel 3.3.4 nimmt diese Operationalisierung vor und leitet konkrete Forschungsfragen daraus ab.

Abbildung 3.16: Eine praktikenorientierte Perspektive auf Transformationsprozesse, eigene Darstellung.

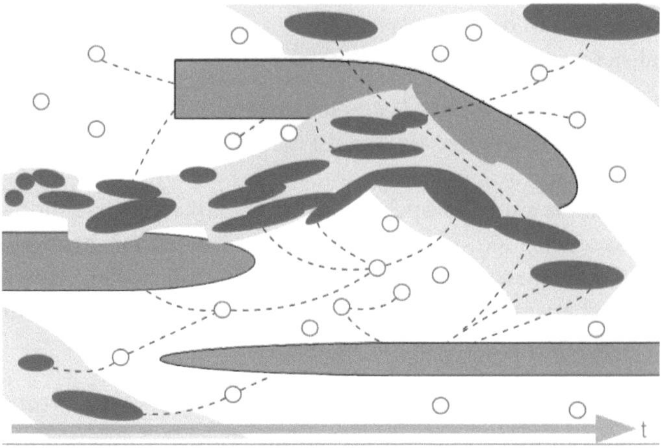

3.3.4 Operationalisierung des Konzepts

Wie dargelegt befasst sich die vorliegende Arbeit mit der Frage, welche Regionalisierungen durch die mit der Erzeugung von Biogas in Verbindung stehenden Praktiken ablaufen. Dabei stehen drei Forschungsaspekte im Mittelpunkt: erstens die Beziehungen einzelner Praxisphänomene (physisch-materielle Komponenten, gesellschaftliche Kontexte, spezifische Praxisfelder, individuelle Wissensbestände), zweitens die Transitionspraktiken ((Re)Produktion, Transformation) und ihre Bedeutung für die Praxisphänomene und drittens die zeitliche Veränderung der Praxisphänomene und ihre Wiederverankerungen (Weltbindungen) in und durch soziale Praktiken. Es geht um die Zusammenhänge von Praxis, Zeit und Raum (s. Abb. 3.17).

Die beiden zentralen Fragestellungen der Arbeit (s. S. 33) können vor dem Hintergrund der bisherigen konzeptionellen Ausführungen in drei forschungsleitende Fragen überführt werden, die für die empirische Arbeit den Ausgangspunkt bilden:

1) Wie werden Praktiken der Biogaserzeugung von Raumkategorien beeinflusst?[13]
2) Inwiefern sind individuelle Wahrnehmungen und Deutungsmuster innerhalb spezifischer Biogasprojekte abhängig von Zeit?[14]

13 vgl. Kap. 3.3.3.1 und 3.3.3.3

14 vgl. Kap. 3.3.3.2

3) Auf welche Art werden Zeit und Raum – beide als Erfahrungskontext und mit diesem verbundene Deutungsmuster – durch Praktiken der Weltbindung von Biogaserzeugern (re)produziert und transformiert?

Abbildung 3.17: Die drei Forschungszusammenhänge der Arbeit, eigene Darstellung.

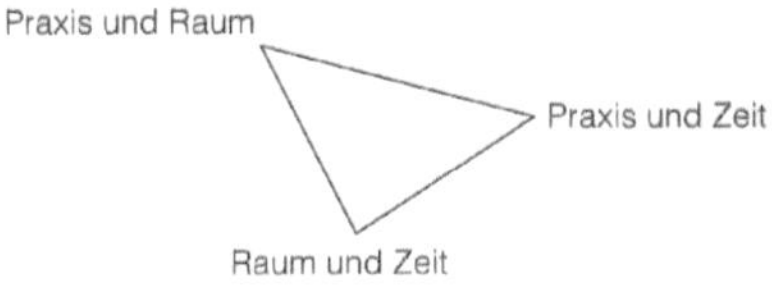

Um diesen Fragen empirisch nachgehen zu können, ist eine Operationalisierung notwendig. Diese geschieht vor dem Hintergrund, dass Individuen den empirischen Ansatzpunkt bilden. Im Kontext der Biogaserzeugung sind dies in der Regel Landwirte, die als Akteure in den Praxisfeldern Konfiguration und Betrieb zu verorten sind. Die vielfältigen sozialen Praktiken in diesen beiden Praxisfeldern sollen extrahiert und analysiert werden, um Aufschluss über die Forschungsaspekte zu gewinnen. Bevor auf die konkrete Operationalisierung eingegangen wird (Kap. 3.3.4.2, 3.3.4.3 und 3.3.4.4), folgt zuerst die epistemologische Grundlage dieser Herangehensweise.

3.3.4.1 Empirischer Individualismus als operativer Ausgangspunkt

Akteure und deren Praxis bilden den empirischen Ansatzpunkt der Analyse des energetischen Regionalisierens. Damit rücken Individuen in den Untersuchungsfokus. Boudon/ Bourricaud (1992, 223–226) unterscheiden zwei grundsätzliche Herangehensweisen an die Forschung mit Individuen: den methodologischen und den empirischen Individualismus.[15]

Der methodologische Individualismus versucht, soziale Phänomene auf individuelle Handlungen zurückzuführen. Dies bildet auch die Grundlage für Werlens alltägliche Regionalisierungen. Unter Bezugnahme auf Jarvie schreibt er:

> „Der methodologische *Individualist* […],braucht die Wirklichkeit gesellschaftlicher Umstände nicht zu bestreiten, wenn er betont, daß Gesellschaften und gesellschaftliche Entitäten aus individuellen Personen, ihren Handlungen und Beziehungen bestehen, daß nur Individuen Ziele und Interessen haben, daß individuelle Handlungen als

15 Zudem erläutern sie den normativen Individualismus. Dieser besagt, dass jedes Individuum über seine Belange selbst entscheiden können soll. Da dies aber m.E. nicht als konzeptioneller Beitrag zu werten ist, wird er hier nicht weiter behandelt.

> Versuch zu verstehen sind, unter gegebenen Umständen Ziele zu verwirklichen, und daß die Umstände sich aufgrund individueller Handlungen verändern können' (Jarvie, 1974, 241). Die Besonderheit des methodologischen Individualismus ist darin zu sehen, daß er sich aus methodologischen Gründen auf die Handlungen einzelner bezieht" (Werlen, 1999, 43).

Diese strikte Fokussierung auf Handeln vernachlässigt allerdings strukturelle Aspekte. Daher entwickelt Werlen den sogenannten revidierten methodologischen Individualismus, der explizit auf gesellschaftliche Praxis abzielt (vgl. Werlen, 1999; 2010b). Gesellschaftliche Sachverhalte werden im revidierten methodologischen Individualismus von Handlungen ausgehend untersucht, nicht von Individuen oder Kollektiven. Handlungen werden von Einzelnen unter sozio-kulturellen, ökonomischen, psychischen und physisch-materiellen Bedingungen bewerkstelligt, wodurch Gesellschaftliches produziert und reproduziert wird. Das heißt, dass soziale Phänomene (z. B. soziale Institutionen) das Resultat von Entscheidungen, Handlungen, Einstellungen *et cetera* sind. Grundannahme ist, dass nur Individuen handeln können, wobei es aber keine rein individuellen Handlungen gibt. Handlungen sind demnach mehr als „die Summe der Intentionen einzelner Akteure" (Werlen, 2010b, 258). Sie beziehen sich aufeinander, wobei frühere Handlungen sowohl als Bedingungen wie auch als Mittel beziehungsweise Medium des aktuellen Handelns Bedeutung entfalten. Als kollektives Handeln bezeichnet Werlen dann die „Handlungen von Personen in Kollektiven" (ebd.). Aus dem revidierten methodologischen Individualismus schlussfolgert er, dass soziale Strukturen, Macht und subjektive Intentionen in dreifacher Hinsicht mit Handlungen verbunden sind. Sie sind Medien der Handlungsorganisation, inhärente Aspekte von Handlungen und (un)beabsichtigte Folgen von Handlungen. Die Methode des „Einklammerns" soll es ermöglichen, Strukturen und Einzelhandlungen getrennt voneinander zu analysieren. Diese orientiert sich an Giddens Strukturation. Wie genau diese Methode aber funktioniert, bleibt bei Werlen unklar.

Ein grundlegendes Problem dieses individualistischen Erklärungsansatzes liegt darin, dass nicht das Subjekt zum Gegenstand der Analyse wird, sondern es in Einzelhandlungen zerlegt wird. Wie Arnold (1998) anmerkt, wird empirisch demnach mit einer großen Anzahl an Einzelhandlungen gearbeitet, was dazu führt, dass diese Theorie „die Existenz eines zuvor von allen Gesellschaftsparadigmen angenommen einheitlichen Subjekts der Moderne zugunsten unbestimmter Einzelphänomene [negiert]" (Arnold, 1998, 153). Dies wird verstärkt durch die Methode des „Einklammerns", die nicht nur unzureichend spezifiziert ist, sondern auch die konzeptionell prominent positionierten Wechselwirkungen von Struktur und Handlung vernachlässigt. Aus diesem Grund wird der (revidierte) methodologische Individualismus im Kontext des energetischen Regionalisierens nicht weiter verfolgt.

Der empirische Individualismus geht nach Boudon/Bourricaud (1992) davon aus, dass jedes Individuum über seine Belange selbst am besten Bescheid weiß. Baurmann spezifiziert dies dahingehend, dass einzelne Handlungen an empirisch gegebene individuelle Präferenzen anknüpfen (vgl. Baurmann, 2000, 2). Diese Handlungen werden als rationale Handlungen bezeichnet, allerdings rational nicht im Sinne der Begründung von Handlungsweisen, Normen oder Institutionen, sondern im Sinne „ihrer *rationalen Erklärung*" (ebd.; Hervorhebung im Original). Das bedeutet, dass es keine objektive Rationalität geben kann, Rationalität aber von Akteuren bewusst oder unbewusst genutzt beziehungsweise in Anspruch genommen wird, um Handeln zu rechtfertigen. Nach Brandom rückt so das Behaupten in den Fokus, dass er als Geben und Verlangen von Gründen versteht (Brandom, 2001, 86 ff.). Werden durch Sprache Handlungen begründet und damit die Gründe explizit gemacht und diskursiv verfügbar, dann handelt es sich um rationales Handeln. Alle nichtsprachlichen Handlungen können die Gründe lediglich implizit in Anspruch nehmen. Damit kommt in der Analyse Aspekten wie eingeschränktem Wissen, selektiven Wahrnehmungen von Handlungsoptionen, vereinfachenden Typisierungen der Handlungssituationen oder Gründen für Handeln nach Bauchgefühl eine große Bedeutung zu. Wie bereits in Kapitel 3.3.2.3 dargelegt, wird so auch Zeit bedeutsam. Da Akteure im zeitlichen Verlauf ihre Präferenzen ändern können, unterliegen die benannten Aspekte, Praxisphänomene und deren Beziehungen einer Dynamik (vgl. Shove/Walker, 2010, 473). Aufschluss über diese Veränderung kann im empirischen Individualismus wiederum gewonnen werden, indem die Akteure nach ihren Deutungsmustern, Argumenten *et cetera* befragt werden.

Deutlich wird, dass durch den empirischen Individualismus die konkrete Forschungsarbeit im Feld bereits methodologisch und auch epistemologisch betont wird. Akteure als Experten ihrer Selbst werden als empirischer Ausgangspunkt fokussiert und damit ihre Weltbindungen in das Zentrum der Analyse gestellt. Somit können Möglichkeiten, aber auch Grenzen vermeintlicher Rationalität für Handlungsbegründungen empirisch aufgezeigt werden. Baurmann fasst die Vorteile einer solchen Herangehensweise sehr prägnant zusammen:

> „Empirische *Erklärungen* [auf Grundlage des empirischen Individualismus] können einen Beitrag zu der Frage liefern, welche individuellen Wertorientierungen und Präferenzen als Prämissen ethischer Begründungen akzeptiert werden müssen und nicht durch Argumentation veränderbar sind; sie können die Entscheidung zwischen den Prinzipien gesellschaftlicher Verfassung erleichtern, indem sie klären, in welcher Weise und unter welchen Restriktionen sich individuelle Handlungen zu Institutionen

> aggregieren; und sie können Informationen liefern, welche empirischen Folgen und Nebenfolgen bestimmte Handlungsweisen, Normen und Institutionen voraussichtlich haben werden" (Baurmann, 2000, 3).

Anders gesagt rücken im empirischen Individualismus Argumente und Routinen von Individuen in den Mittelpunkt der Analyse. Es wird nach ihren Ursachen und Folgen geforscht und es werden Antworten gesucht auf Fragen des Wandels und der Verstetigung sozialer Praxis. Damit erweist sich diese Herangehensweise als sehr vielversprechend für die vorliegende Arbeit. Es wird möglich, durch die Fokussierung auf die Betreiber Erkenntnisse über die (Re)Produktion und Transformation von Praxisfeldern zu gewinnen, darüber wie sich *communities of practice* entwickeln, welche Routinen sich herausbilden und ändern sowie schließlich, wie sich die Praxisphänomene im zeitlichen Verlauf und in bestimmten räumlichen Kontexten transformieren.

Vor diesem Hintergrund folgt nun die Operationalisierung des energetischen Regionalisierens im Kontext der Biogaserzeugung. Diese gliedert sich gemäß der Forschungsfragen in die drei Bereiche Praxis und Raum, Praxis und Zeit sowie Raum und Zeit (s. Abb. 3.17).

3.3.4.2 Praxis und Raum des energetischen Regionalisierens

Im energetischen Regionalisieren wird Raum durch die Praxis der Weltbindung hervorgebracht und sichtbar. Doch wie zeigt sich diese Weltbindung konkret? Was macht ein Akteur, wenn er die Welt in seiner Praxis rückbindet? Worauf richtet eine Forscherin ihre Augen, um Weltbindung zu analysieren? Diese Fragen werden entlang der in Kapitel 3.3.3.3 dargelegten Distinktion, dass sich Raum in allen Praxisphänomenen zeigen kann, operationalisiert. Vorrangig werden dabei neue Fragen aufgeworfen, die sich mit einem konkreten Forschungsaspekt beschäftigen. Auf die damit verbundenen methodischen Überlegungen und Ansätze wird in Kapitel 4 genauer eingegangen.

Regionalisieren mit dem Megatrend befasst sich dabei zum einen mit gesellschaftlichen Kontexten. Zum anderen spielen die Bedeutungszuschreibungen an physisch-materielle Komponenten eine entscheidende Rolle für das Raumwissen. Bei beiden Dimensionen geht es darum, Erkenntnisse über jene Megatrendelemente zu gewinnen, die von den Akteuren als außerhalb ihrer eigenen Einflusssphäre liegend wahrgenommen werden. Es werden folgende Fragen behandelt: Welche Megatrends sind für Betrieb und Konfiguration wichtig, liegen aber außerhalb des eigentlichen Praxisfeldes? Welche naturräumlichen, technischen und gesellschaftlichen Kontexte werden als unüberwindbar dargestellt, liegen außerhalb des eigenen Einflussbereichs, sind den eigenen Praktiken übergeordnet? Damit soll Aufschluss gewonnen werden über Rückbindungen von Megatrends in spezifischen Praktiken und darüber, wie sich vor allem der gesellschaftliche Kontext und die physisch-materiellen Komponenten im Sinne der *downward causation* in der Praxis und den Praxisfeldern niederschlagen.

Regionalisieren mit dem Regime meint erstens die Ergründung des individuellen relationalen Erfahrungsbereiches eines Betreibers. Zweitens zielt es darauf ab, die individuelle Lebenswelt aufzuschlüsseln und wahrgenommene Handlungsmöglichkeiten und Gestaltungsspielräume zu identifizieren. Es geht um konkrete Elemente, die als wichtig für die Energieerzeugung benannt werden, sowie um Praktiken, Erfahrungen, Einschätzungen und Wahrnehmungen in Beziehung zu den Regime-Elementen. Welche Elemente werden für die Konfiguration und den Betrieb der Anlage als wichtig erachtet? Welche staatlichen Politiken benennen die Akteure als entscheidend für die verschiedenen Praxisfelder? Wie bewerten sie verschiedene Technologien, welche Eigenschaften weisen sie diesen zu? Welche Anwendungsbereiche kennen sie für verschiedene Technologien? Welche Nutzerpraktiken verbinden sie mit Technologien? Welches techno-wissenschaftliche Wissen greifen die einzelnen Akteure auf? Welche Rolle schreiben sie der konkreten Infrastruktur zu? Welche industriellen Netzwerke identifizieren die Anlagenbetreiber? Welche Bedeutungen schreiben sie dem Biogas für die Entwicklung von Gesellschaft, Umwelt, Politik, Wirtschaft *et cetera* zu? Welche Gesetze und Vorschriften werden von den Betreibern als entscheidend gedeutet? Wie wird das, was erlaubt und nicht erlaubt ist, wahrgenommen und wie wird darauf aufbauend eigenes Handeln begründet? Welche Handlungsoptionen werden als „normal" aufgefasst?

Die Akteure legen durch die Beantwortung dieser Fragen ihr individuelles Regime dar. Durch die Aggregation gemäß des hermeneutischen Zirkels kann so auf ein „Biogasregime" geschlossen werden, das erstens aus den Praktiken der Betreiber heraus erwächst und zweitens in diesen Praktiken reproduziert sowie im zeitlichen Verlauf transformiert wird. Zudem können Spannungen und Widersprüchlichkeiten innerhalb sowie zwischen den unterschiedlichen Ebenen identifiziert und ihre Bedeutung für Transformation und Praxis analysiert werden.

Regionalisieren mit alternativen Praktiken zielt zum einen darauf ab, die Transition der Praxisphänomene auch als alltägliche, individuelle, ökonomische Praktiken zu begreifen. Dabei sind folgende Fragen von Interesse für die vorliegende Arbeit: Welche industriellen Netzwerke bauen sich Biogasproduzenten auf? Welche Infrastrukturen und Technologien nutzen sie, und aus welchen Gründen? Welche Anwendungsbereiche wählen sie und welche Nutzerpraktiken legen sie an den Tag? Hier liegt der Fokus also darauf, die routinierten von den neuartigen Praktiken abzugrenzen. Zum zweiten wird analysiert, wie die unterschiedlichen Aspekte der Megatrends und des Regimes auf die alltäglichen wirtschaftlichen Praktiken einwirken und wie im Laufe der Zeit die Vielzahl an alltäglichen wirtschaftlichen Praktiken das Regime und die Megatrends verändert. Welche politischen Rahmenbedingungen machen sich Biogasproduzenten zu Nutze, und wie geschieht das? Wie beeinflussen wirtschaftliche Rahmenbedingungen die Entscheidungsfindung? Inwieweit werden Fragen des Klima- und Umweltschutzes oder der Ressourceneffizienz in alltäglichen Praktiken aufgegriffen? Wie rechtfertigen Biogaserzeuger ihre Tätigkeiten? Welche gesellschaftlichen Argumentationsmuster greifen sie auf? Welches techno-wissenschaftliche Wissen (re)produzieren die einzelnen Akteure?

Im Zentrum steht folglich die Differenzierung der Wirkungen verschiedener Ebenen auf (neuartige) Praktiken sowie das Infragestellen von Regimen und Megatrends durch alternative Praxis. Eingebettet in den Kontext von „Spannungen" der unterschiedlichen Ebenen stellen sich für alternative Praktiken insbesondere folgende Fragen: Welche Unsicherheiten und Gelegenheiten (*windows of opportunity*) für Praktiken entstehen durch Entwicklungen auf Megatrend- oder Regimeebene? Welche Bedeutung entfalten Wissensbestände, die mit Praxisfeldern außerhalb des konkreten Regimes verbunden sind? Welche Meinungsdifferenzen existieren gegenüber anderen Wahrnehmungen und wie wird mit ihnen umgegangen? Welche Megatrends, die nicht direkt die Konfiguration oder den Betrieb betreffen, werden als dazu in Spannung stehend wahrgenommen? Welche Verbindungen werden zwischen den verschiedenen Aspekten gesehen und wie werden sie in der eigenen Praxis rückgebunden? Werden dadurch bestimmte neuartige, andere, alternative Praktiken entwickelt?

Die empirische Arbeit über gesellschaftliche Kontexte geht den damit verbundenen Zuschreibungen und Deutungsmustern der beteiligten Akteure nach. Einerseits richtet sich das Augenmerk auf die administrativen und politischen Rahmenbedingungen samt ihrer sozio-technischen Ebenen: Wie werden administrative und politische Rahmenbedingungen zur eigenen Praxis ins Verhältnis gesetzt, welche Ebenen werden dabei benannt (z. B. lokal vor Ort, im Bundesland oder in Deutschland)? Andererseits werden Werte und Normen beleuchtet und die damit verbundenen sozio-räumlichen Ebenen erforscht: Welche gesellschaftlichen Debatten werden aufgegriffen, welche Wertvorstellungen und Deutungsmuster mit diesen verbunden, welche lokalen, regionalen und globalen Aspekte (i. S. v. Kap. 3.3.3.3) werden ausgedrückt?

Die Praxisfelder werden insbesondere hinsichtlich der Routinen sowie Wissensbestände der Akteure beleuchtet. Sie spiegeln globale Elemente der Biogaserzeugung wieder. Die Auseinandersetzung mit diesen ist wichtig, um die spätere Analyse der Transformationspraktiken zu fundieren. Routinen werden gemäß dem Prinzip der *downward causation* begriffen: Als strukturelle Dimension der Biogaspraktiken entfalten sie in den alltäglichen Handlungen der Betreiber Bedeutung. Es werden drei Aspekte genauer beleuchtet: die Praktiken der Ressourcenbeschaffung und deren Einsatz, die Praktiken der Instandhaltung sowie die Alltagsabläufe.

Individuelle Wissensbestände beziehen sich im energetischen Regionalisieren auf das *learning by doing, by using, by interacting* sowie die Diffusion von Wissen. Wie eignen sich Betreiber Wissen an? Was sind wichtige Wissensquellen? Wie verändern sich alltägliche Umgangsformen mit der Biogasanlage im Laufe der Zeit aufgrund sich ändernder Wissensbestände? Wie wird bestehendes oder neues Wissen verbreitet? Dies verweist direkt auf den dritten Aspekt des relationalen Raumes: Netzwerke.

Bei der Analyse von Netzwerken geht es erstens darum, die entscheidenden Partner bei der Konfiguration oder dem Betrieb der Anlage zu beleuchten. Welche Akteure und Akteursgruppen sind für die verschiedenen Praxisfelder von Bedeutung? Welche Vor- und Nachteile sehen die Betreiber in der Auseinandersetzung mit diesen Partnern? Zweitens wird die Organisation des Netzwerks beleuchtet. Wie werden Verantwortlichkeiten definiert, welche Kompetenzen werden welchen Akteuren zugeordnet und zugeschrieben, welche Handlungsfähigkeiten ergeben sich daraus, welche Rolle spielen Handlungsmotive und Strategien für die Organisation des Netzwerks und wie verändert sich diese im zeitlichen Verlauf? Gerade vor dem Hintergrund des Wissenstransfers und der damit verbundenen Ausbreitung von Wissensbeständen und Routinen bildet die Organisation des Netzwerks eine wichtige Dimension. Zudem helfen Einblicke in die Organisation eines Netzwerks besser zu verstehen, wie sich ein einzelner Betreiber in einem Netzwerk positioniert und daraus eigene Handlungsmöglichkeiten ableitet. Drittens wird die empirische Arbeit auf verschiedene Interaktionsvarianten innerhalb von Netzwerken ausgerichtet. Welche Bedeutungen haben virtuelle sowie face-to-face Kontakte, wie wird kommuniziert? Diese Fragen sind dabei auch hinsichtlich des spezifischen Praxisfelds zu differenzieren. Dabei geht es um die weitere Fokussierung auf die Entstehung von Routinen. Wie in der Diskussion der SST dargelegt, bilden Institutionensysteme die Strukturen menschlicher Interaktion ab (s. S. 79 ff.). Die Analyse der menschlichen Interaktion gibt folglich Aufschluss über das Institutionensystem. Denn einerseits lässt sich Interaktion stets auf Aktion zurückführen, also über die Analyse von Handlung und Praxis erschließen. Andererseits ist Interaktion für die Entstehung und (transformative) Verbreitung von Routinen von wesentlicher Bedeutung – und damit für soziale Praxis als Ganzes (vgl. Kap. 3.1.3.1).

Physisch-materielle Komponenten spielen als viertes Praxisphänomene eine wichtige Rolle für die Konstitution des Containerraums sowie der sozio-räumlichen Ebenen. Als Container kann Raum kartographischer Art wahrgenommen und gedeutet werden. Ein Individuum assoziiert den Containerraum mit konkreten Objekten. Diese Objekte binden sie an physisch-materielle Komponenten und verbinden sie über diese. So wird Raum zu einer „Länderkunde" oder „Raumwissenschaft im Alltag" (Felgenhauer, 2011, 329). Welche Bedeutungen werden naturräumlichen Aspekten zugeschrieben? Wie wird über metrische Distanzen gesprochen? Welche technischen Elemente (z. B. Leitungsinfrastruktur oder Energieerzeugungsanlagen) werden als entscheidend, prägend oder Ähnliches dargestellt? Für die Konstitution sozio-räumlicher Ebenen sind physisch-materielle Komponenten wichtig, da die Betreiber ihre Alltagserfahrungen, ihre Praktiken und Routinen an sie binden und dadurch ihre Räume der Sinneswahrnehmung (re)produzieren. Diese zeigen sich in geographischen Weltbildern und damit in Deutungsmustern und Bedeutungszuweisungen, also letztlich in individuellen Wissensbeständen über Raum (Raumwissen). Beispiele hierfür sind die gegenwärtig häufig anzutreffende Diskussion um regionale Produkte sowie die Alltagsbedeutung des Nationalstaats, der trotz der Postulierung gesellschaftlicher Offenheit, Toleranz und Interaktionsbereitschaft insbesondere bei Sportveranstaltungen wie Olympischen Spielen oder Fußballweltmeisterschaften nach wie vor als wichtige Kategorie und zentrales Deutungsmuster fungiert.

Geographische Weltbilder sind Wahrnehmungen und Deutungen über den Container- und den relationalen Raum einerseits und über die verschiedenen sozio-räumliche Ebenen von Transitionen andererseits. Die drei Ebenen spiegeln sich im individuellen „Raumwissen" wider, das die Betreiber in räumlichen Deutungsmustern, räumlichen Begründungen und räumlichen Argumenten äußern. Deutungsmuster sind dabei, unhinterfragte und als „gegeben" akzeptierte Bereiche des Alltags (vgl. Kap. 3.3.1). Begründungen werden aufgegriffen als „rationale Erklärung" von Praxis und Routinen und als Argumente geäußert. Dabei kann auf je unterschiedliche Raumformen (Container oder relational) zurückgegriffen werden. Auf eine weitere Operationalisierung des Raumwissens wird im energetischen Regionalisieren verzichtet. Vielmehr geht es darum, dieses im Sinne einer Argumentationsanalyse zu erschließen.

3.3.4.3 Praxis und Zeit des energetischen Regionalisierens

Der Zusammenhang von Praxis und Zeit liegt beim energetischen Regionalisieren vor allem in konkreten wirtschaftlichen Hervorbringungen, in Projekten, Anlagen und dergleichen. Deren Entstehungsgeschichte (Evolution) wird aus praxistheoretischer Perspektive analysiert. Dabei wird der Untersuchungsfokus auf sich im zeitlichen Verlauf ändernde individuelle Wahrnehmungen und

Deutungsmuster der Betreiber gerichtet. Zeit ist also akteursspezifisch zu verstehen und somit von akteursspezifischen Zeitbezügen und -relationen ausgehend zu untersuchen.

Für die Operationalisierung des Zusammenhangs von Praxis und Zeit bedeutet dies eine grundsätzliche Dreiteilung in

1. den konkreten Zeitrahmen der Anlage,
2. die Dauer spezifischer Ereignisse im Zusammenhang mit der Anlage (*kairos*) und
3. die Beziehungen einzelner Ereignisse untereinander.

Zum ersten Bereich gehören Aspekte wie Anträge und Genehmigungsverfahren, Umbau-, Erweiterungs- oder Erneuerungsarbeiten, der explizite Betriebsstart, der Beginn der Planung oder der Zeitpunkt der Investitionsentscheidung. Es geht darum, durch die empirische Arbeit Aufschluss über die chronologische Abfolge der Anlagenentwicklung zu gewinnen. Davon ausgehend wird in einem weiteren Schritt die Dauer einzelner Ereignisse fokussiert. Diese wird, wie bereits dargestellt, in Anfang, Mitte und Ende eingeteilt. So wird es möglich, einzelne Ereignisse über ihren je spezifischen Zeitrahmen zueinander in Beziehung zu setzen. Wann fing ein Ereignis an, in welchen Stadien befanden sich andere Elemente, wie standen die Entwicklungen der verschiedenen Ereignisse miteinander in Beziehung? Diesem In-Beziehung-Setzen liegt das Verständnis von Zeit als *kairos* zugrunde (s. S. 108). Gemäß Slawinski/Bansal (2012, 2540) kann *kairos* in drei Dimensionen zerlegt werden: aus Vergangenem schließen, die Nutzung von Zeithorizonten, und Toleranz für Unsicherheit (Zukunft). Diese Aspekte können jeweils gezielt empirisch abgefragt werden: Wie wird über die Vergangenheit bezüglich der Anlage gesprochen, welche vorherigen Erfahrungen werden als bedeutsam dargestellt, welche Bedeutung wird vergangenen Entwicklungen beigemessen? Wie wird die Dauer einzelner Entwicklungsschritte gedeutet, welche linearen und zyklischen Zeitbezüge werden dargestellt? Wie äußern sich die Betreiber über die Zukunft, welche Potenziale und Unsicherheiten sehen sie, wie nehmen sie Entwicklungschancen wahr und wo sehen sie Hürden? Die Analyse des Umgangs mit der Zeit in den Praktiken soll Aufschluss darüber geben, wie sich einerseits individuelle Praktiken und andererseits Praxisfelder im Verlauf der Zeit ändern, wie Kontexte und Netzwerke zeitlich unterschiedliche Bedeutungen entfalten und wie sich daraus unterschiedliche Raumbezüge für die Betreiber ergeben. Damit verbunden wird auch der Frage nachgegangen, wie sich eine wie auch immer geartete „Energieregion" entwickelt. Dieser letzte Aspekt ist Bestandteil der dritten Forschungsebene Raum und Zeit.

3.3.4.4 Raum und Zeit des energetischen Regionalisierens

Der Zusammenhang von Raum und Zeit des energetischen Regionalisierens ist der zentrale Aspekt des Konzepts und damit der vorliegenden Forschungsarbeit. Während die Aspekte Praxis und Raum sowie Praxis und Zeit vor allem empirische Fragen aufwerfen, richtet sich Raum und Zeit an die analytische Arbeit mit den zuvor gewonnenen Erkenntnissen. Das Augenmerk liegt auf der (Re)Produktion und Transformation von gesellschaftlichen Kontexten, physisch-materiellen Bedingungen, Wissensbeständen und Praxisfeldern einerseits durch alternative Praktiken und andererseits durch das Wechselspiel von Megatrends, Regimen und alternativen Praktiken.

Die Analyse alternativer Praktiken fasst das energetische Regionalisieren als alltägliche Praxis auf und beleuchtet dessen transformative Kraft im Sinne der *upward causation*. Zum einen wird hierbei, wie auf Seite 119 dargelegt, die konstitutive Kraft alternativer Praxis beleuchtet: wie industrielle Netzwerke erschaffen, wie strategische Spiele gespielt, wie Infrastrukturen und Technologie erzeugt und genutzt, welche alternativen Anwendungsbereiche und Nutzerpraktiken entwickelt und gegebenenfalls etabliert werden und wie dies jeweils begründet wird und welche Rolle dies für den Wandel gesellschaftlicher Kontexte spielt. Zum anderen werden explizit die alternativen Praktiken innerhalb von Netzwerken analysiert: welche konkreten Praktiken für deren Entstehung bedeutsam waren, wie innerhalb dieser Praxisinnovationen aufkommen und sich verbreiten, welche alternativen Organisationsformen in Netzwerken getestet werden und sich eventuell ausbreiten.

Um die Konstitution und Transformation der Wirtschaft im Kontext der Energieversorgung und ihre Geographie umfassend zu analysieren, rückt weiterhin das Wechselspiel von Megatrends, Regimen und alternativen Praktiken in das Forschungsinteresse. Dabei werden drei Dimensionen in ihrer zeitlichen und praktikenorientierten Entwicklung differenziert:

1. die unterschiedlichen ebenenspezifischen Konstitutionen von „Raum/Region";
2. die kontextabhängigen Dimensionen verschiedener Praktiken;
3. die Entstehung und Verbreitung von Routinen in Netzwerken.

Die Analyse der ersten beiden Dimensionen orientiert sich dabei an den oben aufgeführten Aspekten der geographischen Weltbilder und des Raumwissens. Vor allem werden hier die unterschiedlichen Regionalisierungen betrachtet (mit dem Megatrend, mit dem Regime, mit alternativen Praktiken), wie individuelle Raumbezüge erzeugt und wie diese dann auf kollektiver Ebene wirksam werden und zur Konstitution sowie Transformation einer „Energieregion" beitragen. Die dritte Dimension beschäftigt sich mit der Bedeutung von Routinen in den spezifischen Praxisfeldern und wie diese entstehen und verbreitet werden. Dabei wird gefragt, welche räumlichen Strukturationen durch Weltbindungen und welche Transformationen durch zeitliche Änderung verschiedener Praktiken und Praxisfelder angestoßen werden. Die Analyse wird auf Seite der Betreiber auf die Praktiken der Konfiguration und des Betriebs sowie auf individuelle Wissensbestände eingehen und deren räumliche Dimensionen beleuchten. Die Analyse des Umfelds wird die physisch-materiellen Komponenten und die gesellschaftlichen Kontexte in den Fokus nehmen. Auf diese Weise sollen über die *economic spaces* auf lokaler und regionaler und über die *economic world* auf global Ebene Erkenntnisse gewonnen und ihre Entwicklung im spezifischen Kontext nachgezeichnet werden.

Tabelle 3.1: Operationalisierung der drei Forschungszusammenhänge – ein Überblick, eigene Darstellung.

Forschungszugang	**Spezifische Themen**	
Praxis und Raum	Gesellschaftliche Kontexte	Physisch-materielle Komponenten
	Praxisfeld	Regionalisieren
Praxis und Zeit	Zeitrahmen	
	Dauer spezifischer Ereignisse	Beziehung von Ereignissen
Raum und Zeit	Kontextabhängige Dimension verschiedener Praktiken	Alternative Praktiken
	Entstehung und, Verbreitung von Routinen in Netzwerken	Ebenenspezifische Konstitution von Raum

Dieses Kapitel hat die Operationalisierung des der vorliegenden Arbeit zugrunde liegenden Konzeptes geschildert. Dabei wurden die drei Zugänge „Praxis und Raum", „Praxis und Zeit" sowie „Raum und Zeit" in spezifische Themen untergliedert und verschiedene Fragen dazu aufgeworfen. Diese stellen für die empirische Arbeit wesentliche Anknüpfungspunkte dar. Tabelle 3.1 gibt einen Überblick über die Operationalisierung. Das folgende Kapitel geht darauf ein, wie die Konzeption und Operationalisierung des energetischen Regionalisierens empirisch umgesetzt werden kann und mit welchen konkreten Methoden die drei Forschungsthemen der Arbeit behandelt werden.

Kapitel 4 Methodologie und Stichprobendesign

Der vorliegenden Forschungsarbeit liegen zwei übergreifende Fragen zugrunde: Welche Regionalisierungen werden durch die Produktion von Biogas angestoßen? Welche Einflüsse haben Regionalisierungen auf die Entstehung eines Biogassektors? Diese können in drei konkrete Leitfragen überführt werden (vgl. S. 102, Kap. 3.3.4):

1. Wie werden Praktiken der Biogaserzeugung von Raumkategorien beeinflusst?
2. Inwiefern sind individuelle Wahrnehmungen und Deutungsmuster innerhalb spezifischer Biogasprojekte abhängig von Zeit?
3. Auf welche Art werden Zeit und Raum – beide als Erfahrungskontext und mit diesem verbundene Deutungsmuster – durch Praktiken der Weltbindung von Biogaserzeugern (re)produziert und transformiert?

Kapitel 3 hat das analytische Konzept zur wissenschaftlichen Auseinandersetzung mit diesen Fragen dargelegt. Aufbauend auf diesen Ausführungen und der erarbeiteten Operationalisierung wird dieses Kapitel auf die Methodologie, die konkrete Methodik sowie das empirische und analytische Vorgehen der Arbeit eingehen.

4.1 Methodologische Grundlagen

Wie die Operationalisierung des energetischen Regionalisierens deutlich macht, sind individuelle Wertzuschreibungen und Deutungsmuster hinsichtlich Praxis, Raum und Zeit die übergeordneten Kategorien der empirischen Arbeit. Für die methodologische Auseinandersetzung gilt es daher, entsprechende Grundlagen für die Erforschung dieser Kategorien zu entwickeln.

Bereits die Ausführungen zum empirischen Individualismus (s. Kap. 3.3.4.1) zeigen, dass lediglich ein qualitatives Untersuchungsdesign[1] den sozial-

1 Nach Lamnek (2010, 19 f.) zeichnet sich qualitative Forschung durch sechs zentrale Prinzipien aus. Erstens muss der Forscher offen „gegenüber den Untersuchungspersonen, den Untersuchungssituationen und den Untersuchungsmethoden" (ebd.) sein. Zweitens beinhaltet qualitative Forschung Kommunikation, „weshalb die alltäglichen Regeln der Kommunikation im Forschungsprozess zu beachten sind" (ebd.). Drittens ist empirische Forschung prozesshaft und damit nicht statisch, sondern flexibel an

konstruktivistischen Anforderungen der vorliegenden Arbeit gerecht werden kann. Dagegen ist es mit quantitativen Verfahren kaum möglich, individuelle Wahrnehmungen und Deutungsmuster zu messen, zumal Erklärungen und Darstellungen kaum zu standardisieren sind. Begründen und Argumentieren sind qualitative Handlungen und können demnach auch nur über qualitativ orientierte Forschung produktiv erschlossen werden. Ferner ist es das Ziel der Arbeit, wie dargelegt, auf Einzelfälle zu fokussieren und von diesen auf Transformationen zu schließen. Es geht also um kontextspezifische Forschung, die den konkreten wirtschaftlichen Hervorbringungen gerecht wird, nicht um eine repräsentative Arbeit. Daher werden auch bewusst keine Hypothesen gebildet, um offen zu bleiben für empirische ‚Überraschungen' und um keine *a priori* Annahmen zu treffen. Die Auswahl der Einzelfälle und die Begründung dafür ist Bestandteil von Kapitel 4.2.2.2. In Zusammenhang mit dem kontextspezifischen Vorgehen steht auch das Erschließen individuellen Raumwissens der Betreiber. Dieses ist zu großen Teilen unbewusstes Wissen und drückt sich in Form von raumrelevanten Vorannahmen aus, die zudem in der Regel unreflektiert getroffen werden (Felgenhauer 2009). Wie auf Seite 65 dargelegt, entzieht sich unbewusst Gewusstes ebenso wie Unartikulierbares der Dokumentation, ist implizit, weshalb qualitative Forschung nötig ist, um empirisches Material daraus zu gewinnen.

Neben der grundsätzlichen Wahl einer qualitativen Forschungsheuristik ist eine methodologische Differenzierung verschiedener Ausdrucksformen von Praktiken entscheidend. In Anlehnung an Schatzki (2002) wird im Konzept des energetischen Regionalisierens jede Form von sozialer Praxis als *„a set of doings and sayings“* (ebd., 73) angesehen. Dazu merken Everts/Lahr-Kurten/Watson (2011) an: *„sayings are as much doings as any other bodily activity“* (ebd., 73). Wie in Kapitel 3.3.4.1 erläutert, sind nicht die eigentlichen Handlungen, sondern deren rationale Erklärung Gegenstand der Untersuchung. Somit gilt es, die Unterscheidung zwischen Handlungen und Sprechakten dahingehend zu modifizieren, dass es insgesamt um individuelle verbale Äußerungen geht. Diese

die Bedürfnisse anpassbar. Viertens ist sie „reflexiv in Gegenstand und Analyse und der Sinnzuweisung zu Handlungen“ (ebd.), was auch auf die eigentliche Analyse des empirischen Materials zutrifft. Fünftens ist es wesentlich, die einzelnen Schritte der Untersuchung ausdrücklich darzulegen, „um den kommunikativen Nachvollzug zu ermöglichen.“ Und schließlich ist qualitative empirische Forschung sechstens während des gesamten Forschungsvorhabens flexibel und kann daher auf die spezifische Situation sowie die Beziehungen zwischen Forscherin und Beforschten reagieren, „sich an veränderte Bedingungen und Konstellationen anpassen“ (ebd.).

werden untergliedert in einerseits rationale Erklärungen als Argumentationen und andererseits Darstellungen individueller Wertorientierung und Wissensbestände (s. Abb. 4.1).

Abbildung 4.1: Methodologische Unterscheidung der Ausdrucksformen von Praktiken, eigene Darstellung.

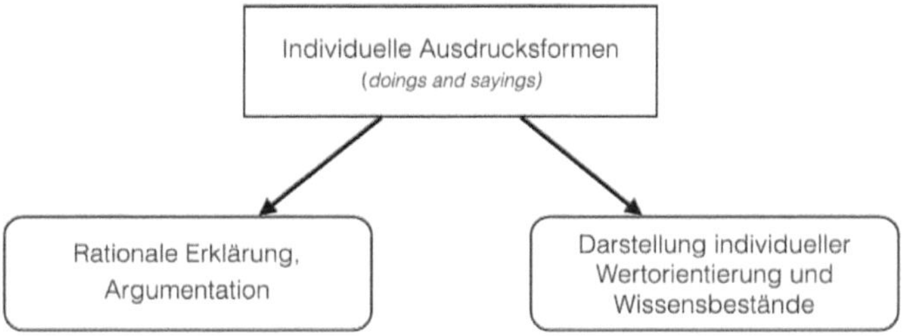

Qualitative Forschung erkennt rationale Erklärungen und individuelle Darstellungen als individuelle Konstruktionen an. In Anlehnung an Schütz (1971) kann von einer Existenz „mannigfaltiger Wirklichkeiten" (ebd., 267 f.) ausgegangen werden, nach Goodmann(1984) von unterschiedlichen „Versionen der Welt", mit denen sich Forschung konfrontiert sieht. Jede Form qualitativwissenschaftlicher Arbeit zielt darauf ab, diese vielfältigen Konstruktionen zu analysieren. Dabei erzeugt sie selbst „Konstruktionen über Konstruktion" (Mattissek/Pfaffenbach/Reuber, 2013, 34). Das Bewusstsein über die eigene Konstruktionsleistung der Forscher wird als das „interpretative Paradigma" bezeichnet (vgl. Flick, 2011, 19 ff.): Die Wissenschaft stellt ein weiteres Bild jener Welt dar, die sie untersucht. Sie analysiert alltägliche, subjektive Konstruktionen, indem sie wissenschaftliche Konstruktionen entwickelt. Damit ist sie eine *„situated activity that locates the observer in the world"* (Denzin/Lincoln, 2005, 3). Qualitative Forschung steht selbst im Kontext ihres Forschungsgegenstandes und Forscher sind interessiert an einem vertieften Verständnis über *„the meaning people have constructed [and] how people make sense of their world and the experiences they have in the world"* (Merriam, 2009, 13). Qualitative Forschung ist immer „Verstehen zwischen Konstruktion und Interpretation" (Flick, 2011, 111).

Tabelle 4.1 gibt einen Überblick über Zugang, Inhalt, Methoden und empirisches Material der vorliegenden Arbeit. Zugang und Inhalt wurden ausführlich in Kapitel 3 diskutiert. Die beiden folgenden Unterkapitel widmen sich dem Analysematerial sowie den Methoden.

Tabelle 4.1: Methodologie der Untersuchung des energetischen Regionalisierens, eigene Darstellung.

Zugang	Praxis und Raum	Praxis und Zeit	Raum und Zeit
Inhalt	Containerraum, Relationaler Raum, Raum der Sinneswahrnehmung	Individuelle Wahrnehmungen und Deutungsmuster der Zeit	(Re)Produktion und Transformation der Praxisphänomene
Analysematerial	Interviewtranskripte	Interviewtranskripte	Erkenntnisse der ersten beiden Zugänge
Methode	Qualitative Inhaltsanalyse, Argumentationsanalyse	Interview Mapping	Reflexive Inhaltsanalyse

4.2 Analysematerial und empirisches Vorgehen

Das empirische Vorgehen der vorliegenden Arbeit soll Material zum Aufschluss über individuelle Ausdrucksformen von Betreibern von Biogasanlagen liefern, die Rückschlüsse auf die Praxisfelder und deren Transformation zulassen. Folglich wird empirisches Material benötigt, das Argumentationen und Darstellungen individueller Werteorientierung und Wissensbestände verschiedener Betreiber enthält. Patton (2002) arbeitet heraus, dass das Interview die geeignete Form der Datenerhebung ist, um „*direct quotations from people about their experiences, opinions, feelings, and knowledge*" (ebd., 4) zu erhalten. Daher wird die Eignung dieser Form der Datenerhebung im Folgenden genauer diskutiert.[2]

4.2.1 Interview als Erhebungstechnik

Die qualitative Forschungsmethode des Interviews ist für das vorliegende Forschungsprojekt das einzige vielversprechende Vorgehen. Hay (2010) definiert Interviews allgemein als eine Methode zur Datengenerierung, die auf verbalem

---

2 Neben der Gewinnung von Daten über Erfahrungen, Meinungen, Gefühle und Wissensbestände erläutert Patton (2002) zwei weitere Zugänge: „*detailed descriptions of people's activities, behaviours and actions*" (ebd., 4), die durch Beobachtung aufgenommen werden können, und „*excerpts, quotations, or entire passages*" (ebd.), die aus unterschiedlichen Typen von Dokumenten zu ziehen sind. Wie erläutert, sind diese Informationen aber nicht Gegenstand der Arbeit beziehungsweise können über andere Wege erschlossen werden.

Austausch von Information beruht. Kvale (2007) spezifiziert dies folgendermaßen: „*The interview is a conversation that has a structure and a purpose determined by the one party – the interviewer*" (ebd., 7). Diese einleitenden Gedanken zeigen auf, welche methodischen Grundüberlegungen für die vorliegende Studie weiter vertieft werden müssen: (i) warum Interviews für die vorliegende Arbeit sinnvoll sind, (ii) welche Struktur beziehungsweise welcher Typus des Interviews passend ist, (iii) welche Inhalte das Interview behandelt und (iv) welche Rolle des Interviewers gewählt wird. Im Anschluss an die Beantwortung dieser Fragen wird auf das konkrete Stichprobendesign sowie die Aufbereitung der Daten eingegangen.

Die Spezialisierung auf Interviews in diesem Projekt ist darauf zurückzuführen, dass es um die Erschließung von Argumentationen und Darstellungen individueller Werteorientierung und Wissensbestände verschiedener Biogasanlagenbetreiber im zeitlichen Verlauf geht. Da es in der Landwirtschaft nicht üblich ist, Strategiedokumente anzufertigen, ist eine Dokumentenanalyse nicht möglich. Die Methode der Beobachtung erscheint aus diversen Gründen nicht als erfolgversprechend, wie folgende Ausführung von Patton (2002, 340 f.) zeigt:

> „*We cannot observe feelings, thoughts, and intentions. We cannot observe behaviors that took place at some previous point in time. […] We cannot observe how people have organized the world and the meanings they attach to what goes on in the world. We have to ask people questions about those things*".

Folglich verbleibt lediglich das Interview als qualitative Erhebungsmethode, um dem Interesse der vorliegenden Arbeit gerecht zu werden. Um über individuelle Ausdrucksformen Aufschluss zu erhalten, ist es zudem sinnvoll, Einzel- und nicht Gruppeninterviews zu führen. In Einzelinterviews kann eine Vertrauensbeziehung aufgebaut werden (vgl. Mattissek/Pfaffenbach/Reuber, 2013, 163 f.), die insbesondere für die Erforschung individueller Wahrnehmungen förderlich ist (Meier Kruker/Rauh, 2005, 63). Dies wird auch mit folgender Aussage aus einem Interview verdeutlicht: „Aber ich kann [es] dir jetzt sagen – weil es ja unter uns bleibt" (I-32). Dies verweist zugleich auf die Notwendigkeit der Zusicherung und Einhaltung der Anonymität der Interviewpartner.

Die Interviews der hier behandelten Fallstudie wurden vorrangig mit Betreibern von Biogasanlagen geführt (vgl. Kap. 4.2.2.2). Diese können als Experten der Biogasbranche sowie ihrer eigenen Situation angesehen werden. Über die Analyse der Interviews werden Weltbindungen der Anlagenbetreiber herausgearbeitet und Möglichkeiten, aber auch Grenzen vermeintlicher Rationalität für Handlungsbegründungen empirisch aufgezeigt.

Es gibt eine Vielzahl an Systematisierungen verschiedener Interviewtypen. Da die einzelnen Systematisierungen für die vorliegende Arbeit nicht relevant sind, werden sie hier nicht im Detail besprochen. Beispiele liefern Flick (2011, 193 ff.), Lamnek (2010, 349f.), Merriam (2009, 89 ff.) oder Kvale (2007, 70 ff.). Gemeinsam ist den verschiedenen Systematisierungen, dass sie einerseits auf die Art und Weise der Fragestellung und andererseits auf die konkrete Interviewsituation eingehen. Dabei werden jeweils die Auswahl der Befragten und die spezifischen Interviewinhalte berücksichtigt. Ausgehend von den dargelegten Spezifika des Erkenntnisinteresses der vorliegenden Arbeit wird eine Form von Interview benötigt, die folgende Merkmale aufweist:

- Einzelinterview, um dem benannten Aspekt der Vertraulichkeit zu entsprechen;
- Leitfadeninterview, um dem Forschungsinteresse folgen zu können und insbesondere der Operationalisierung aus Kapitel 3.3.4 gerecht zu werden;
- Thematischer Fokus, um subjektive Sichtweisen auf das spezifische Praxisfeld und die Praxisphänomene zu Tage zu fördern;
- Flexibilität im Interviewprozess, um den Erzählfluss der Interviewpartner nicht zu unterbrechen, aber dennoch auf alle Themenbereiche eingehen zu können.

Diesen Anforderungen kommt das problemzentrierte Leitfadeninterview am nächsten (Witzel, 1985; 2000). Dieses ist offen, also ohne vorgegebene Antwortmöglichkeiten, und halbstrukturiert, was bedeutet, dass es einen Fragenkatalog (Leitfaden) enthält, der aber nicht in einer eindeutigen Reihenfolge abgearbeitet wird, sondern flexibel an die Gesprächssituation angepasst werden kann. Der Leitfaden wird vom Forscher konstruiert, aufbauend auf im Vorfeld erschlossenen Problem- und Fragestellungen. Daher sieht Mayring (2002, 70) das problemzentrierte Interview als „hervorragend geeignet für eine theoriegeleitete Forschung, da es keinen rein explorativen Charakter hat, sondern die Aspekte der vorrangigen Problemanalyse in das Interview Eingang finden". Der Leitfaden dient insbesondere dazu, „bei stockendem Gespräch bzw. bei unergiebiger Thematik" (Witzel, 1985, 237) auf einen anderen Aspekt schwenken zu können. Wie genau der Leitfaden zu konstruieren ist, wird in der Literatur kaum behandelt. Insgesamt unterstützt er im Interview den Forscher dabei, die anzusprechenden Themen zu überblicken und miteinander zusammenhängende Aspekte zu gruppieren. Zugleich soll flexibel auf den Gesprächsverlauf eingegangen werden. Demnach bietet es sich an, eine „Checkliste" (Mattissek/Pfaffenbach/Reuber, 2013, 168) anzufertigen, um überprüfen zu können, ob alle relevanten Themen im Interview behandelt wurden. Als ergänzendes Element problemzentrierter Interviews führt Witzel (1985) Kurzfragebogen und Postskriptum an. Der Kurzfragebogen kann biografische Informationen oder standardisierte Elemente enthalten und ist vor oder nach dem Interview einzusetzen. Da die relevanten standardisierten Informationen im Kontext der Biogaserzeugung (Erzeugungskapazität, „biografische" Aspekte der Anlage) ein Kernelement der Initiativfragen des Interviews sind, wird der Kurzfragebogen zu dem Zeitpunkt eingesetzt, zu dem das Interview auf die technische Ausgestaltung und Entwicklung der Anlage zu sprechen kommt. Da auch Begehungen der Biogasanlagen duchgeführt werden, um Informationen zu erhalten und Erzählanreize zu setzen, ist das Postskriptum ein wichtiger Bestandteil der Datenerhebung im Umfeld des Interviews. Trotz dieser beiden wertvollen Ergänzungen bilden die eigentlichen Interviews den Hauptkorpus der Untersuchung. Daher wird im Folgenden genauer auf die Inhalte der Interviews eingegangen.

Im problemzentrierten Interview orientiert sich der Inhalt maßgeblich an den im Vorfeld identifizierten Problemen und Fragestellungen. Für die vorliegende Untersuchung wurden diese bereits ausführlich dargelegt sowie operationalisiert (s. Kap. 3.3.4). Das Interview als intersubjektive Gesprächssituation stellt einige Anforderungen an den Interviewer, die in der Literatur ausführlich dargelegt sind (Flick, 2011, 194 ff., Hermanns, 2012, Kvale, 2007, 81 ff.). In problemzentrierten Interviews werden insbesondere vier Charakteristika der Rolle des Interviewers als entscheidend angesehen: Wissen, Sensitivität, Erinnerungsvermögen und Interpretationsfähigkeit. Ein hoher Wissensstand des Interviewers über die zugrundeliegenden Probleme und Fragestellungen ist entscheidend für das Gelingen des Interviews. *„Interviewers who know what they are asking about and why they are asking, will attempt to clarify the meanings relevant to the project during the interview"* (Kvale, 2007, 60). Der Interviewer muss daher mit dem Leitfaden und den dahinterstehenden Grundüberlegungen vertraut sein, um flexibel auf die Gesprächssituation reagieren zu können. Zweitens erfordert das problemzentrierte Interview Sensitivität und Offenheit des Interviewers gegenüber den Äußerungen des Interviewpartners. Dies bedeutet einerseits, darauf zu achten, nicht zu weit in die Privatsphäre oder in Geschäftsgeheimnisse vorzudringen, wenn der Interviewpartner dies nicht duldet. Andererseits muss der Interviewer ein offenes Ohr für wichtige Aspekte aufbringen, um daraus Anknüpfungspunkte zu generieren. Das Erinnerungs- und Steuerungsvermögen ist ein drittes wichtiges Charakteristikum. Es ist insbesondere nötig, um auf wesentliche Aspekte hinleiten und an vorangegangene Aspekte anknüpfen zu können. Schließlich spielt viertens die Interpretationsfähigkeit eine bedeutende Rolle, um direkte Nachfragen an den Interviewpartner richten zu können. Dafür ist wiederum ein hohes Maß an Verständnis sowie konzeptioneller Durchdringungstiefe des Forschungsprojekts notwendig.

Im Rahmen der vorliegenden Forschungsarbeit wurde aus diesen Gründen jedes Interview vom Autor persönlich durchgeführt. Im Nachfolgenden werden die Stichprobe und die Durchführung der empirischen Forschung für das vorliegende Projekt genauer vorgestellt.

4.2.2 Untersuchungsdesign und Durchführung der empirischen Arbeit

4.2.2.1 Untersuchungsdesign

Wie in Kapitel 2.2 dargelegt, befasst sich die Fallstudie der vorliegenden Arbeit mit Betreibern von Biogasanlagen im westlichen Rheinland-Pfalz und in Luxemburg. Die Datenerhebung fand in zwei Phasen statt (s. Abb.4.2): (1) explorative Interviews mit verschiedenen Akteursgruppen und (2a) vertiefende Interviews mit Anlagenbetreibern in Luxemburg und (2b) Rheinland-Pfalz. Tabelle 4.2 gibt einen Überblick über die geführten Interviews (zur Auswahl der Interviewpartner s. Kap. 4.2.2.2.). Ziel der explorativen Interviews war es, durch Befragung verschiedener Akteursgruppen unterschiedliche Perspektiven auf die Biogaserzeugung dargelegt zu bekommen und so den weiteren Forschungsprozess inhaltlich anzuleiten. Insgesamt wurden fünf Akteursgruppen befragt: Ministerium, Gemeindeverband, Lokalverwaltung, Investor und Anlagenbetreiber. Für diese Phase wurde ein offener Leitfaden erarbeitet, um einerseits vielfältige Ausführungen zu erhalten und um ihn andererseits an die unterschiedlichen Akteursgruppen anzupassen. Parallel dazu wurde eine Betreiberdatenbank für das Untersuchungsgebiet aufgebaut, um einen Überblick über die Situation vor Ort zu gewinnen.

Tabelle 4.2: Interviews der vorliegenden Arbeit; LUX = Luxemburg, wRLP = westliches Rheinland-Pfalz; eigene Darstellung.

Partner-Typ	**Gebiet**	**Anzahl**
Betreiber	wRLP	20
Betreiber	LUX	11
Öffentliche Verwaltung	wRLP	1
Öffentliche Verwaltung	LUX	1
EVU- Manager / Investor	LUX	2
Interessenvertretung	LUX	1

Eine der explorativen Phase folgende Zwischenanalyse wurde genutzt, um generelle Erkenntnisse über die Biogaserzeugung zu erfassen und um die Fragen für den Betreiber-Leitfragebogen so zu formulieren, dass sie dem Kontext angemessen waren. Dabei ging es insbesondere darum, das entsprechende Vokabular zu verwenden. Außerdem informierte die explorative Phase über wichtige Persönlichkeiten, insbesondere in Verwaltung und Planungs- und Ingenieurwesen, was für die späteren problemzentrierten Interviews wichtige Hintergrundinformationen darstellte.

Die zweite empirische Phase diente der Erhebung des empirischen Materials und wurde in zwei Etappen (in Abb. 4.2 „2a“ und „2b“) gegliedert. Diese waren chronologisch hintereinander geschaltet. Der zeitliche Versatz ist vor allem auf die Weihnachts- und Neujahrsferien zurückzuführen sowie auf den etwas intensiveren Vorbereitungsaufwand für Phase 2b. In Phase 2a, Ende 2012, wurden zehn Interviews in Luxemburg geführt. Phase 2b, Anfang des folgenden Jahres, umfasste Interviews mit 18 Betreibern im westlichen Rheinland-Pfalz, wo zwei einwöchige Forschungsaufenthalte durchgeführt wurden. Die Entscheidung, keine weiteren Interviews zu führen, fiel, nachdem die beiden letzten durchgeführten Interviews keine substantiell neuen Erkenntnisse mehr liefern konnten, da bereits ein hohe Durchdringungstiefe des Forschungsgegenstandes erreicht war (vgl. Baker/Edwards, 2012).

Abbildung 4.2: Untersuchungsdesign, eigene Darstellung.

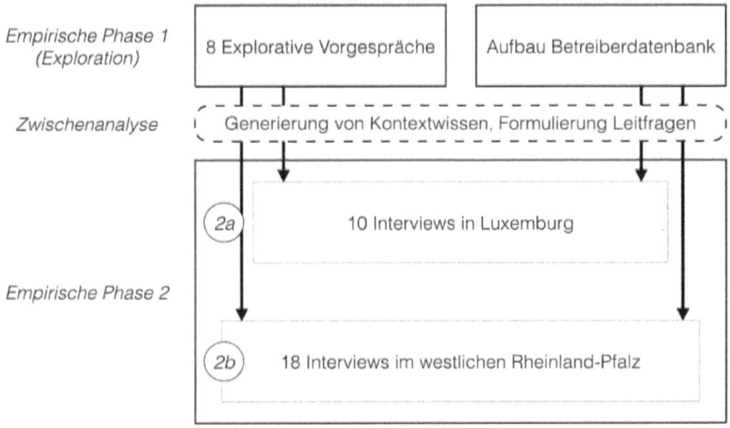

4.2.2.2 Durchführung der empirischen Arbeit

Durch Auswertung der Betreiberdatenbank des Netzbetreibers amprion im westlichen Rheinland-Pfalz sowie der Mitgliederliste des luxemburgischen Biogasverbandes, in dem nach Aussage des Präsidenten nur ein Betreiber nicht

Mitglied ist, konnte eine umfassende Datenbank über 112 Biogasanlagen im Untersuchungsgebiet (Stand: 19.09.2012) erstellt werden. Diese wurde, soweit möglich, mit der amtlichen Statistik (Länderarbeitskreis Energiebilanzen, 2013; Statistisches Landesamt Rheinland-Pfalz, 2013; für Luxemburg nicht vorhanden) abgeglichen. Unter Zuhilfenahme des Telefonbuchs und von online-Recherchen wurde diese Datenbank um Telefonnummern und Adressen ergänzt. Sie lieferte einerseits erste Informationen über die Anlagen selbst (Leistung, Jahr der Inbetriebnahme, Gesellschaftsform), wobei diese Informationen nicht für alle Anlagen gewonnen werden konnten. Andererseits lieferte sie die Kontaktmöglichkeiten für spätere Interviewanfragen.

Für die vorliegende Untersuchung wurden 36 leitfadengestützte, problemzentrierte Interviews mit insgesamt 40 Interviewpartnern geführt. Die acht explorativen Gespräche wurden gezielt mit den jeweiligen Interviewpartnern vereinbart. Die Anzahl und Auswahl dieser folgte vor dem Hintergrund der theoretischen Überlegungen aus Kapitel 3 gemäß dem *theoretical sampling* (vgl. Glaser/Strauss, 2008). Innerhalb des Biogassektors wurde ein heterogenes Sample zusammengestellt, um unterschiedliche Perspektiven aufgezeigt zu bekommen, um Einblick in unterschiedliche Umfelder zu gewinnen und um auf unterschiedliche Erfahrungen eingehen zu können (vgl. Kelle/Kluge, 2010, 50). Zum einen wurde so überprüft, ob das entwickelte Verständnis von energetischem Regionalisieren für dessen Erforschung nutzbar ist. Zum anderen wurden so auch weitere Aspekte für das Konzept erschlossen, insbesondere Kontextwissen über bestimmte Praktiken der Biogaserzeugung.

Die Auswahl der Betreiberinterviews folgte dem Vorgehen einer Einzelfallstudie (vgl. Merkens, 2012, 294 f.). Als Fall wurde der Betrieb einer Biogasanlage ausgewählt und auf den Betreiber einer Biogasanlage spezifiziert. Elemente des Kriterienrasters waren der landwirtschaftliche Hintergrund des Betreibers und die Lage der Biogasanlage im Untersuchungsgebiet. Die Betreiberdatenbank stellte das dafür nötige Vorwissen. Folgendes konkrete Auswahlverfahren der Betreiber wurde befolgt: Aus der erstellten Betreiberdatenbank wurde jeweils zufällig ein Betreiber angerufen. Wenn er den Anruf beantwortete, konnte mit ihm in der Regel direkt ein Interviewtermin vereinbart werden. Lediglich vier angesprochene Betreiber lehnten ein Interview ab.[3] Wenn ein Anruf nicht

3 Die Ablehnungsgründe waren: keine Zeit wegen laufender Instandhaltungsarbeiten an der Biogasanlage (zwei Mal als Grund genannt); kein Interesse, an Forschung teilzunehmen; äußerste Unzufriedenheit mit der Gesamtsituation Biogas: „Das kotzt mich an! […] Das ist eine Unverschämtheit, dass Sie mich damit jetzt belästigen!" (Telefonische Interviewanfrage - 05.12.2012)

angenommen wurde, wurde ein nächster Betreiber kontaktiert. Die Interviews wurden zwei bis vier Tage nach Terminvereinbarung geführt. Dieses Auswahlverfahren wurde beendet, als keine neuen sowie bedeutsamen Daten durch eine Erweiterung des Samples gewonnen werden konnte (theoretische Sättigung; vgl. Merkens, 2012, 294 f.). Abbildung 4.3 gibt einen Überblick über die Struktur und einige Besonderheiten des empirischen Samples. Insgesamt wurden über achtunddreißig Stunden Interviewmaterial generiert. Die durchschnittliche Dauer der Gespräche betrug eine Stunde und vier Minuten, der Median lag drei Minuten darunter. 16 Gespräche dauerten 44 bis 60 Minuten, weitere 16 Gespräche 60 bis 83 Minuten. Drei Interviewpartner hatten etwa eindreiviertel Stunden Zeit für ein Gespräch und lediglich einer musste bereits nach 25 Minuten abbrechen, da er wider Erwarten seine Tochter aus dem Kindergarten abholen musste. Da dies bereits zu Gesprächsbeginn klar war, konnten dennoch direkt die Kernfragen des Leitfadens bearbeitet werden.

Abbildung 4.3: Struktur und Besonderheiten des empirischen Samples (Mehrfachnennungen möglich), eigene Darstellung.

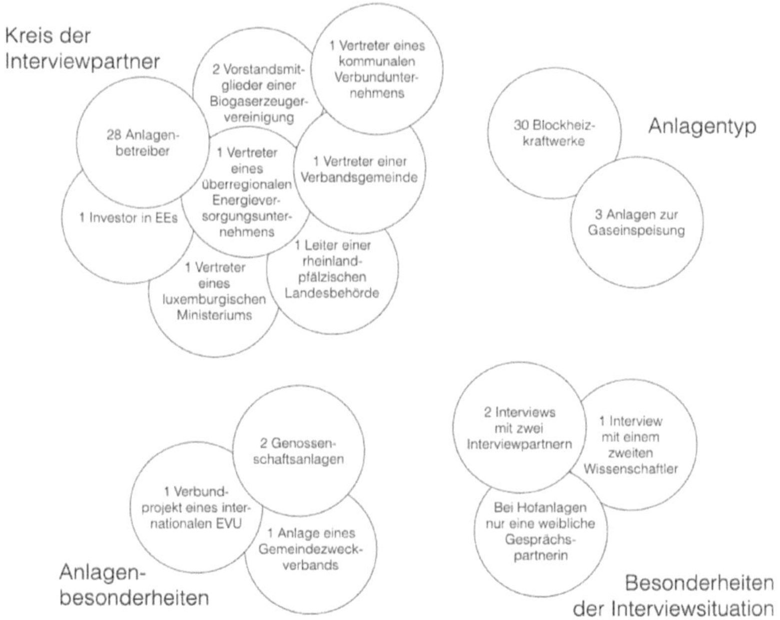

Alle Interviews wurden nach Einwilligung der Interviewpartner und unter Zusage von Anonymität aufgezeichnet. Dabei erwies es sich vorteilhaft, ein *Smartphone*

als Diktiergerät zu verwenden, da dieses in den meisten Gesprächssituationen nicht als Aufnahmegerät wahrgenommen wurde und zu keinem Zeitpunkt die Aufmerksamkeit (Blicke, Fingerzeige, verbale Bezüge) auf sich zog. Kernelemente der Gespräche wurden bereits in den jeweiligen Gesprächssituationen zusätzlich schriftlich festgehalten. Nach Beendigung der Interviews und meist einer Besichtigung der Anlage mit Austausch über weitere Details, vorrangig hinsichtlich der Anlagentechnik, wurde ein Postskriptum über diese angefertigt.

Die ersten acht Interviews hatten explorativen Charakter und wurden im Zeitraum von Ende Mai bis Ende September 2012 geführt. Die Zeitspanne von über vier Monaten lässt sich durch die dazwischen liegende Sommerpause erklären, in der keine weiteren Interviewpartner zur Verfügung standen. Mit Beginn des Winters war es zunehmend einfacher, Biogasanlagenbetreiber für Interviews zu gewinnen. Dies ist vor allem durch den zumeist landwirtschaftlichen Hintergrund zu erklären, da bis Ende Oktober in der Regel die Maisernte und damit die letzte große Ernte und Arbeit der Feldwirtschaft stattfindet. Von Ende Oktober 2012 bis Anfang Februar 2013 wurden zehn Interviews geführt, neun mit luxemburgischen Biogasanlagenbetreibern und eines mit dem verantwortlichen Projektingenieur für Bioenergie eines im Untersuchungsgebiet ansässigen, überregionalen Energieversorgungsunternehmens.

Die übrigen Interviews mit Anlagenbetreibern, vorrangig aus dem westlichen Rheinland-Pfalz, wurden in zwei intensiven Feldforschungswochen Ende Februar 2012, während starkem Schneefall und Frost (kaum landwirtschaftliche Tätigkeit möglich), durchgeführt. Durch die zeitliche Zusammenlegung der Gespräche konnte sichergestellt werden, dass die Megatrends vergleichbar waren – auch hinsichtlich ihrer medialen Diskussion. Darüberhinaus ergab sich ein weiterer begünstigender Faktor: Während der beiden Wochen der Feldforschung fand der Autor in landwirtschaftlichen Betrieben Unterkunft („Ferien auf dem Bauernhof"). Beide Hausherren vermittelten wertvolle Kontakte, gaben bereitwillig Auskunft über in Interviews offen gebliebene Fragen hinsichtlich landwirtschaftlicher Regularien und sogenannter „guter landwirtschaftlicher Praxis" und boten weitere Einblicke in kontextspezifische Bedingungen im Untersuchungsgebiet. Auch wenn dieses Material aus zeitlichen Gründen nicht systematisch aufgearbeitet werden konnte, war es für die Kontextualisierung und Reflexion der empirisch gewonnen Erkenntnisse sehr hilfreich.

4.2.3 Aufbereitung des Interviewmaterials

Die nachfolgenden Ausführungen erläutern das für diese Untersuchung gewählte Vorgehen der Aufbereitung des Interviewmaterials.

4.2.3.1 Transkription und Codierung

Alle Interviews wurden standard-orthografisch transkribiert (Mayring, 2002, 91). In die Transkripte wurde je am Ende das Postskriptum mit aufgenommen. Die ersten elf Interviews transkribierte der Autor selbst, die verbleibenden 26 wurden an externe Transkriptorinnen vergeben. Auf Grundlage der eigenen Erfahrungen aus den ersten Transkripten konnte ein Leitfaden erarbeitet werden, um den Dienstleistern eine technische und inhaltliche Anleitung zur Hand zu geben und damit einen einheitlichen Stil sicherzustellen. Die so erstellten Transkripte wurden nach Fertigstellung vom Autor durch Abgleich mit den Audiodateien überprüft und gegebenenfalls angepasst.

Die Interviewtranskripte wurden thematisch (vgl. Flick, 2011, 402 ff.) und deskriptiv (vgl. Saldaña, 2009, 70 ff.) codiert. Der Codierbaum leitete sich aus dem Konzept zur Analyse des energetischen Regionalisierens ab (s. Kap. 3.3). Während des Codierprozesses wurden keine strukturellen Veränderungen am Codierbaum vorgenommen, um eine möglichst einheitliche Codierung zu gewährleisten.

4.2.3.2 Interview Mapping

Um zeitliche und inhaltliche Zusammenhänge bereits in einer frühen Phase der Analyse aufzuzeigen, wurde parallel zur Codierung eine schematisch-visuelle Auswertung des Interviewmaterials vorgenommen (Interview Mapping). Die im Rahmen der vorliegenden Arbeit entwickelte Erweiterung herkömmlicher Codierverfahren „Interview Mapping“ fokussiert individuelle Schilderungen und Wahrnehmungen der Gesprächspartner. Das Interview Mapping ermöglicht es, die von den Betreibern vorgebrachten Elemente der Ebenen des energetischen Regionalisierens aufzunehmen. Diese werden entlang einer Zeitachse abgetragen, wodurch die synchrone sowie die diachrone Entwicklung der mit der Biogasanlage in Beziehung gebrachten Elemente abgebildet und somit ein erster Aufschluss über die Konstitution von Transitionsräumen gewonnen werden kann.

Das Interview Mapping stellt die im Gespräch aufgekommenen individuellen Zeitbezüge der Betreiber dar und geht damit auf den Zugang „Praxis und Zeit“ des energetischen Regionalisierens ein. Folgende Aspekte werden auf dem Auswertungsbogen festgehalten:

- jedes im Interview benannte Ereignis, das für die Biogasanlage relevant war, je in der zugehörigen Ebene (Megatrend, Regime, alternative Praxis),
- jeder im Interview vorgebrachte Zeitbezug eines Ereignisses,
- jeder geäußerte Zusammenhang zwischen den Ereignissen.

Neben einem ersten Überblick vereinfacht diese Form der Visualisierung die vergleichende Betrachtung der Einzelfälle und ist daher eine sinnvolle Ergänzung herkömmlicher Codierungsverfahren. Auf jeder angefertigten Interview Map können bestimmte Kategorien von Elementen markiert werden. Dazu gehören beispielsweise Aspekte wie Finanzierung, Anlagentechnologie, Gesetzgebung, Rohstoffversorgung, Weltmarktpreise oder Motivationen zum Anlagenbau. Die für jedes Gespräch angefertigten Interview Maps können dann unmittelbar nebeneinander gelegt werden und damit gemeinsame Entwicklungsmuster auf eine erste, vereinfachende Art schnell aufgezeigt werden (s. Abb. 4.4). In der vorliegenden Arbeit werden diese Einblicke einerseits in Zusammenhang mit der qualitativen Inhaltsanalyse genutzt, um Aufschluss über die Entwicklung von Transitionsräumen zu gewinnen und andererseits im Rahmen der reflexiven Inhaltsanalyse (s. Kap. 4.3.3) reflektiert.

Zu berücksichtigen ist, dass das Interview Mapping eine Interpretation der Aussagen der Befragten durch den „Mappenden" darstellt und daher grundsätzlich Fehleinschätzungen möglich sind. Da das Material für diese Methode aber erst am Ende eines jeden Interviews vorliegt, ist eine unmittelbare Rückkopplung mit den Einschätzungen der Befragten nicht möglich. Es ist denkbar, die Befragten nach dem Interview Mapping nochmals zu kontaktieren um eine Validierung der gewonnen Einblicke zu erwirken (kommunikative Validierung, vgl. Steinke, 2012, 329).

4.3 Analytisches Vorgehen

Das analytische Vorgehen der vorliegenden Arbeit schließt an die Aufbereitung des Materials an. Es ist in zwei Phasen geteilt. In der ersten Phase werden die Zugänge ‚Praxis und Raum' sowie ‚Praxis und Zeit' behandelt. Die zweite Phase beschäftigt sich mit dem Zugang ‚Raum und Zeit'. Der verwendete „Methodenkoffer" beinhaltet dabei für Phase eins die Argumentationsanalyse und die qualitative Inhaltsanalyse und für Phase zwei die reflexive Inhaltsanalyse (s. Abb. 4.5). Diese Verfahren werden nun kurz vorgestellt.

4.3.1 Qualitative Inhaltsanalyse

Die qualitative Inhaltsanalyse nach Mayring (2000; 2004) ist ein Verfahren, um empirisches Material systematisch hinsichtlich seines Inhalts und dessen Qualität aufzuarbeiten. Es ist ein häufig verwendetes und gut dokumentiertes Vorgehen, weshalb hier auf eine genauere Vorstellung verzichtet wird. Für das energetische Regionalisieren wird es im Zugang ‚Praxis und Raum' verwendet. In Kapitel 3.3.4.2 ist eine große Bandbreite an Fragen aufgeworfen worden,

Abbildung 4.4: Beispiel einer schematisch-visuellen Interviewauswertung durch Interview Mapping, eigene Darstellung.

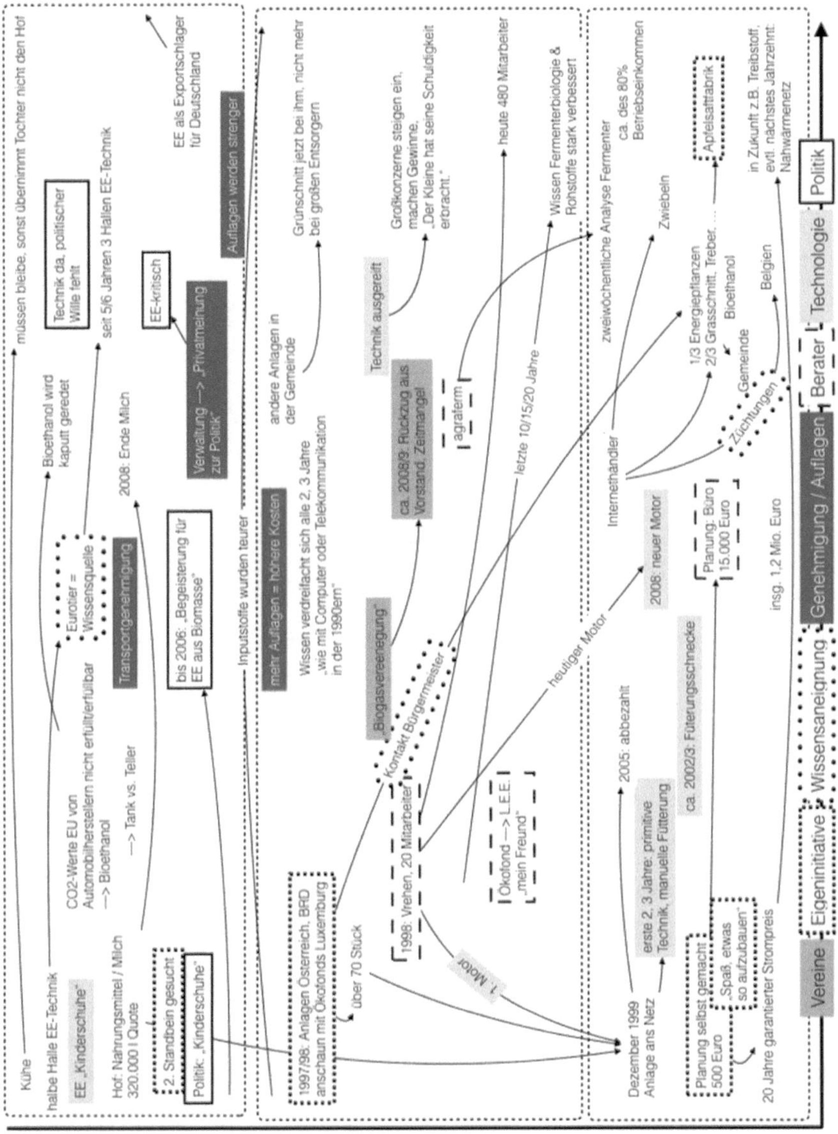

Abbildung 4.5: Aufbereitung und Analyse des empirischen Materials, eigene Darstellung.

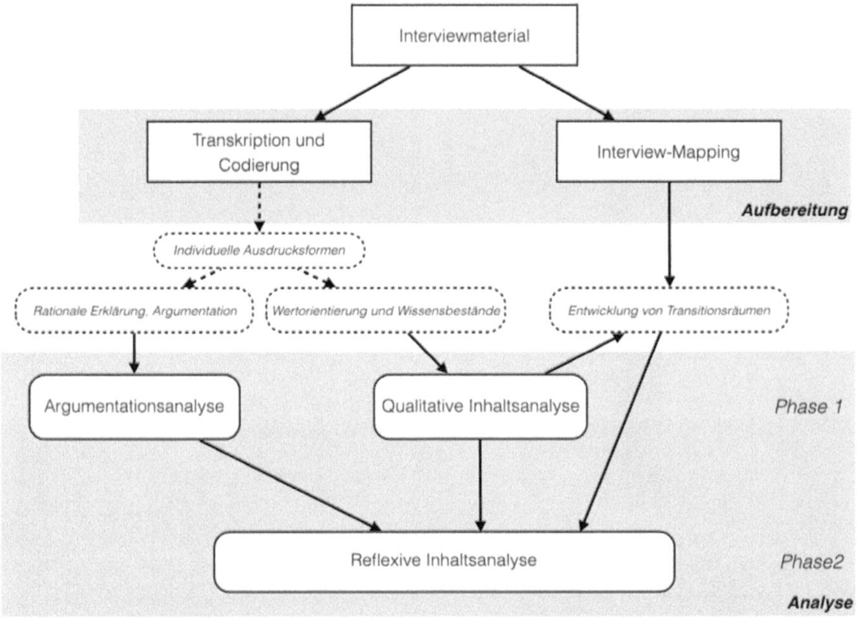

die einerseits für die Codierung und andererseits für die damit in Verbindung stehende qualitative Inhaltsanalyse leitend sind. Ziel ist es, die verschiedenen individuellen Bedeutungszuschreibungen und Wahrnehmungen über Raumkategorien zu extrahieren (Container-, relationaler, und Raum der Sinneswahrnehmung) und verschiedene Typen der Bezugnahme auf räumliche Kontexte zu bilden.

4.3.2 Argumentationsanalyse

Die Argumentationsanalyse zielt darauf ab, die Funktionsweise und Anatomie eines Arguments zu erklären. Felgenhauer (2009) hat sie in die geographische Forschung eingeführt, um individuelle Interpretationen über räumliche Kontexte zu analysieren. In der vorliegenden Arbeit wird es im Zugang ‚Praxis und Raum' verwendet, um individuelle Räume der Sinneswahrnehmung genauer zu rekonstruieren sowie Aufschluss über die Konstitution sozio-räumlicher Ebenen zu gewinnen. Dies geschieht, indem raumbezogene Deutungsmuster und Konstruktionen dekonstruiert werden. Diese liegen häufig in Form impliziter Vorannahmen in Kommunikationskontexten vor, die gemäß dem

Argumentationsschema von Toulmin (1996 [1958], s. Abb.4.6) untersucht werden: Eine Behauptung (*claim*) wird durch einen begründeten Fakt (*data*, zugleich das eigentliche Argument) untermauert, der einer Schlussregel (*warrant*) folgt, die auf einem Hintergrund (*backing*) aufbaut.

Abbildung 4.6: Argumentationsschema nach Toulmin (Felgenhauer, 2009), eigene Darstellung.

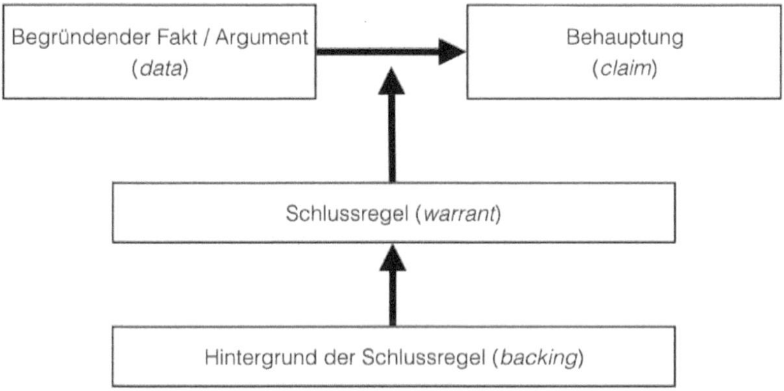

Die Schlussregel, die typischer Weise nicht explizit ausgedrückt wird, markiert den Übergang vom Fakt zur Behauptung. Der Hintergrund ist das Fundament der Schlussregel. Er drückt die stillschweigenden Voraussetzungen (*tacit preconditions*) der Schlussregel und damit die ganzen Arguments aus. Außerdem legt der Hintergrund gemeinsame Verständnisweisen (*common understandings*) von Argumentierendem und Interpretierendem offen, da sämtliches nötiges Wissen zur Argumentationsäußerung und -analyse sozial konstruiert ist. Die Analyse von Schlussregel und Hintergrund beruht auf folgenden Fragen: Was sollte zutreffen, um einen verständlichen Übergang vom Argument zur Behauptung zu erzielen? Welche textinternen Wissensbestände liegen zugrunde?

Abbildung 4.7 zeigt ein konkretes Beispiel, das dem Forschungszusammenhang der vorliegenden Arbeit entnommen wurde. Dieses Beispiel setzt sich mit folgendem Auszug aus der Projektbeschreibung des INTERREG-III-A-Projekts „rubin – Regionale Strategien zu nachhaltigen Umsetzung der Biomasse Nutzung" auseinander: „Biomassepotentiale (z. B. Holz, Gülle, organische Abfälle) als Grundstoff der Bioenergieerzeugung ist dabei regional bereit zu stellen, da längere Transportentfernungen die Wirtschaftlichkeit und die ökologische Bewertung dieser Art der Energieversorgung stark beeinträchtigen" (rubin, 2012). In dieser Aussage werde die Schlussregeln deutlich, dass Biomasse der Rohstoff für Bioenergie ist und dass der Transport die Potenziale der Bioenergie beeinflusst. Diese Schlussregel beruht auf dem Hintergrund, dass Bioenergie eine regionale Energie ist sowie umweltverträglich und wirtschaftlich effizient. Darüber hinaus drückt der Satz aus, dass in einer Region die Distanzen kurz sind. Gemeinsam wird damit die Grundlage des Arguments sichtbar, nämlich dass mit Bioenergie verbundene Praktiken regional organisiert sein sollten. Wie dieses Beispiel verdeutlicht, hilft die Argumentationsanalyse, geographisches Wissen zu extrahieren, dass Dokumenten oder Äußerungen zugrunde liegt. Sie legt die Bedeutungen räumlicher Zusammenhänge für Praktiken offen, indem sie die kontextspezifischen Deutungsmuster und Logiken aufdeckt.

Abbildung 4.7: Beispiel einer Anwendung der Argumentationsanalyse, eigene Darstellung.

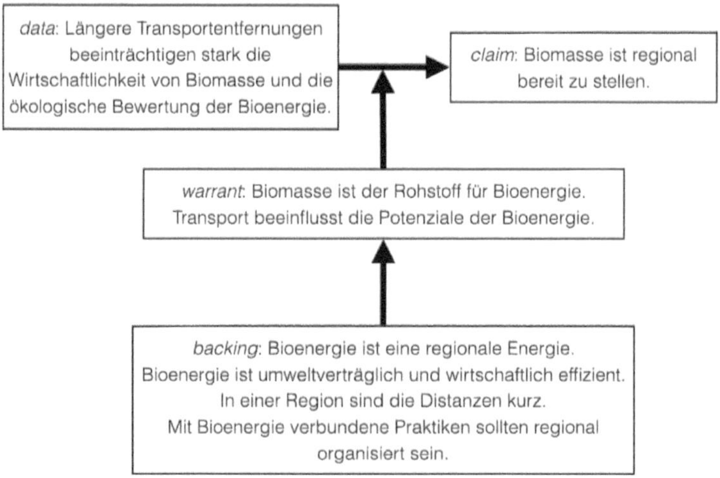

Es gibt diverse sprachliche Signale in Texten, die auf den Gebrauch von Argumenten hinweisen. Konjunktionen wie wenn, weil, obwohl, denn, trotzdem, aber, doch, sondern, also zählen ebenso dazu wie Adverbien und andere Partikel wie außerdem, zudem, nämlich, ja, deshalb, besonders, vielleicht, dazu oder Phrasen wie daraus folgt, am wichtigsten ist, allgemein anerkannt ist oder im Gegensatz dazu (vgl. Einecke; teachSam). Tabelle 4.3 gibt einen Überblick über verschiedene sprachliche Signale, die Argumente einleiten. Für die Analyse des räumlichen Argumentierens ist nach dem Auffinden eines Arguments im Text dessen Beziehung zu Raum oder Räumen zu überprüfen.

Tabelle 4.3: Sprachliche Signale für Argumente (teachSam).

Sprechakt im Argumentationszusammenhang	Satzreihe (Parataxe)	Satzgefüge (Hypotaxe)
begründen	denn, nämlich	da, weil
Bedingung angeben	sonst, andernfalls	wenn, falls, insofern
folgern	also, demnach, daher, folglich, deswegen, infolgedessen	(so) dass
Zweck oder Ziel angeben	darum, dazu	dass, damit
einräumen	trotzdem, dennoch, zwar … aber	obwohl, obgleich
entgegensetzen	trotzdem, dagegen, indes, dennoch, jedoch, aber	
vergleichen	so… wie,	wie, wie wenn, als
einschränken		(in)sofern, (in)soweit
weiterführen	außerdem, ferner	
anreihen	schließlich, endlich, zuletzt	

4.3.3 Reflexive Inhaltsanalyse

Die zweite Phase der Analyse beschäftigt sich mit dem Zugang ‚Raum und Zeit' und greift dabei auf die reflexive Inhaltsanalyse zurück (s. Abb. 4.5). Die reflexive Inhaltsanalyse ist für die vorliegende Arbeit als Validierungsstrategie entwickelt worden, die auf dem Prinzip der Triangulation qualitativer Methoden beruht (vgl. Flick, 2012, 309 f.). Sie wird dem iterativen Forschungsprozess sowie dem Vorgehen nach dem hermeneutischen Zirkel dahingehend gerecht, dass die Erkenntnisse der qualitativen Inhaltsanalyse, der Argumentationsanalyse und des Interview Mappings in synthetischer Form reflektiert werden (s. Abb. 4.8). Sie zielt auf die Offenlegung und Erklärung der Zusammenhänge der individuellen Konstitutionsleistungen der Betreiber und der damit verbundenen Transformationsprozesse in Raum und Zeit ab. Damit kann die (Re)Produktion und Transformation der Praxisphänomene genauer untersucht werden. Zudem können die zuvor erfolgten wissenschaftlichen Konstruktionen reflektiert und auf zusätzliche Aspekte hin analysiert werden.

Die reflexive Inhaltsanalyse des energetischen Regionalisierens setzt sich aus sechs Einzelschritten zusammen, die in Abbildung 4.8 mit Nummerierung dargestellt sind. (1) Zuerst werden die analytischen Erkenntnisse aus Phase eins über die Räume der Sinneswahrnehmung in ihrer inhaltlichen sowie ihrer argumentativen Art zusammengeführt. (2) Im zweiten Schritt werden die drei Ebenen des energetischen Regionalisierens (Regionalisieren mit dem Megatrend, mit dem Regime und durch alternative Praktiken) abschließend erfasst und (3) im dritten Schritt in Beziehung zu den Ebenen des Interview Mapping gesetzt. (4) In einem vierten Schritt wird analysiert, wie die Ebenen des energetischen Regionalisierens zur Konstitution sozio-räumlicher Ebenen von Transitionen beitragen (s. S. 109 ff.). (5) So wird es im fünften Schritt möglich, Aussagen darüber zu treffen, wie durch die diversen Praktiken der Weltbindung im zeitlichen Verlauf Transitionsräume (re)produziert werden, und darüber, welche Regionalisierungen durch die Produktion von Biogas angestoßen werden. Dies liefert die Grundlage für den letzten Schritt: (6) die Beantwortung der Frage, welche Einflüsse Regionalisierungen auf ökonomische Entscheidungen von Biogasproduzenten haben. Diese ökonomischen Entscheidungen spiegeln sich in der Reproduktion und Rekonfiguration der Anlage wider, wenn also Betreiber ihr Umfeld reflektieren. Das bedeutet, dass im abschließenden analytischen Schritt das empirische Material nochmals durchleuchtet wird. Es wird nach Äußerungen sowie Argumenten über die Zusammenhänge zwischen Änderungen in Praxisphänomenen und Änderungen an der Anlage und der Alltagspraxis gesucht, da dies die Einflüsse von Regionalisierungen auf die ökonomischen Entscheidungen darlegen würden.

Abbildung 4.8: Die reflexive Inhaltsanalyse, eigene Darstellung.

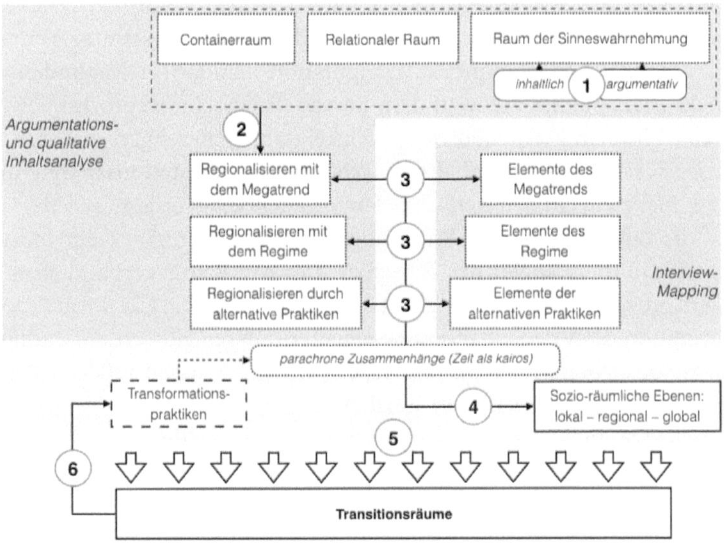

4.4 Kritische Reflexion der Methodik

Die gewählte Methodologie und das vorgestellte Untersuchungsdesign konnten in der angestrebten Form umgesetzt werden. Durch die Auseinandersetzung mit einem breiten Spektrum von Akteuren in der explorativen Phase konnten angemessene und zielführende Fragen für die problemzentrierten Leitfadeninterviews entwickelt werden. Die Samplingtechnik für die Betreiberbefragung ermöglichte es, die gewünschten Interviews zu führen. Insbesondere das Interview Mapping erwies sich als hilfreiche Aufbereitungsform für die erste Analyse des Materials, da es einen zügigen Erkenntnisgewinn ermöglicht. Die drei verschiedenen Formen der Inhaltsanalyse erwiesen sich als geeignet, um das Material dem Forschungsvorhaben entsprechend aus unterschiedlichen Blickwinkeln zu beleuchten. Dennoch ergaben sich in der empirischen Arbeit Schwierigkeiten und Herausforderungen.

Bei der Durchführung der problemzentrierten Interviews gab es eine politische Äußerung mit großem Einfluss, das Umfeld der Betreiber änderte sich unerwartet. Zu Beginn der empirischen Phase 2b äußerte der damalige Bundesminister Altmaier am 14. Februar 2014, dass es den Plan gäbe, den sogenannte Güllebonus abzuschaffen und dies auch für Bestandsanalagen umzusetzen (vgl. strom.org, 2014). Diese Äußerung verbreitete sich recht schnell im Untersuchungsgebiet, sodass sie in diversen Interviews ein Kernthema und entscheidender Bezugspunkt wurde. In der Analyse musste dies berücksichtigt werden, denn gemäß der qualitativen Inhaltsanalyse wären die politischen Aspekte der Interviews gegenüber anderen deutlich bedeutender ausgefallen. Durch das Interview Mapping wurde allerdings deutlich, dass der Aspekt vor allem ein zeitlich spezifisches Problem darstellt.

Auch stellte die Interviewsituation oft eine technische Herausforderung dar. Die meisten Betreiber wollten dem Interviewer die Anlage zeigen. Zu Beginn der Feldforschung wurde diese vor dem eigentlichen Interview vorgenommen. Im Kontext der Begehung wurden bereits diverse inhaltliche Aspekte besprochen. Diese konnten einerseits nicht digital aufgenommen werden, vor allem aufgrund von Maschinenlärm aber auch durch die Mobilität in der Situation. Dadurch wurde ein umfassendes Postskriptum nötig. Andererseits antworteten die Betreiber auf diesbezügliche Nachfragen im eigentlich Interview häufig einsilbig mit dem Hinweis, dass dies ja schon besprochen worden sei. Aufgrund dieser Erfahrung wurde ab Interview 13 vorgeschlagen, die Begehung im Anschluss an das Interview durchzuführen, was stets möglich war.

Ebenfalls in der Anfangsphase war es bei manchen Aspekten schwierig, Informationen zu erhalten, da die Interviewten sich in der speziellen

Gesprächssituation nicht offen zeigten. So äußert beispielsweise ein Betreiber unter Bezug auf die Medien, wobei er auch den Interviewer der Situation damit meint: „Ich habe immer ein bisschen Angst wenn so Geologen bei der Presse sind, weil die genau wissen, was wir da draußen so treiben“ (I-25). Neben der Fehlzuschreibung „Geologe“ – der Interviewer ist Geograph – verdeutlicht dies das bedingte Unwohlsein des Interviewpartners. Nach der Durchführung von etwa fünf Betreiberinterviews konnte allerdings eine bestimmte Bandbreite an situationslockernden und erzählgenerierenden Gesprächsanreizen genutzt werden, die auch bei sensiblen Themen Antworten motivierten.

Zwei beispielhafte Aussagen werfen auch Fragen bezüglich des Wahrheitsgehalts der Aussagen in den Interviews auf: „Wir tun doch gerne etwas dafür, dass die Landwirtschaft in der Öffentlichkeit positiv gesehen wird“ (I-21) äußert ein Betreiber bei der Begrüßung des Interviewers. Der Betreiber spricht also ganz offen aus, dass er für das Bild in der Öffentlichkeit etwas tun möchte. Inwieweit er also von ihm selbst als sensibel wahrgenommene Aspekte nicht äußert, kann nicht beantwortet werden, ist aber prinzipiell denkbar. Ebenso ist denkbar, dass er gezielt fehlinformiert, um das Bild in der Öffentlichkeit nicht in eine negative Richtung gehen zu lassen. Darauf deutet auch die zweite Aussage eines anderen Betreibers hin: „Da kriegt man nicht überall die Wahrheit zu hören. Das ist halt bei Biogasanlagen [so]“ (I-31). Er stellt damit die grundsätzliche Vertrauenswürdigkeit der in den Gesprächen gewonnen Informationen in Frage. Dieser Aspekt wird häufig mit der Zuverlässigkeit qualitativer Forschung in Verbindung gebracht (vgl. Kromrey, 2000, 301). Dies ist *per se* kritisch zu betrachten, da Interviews auf direktem zwischenmenschlichem Kontakt beruhen. Daher kann nicht davon ausgegangen werden, „dass dasselbe Interview bei derselben Person zu einem anderen Zeitpunkt durchgeführt, oder dass dasselbe Interview bei derselben Person von einem anderen Interviewer durchgeführt, das gleiche Ergebnis bringen würde“ (ebd., 301). Diesen Problemen wurde in der Analyse durch das Herausarbeiten von gemeinsamen Wahrnehmungen und übergreifenden Mustern entgegengewirkt. Vorteilhaft erwies sich zudem, dass alle Interviews vom Autor der vorliegenden Arbeit durchgeführt wurden, so dass bestimmte Aussagen bereits im Gespräch kontextualisiert werden konnten und darüberhinaus versucht werden konnte, durch anekdotische Erzählungen über Erfahrungen in anderen Interviews sowie wiederholter Vertraulichkeitszusage ein Gesprächsklima zu schaffen, dass als vertrauensvoll und ehrlich empfunden werden konnte – auch wenn dies natürlich eine subjektive Empfindung des Autors ist.

Die Codierung des Materials erwies sich in der Analyse als teilweise kompliziert. Im Codierprozess wurde keine strukturellen Veränderungen am Codierbaum vorgenommen, um eine möglichst einheitliche Codierung zu gewährleisten, was prinzipiell hilfreich war, um gemeinsame und widersprüchliche Bedeutungszuschreibungen und Deutungsmuster im Kontext der operationalisierten Aspekte des energetischen Regionalisierens aufzudecken. Dies führte allerdings dazu, dass einige Kategorien unbesetzt blieben und andere Kategorien zu wenig differenziert waren, was für die Analyse eine weitere intensive Auseinandersetzung mit den Codes bedingte. Auch wenn der Codierbaum die für das energetische Regionalisieren relevanten Codes beinhaltet, wäre eine Erweiterung durch offenes Codieren (vgl. Flick, 2009, 307 ff.) unter Umständen hilfreich gewesen. Die weitere intensive Auseinandersetzung mit den Codes hätte so bereits im Codierprozess erleichtert werden können. Ein Vorschlag für zukünftige Arbeit ist daher, die grundsätzliche Struktur des Codierbaums beizubehalten, im Sinne des offenen Codierens aber einzelne Kategorien für Untercodes zu öffnen.

Die reflexive Inhaltsanalyse ist darauf ausgerichtet, die Erkenntnisse der anderen Verfahren zu kombinieren. Dies führte dazu, dass diverse Ergebnisse überprüft und bestätigt werden konnten. Dies ist vermutlich auch darauf zurückzuführen, dass für alle analytischen Verfahren und das Interview Mapping das gleiche Material verwendet wurde, weshalb eine zeitaufwendige Doppelung der Auswertung durch verschiedenen Methoden stattfand. Prinzipiell ist die Validierung der Ergebnisse als sehr positiv zu bewerten. Vermutlich ist die reflexive Inhaltsanalyse aber für zukünftige Forschungsvorhaben von noch größerem Wert, wenn auf verschiedene Daten zurückgegriffen wird.

Vor dem Hintergrund dieser kritischen Bemerkungen ist festzuhalten, dass die gewonnen Daten erkenntnissteigernd genutzt werden konnten. Die angeführten Herausforderungen bewegen sich in einem für qualitative Forschung üblichen Rahmen. Durch die dargelegte Kombination verschiedener Analysevorgehen konnte das in Kapitel 3.3 vorgestellte Konzept umfassend empirisch in Wert gesetzt werden. Die folgenden Kapitel wenden sich dieser empirischen Umsetzung zu.

Kapitel 5 Biogaserzeugung im räumlichen Kontext

Die vorliegende Arbeit geht den Fragen nach, welche Regionalisierungen durch die Produktion von Biogas angestoßen werden und welche Einflüsse diese Regionalisierungen auf ökonomische Entscheidungen von Biogasproduzenten haben. In diesem Kapitel wird auf den Zusammenhang zwischen den Praktiken der Biogaserzeugung und dem Handlungsraum der Akteure eingegangen. In den anschließenden Kapiteln werden zuerst die Evolution dieses Zusammenhangs und dann die (Re)Produktion und Transformation von Energieregionen in Raum und Zeit fokussiert.

Wie bringen Praktiken der Biogaserzeugung räumliche Bezüge, also Energieregionen hervor und wie werden sie von räumlichen Aspekten beeinflusst? Grundsätzlich wird Raum durch die Weltbindung der vier Praxisphänomene (s. Kap. 3.3.1) hervorgebracht und sichtbar. Die Auseinandersetzung mit diesen Phänomenen im Kontext der Biogaserzeugung stellt folglich den Ausgangspunkt dar. Dabei rücken gesellschaftliche Kontexte, das spezifische Praxisfeld – begriffen als Routinen des Betriebs – und individuelle Wissensbestände in den Mittelpunkt der Betrachtung. Als verbindendes Element werden zudem Netzwerke diskutiert, deren Analyse Aufschluss über die räumliche Dimension der Energiewende verspricht (s. Kap. 3.2). Physisch-materielle Komponenten spielen eine wichtige Rolle für die Konstitution der sozio-räumlichen Ebenen und sind in die Darstellung der anderen Praxisphänomene integriert.

Wie in Kapitel 4.3 dargelegt, werden die Aussagen der Betreiber einerseits mit Hilfe der qualitativen Inhaltsanalyse und andererseits mit Hilfe der Argumentationsanalyse beleuchtet. Dabei konzentriert sich die qualitative Inhaltsanalyse anhand der vier Praxisphänomene auf die Frage, wie in von den Betreibern benannten Praxiselementen räumliche Kontexte mobilisiert werden, um eigenes Handeln zu begründen: Welche gesellschaftlichen Kontexte (Kap. 5.1) werden mobilisiert und wie äußern die Betreiber räumliche Zusammenhänge in ihren Schilderungen über diese? Wie äußern sich in der alltäglichen Auseinandersetzung mit der Biogasanlage (Routinen) individuelle Bedeutungszuschreibungen und Wahrnehmungen (Wissensbestände) über Raumkategorien der Energiewende (Kap. 5.2)? Welche Rolle spielt die Interaktion mit anderen Akteuren in Netzwerken und welche räumlichen Kontexte sind für diese bedeutsam (Kap. 5.3)? Die Argumentationsanalyse richtet das Augenmerk auf die Konstruktion der Ebenen des energetischen Regionalisierens, auf räumliche Deutungsmuster, räumliches Begründen und Argumentieren. Wie interpretieren die befragten Betreiber Energieregionen als räumliche Kontexte? Die Erkenntnisse dieser beiden analytischen Zugänge werden in den folgenden Kapiteln dargelegt. Im Zentrum stehen Bedeutungszuschreibungen, individuelle Wahrnehmungen der Betreiber und die Frage, wie von diesen ausgehend im Sinne des empirischen Individualismus verallgemeinerbare Schlüsse gezogen werden können. Dabei geht es vorrangig um die Darstellung der heutigen Situation, wie im Betrieb der Anlage Praxis und Raum (Energieregionen) zusammenhängen. Kapitel 6 wird auf die Entstehung dieser Situation eingehen.

5.1 Gesellschaftliche Kontexte

Gesellschaftliche Kontexte als ein Praxisphänomen werden von den Betreibern im alltäglichen Betrieb der Anlage rückgebunden. Sowohl politisch-administrative Rahmenbedingungen (Kap. 5.1.1) als auch gesellschaftliche Debatten (Kap. 5.1.2) werden vor dem Hintergrund ihrer Wertvorstellungen und Deutungsmuster hinsichtlich relationaler Raumbezüge thematisiert. Eine analytische Gliederung dieser Wertvorstellungen und Deutungsmuster in verschiedene Ebenen auf Grundlager der Äußerungen der Betreiber ist dabei hilfreich, um *„specific processes and institutionalized practices that are themselves differentially scaled“* (MacKinnon, 2010, 22 f.) herauszuarbeiten. Dabei muss betont werden, dass diese Ebenen Hilfskonstruktionen der Analyse sind und *„socially produced and politically contested through human social struggle rather than being pregiven or fixed“* (Brenner, 2001, 604).. Sie beziehen sich auf *„real material processes, events and spatial formations“* (Moore, 2008, 204) und bilden *„an epistemological construct that presents specific sociospatial ordering“* (ebd. 204). Ebenen können also nicht verstanden werden als *„a fixed or given category, rather [they are] socially constructed, fluid and contingent“* (Marston, 2000, 204), was einzelne Akteure im *scale blending* praktizieren (Affolderbach/Carr, 2014; vgl. Kap. 3.2.2.2, S. 92).

5.1.1 Politisch-administrativer Rahmen

In der Auseinandersetzung mit politischen und administrativen Bedingungen legen die Betreiber im Untersuchungsgebiet offen, auf welche Weise diese für den Betrieb wichtig sind. Dafür ist die Beobachtung von Interviewpartner 14 wichtig: „Minister ist nicht gleich Verwaltung und Verwaltung ist nicht gleich Minister“ (I-14). Damit verdeutlicht er, dass Politiker und Verwaltungsangestellte zwar häufig als eine Akteursgruppe aufgefasst werden, aber dennoch unterschiedlicher Auffassung sein und unterschiedliche handeln können. Im

Folgenden werden die politisch-administrativen Rahmenbedingungen in Megatrends, Regime und alternative Praktiken untergliedert, womit zum einen auf „*different degrees of stability*" (Geels, 2011, 37) und zum anderen auf unterschiedliche Deutungsmuster der Weltbindung verwiesen wird.

5.1.1.1 Politisch-administrative Megatrends

In ihren Ausführungen legen die Betreiber dar, wie politisch-administrative Rahmenbedingungen Megatrends widerspiegeln. Das sind Elemente, die nicht im Kontext der Energieversorgung stehen und die von den Betreibern selbst auch nicht beeinflusst werden können. Als politischen Megatrend benennen zahlreiche Betreiber den Klima- oder Umweltschutz in Verbindung mit der Energiewende. Dieser wird prinzipiell als positive Entwicklung des Megatrends beschrieben, wobei zugleich auf Probleme für das Biogasregime verwiesen wird. In Luxemburg ist beispielsweise heute eine Nutzung von 25 Prozent der produzierten Wärme vorgeschrieben, was von den Luxemburger Betreibern als problematisch für die Konfiguration einer Anlage bewertet wird, zugleich als „umweltfreundlich" (I-12) gutgeheißen wird.

Als weiterer wichtiger Megatrend wird der sogenannte Indexlohn in Luxemburg von allen luxemburgischen Betreibern identifiziert. Er führt zu einer jährlichen Steigerung des arbeits- oder kollektivvertraglich vereinbarten Gehalts und der gesetzlichen Renten von Arbeitnehmern. Die Steigerung bemisst sich an der durchschnittlichen Steigerung der Lebenshaltungskosten in Luxemburg. Im Gegensatz zum Indexlohn ist der Vergütungssatz für die Energieeinspeisung auf 20 Jahre festgeschrieben, was für die Betreiber bedeutet, dass die Energieerzeugung im Vergleich zu anderen wirtschaftlichen Aktivitäten mittel- bis langfristig betrachtet ökonomisch benachteiligt wird. Dabei sehen sie Betreiber sowohl eine direkte als auch eine indirekte Benachteiligung: direkt, da die Preise nicht steigen, und indirekt, da für die Biogasanlage eingestelltes Personal eine jährliche Lohnsteigerung erhält und damit der Gewinn der Anlage bei gleich bleibenden Einnahmen kontinuierlich sinkt. Da auch die agrarischen Rohstoffpreise in den letzten Jahren wieder steigen und damit die Ressourcen für die Biogasanlage teurer werden, stellt der Indexlohn für die Betreiber in Luxemburg ein Problem dar.

Auch das Steuerrecht hat Einfluss auf die Biogaserzeugung, die sich in der Organisation des Unternehmens widerspiegelt. Aufgrund steuerrechtlicher Änderungen zum Jahr 2007 strukturierten zwei Befragte ihr Unternehmen um. Bei beiden war bis 2007 die Biogasanlage im Besitz einer Betriebsgemeinschaft. „Dann kam aber auf einmal 2006 oder 2007: Stromerzeugung muss gewerblich sein" (I-27), weshalb eine eigene Energiegesellschaft gegründet wurde. Der landwirtschaftliche Betrieb baut fortan Rohstoffe an, stellt Gülle bereit und veräußert diese an die Biogasgesellschaft, was sich in der Praxis folgendermaßen darstellt:

> „Und die NaWaRos werden jetzt pro Tonne abgerechnet. Und wir rechnen jetzt 50 Euros pro Tonne Frischmasse, weil was ich rein tue, das muss ich ja aufschreiben. Und jeden Monat mache ich die Abrechnung, dann eben so viel Tonnen à 50 Euros für den Mais, 50 Euros für das Gras, und wenn ich mal irgendwie ein bisschen Getreide, irgendwas reinmache oder so, meistens ist es da was, wo sie dann sagen: Hier, da waren Mäuse drin, irgendwas… sind vielleicht 3-4 Tonnen im Jahr… das kaufe ich dann für 225 Euro ein, eine Tonne. […] So konnten wir auch noch mehr Geld in die Landwirtschaft rüber holen" (I-27).

Zugleich stellt er fest, dass „das ja trotzdem immer[noch] dasselbe [ist], aber es muss halt eben eine eigene Gesellschaft dafür gegründet werden. Letztendlich geht's immer nur um die Mehrwertsteuer (sic! Anm.: gemeint ist Umsatzsteuer), die der Staat haben will" (I-27). Die staatliche Regulierung erfordert eine neue Organisationsform. Zugleich eröffnet sie einen Handlungsspielraum für den Ressourcenhandel. Die Rohstoffe werden weit über Wert intern verrechnet. Umsätze werden von der Biogasanlage in die Landwirtschaft verschoben, wo niedrigere Steuersätze gelten. So eröffnet sich die Möglichkeit, höhere Gewinne zu erwirtschaften.

Als administrative Megatrends nehmen verschiedene Betreiber die persönlichen Einstellungen von Verwaltungsmitarbeitern gegenüber der Biogaserzeugung wahr, die sich bei Genehmigungsverfahren äußere. Individuelle Präferenzen von Verwaltungsangestellten werden von den Betreibern als außerhalb ihrer Einflusssphäre und ihren eigenen Handlungsmöglichkeiten übergeordnet liegend wahrgenommen. Insbesondere in Luxemburg äußern mehrere Betreiber, dass eine sehr kritische Haltung gegenüber Biogaserzeugung die Genehmigungsverfahren beeinflusse: „Das ist die Meinung ein paar Beamter und die haben Gewicht beim Minister und haben sich das dann niederschreiben lassen [im Gesetz]"[1] (I-06). Dem gegenüber fühlt sich auch ein anderer Betreiber ohnmächtig: „Die sagen zwar: Macht was! Das ist gut! Aber eigentlich wollen sie es nicht" (I-13). Auch im westlichen Rheinland-Pfalz „hängen [Kollegen] da auch an einer und derselben Person, wie wir auch. […] Einer, ja, das ist die

---

1 Eigene Übersetzung aus dem Luxemburgischen: *„Datt ass d'Meenung vu puer Beamten an déi hunn da Gewiicht beim Minister an déi hunn sech dat dann do nidderschreiwe gelooss"*.

untere Wasserbehörde und der ist wahnsinnig (lacht). Der ist jetzt richtig bekannt dafür" (I-26).

Wie im Folgenden gezeigt wird, werden die beschriebenen politisch-administrativen Megatrends von den Betreibern vor allem als Deutungsmuster genutzt, um Regimeelemente zu interpretieren.

5.1.1.2 Politisch-administrative Regime

Politisch-administrative Regimeelemente sind für den Betrieb einer Biogasanlage direkt von Bedeutung, da sie Handlungsmöglichkeiten eröffnen oder einschränken und Gestaltungsspielräume schaffen oder begrenzen. Als politische Regimeelemente gehen die Interviewpartner vorrangig auf Einspeiseregularien und andere Maßnahmen zur politischen Steuerung von Biogasanlagen ein. Sie zeichnen dabei ein Bild von Unterstützung und Behinderung. Da der gesetzliche Rahmen dabei von nationaler Politik festgelegt wird, ist eine Untergliederung des Untersuchungsgebiets in Nationalstaaten für diesen Aspekt sinnvoll.

Die Einspeiseregelungen für Strom sind der meist benannter Aspekt. Da diese nationalstaatlichen Gesetzen entspringen, wird im folgenden diese Differenzierung vorgenommen. Abbildung 5.1 zeigt die Entwicklung der Einspeisevergütung in Luxemburg. Diverse Betreiber legen dar, dass diese Einspeisevergütungsstruktur zu keinem Zeitpunkt einen wirtschaftlich rentablen Betrieb ermöglichte.

Abbildung 5.1: Einspeisevergütung und Zulagen für Biogasanlagen in Luxemburg, eigene Darstellung (Quelle: Klein et al 2008, „Règlement grand-ducal du 8 février 2008 relatif à la production d'électricité basée sur les sources d'énergie renouvelables").

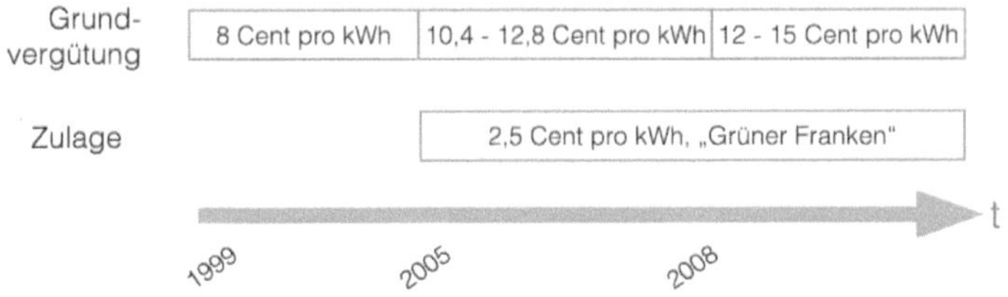

Unter dem aktuellen Reglement von 2008 erhalten die Betreiber, die ihre Anlage nach Inkrafttreten konfigurierten, 15 Cent Einspeisevergütung pro kWh. Für den Erhalt dieses Vergütungssatzes wurde die Bedingung eingeführt, die Anlagenleistung um 40 Prozent zu steigern, was diverse Betreiber dazu veranlasste, neue Motoren zu erwerben. Dieser höhere Vergütungssatz stellte für einige Betreiber einen wesentlicher Auslöser für die Erweiterung dar, der sich zudem auf die Rekonfiguration der Anlage auslöste. So äußert ein Betreiber, dass er seinen Motor bewusst in der Leistung drosselte, um an einen höheren Vergütungssatz zu kommen: „Da haben wir eben nicht erweitert von 80 auf 160 kW, aber von 80 auf 150 kW, da man da den besten Tarif bekommt. Und die 10 kW mehr nützt einem nichts. Da bekommt man ja auch weniger für die Einspeisevergütung" (I-18). Dies verdeutlicht exemplarisch, wie der politische Rahmen via *downward causation* in die spezifische Praxis der (Re)Konfiguration einfließt. Der gleiche Interviewpartner schildert, dass die Wirtschaftlichkeit der Anlage erheblich von dem höheren Vergütungssatz abhänge. Zugleich merkt er kritisch an: „Wenn [die] Einspeisevergütung steigt profitieren ja auch immer nur die neuen Anlagen und die alten stehen im Regen" (I-18). Andere Betreiber weisen darauf hin, dass die Vergütungssätze vor dem Hintergrund der höheren Rohstoff- und Arbeitspreise nicht mehr zeitgemäß und daher unwirtschaftlich seien. Dieses Problem legt auch Interviewpartner 13 dar und verbindet damit die Befürchtung, dass dies für die weitere Entwicklung des Biogassektors in Luxemburg problematisch werden wird: „Hier in Luxemburg, das geht einfach nicht. Wenn ich die 40 % Mehrleistung nicht schaffe, dann falle ich zurück und dann habe ich Geld hinzugeschaufelt, das geht nicht. Das macht Keiner" (I-13). Die Entwicklung der Einspeisevergütungen und Zulagen in Luxemburg wird als wenig dynamisch aufgefasst und damit als ein wesentlicher Grund für die Resistenz verschiedener Landwirte, in den Biogassektor einzusteigen. Im Vergleich der Förderbedingungen zu Deutschland äußern die luxemburgischen Betreiber, dass eine höhere Grundvergütung den Subventionen in langfristiger Perspektive vorzuziehen sei.

Auch für die Betreiber im westlichen Rheinland-Pfalz spielt der gesetzliche Rahmen eine entscheidende Rolle. Verschiedene Entwicklungsstufen der Förderung von Biogasanlagen (vgl. Abb. 5.2) werden in den Interviews angesprochen. In Deutschland wurde 2001 die Einspeisevergütung auf 17 Cent angehoben „und dann wurde das ja interessant" (I-27). Dies war insbesondere daher relevant, da auf diesem Weg die Anfangsinvestition schneller amortisiert werden konnte. Das EEG von 2004 erhöhte die Einspeisevergütungen nochmals, wodurch es möglich wurde, „im Biogas auch Geld zu verdienen" (I-34). Wie einige Interviewte, die bereits vor 2004 eine Anlage betrieben, darlegten führte insbesondere die Regelung zur Nutzung von NaWaRo dazu, dass andere Ressourcen wie Fette und Öle nicht mehr zum Einsatz kamen. Als eine EEG-Novelle für 2012 absehbar wurde, entschieden sich zudem einige Betreiber, die im Prozess der Konfiguration waren, aus Zeitgründen gegen langfristige und eventuell bessere

Anlagenplanungen: „dann hätten wir eine neue Anlage nach 2012er Recht, und das wollte ich nicht mehr. Weil das wird zunehmend uninteressant" (I-28). Auch die Einführung einer gesonderten Förderung für sogenannte Kleinanlagen mit bis zu 75 kW Leistung auf Güllebasis wird von einigen Betreibern kritisch gesehen. Sie zweifeln insbesondere an, dass ein Viehwirt dafür ausreichend Gülle zur Verfügung haben könne. Daher müsste entweder das distanzempfindliche Gut von anderen Höfen bezogen und damit transportiert werden, oder die Anzahl an Vieh müsste so erheblich gesteigert werden, dass erstens die Flächenkonkurrenz und der Maisanbau nicht verringert würden und dass sich zweitens eine Tendenz zur Massentierhaltung einstellen könnte.

Abbildung 5.2: Einspeisevergütung und Zulagen für Biogasanlagen in Deutschland, eigene Darstellung (Quelle: EEG 2004 §8, EEG 2009 §27, EEG 2012 §27); da nicht Bestandteil des Untersuchungszeitraums sind die Fördersätze nach EEG 2014 (§§44-47) nicht beinhaltet.

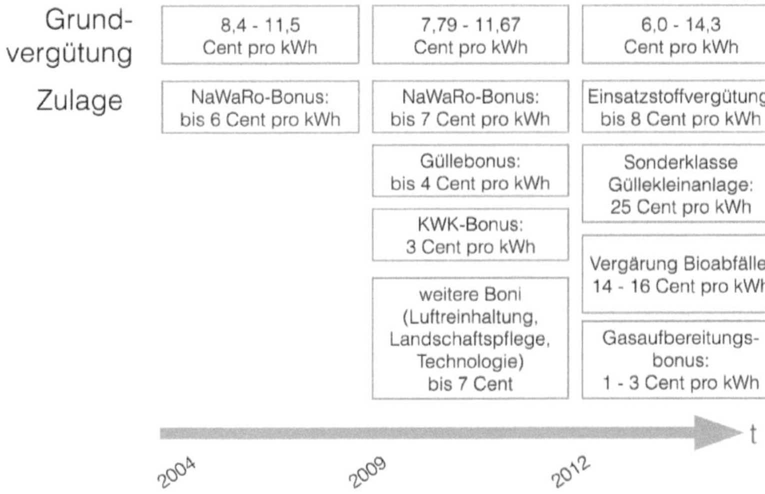

Eine als wichtig gedeutete Entwicklung im politischen Regime war die Einführung des Güllebonus 2008. Um diesen zu erhalten müssen die Betreiber einen dauerhaften Gülleanteil von 30 Prozent in der Rohstoffzusammensetzung sicherstellen und nachweisen. Diverse Betreiber schildern, dass er für die Rekonfiguration entscheidend war, wie beispielsweise Betreiber 28: „Wir haben ja die Erweiterung gemacht im Hinblick darauf, dass es diesen Güllebonus gab für uns. Wir hätten diese Erweiterung nicht gemacht, definitiv nicht gemacht [...] wenn es den nicht damals gegeben hätte" (I-28). Aber auch für den Erhalt der Anlage wird er von einigen Betreibern im westlichen Rheinland-Pfalz als wichtig bis notwendig genannt; ohne bauliche Veränderung erhielten sie bis zu vier Cent mehr pro kWh und dadurch „ist es nochmal richtig rentierlich [i. S. v. rentabel] geworden" (I-25). Darüberhinaus merkt ein Betreiber an: „Viele haben das Geld einfach gebraucht" (I-32). Ein anderer ergänzt zur Bedeutung des Güllebonus: „Sonst hätten wir schon vorher zumachen müssen" (I-22). Im Fall von Betreiber 25 war es sogar nur aufgrund dieser unerwarteten Zusatzeinnahmen möglich geworden, die Anlage zwei Jahre später zu optimieren. Einen interessanten Einzelbefund schildert Betreiber 28: „Die [30 Prozent] schaffen wir auch locker, also wir sind jetzt irgendwo bei 35 % kommen wir glaube ich hin jetzt im Jahresschnitt mit der Eigengülle. [… Früher] waren wir irgendwo bei fast 60 %" (I-28). Hier zeigt sich, wie die gesetzliche Regelung in Einzelfällen die alltägliche Ressourcennutzung nicht nur deutlich verändern, sondern auch dazu führen kann, dass ein Ziel, wie der vermehrte Gülleeinsatz, nicht erfüllt wird.

Während der zweiten empirischen Phase der Interviews Anfang 2013 war die mögliche Abschaffung des Güllebonus ein großes Thema. In den Gesprächen stellten die Interviewpartner erneut die große Bedeutung des Güllebonus heraus. Sollte er auch für bestehende Anlagen abgeschafft werden, so rechnete beispielsweise ein Betreiber mit Verlusten von ca. 65.000 Euro pro Jahr und äußert: „Wenn das so kommt, dann war die Erweiterung Biogas ein fürchterlicher Fehler" (I-28). Sichtbar wird hier, wie durch die Zusicherung von finanzieller Unterstützung Abhängigkeiten hergestellt werden, die die Betreiber so im Vorfeld nicht erahnten.

In Luxemburg ist aufgrund des politischen Rahmens eine vielfältige Ressourcennutzung üblich, die auch Abfallstoffe beinhaltet. Allerdings gibt es für den Transport von Abfällen spezifische europäische sowie nationale Regelungen, die den Abfalleinsatz in der Anlage in Luxemburg erschweren. Ein in Luxemburg tätiger Betreiber schildert die spezifische Situation eines Biogassektors, der über nationalstaatliche Grenzen hinweg verbunden ist:

> „Luxemburg sagt, Abfälle verarbeiten hier intern ja, aber keine aus dem Ausland. […] Wir sind aber keine Membrane, Luxemburg, oder sollen, sollten wir nicht sein. Das heißt, wir sollten nicht einerseits alles von außen abweisen, aber nur das von innen nach außen weitergeben. Das darf nicht sein. Deshalb, wenn ich dann den Müll jetzt an, sagen wir einfach nur Lebensmittelabfälle aus dem Supermarkt, dann ist ein Supermarkt von Thionville, Frankreich, oder Trier näher dran und schneller hier, als einer von Troisvierges, Luxemburg, ganz oben" (I-14).

Auch andere luxemburgische Betreiber legen dar, dass der politische Rahmen der Abfallversorgung die Biogaserzeugung erschwere.

Insgesamt wird deutlich, dass die Betreiber im gesamten Untersuchungsgebiet das politische Regime auf sich beziehen und in vielfältiger Weise in ihren Praktiken rückbinden: als Anschub der Konfiguration, als Motiv der Rekonfiguration, aber auch, um nationalstaatlich unterschiedliche Regime miteinander in Beziehung zu setzen. Die politischen Rahmenbedingungen wirken unterstützend sowie begrenzend. Sie eröffnen Handlungsmöglichkeiten und begrenzen Gestaltungsspielräume.

Als ausschließlich einschränkend und begrenzend nehmen die Betreiber hingegen Genehmigungsverfahren wahr (administrative Regimeelemente). Im westlichen Rheinland-Pfalz wird die „Struktur- und Genehmigungsdirektion Nord in Trier" (SGD-Nord) als „harte Nuss" (I-26) bezeichnet. Die Genehmigung nach Bundesimmissionsschutzgesetzt, diverse behördliche Meldungen und die Arbeit mit den Genehmigungsbehörden werden als kompliziert aufgefasst. Einige Betreiber verweisen diesbezüglich auf die Notwendigkeit einer guten Buchhaltung, die über etablierte Praktiken in der Landwirtschaft weit hinausgehe. Auch die seit Ende der 2000er Jahren verpflichtende TÜV-Abnahme der Anlage stellt eine zusätzliche Hürde dar. Dabei wird von den Betreibern ein fast sarkastischer Umgang mit der zunehmenden Kontrolle gepflegt: „Ich habe letztens zu meiner Frau gesagt: ‚Wir müssen unbedingt noch mal einen zweiten Aktenschrank kaufen, in den einen passt einfach nicht mehr alles rein.' Ohne Papierkram läuft nichts mehr. Und ich sage, der Papierkram ist ja nur dafür gut, dass man kontrolliert werden kann" (I-36). In Luxemburg werden ähnliche Aussagen mit dem Wasserwirtschaftsamt sowie der Natur- und Forstverwaltung verbunden, die mit Auflagen auf die Betreiber zukommen, die wiederum finanziell aufwendige Maßnahmen mit sich bringen. Ein Betreiber, der versuchte, eine Biogastankstelle für Fahrzeuge aufzubauen, stellt aufgebracht bis resigniert fest: „Wenn du für eine Gastankstelle hier Genehmigung willst, dass ist schlimmer, als wenn Du Cattenom errichten willst" (I-11)[2].

Im gesamten Untersuchungsgebiet verdeutlichen die Betreiber die zunehmende Komplexität der Genehmigungsverfahren im Lauf der Zeit. „Es kommen immer mehr [Auflagen], kommt immer mehr dazu" (I-13). So schildern diverse Interviewpartner, dass die komplexen Genehmigungsverfahren ab 2008 oftmals ein ganzes Jahr in Anspruch nahmen, während zuvor deutlich kürzere

2 Cattenom ist ein Kernkraftwerk in Lothringen, das in Luxemburg im Alltag sowie medial viel diskutiert wird. Im Zeitraum vom 30. Mai 2012 bis 11. November 2014 sind alleine in der Onlineversion der größten Luxemburger Tageszeitung „Luxemburger Wort" 100 Beiträge über dieses Kernkraftwerk zu finden [eigene Recherche auf www.wort.lu, Stand 13.11.2014].

Zeiträume üblich waren. Insbesondere die verantwortlichen Verwaltungsangestellten werden dabei kritisiert:

> „Die Leute auf der Verwaltung haben immer weniger Eier in der Hose. Sie haben früher Entscheidungen getroffen, sie haben gesagt: ‚Okay, es ist ein bisschen Grenzwert, aber man kann's machen.' Das machen die heute nicht mehr, weil die sich nicht 100 % sicher sind, weil die Angst haben, dass man an ihrem Stuhl sägt. Dann lehnen die das ab oder schicken an die nächste Behörde und dann bist du nachher ein halbes Jahr dran für eine Baugenehmigung [zu warten]" (I-32).

Ein Betreiber sieht jedoch, dass auch die Anlagenbetreiber selbst für die zunehmend komplizierten Verfahren verantwortlich sind: „Dazu kam, dass es ja auch mehrere Unfälle im Biogasbereich gab - Anlagen, die explodiert sind oder wo Behälter aufgeflogen sind, und jede Störung oder jeder Unfall im Biogasbereich hat dazu geführt, dass die Auflagen bei der Genehmigung erhöht wurden" (I-34). Durch diesen Mehraufwand, so mehrere Betreiber, steigen die Kosten der Planung und des Betriebs kontinuierlich. Zugleich werde der Vergütungssatz aber nicht erhöht. Ein Interviewpartner aus Luxemburg gesteht dabei der luxemburgischen Verwaltung zu: „das kommt von Brüssel teilweise" (I-13), woran er aber anschließt: „und wir machen ja immer noch was drauf" (I-13), womit er meint, dass die luxemburgische Verwaltung einerseits lediglich EU-Direktiven umsetzt, die konkrete Realisierung dieser dann aber über den gesetzten Rahmen der Regulierung hinausgeht.

Zusammenfassend ist festzustellen, dass das politisch-administrative Regime im Untersuchungsgebiet auf vielfältige Weise im Betrieb zurückgebunden wird. Insbesondere die Rekonfigurationen von Anlagen reflektieren in großem Maße diese sich ändernden Rahmenbedingungen, die den Betreibern zum Teil Handlungsmöglichkeiten und Gestaltungsspielräume eröffnen, diese zum Teil aber auch beschränken. Regulierung und Kontrolle spielen dabei eine zentrale Rolle, die sich im Laufe der Zeit in einem relationalen Prozess zwischen Betreibern und Politik sowie Verwaltung abspielt; das politisch-administrative Regime wird kontinuierlich transformiert. Wichtig für diese Veränderungen sind unter anderem, wie nun gezeigt wird, politisch-administrative alternative Praktiken.

5.1.1.3 Politisch-administrative alternative Praktiken

Der performative Aspekt der Praxis birgt zugleich das transformative Potenzial von Praktiken (s. S. 69). Im Kontext des politisch-administrativen Rahmens werden von den Betreibern wenige Praktiken diskutiert, die alternative Wege unmittelbar eröffnen oder sogar direkt darstellen. Ausgangspunkt dafür ist für viele Befragte, dass Eigeninitiative wichtig sei: „Wenn Sie selber keine richtige

Initiative ergreifen, brauchen Sie von keiner anderen Stelle zu erwarten, dass was zurückkommt. Weder von der Verbandsgemeinde noch von der Gemeinde" (I-35). In der Politik sehen viele Interviewpartner keine Anstrengungen, um Biogasanlagenvarianten zu fördern. Dies stellt für diverse Betreiber das Erfordernis dar, für Konfiguration und Betrieb alternative Überlegungen anzustellen.

Drei Betreiber schildern, wie durch Verwaltungshandeln alternative Praktiken stimuliert werden; aufwendige Genehmigungsprozeduren veranlassten einen Betreiber dazu, einen Motor ohne Genehmigung zu betreiben:

> „Eigentlich wurde der zweite Motor noch nie angefragt. Von der CEGEDEL [Anm.: luxemburgischer Netzbetreiber] haben wir das genehmigt. Von Anfang an dachten wir, da sind sowieso zwei Motoren genehmigt. Aber das war nicht so. Und diese Phase läuft noch, dass wirklich die Erweiterung offiziell genehmigt wird. [...] Aber das ist eigentlich, so weit wir wissen, eine Formalität" (I-18).

Die Genehmigungsbehörde – in Luxemburg im Wirtschaftsministerium angesiedelt – verzögert das Verfahren, die Anlage wird dennoch betrieben und zwar in der Annahme, dass die Genehmigung erteilt wird. Dabei empfindet der Betreiber es nicht als problematisch, gegen Vorschriften zu verstoßen, sondern sieht seine Handlung als normal an. Andere luxemburgische Betreiber bestätigen dieses Vorgehen.

Das zweite Beispiel steht in Zusammenhang mit der Ressourcenlieferung. Für den Transport von Abfallstoffen sind spezielle Genehmigungen nötig. Diese werden von einigen Betreibern angefragt, ohne sie zu benötigen, um flexibel handeln zu können. Die administrativen Vorgaben veranlassen Betreiber dazu, über Alternativen nachzudenken und sich potenzielle Handlungsräume zu eröffnen.

Das dritte Beispiel handelt von der Aufzeichnungspflicht für gelieferte Ressourcen. Ein Betreiber entwickelte ein eigenes Aufzeichnungssystem und damit eine Möglichkeit, die Behörden zufriedenzustellen:

> „Da wollten sie auch noch separate Lieferscheine immer haben von jeder einzelnen Lieferung. Das konnten wir jetzt allerdings schon mal abwenden, weil wir das normalerweise immer in einer Excel-Datei sowieso hatten. Und damit waren sie jetzt dann mal zufrieden" (I-19).

Diese Praxis des Ressourcenaufzeichnung teilte er Kollegen mit, die sie von ihm übernahmen. Die Behörde sei damit einverstanden. So ermöglichte sie die Ausbreitung dieser alternativen Aufzeichnungspraxis in ihrem Aufsichtsgebiet.

Die drei Beispiele veranschaulichen, wie das politisch-administrative Regime Eigeninitiative von den Befragten abverlangt und damit alternative Praktiken hervorbringt.

Über alternative Praktiken in der Politik selbst berichten ausschließlich die in Luxemburg ansässigen Betreiber von Biogaseinspeiseanlagen. Als in einer Gemeinde ein neuer Bürgermeister gewählt war, unterstützte er die Idee, das lokal ansässige Landwirte sowie Kollegen aus Nachbargemeinden als Genossen und Lieferanten auftreten könnten. Um Abnahmesicherheit zu gewährleisten versprach der Bürgermeister, dass für zwei anstehende Neuausweisungen von Baugebieten eine Anschlusspflicht an ein zu errichtendes Fernwärmenetz in den Bebauungsplan mit aufgenommen werde und dass auch kommunale Gebäude (Schule, Sporthalle) angeschlossen würden. Allerdings gab es in Luxemburg keine legale Grundlage für die Gaseinspeisung, weshalb weder eine Einspeisevergütung in Aussicht stand noch die Möglichkeit, das Gas legal einzuspeisen. Denn auch die Gasnetzbetreiber hatten keine rechtliche Grundlage, um das Gas abzunehmen. Nichtsdestotrotz überzeugte die Idee einige Landwirte, sie erhielten eine Genehmigung und errichteten die Anlage. Für die Zeit zwischen Fertigstellung der Einspeiseanlagen und Verabschiedung des Gesetzes beschreibt ein Betreiber die Wichtigkeit alternativer Handlungen im Biogasbereich: „Aber die Regierung ist in Luxemburg weiter vernetzt – sagen wir es mal so – so dass das letztendlich dann doch möglich war einzuspeisen. Also wir durften einspeisen, sobald wir fertig waren“ (I-14). Denn der Bau von Einspeiseanlagen konfrontierte die Politiker mit der Notwendigkeit, ein Regularium auszuarbeiten. „Und wenn keiner gebaut hätte für Gaseinspeisung wär heute noch kein Gesetz da; da mussten sie eins machen“ (I-11). Dieses Beispiel zeigt, wie durch alternative Praktiken eine Entwicklung angestoßen wird, die neben der Errichtung einer Biogasanlage auch zur Neuentwicklung eines gesetzlichen Regulariums führen kann. Die *upward causation* führt zur Konstitution eines Biogassektors, der durch seine legislative Komponente verstetigt wird.

Zusammenfassend ist festzustellen, dass das politisch-administrative Regime alternativen Praktiken gegenüber weitestgehend resistent zu sein scheint. Lediglich im Fall des luxemburgischen Einspeisegesetzes und der Aufzeichnungspflicht wurde es durch ein neues Element (Gaseinspeisung bzw. Excel-Tabelle) in eine Art Schock versetzt, woraus eine Reaktion erforderlich wurde. Politisch-administrative Kontexte werden von den Betreibern auf drei Ebenen wahrgenommen. Megatrends entfalten für die Betreiber vor allem als Deutungsmuster Wirkung. Das Biogasregime spiegelt sich vor allem in der Rekonfiguration wider, bei der es den Betreibern Handlungsmöglichkeiten und Gestaltungsspielräume eröffnet oder einschränkt. Alternative politisch-administrative Praktiken äußern sich im Laufe der Zeit in dem relationalen Prozess zwischen Betreibern und Politik sowie Verwaltung: neue Verfahren oder Regularien werden in das Regime integriert, da sie erforderlich werden, um mit neuen Anforderungen umgehen zu können. Wie diese neuen Anforderungen entstehen, wird in Kapitel 5.2 dargelegt. Zuvor stellt sich die Frage, welche gesellschaftlichen Werte und Normen von den Betreibern als wichtig für ihre Praktiken identifiziert werden.

5.1.2 Werte und Normen

Werte und Normen sind der zweite Aspekt gesellschaftlicher Kontexte, der für die Konstitution relationaler Energieregionen der Biogaserzeugung bedeutsam ist. Die Betreiber im Untersuchungsgebiet schildern gesellschaftliche Debatten und mit diesen verbundene Wertvorstellungen und Deutungsmuster, die aus analytischen Gründen in sozio-räumliche Ebenen (lokal, regional, global) untergliedert werden. Diese ermöglichen es, den relationalen Erfahrungsbereich der Betreiber hinsichtlich der Zusammenhänge von Gesellschaft, Praktiken und Raum zu untersuchen (s. Kap. 3.3.3.3).

5.1.2.1 Lokale und regionale Werte und Normen

Lokale Werte und Normen spiegeln sich in den individuellen Wissensbeständen über gesellschaftliche Kontexte wider, die direkt in Zusammenhang mit physisch-materiellen Komponenten gebracht und damit verortet werden. Die Betreiber drücken sie durch Schilderungen bezüglich ihrer unmittelbaren Alltagserfahrungen aus. Regionale Werte und Normen hingegen beziehen sich auf Routinen und ihre physisch-materielle Rückbindung.

Als lokale Werte und Normen benennen die Betreiber diverse Aspekte der Akzeptanz. Ihnen ist in der Regel eine gute Nachbarschaft im Dorf wichtig. Wie auch für andere landwirtschaftliche Tätigkeiten führen einige Betreiber dafür die zu vermeidende Verschmutzung der Wege im Dorf an. Doch bis auf zwei Betreiber sah sich niemand grundlegenden Akzeptanzproblemen ausgesetzt. Ein Betreiber äußert sogar: „Es wurde auch von der normalen Bevölkerung im Dorf sehr sehr gut aufgenommen, das muss ich sagen. […] Die haben nicht nur lapidare Kritik geäußert, sondern die waren wirklich interessiert an der ganzen Sache" (I-19). Auch im Kontext der Konfiguration eines Wärmenetzes entfaltet die Nachbarschaft als Komponente der Akzeptanz Bedeutung, im Zusammenspiel mit dem Umweltschutz. So schildert ein Betreiber:

> „Das machen wir einfach, weil es umweltpolitisch Sinn macht, weil wir eine gute Nachbarschaft haben und die natürlich auch nicht verstehen, wenn wir sagen würden: Nein das rechnet sich nicht, wir machen es nicht" (I-25).

Auch bei der in Kapitel 5.1.1.1 angesprochenen Umstrukturierung aufgrund steuerrechtlicher Änderungen kommt dieser Aspekt auf:

> „Auf einmal hieß es, es geht nicht mehr auf den Landwirt, sondern es muss auf die GmbH & Co. KG gemacht werden. [...] Das ging so weit, dass sich Leute, mit denen ich halt eben im Vorfeld Verträge gemacht hatte, weil jeder dann ja hört: GmbH & Co. KG, wer hängt denn da alles mit drin? Und ich musste sogar meinen Gesellschaftsvertrag mit holen bei Einem, dem zeigen, dass ich als alleiniger Inhaber in der Geschichte drinstehe, dass da sonst keiner dabei ist, dass einfach die Firmierung GmbH & Co. KG, was damit zu tun hat, dass der Kommanditist halt eben steuerliche Vorteile hat" (I-24).

Dieses Beispiel illustriert, wie die Akzeptanz in Verbindung mit dem politischen Megatrend einen großen Einfluss auf die Selbst- und Fremdwahrnehmung der Betreiber hat. Akzeptanzprobleme stellen für einige Betreiber den Anlass, sich gegenüber gesellschaftlichen Werten oder Normen abzugrenzen beziehungsweise auf diese mit Trotz zu reagieren:

> „Also da habe ich keine Angst mehr für, sag ich mal, in der Nachbarschaft Land pachten zu gehen, weil ganz einfach: Wenn der Luxemburger Lohnunternehmer denen die Arbeit machen kann, dann kann ich auch denen ihr Land pachten gehen. Da habe ich auch keine Probleme. Das war auch ein Grund, warum wir nämlich die Sache auch forciert haben mit der Biogasanlage" (I-24).

Solche Argumentationsgänge sind insbesondere unter den Betreibern im westlichen Rheinland-Pfalz verbreitet. Sie bringen individuelle Wahrnehmungen und Wissensbestände mit Routinen in Verbindung – in diesem Fall in der Landwirtschaft – und beziehen sie auf spezifische physisch-materielle Komponenten. Die Akzeptanz als lokaler Wert und lokale Norm wird von einigen Betreibern auch im Zusammenhang mit der Bewirtschaftung der landwirtschaftlichen Flächen thematisiert. Da einige Leute den landschaftlichen Einfluss von Mais negativ bewerteten, sei es sinnvoll, direkt an den Straßen einige Meter breite Streifen mit Sonnenblumen zu pflanzen, um Akzeptanzproblemen zu begegnen. Die öffentliche Debatte um die „Vermaisung der Landschaft" sehen einige Interviewpartner dennoch als überspitzt an:

> „Und mit der Öffentlichkeit, die Diskussion, das ist von den Medien gesteuert: die ‚Vermaisung' der Landschaft, kein Mensch spricht von ‚Verweizung' der Landschaft oder von ‚Verrübung' der Landschaft, weil wenn man irgendwo in dem Ackerbaugebiet fährt, wo nur Weizen steht, da ist stets eh nur Weizen. Und jetzt, wo die ein bisschen Mais anbauen, da ist die ‚Vermaisung' der Landschaft irgendwo ein Thema" (I-30).

Die lokale Umsetzung der Akzeptanz knüpft in dieser Argumentation an regionale Werte und Normen an, die mit der Wahrnehmung von und der Debatte über Landschaft verbunden sind. Sie werden von dem Betreibern in den Kontext

‚Landschaftsschutz' gestellt. Die Grenzen zwischen lokalen und regionalen Werten verschwimmen damit. Auch dies ist insbesondere im westlichen Rheinland-Pfalz ein viel diskutierter Aspekt. Er wird im Lokalen neben der „Vermaisung" auch für die bauliche Erscheinung von Biogasanlagen angesprochen. Wie auch andere Betreiber, die nach 2010 ihre Anlage konfigurierten, entschied sich ein Betreiber für folgende Variante: „Anlage unter die Erde, so wird das Landschaftsbild nicht gestört. Nur die grüne Gaskuppel guckt raus" (I-24). Dieser Aspekt der Akzeptanz steht zwischen lokalen und globalen Werten und Normen, wird als individuelles Wissen mit der eigenen Anlage und dem eigenen alltäglichen Erfahrungsraum in Beziehung gesetzt und spiegelt zugleich übergeordnete Diskussionen wie den Landschaftsschutz wider.

Als Routinen im Sinne von regionalen Werten und Normen führen die Betreiber den land- oder viehwirtschaftlichen Hintergrund des Hofes sowie die Ressourcenbeschaffung und -nutzung an. Dies wird auf historische Besonderheiten des Umfelds zurückgeführt: Im Untersuchungsgebiet gab es stets vorrangig viehwirtschaftlich orientierte Betriebe. Dass diverse Betreiber ihre Biogasanlage „Betonkuh" nennen, stützt diesen Eindruck. Damit einher gehen auch Erfahrungen mit der Transportempfindlichkeit des Hauptfuttermittels Mais, das auch heute für die Biogasanlage von großer Bedeutung ist (vgl. Kap. 5.2.1.1).

Abbildung 5.3: Argument – Region als Ausdruck metrischer Distanzen (I-19), eigene Darstellung.

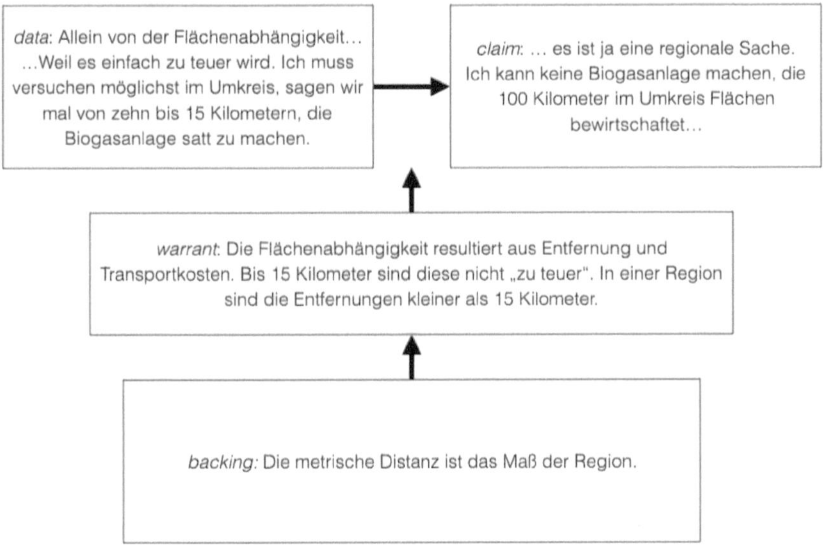

Die regionale Dimension der Werte und Normen wird in zwei Interviewsequenzen besonders deutlich. Im Kontext der Ressourcenbeschaffung und -nutzung wird die Energieregion als Ausdruck metrischer Distanzen und vor allem der Transportfähigkeit von Rohstoffen gesehen. Metrische Lagebeziehung im Containerraum sind ihr Kennzeichnen (s. Abb. 5.3): „Allein von der Flächenabhängigkeit hier, es ist ja eine regionale Sache. Ich kann keine Biogasanlage machen, die 100 Kilometer im Umkreis Flächen bewirtschaftet, das geht nicht. Weil es einfach zu teuer wird. Ich muss versuchen möglichst im Umkreis, sagen wir mal von zehn bis 15 Kilometer die Biogasanlage satt zu machen" (I-19). Bezogen auf die Stabilität der Betriebe legt ein anderer Betreiber dar, dass sich die Region durch historisch gewachsene, einheitliche Werte und Normen auszeichnet (s. Abb. 5.4): „Aber dass mal Biogasanlagen auch insolvent gehen, das kann durchaus passieren, hier vielleicht in der Region nicht, aber das kann durchaus passiert, weil hier meistens noch Betriebe dahinter stecken, aber sonst wird es schwierig" (I-23). Die Betreiber legen dar, dass kollektive Wissensbestände über Transportpraktiken Beziehungen zwischen Routinen und physisch-materiellen Bedingungen herstellen und damit regionale Werte und Normen zum Vorschein bringen.

Abbildung 5.4: Argument – Region als historisch gewachsene Werte und Normen (I-23), eigene Darstellung.

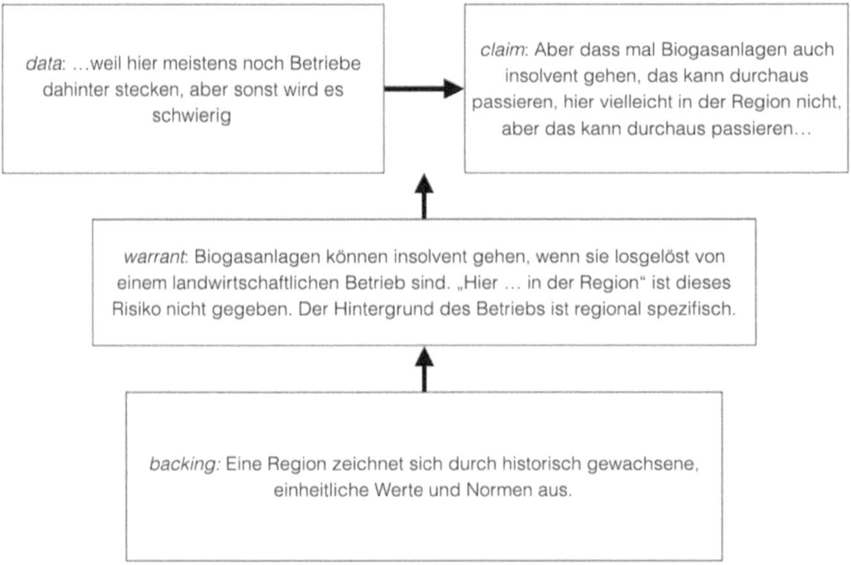

Speziell für Luxemburg schildern die dort ansässigen Betreiber, dass der hohe Lebens- und Einkommensstandard die meisten Menschen und auch die umweltpolitisch ausgerichteten Nichtregierungsorganisationen beim Thema „Energiewende" zurückhaltend machten. So beteilige sich zwar ein luxemburgischer Energieversorger an Windparks in der Nordsee, an großen Biogasanlagen in Deutschland oder Belgien, aber in Luxemburg selbst geschehe wenig: „Dafür sind wir in Luxemburg zu satt" (I-10).

Die von den Betreibern wahrgenommenen lokalen und regionalen Werte und Normen stehen insbesondere im Zusammenhang mit der Nachbarschaft und gesellschaftlichen Debatten über Umwelt und Ressourcen. In ihren Schilderungen erzeugen sie einen Zusammenhang von individuellen Wissensbeständen und Routinen mit physisch-materiellen Elementen, durch die lokale und regionale Werte und Normen erkennbar werden. Vielschichtige Weltbindungen laufen ab, um individuelle Wissensbestände mit etablierten Praktiken des Sektors und gesellschaftlichen Kontexten in Beziehung zu setzen. Es wird deutlich, wie nachbarschaftliche Werte und Normen rückgebunden werden, sei es im Transport, bei der Konfiguration der Anlage oder als Bestätigung und Unterstützung für die eigene Arbeit.

5.1.2.2 Globale Werte und Normen

Globale Werte und Normen umfassen unhinterfragte Rückbindungen von Praxisphänomenen in individuellen Wahrnehmungen und Deutungsmustern. Sie bilden internalisierte kollektive Wissensbestände über Praxisfelder und gesellschaftliche Kontexte ab, die von den Betreibern aber nicht physisch-materiell rückgebunden werden. Damit sind sie kein Aspekt der Weltbindung im engeren Werlen'schen Sinn, sondern im erweiterten Verständnis des energetischen Regionalisierens, indem sie als Deutungsmuster in eigene Wissensbestände aufgenommen werden.

Als globaler Wert in der Landwirtschaft, der für die Tätigkeit im Biogassektor unmittelbar Bedeutung entfaltet, wird vor allem die Hoffolge angeführt, die „nie anders gewesen [ist]" (I-23). Die Vererbung an eigene Nachfahren ist ein Prinzip in der Landwirtschaft, das viele Betreiber dazu motivierte, eine Biogasanlage zu errichten. Sie stellt eine wichtige landwirtschaftliche Norm dar. Dazu äußert beispielsweise ein Betreiber: „die Kühe müssen bleiben, sonst übernimmt die Tochter nicht den Hof" (I-10).

Ein anderer globaler Aspekt sind umweltbezogene Überlegungen, die in Bezug zum Kyoto-Protokoll geäußert werden. Das Kyoto-Protokoll wurde 1997 von den Vereinten Nationen verabschiedet und 2005 ratifiziert und setzte

Reduktionsziele für die Emission von Treibhausgasen für die Vertragsstaaten (Absenkung bis 2012 um 5,2 Prozent gegenüber 1990). Wie Dyckhoff/Souren (2007, 39) darlegen, beinhaltet dies auch für Unternehmen bedeutende Anstrengungen. Dies verdeutlicht ein Betreiber, der seine Aktivität über nationale Ziele rechtfertigt: „Dadurch, dass wir eigene Erneuerbare Energie hätten [...], könnten wir auch die CO2-Belastung, [...] zumindest ja auch noch reduzieren, sprich im Kyoto-Protokoll würde das Luxemburg zugute kommen" (I-14). Der globale Wert wird in die eigene Argumentation eingebunden, die eigene Betriebspraktik als Beitrag zur globalen Herausforderung gedeutet.

Auf ähnliche Weise wird von Betreibern die Debatte beleuchtet, die als „Tank-oder-Teller" bekannt wurde. Einige Interviewpartner äußern, dass zumindest in Europa keine Nahrungsmittelengpässe bestünden und dass der globale Transport von Nahrungsmitteln weder ökologisch noch ökonomisch tragfähig sei. Daher werde sich dieses Problem erübrigen (I-10, I-11, I-25, I-32). Einem Betreiber zufolge liegt diesem Argument die Flächenkonkurrenz zugrunde. Auch darüber hinausgehend äußert er: „Sie müssen teilen [...]. Wenn die Gesellschaft, wenn wir Bauern nicht bereit sind alle zu teilen, das geht immer nur eine Zeit lang gut" (I-25). Er bindet diesen Aspekt also zumindest theoretisch in seine Überlegungen zurück. Zugleich stellt er aber auch fest: „Wenn die Menschen hier nicht bereit sind, zumindest einen einigermaßen anständigen Preis für unsere Waren zu zahlen [...], dann geht es bei uns in die Biogasanlage" (I-25). In diesen Interviewsequenzen wird ein Widerspruch zwischen globalen Werten und Normen und der Mobilisierung individueller Wissensbestände deutlich. Wie in den Gesprächen deutlich wurde, sind sich nahezu alle Betreiber der globalen Dimension ihres Handelns bewusst. In der Rückbindung für die eigenen Praktiken scheinen globale Werte und Normen aber wenig bis kaum Bedeutung zu haben. Es ist zudem anzunehmen, dass dies daran liegt, dass globale Werte und Normen nicht an physisch-materielle und damit unmittelbar und alltäglich erfahrbare Komponenten rückgebunden werden können. Ohne Weltbindung scheinen Werte und Normen weniger bedeutsam zu sein.

5.1.3 Gesellschaftliche Kontexte in der Gesamtschau

Zusammenfassend ist über gesellschaftliche Kontexte festzustellen, dass sie als politisch-administrativer Rahmen und als Werte und Normen Wirkung für den Betrieb einer Biogasanlage entfalten. Dabei werden einerseits diese Umfeldbedingungen via *downward causation* in den Praktiken der Betreiber rückgebunden, als Anschub oder Verhinderung bestimmter Praktiken. Sie regulieren damit Handlungsräume. Andererseits eröffnen die Kontexte

Handlungsräume, ermöglichen Eigeninitiative und damit auch alternative Praktiken. Diese entstehen im Laufe der Zeit durch Aushandlung der Betreiber, die sich auf das politisch-administrative Umfeld sowie die Werte und Normen beziehen. Diese *upward causation* ermöglicht eine Stabilisierung der alternativen Praktiken.

Die gesellschaftlichen Kontexte als Praxisphänomen bringen zudem eine räumliche Dimension der Praktiken hervor. Durch die Verbindung der Kontexte miteinander werden deren unterschiedlichen räumlichen Beziehungen hervorgehoben. Beispielsweise rücken im Kontext der Ressourcenbeschaffung und -nutzung metrischer Distanzen und Transportfähigkeit in den Vordergrund. Dabei werden diverse Werte und Normen sowie nationalstaatliche Regularien von den Betreibern als Deutungsmuster mobilisiert und damit metrische Lagebeziehungen im Containerraum hergestellt, zugleich aber auch durch die Reproduktion gesellschaftlicher Werte und Normen sowohl lokale als auch regionale Relationen erzeugt. Auffällig ist dabei, dass die globale Dimension der Praktiken zwar in kollektive Wissensbestände eingebunden wird, aber nicht in den Argumentationsmustern aufgegriffen. Sie werden nicht durch Weltbindung mit dem alltäglich erfahrbaren Kontext in Verbindung gebracht, weshalb sie scheinbar weniger Wirksam werden. Demgegenüber wurde an den Beispielen der Akzeptanz und des Landschaftschutzes deutlich, dass lokale und regionale gesellschaftliche Kontexte durch die Möglichkeit der Weltbindung sehr stark in die Erklärungen und individuellen Wissensbestände einfließen. Insbesondere die Diskussion der Aspekte Aufzeichnungspflicht, Akzeptanz, Nachbarschaft und Ressourcentransport zeigt auf, wie die Befragten individuelle Wahrnehmungen und Wissensbestände mit Routinen in Verbindung bringen und diese gemeinsam auf spezifische physisch-materielle Komponenten beziehen (Weltbindung). Megatrends entfalten dabei als Deutungsmuster Wirkung, Regime eröffnen Handlungsmöglichkeiten und Gestaltungsspielräume und alternative Praktiken spiegeln sich in der Aushandlung dieser Deutungsmuster und Handlungsmöglichkeiten wieder, wenn neue Routinen entwickelt werden. Auf diese Routinen wird im folgenden Unterkapitel genauer eingegangen und beleuchtet, wie die Betreiber durch ihre Routinen und Wissensbeständen die Kontexte (re)produzieren und transformieren.

5.2 Routinen und Wissensbestände

Routinen und Wissensbestände bilden die Grundlage für den alltäglichen Umgang mit der Biogasanlage. Wie in Kapitel 3.1.3.1 dargelegt, bergen die Abweichungen von Routinen das eigentliche transformative Potenzial der sozialen

Praxis. Um dieses im weiteren Verlauf der Arbeit herausarbeiten zu können, ist es daher wichtig, die Routinen des Betriebs genauer zu beleuchten. Wie ebenfalls in Kapitel 3.1.3.1 ausgeführt, ist für die Entstehung und Verbreitung dieser Routinen eine genauere Auseinandersetzung mit Wissensbeständen – wie diese angeeignet werden, welche Auswirkung sich ändernde Wissensbestände auf Routinen haben und wie sie verbreitet werden – hilfreich. In ihren Schilderungen wenden die Betreiber in unterschiedlichen Situationen räumliche Argumentationen an, die neben Erkenntnissen über die Routinen und Wissensbestände auch Einblicke in die räumliche Dimension des Betriebs einer Biogasanlage, also ihre wahrgenommene Energieregion, geben.

5.2.1 Routinen

Routinen entfalten als strukturelle Dimension der Biogaspraktiken im Betrieb der Anlage Bedeutung. Sie entstehen durch wiederholbare und wahrnehmbare Handlungen (vgl. Kap. 3.1.3.1) und verbreiten sich durch den Austausch von Wissensbeständen. Dabei wird Wissen im praxistheoretischen Verständnis stets als *knowing in practice* aufgefasst. Um den Austausch von Wissensbeständen diskutieren zu können, wird daher zuerst die Bedeutung und Kontextualisierung von Praktiken – in Form der Routinen – analysiert. Insgesamt gehen die Betreiber von Biogasanlagen im Untersuchungsgebiet in ihren Schilderungen auf vier Praxisfelder der Biogaserzeugung ein: Ressourceneinsatz, Ressourcenbeschaffung, Instandhaltung der Anlage und die Alltagsabläufe. Welche Standardoperationen führen die Betreiber durch? Welche translokal mobilen Elemente der Praktiken sind dabei erkennbar? Dies Fragen werden im Folgenden anhand der genannten Praxisfelder beantwortet.

5.2.1.1 Ressourceneinsatz

Für eine Biogasanlage sind organische Substrate die Grundlage der Energieerzeugung. Welche Ressourcen setzen die Betreiber im Untersuchungsgebiet ein? Auf welche Besonderheiten weisen sie hin?

Auffällig ist, dass sich der Ressourceneinsatz im Untersuchungsgebiet differenziert darstellt und zwar differenziert entlang der nationalstaatliche Grenzen. In Luxemburg ist eine große Vielfalt an Rohstoffen für die Biogaserzeugung in Verwendung. Tabelle 5.1 illustriert am Beispiel einer Anlage in Luxemburg die Vielfalt der eingesetzten Ressourcen und die damit in Verbindung stehenden rechnerischen Gaserträge. Die Gaserträge beruhen dabei auf Analysen eines niederländischen Unternehmens (ARCHEA, 2014); für die Ressourcen Gülle und Kräuter geben diese keine genauen Werte an.

Tabelle 5.1: Beispiel des vielfältigen Ressourceneinsatz eines luxemburgischen Betreibers (I-16).

Ressource	**Menge**	**Ertrag**
Mist	3 t	50 m³/t
Mais	3 t	220 m³/t
Grünschnitt (Sommer)	1 t	150 m³/t
Orangenschalen	800 kg	150-180 m³/t
Obstreste	800 kg	120 m³/t
Getreide + Brot	750 kg	600 m³/t
Kakaoreste/Schokolade	150 kg	800 m³/t
Kräuter	500 kg	*nicht verfügbar*
Rindergülle	150 G VE	*nicht verfügbar*
Gesamt (Feststoffe)	**10 t**	**1.758 m³/t**

Die Vielzahl an Einsatzstoffen begründet Betreiber 16 vor allem mit dem Ertrag in Verbindung mit Kosten: „Ich muss mir das ausrechnen. Wenn das jetzt vom Preis her passt, dann nehme ich das Produkt“ (I-16). Die Betreiber in Luxemburg legen kollektiv dar, dass auch für nicht agrarische Rohstoffe die Preise in den vergangenen Jahren gestiegen sind. Beispielsweise kostete ein Tonne Orangenschalen Ende der 2000er Jahre zwischen 14 und 16 Euro, heute liegt der Preis laut Betreiberaussage zwischen 20 und 25 Euro pro Tonne (I-16; vgl. Linker, 2005). Ein weiterer Aspekt, den verschiedene Betreiber anbringen, wird von Betreiber 17 deutlich ausgedrückt: „[Beim Kleinkornausputz] ist die Ausbeute vom Gas sehr niedrig, aber da ist eine Entsorgungsgebühr drauf, deshalb kann man das dann mitnehmen“ (I-17). Die Möglichkeit der Generierung zusätzlicher Einkommen ist für die Ressourcenwahl demnach mitentscheidend. Ein weiterer Betreiber stellt das, dass es in Luxemburg gesetzlich vorgeschrieben ist, „dass man mindestens zwei Kulturen haben muss, das heißt maximal 50 % Maisanbau“ (I-14). Dabei zieht er auch einen Vergleich zu Deutschland: „Also wir sind das Gegenteil von Deutschland: Hier gibt es keine NaWaRo-Prämie und es ist auch politisch gar nicht gewollt!“ (I-14). Der in Kapitel 5.1.1 diskutierte politische Rahmen entfaltet bei der Ressourcenwahl deutlich Wirkung. Zwar zeigt sich eine Vorliebe bei den Betreibern für Mais und Gülle, einige finden aber auch gänzlich andere Varianten der Anlagenfütterung. Wie bereits erläutert setzt vor allem Betreiber 16 auf außergewöhnliche Rohstoffe: „Wir haben eine Analyse gemacht, da kommt richtig Gas. Das ist so ziemlich das Beste, der Kakao, was man nehmen kann“ (I-16). Das permanente Probieren gefällt ihm, mit dem Nebeneffekt, dass die Lieferanten anstelle von Entsorgungskosten Entgelte für ihre Ressourcen bekommen und Betreiber 16 vermutet, dadurch positiv wahrgenommen zu werden, was ihm ebenfalls zusagt. Das Spektrum an Möglichkeiten ist sehr groß und ermöglicht freies Experimentieren (*protected space*).

Im westlichen Rheinland-Pfalz ist die Zusammensetzung der Rohstoffe auf NaWaRo und Gülle begrenzt. Dies liegt, wie bereits angesprochen, vor allem am politischen Rahmen in Deutschland, der einerseits den Einsatz von NaWaRo fördert und andererseits die Nutzung von Abfallstoffen an hygienische Auflagen knüpft, die für die Betreiber Barrieren darstellen (vgl. Kap. 6.2 & 6.4.8). Eingesetzt werden, in absteigender Menge, Mais, Getreide-Ganzpflanzensilagen (GPS), Grassilage, Rindergülle, Sonnenblumen und Hühnermist. Den diversesten Substratmix im westlichen Rheinland-Pfalz hat Betreiber 20 (s. Tab. 5.2). Ein befragter Betreiber rüstete seine Anlage aufgrund des gesetzlichen Rahmens von einer Abfall- zu einer NaWaRo-Anlage umg. Dazu äußert er:

> „Das hat uns wirklich leid getan, [die Abfallverwertung] hätte man gerne weiter betrieben. Das hat uns sinnvoller erschienen als sämtliche Flächen mit Mais zu bestellen. [...] Jetzt werden sie doch mit Mais bestellt und jetzt muss man sehen. Ja, es ging kein Weg daran vorbei, die Bank will ja Geld haben und wir müssen sehen, wo es herkommt" (I-30).

Er begründet den Ressourceneinsatz vor allem über den globalen Einfluss der politischen Regulierung und des Finanzsektors. Auch energiefachlich ist er nicht von NaWaRo überzeugt, da sie weniger Ertrag bringen, als diverse Abfälle. Dies geht ebenfalls aus Tabelle 5.1 hervor. Im Vergleich zum luxemburgischen Beispiel ist festzuhalten, dass der durchschnittliche Ertrag pro eingesetzter Tonne Rohstoffe im Fall des Betreibers 20 höher ist (202 m3 gegenüber 176 m3).

Tabelle 5.2: Beispiel des Ressourceneinsatz eines Betreibers im westlichen Rheinland-Pfalz (I-20).

Ressource	**Menge**	**Ertrag**
Mais	10 t	202 m^3/t
Getreide GPS	2 t	196 m^3/t
Grassilage	2 t	208 m^3/t
Rindergülle	150 GVE	*nicht verfügbar*
Hühnermist	*nicht verfügbar*	*nicht verfügbar*
Gesamt (Feststoffe)	**14 t**	**2.828 m^3/t**

Verschiedene Betreiber berichten, dass es seit den 2010er Jahren Pflanzenzüchtungen gibt, die speziell entsprechend der Bedürfnisse von Biogasanlagen gezüchtet wurden. Insbesondere verschiedene Maissorten finden im westlichen Rheinland-Pfalz Anwendung. Mais ist mengenmäßig die bedeutendste Ressource und die Betreiber halten seinen Anteil möglichst konstant. Durch diese Beständigkeit läuft die Biologie im Fermenter ruhig und stabil. Der hohe Maisanteil ist laut Aussagen auf dessen Ertragspotenzial und Selbstverträglichkeit zurückzuführen. Zugleich versuchen viele Betreiber, den Maiseinsatz nicht maximal auszureizen. So berichtet Betreiber 26 stolz davon, dass er „mal 2 Monate, 15. Juli bis 15. September, 60 Prozent GPS, 30 Gras und 10 Mais gefahren [ist]. Paar Wochen auch ohne Mais" (I-26). Aufgrund des hohen Trockensubstanzanteils musste er am Ende wieder auf gehäckselten Mais zurückgreifen. Dieses Beispiele verdeutlicht, dass die Betreiber dem relativ einseitigen Maiseinsatz kritisch gegenüberstehen. Aufgrund wahrgenommener externer (globaler) Zwänge wird dennoch auf diesen Rohstoff zurückgegriffen.

Getreide und GPS werden wegen steigender und hoher Weltmarktpreise und geringerer Ertragswerte als Mais im gesamten Untersuchungsgebiet immer seltener genutzt. Bis 2008 waren die Weltmarktpreise phasenweise sehr niedrig, weshalb viele Betreiber Weizen in der Biogasanlage einsetzten: „Wenn die Preise für das Produkt ins Bodenlose fallen, dann werden Produkte in die Biogasanlage geworfen, dann sind sie noch energetisch verwertet" (I-17). Bei Gras setzen die meisten Betreiber auf den dritten oder vierten Schnitt, „der früher mal für das Jungvieh genutzt wurde, der aber auch eine minderwertigere Qualität dann hat" (I-23). Dem entgegen äußert ein Betreiber, dass nur hochwertige Rohstoffe in die Biogasanlage gegeben werden sollten: „Also ich schmeiße ja auch nicht allen Scheiß rein. Das habe ich ja von Anfang an gesagt. Deswegen auch nur Mais im Endeffekt und ein bisschen Gras. [...] Deswegen habe ich da auch kein Problem mit" (I-21). Der Einsatz anderer Rohstoffe, wie beispielsweise Sonnenblumen, ist energetisch zwar nicht optimal, schafft aber, wie bereits erläutert, Akzeptanz.

Gemeinsam ist den Betreibern im Untersuchungsgebiet, dass sie den Ressourceneinsatz im wesentlichen von ökonomischen Faktoren abhängig machen. Prägnant formuliert dies ein Betreiber: „Wenn Futter sich mehr rechnet, dann macht man Getreide für Futter und nicht für Biogas. [...] Es ist immer eine Sache von der Rechnung" (I-09).

Die räumliche Dimension des Ressourceneinsatz wird entscheidend von den Rückbindungen des nationalstaatlichen politischen Rahmens konstituiert. Innerhalb dessen bilden sich verschiedene Varianten heraus, die von individuellen Aspekten wie Experimentierfreude oder Gewinnstreben abhängen, aber auch das regional spezifische Umfeld in Form sozialer Beziehungen berücksichtigen.

5.2.1.2 Ressourcenbeschaffung

Bei der Beschaffung von Ressourcen für die Biogasanlagen gehen die Betreiber unterschiedliche Wege. Einige entscheiden sich, einen möglichst hohen Selbstversorgungsgrad mit Ressourcen sicherzustellen. Sie versuchen, die eigenen landwirtschaftlichen Flächen zu vergrößern, indem weitere Fläche gekauft oder gepachtet werden (I-13; I-16; I-25; I-28; I-29; I-33). Dabei empfinden die meisten Betreiber, dass es schwieriger geworden sei an Flächen zu kommen. „Landwirtschaftliche Betriebe, die nichts mit Biogas zu tun haben, konkurrieren auch sehr stark miteinander. Also Preise von 400 Euro pro Hektar sind heute keine Seltenheit" (I-23). Neben der Vergrößerung der eigenen Flächen werden eine Intensivierung des Anbaus oder der vermehrte Maisanbau auf den eigenen Flächen vorgebracht. Weitere Formen der selbstzentrierten Ressourcenbeschaffung sind die Vergrößerung der Viehhaltung oder die Modernisierung der Güllegrube, um mehr flüssige Rohstoffe zur Verfügung zu haben.

Eine weitere Praxis der Ressourcenbeschaffung ist der Kauf von Ressourcen (I-09; I-11; I-13; I-18; I-19; I-22; I-34). Ein Betreiber schildert den Vorteil, dass es „oft billiger war, das zuzukaufen wie das selber zu produzieren" (I-34). Da zahlreiche Betreiber diesen Weg gehen, wird auch für den Zukauf aller Ressourcen eine große Konkurrenz zwischen den Interessenten wahrgenommen. So machte ein Betreiber die Erfahrung, dass „schon mehrere Anlagen vor mir da [waren] und die haben schon ein bisschen abgegrast. Das ist Konkurrenz, das treibt die Preise hoch" (I-16). In Luxemburg brachte dies diverse Betreiber dazu, Rohstoffe aus größeren Entfernungen zu importieren (bspw. Orangenschalen aus Südfrankreich oder den nördlichen Niederlanden).

Die Konkurrenz bei Flächen- und Ressourcenbeschaffung schildern nahezu alle Betreiber. Zugleich äußern einige, dass die Konkurrenz in der gesamten Landwirtschaft zunimmt, was auch an der Vergrößerung zahlreicher Milchviehställe auf bis zu 500 GVE läge. Dies spiegelt sich in Erfahrungen wider, die Betreiber sammeln, wenn Flächen verfügbar werden: „Wenn hier ein Betrieb aufgibt, da stehen schon drei Betriebe parat, die würden die Fläche komplett übernehmen" (I-20). Dieser Konkurrenzkampf deutet darauf hin, dass das Pachten von Flächen und Kaufen von Ressourcen für die Biogaserzeugung als üblich empfunden werden, da sie auch in der landwirtschaftlichen Praxis existiert. Es sind routinierte Handlungen.

Eine dritte Form der Ressourcenbeschaffung, die ausschließlich in Luxemburg, dort aber von allen Betreibern ausgeübt wird, ist der Bezug von Abfallstoffen. Dabei wirkt der politische Rahmen des Transportsektors als Megatrend steuernd auf die spezifische Praxis der Ressourcenbeschaffung ein

(s. Kap. 5.1.1.2). Die Ressourcen werden vorrangig von den Gemeinden oder von größeren Entsorgungsunternehmen geliefert; drei Betreiber haben selbst Genehmigungen für den Transport eingeholt (I-09, I-12, I-15). Dabei sind Entsorgungsgebühren ein wichtiger Aspekt, der den drei Betreibern zugute kommt. Problematisch wird es, wenn diese Rohstoffe nicht mehr zur Verfügung stehen. Zum einen fallen dann die Entsorgungsgebühren als Einnahme aus, zum anderen fehlen Ressourcen für den Betrieb der Anlage. Den Betreibern ist es daher wichtig, Verträge mit Zulieferern abzuschließen. Mit privaten wie öffentlichen Abfalllieferanten werden Übereinkünfte bezüglich der Liefermengen getroffen. Einige Befragte in Luxemburg, die BHKW-Anlagen betreiben, versuchten dies ebenfalls, scheiterten aber: „Die binden sich nicht. Vielleicht mit einem großen Entsorger binden die sich" (I-12). Das zeigt, dass große Abnahmemengen für die Abfalllieferanten wichtig sind und kleinere Anlagen daher diese Option schwerer nutzen können. Der gleiche Betreiber äußert daher kritisch: „Man ist schon ein bisschen abhängig. Wenn der mal sagt: Du kriegst nicht, dann krieg ich keine. Was soll ich dann machen?! […] Natürlich wär das besser, wenn ich einen Vertrag hätte" (I-12).

Lediglich ein Betreiber aus dem westlichen Rheinland-Pfalz schildert die Option, Verträge zu schließen (I-21) – und diese auch nur in Zeiten niedriger Weltmarktpreise für Getreide, zu denen die Landwirte froh waren, „dass sie dann hier ihr Geld mit so was verdienen können" (I-21). Alle anderen Betreiber erläutern, dass Verträge abzuschließen generell in der Landwirtschaft unüblich sei:

> „Also wenn man hier im Dorf versucht Verträge durchzusetzen, dann hat man ein Problem, das geht nicht. […] Manchmal wäre es notwendig, aber man macht es nicht unbedingt, also man sagt dann immer, man soll ein bisschen Ruhe im Dorf behalten, weil wenn man einmal mit einem vor Gericht ist, dann ist es vorbei. Dann kann man sagen, man braucht zu keinem Anderen mehr zu gehen" (I-19).

Vertrauen und ein kollegiales Verhältnis sind wichtiger als vertragliche Sicherheit mit eventuellen juristischen Auseinandersetzungen (s. Abb. 5.5). Der eigene gute Ruf als zuverlässiger Vertragspartner und eine vertrauensvolle Zusammenarbeit sind auch anderen Befragten wichtig. Diese Erkenntnis erweitert die Einblicke der rechtswissenschaftlichen Forschung über die Biogaserzeugung, wie sie kurz in Kapitel 2.1 vorgestellt wurde. Und selbst, wenn doch Verträge geschlossen werden, werden diese nicht unbedingt eingehalten und es wird aus den eben benannten Gründen nicht auf eine Durchsetzung geklagt. Auch hier wird deutlich, wie landwirtschaftliche Wissensbestände in den Biogassektor integriert werden.

Abbildung 5.5: Argument – Auf lokaler Ebene zählen Zuverlässigkeit und Vertrauen (I-19), eigene Darstellung.

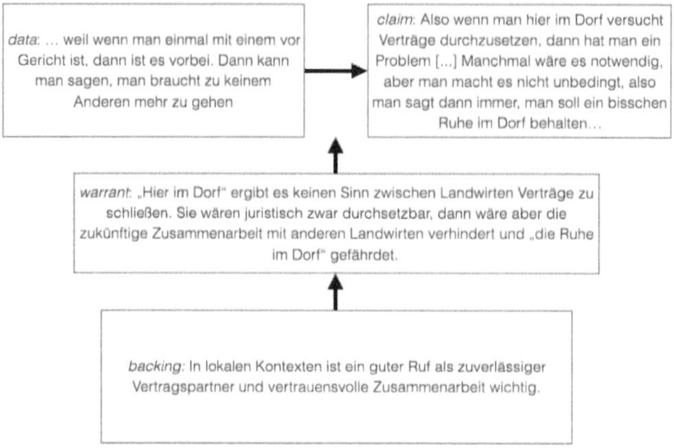

Mündliche und dennoch transparente Abmachungen sind für nahezu alle Betreiber das wichtigste Planungsinstrument der Ressourcenbeschaffung. Sie bergen allerdings auch das Risiko, dass Zusagen gebrochen werden: „Man plant den mit ein und dann auf einmal ein paar Tage bevor der Häcksler sollte rein fahren, sagt der „Nee, kriegt ihr nicht“, Punkt. Ja, da muss man kurzfristig reagieren“ (I-19). In solchen Situationen ist es für einige Befragte wichtig mit einer größeren Anzahl an wechselnden Zulieferern zusammenzuarbeiten. Zugleich bedeutet es, dass absolute Sicherheit durch mündliche Absprachen nicht zu erzielen ist.

Die Beschaffung von Ressourcen ist für die Betreiber ein elementarer Bestandteil des Praxisfelds Biogaserzeugung. Deutlich wird, dass sich Routinen der Beschaffung herausgebildet haben, die wesentlich von dem sozio-technischen Regime und von diversen Megatrends beeinflusst werden. Insbesondere die Transportkosten, der Konkurrenzkampf um Fläche und Ressourcen sowie die (Un)Möglichkeit von Vertragsabschlüssen werden als wichtige Aspekte der Ressourcenbeschaffung thematisiert. Dabei sind die Wissensbestände der Betreiber über das Praxisfeld Landwirtschaft von großer Bedeutung. Diverse agrarische Praktiken werden im Biogassektor rückgebunden, wodurch das Praxisfeld Ressourcenbeschaffung maßgeblich konstituiert wird. Es hängt entscheidend von der regionalen Struktur des Biogassektors sowie der Landwirtschaft ab. Zudem wird deutlich, dass das vorgebrachte Bild von der Energieregion über den räumlichen Aktionsradius bestimmt wird. Ein Betreiber legt dies argumentativ sehr anschaulich dar (s. Abb. 5.6):

> „Die Biogasanlage ist eigentlich schon eine regionale Sache. […] Sie kann nur in einem gewissen Umkreis tätig werden. Ich meine ich könnte theoretisch auch Getreide irgendwo aus Frankreich einkaufen, nur das Problem ist, die Verbindungen dahin kriegt man eigentlich nicht. Nach Luxemburg ja, aber das ist auch noch relativ nah, aber weiter weg ist schwierig" (I-19).

Abbildung 5.6: Argument – Aktionsradius bestimmt über regionale Dimension (I-19), eigene Darstellung.

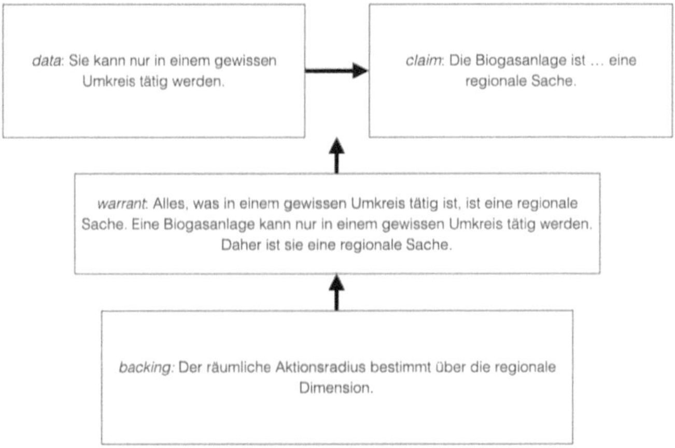

Alles, was in einem gewissen Umkreis tätig ist, wird als regional aufgefasst: Bei Biogasanlagen ist zum einen die Ressourcenbeschaffung räumlich eingegrenzt. Zum anderen sind soziale Beziehungen nur Kleinräumig aufzubauen und langfristig aufrechtzuerhalten. So ist die Energieregion wesentlich vom Aktionsradius abhängig, den die Betreiber als praktikabel empfinden. Ein anderer Interviewpartner legt ebenfalls dar, wie physisch-materielle Bedingungen und das spezifische Praxisfeld in Zusammenhang gebracht werden und damit ein Verständnis von der Energieregion erzeugt wird: „Regional, wenn man das sagt, das ist auch ziemlich elastisch. […] Je nachdem, was das ist, muss man das kürzer oder weiter entfernt betrachten." Er spezifiziert weiter: „Je nach Sparte muss man das dann auch größer sehen. Wenn ich sage, regionale Atomkraft, Cattenom ist dann regional. Sage ich regionale Lebensmittel, dann habe ich Äpfel hier in Kehlen und nicht in Steinsel" (I-14). Die Region ist hier gekennzeichnet von metrischer Entfernungen sowie vom Standort des Betrachters und des betrachteten Gegenstands. Erdräumliche Lagebeziehungen und die Verfügbarkeit bestimmter Güter an einem Ort erhöhen oder verringeren die Ausdehnung der Region (s. Abb. 5.7).

Abbildung 5.7: Argument – Regionen sind Abbilder von erdräumlichen Lagebeziehungen (I-14), eigene Darstellung.

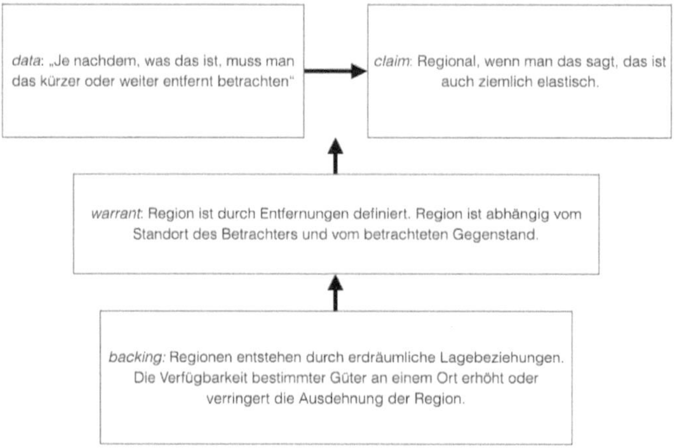

5.2.1.3 Instandhaltung

Ein weiteres angeführtes Praxisfeld ist die Instandhaltung beziehungsweise Wartung der Biogasanlage. Das reibungslose Funktionieren der Anlage ist ein wichtiges Kriterium für alle Befragte, was vor allem wirtschaftliche Gründe hat, denn „da ich auch noch Schulden hab, muss die Anlage laufen" (I-12). Kleinere Reparaturarbeiten führen die meisten Betreiber eigenständig durch. Oftmals haben sie selbst oder ein Familienmitglied technisches Interesse, Begabung oder eine entsprechende Ausbildung als Landmaschinenschlosser oder Mechaniker, sodass diese Arbeiten in Eigenarbeit durchgeführt werden können. Für die alltägliche Arbeit äußert sich dies beispielsweise folgendermaßen: „Gestern Abend war ich ab sieben fertig im Stall und dann ging ich noch zur Anlage gucken, da war eine Panne da, da habe ich bis zehn Uhr an der Anlage gearbeitet" (I-17). Die Instandhaltung der Anlage nimmt folglich (phasenweise) einen großen Teil der Arbeit in Anspruch: „Es gibt Tage, da verfluche ich das Ding, wenn du nachts drei bis vier mal raus musst, weil irgendwelche Störungen sind" (I-32). Denn der einwandfreie Betrieb der Anlage ist für alle Interviewpartner entscheidend: „Wenn der Motor steht wird man angerufen und dann steh ich auf. Ich will meine Stunden im Jahr. Der Großmotor läuft 8.500 Stunden im Jahr. Und da steh ich auch nachts um drei Uhr auf" (I-27). Diese nötigen Instandhaltungsarbeiten verursachen bei einigen Betreibern „wesentlich mehr Stress. Ob das tagsüber war oder nachts, generell feiertags war irgendwas an der Anlage kaputt. Ostern, Weihnachten, Heilig Abend, immer: zuerst mal dann auf die Anlage. Hätte man den Weihnachtsbaum auch dahin können stellen! Da war die Begeisterung immer groß bei der Familie“ (I-31). Der Aspekt der alltäglichen Arbeit mit der Anlage wird im nachfolgenden Kapitel 5.2.1.4 vertieft.

Insgesamt stimmen die Betreiber mit der Aussage eines Betreibers überein, dass „das Einzige, wo ich nicht drangehe, wo ich auch geraderaus sage, wo ich kein Interesse und keinen Plan von habe, das ist die ganze Elektronik“ (I-24). Auch intensive Wartungsarbeiten am Motor führen die Betreiber in der Regel aus Wissensmangel und auch aus Gründen der Gewährleistung sowie dem Versicherungsschutz nicht eigenständig durch, sondern schließen Wartungsverträge und wenden sich an Dienstleistungsunternehmen. Lediglich ein Befragter versucht, „alles auf eigene Faust, Selbstversorgung, irgendwie hinzukriegen. […] Wir haben keine Wartungsverträge mit Firmen, Wartung wird nur gemacht, wenn es nötig ist, und dann wird es hauptsächlich selber gemacht“ (I-30). Er begründet dies mit Kosteneinsparung.

Im Praxisfeld Instandhaltung entfaltet sich eine regionale Facette der Biogaserzeugung, wie sie beispielsweise ein Interviewpartner darlegt:

> „Das haben sie eigentlich bei jeder Anlage. Die sind auf regionale Strukturen angewiesen. Das war auch unter anderem ein Grund, dass wir bei dem Projekt […] die lokalen Stadtwerke mit im Boot hatten. Die sind auch mit 10 Prozent an der Anlage beteiligt und machen auch Dienstleistungen für uns, gewisse Wartungsarbeiten, weil die einfach vor Ort sind und 24 Stunden Bereitschaft haben und das bringt natürlich sehr große Vorteile“ (I-08).

Die Zusammenarbeit findet vor allem mit bekannten und regional ansässigen Partnern statt, die bei anfallenden Arbeiten schnell vor Ort sein können (s. Abb. 5.8; vertiefend in Kap. 5.3.1). In Verbindung mit den vorherigen Ausführungen kann die Instandhaltung als Element eines regionalen Regimes betrachtet werden, in dem Routinen im zeitlichen Verlauf innerhalb des Praxisfeldes (re)produziert werden.

5.2.1.4 Alltagsabläufe

Alltagsabläufe als Praxisfeld beziehen sich auf die Arbeit, die Betreiber Tag für Tag zu erbringen haben. Viele Befragte äußern, dass der Umgang mit der Biogasanlage ähnlich sei wie der mit Kühen: „Eine Biogasanlage und eine Kuh ist das selbe, auch betreuungsmäßig. Wenn die Kuh nicht anständig betreut wird, gibt sie keine Milch oder sie wird krank. Wenn die Biogasanlage nicht hundertprozentig betreut wird, dann bringt sie kein Gas“ (I-17). Auch die Fütterung verläuft ähnlich und dient dem gleichen Nebenzweck wie in der Kuhhaltung: mehrfach am Tag dort zu sein und potenzielle Probleme zu identifizieren. Die alltäglichen

Abbildung 5.8: Argument – Region als Abbild funktionaler Beziehungen (I-21), eigene Darstellung.

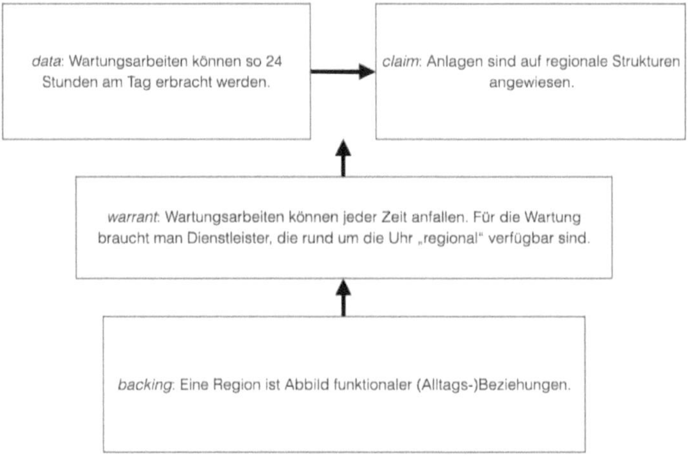

Praktiken, die unmittelbar an der Anlage durchzuführen sind, schildert Betreiber 21 anschaulich: „Wenn das richtig eingespielt ist, ist das im Prinzip nur einmal rundlatschen und gucken und grad die Fütterungsmengen, die kW-Zahlen, Gaszahlen aufschreiben. Das ist ja alles in ein paar Minuten gemacht und ich habe ja auch in ein paar Minuten gesehen, ob alles richtig läuft" (I-21). Als einen wesentlicher Unterschied zur Viehhaltung nennt der Großteil der Interviewten die Büroarbeit. Bei einigen Betreibern macht sie heute weit über die Hälfte der Arbeit aus während sie zu Zeiten ohne Biogasanlage kaum nötig war (I-09; I-11; I-15; I-29). Dies führen sie auf zunehmende Kontrolle und höhere Auflagen im Kontext der Vergütung zurück.

Der durch die Biogasanlage verursachte Zeitaufwand wird unterschiedlich wahrgenommen. Generell beziehen die Betreiber mit der Anlage verbundene landwirtschaftliche Tätigkeiten und die Ressourcenbeschaffung nicht in ihre Rechnung ein. So schätzen einige Betreiber ihren täglichen Zeitaufwand auf maximal 30 Minuten (I-15; I-23; I-26; I-30) und schildern zugleich, dass an 30 bis 40 Tagen im Jahr zusätzliche oder unerwartete Reparaturarbeiten anfallen. Zwei Betreiber gehen von täglicher Arbeit zwischen 30 und 60 Minuten aus (I-17; I-21). Den Arbeitsaufwand empfindet ein Betreiber als „äußerst gering, aber ich habe ja auch von Anfang an drauf bestanden, dass wir eine Anlage bauen, die vielleicht dann nicht die billigste ist, aber die läuft" (I-21). Der Großteil der Betreiber rechnet im Alltag mit zwei Stunden Arbeit an der Anlage. Lediglich bei den Gaseinspeiseanlagen wird der Zeitaufwand auf vier oder mehr Stunden täglich geschätzt, wobei diese Betreiber das als unproblematisch ansehen.

Interessant ist die unterschiedliche Bewertung der alltäglichen Arbeit mit der Anlage im Vergleich zur Milchviehhaltung. Ein Betreiber, der seine Viehhaltung aufgegeben hat, erklärt diesbezüglich:

> „Man hat mehr Freiheiten gewonnen. Wenn jetzt alles in Ordnung ist, dann kannst du auch nachmittags um drei Uhr aufhören zu arbeiten und kannst auch ganz normal feiern wie andere Leute auch, oder kulturellen Sachen nachgehen, wie auch immer, zu Zeiten, die sonst bei der Milchviehhaltung nicht möglich gewesen wären, weil einfach bei der Milchviehhaltung ganz klar zwischen sechs und neun Uhr abends – oder zwischen sechs und neun Uhr morgens – ist die Zeit, wo der Stall bedient werden muss. Und die Biogasanlage ist da flexibler drin, wobei man aber, wie eben schon gesagt, sich immer bewusst sein muss, jederzeit kann ein Anruf aufs Handy kommen und du musst verfügbar sein. Oder jemanden haben, der verfügbar ist, wie auch immer. Also, das gibt's schon. Nur man ist eben in seiner eigenen Zeitgestaltung freier geworden" (I-33).

Auch andere Betreiber, die sich von ihrem Vieh trennten oder dies planen, bestätigen diesen Eindruck (I-19; I-20; I-24). Ein Betreiber, der nach wie vor Milchvieh hält, weist dabei auf ein Problem hin: „Nur das ist ja so: morgens muss man um sieben Uhr am Melken sein, zumindest bei uns. Wenn dann auch gleichzeitig auf der Anlage was ausgefallen ist: Wo zuerst? Kühe melken oder das?" (I-31) Hier wird ein wahrgenommener Konflikt zwischen traditionellem landwirtschaftlichem Betrieb und Biogaserzeugung deutlich. Und zugleich stellen Betreiber bezüglich des wirtschaftlichen Ertrags fest: „An sich ist mit der Biogasanlage, so wie es bis jetzt gelaufen ist, leichter Geld zu verdienen als mit Kühen" (I-30). Sofern der ökonomische Nutzen der Biogasproduktion in den Vordergrund gestellt wird, ist der Ertrag pro Arbeitsstunde höher – wobei dazu die Betreiber, wie erläutert, von der wenig realistischen Situation ausgehen, dass es keine technischen Probleme mit entsprechender zusätzlicher Arbeit an der Anlage gibt.

Außerdem ist eine zunehmende Technisierung der Anlage nötig, um gleichzeitig die vielfältigen Informationen zu erhalten, die für den reibungslosen Betrieb der Biogasanlage nötig sind. Der Einsatz moderner Informations- und Kommunikationstechnologie verändert folglich den Arbeitsalltag. Gerade Störungsmeldungen der Biogasanlage, aber auch der Melk- und Fütterungsroboter, werden per SMS oder *App* auf die Mobiltelefone oder Smartphones der Betreiber gesendet. Somit ist es nicht mehr unbedingt nötig, mehrmals täglich die Anlage zu begehen. Allerdings entstehen dadurch neue Alltagskonstellationen: „Manchmal verfluche ich die Abhängigkeit vom Handy!" (I-35). Daher äußert ein Betreiber: „Es ist schon umständlicher, schwierig nicht, umständlich" (I-12).

Zugleich schildern mehrere Betreiber, dass durch zunehmende Routinisierung zwischen akuten und weniger akuten Meldungen unterschieden werden könne.

Wie deutlich wird, zielen die Alltagsabläufe der Betreiber im Untersuchungsgebiet vorrangig darauf ab, die Anlage funktionsfähig zu halten und mit dem landwirtschaftlichen Betrieb in Einklang zu bringen. Dabei werden auf vielfältige Art und Weise unterschiedliche Praxisfelder und soziale Praktiken sowie die gesellschaftlichen Kontexte berücksichtigt. Wesentlich abhängig ist diese Weltbindung, wie herausgestellt wurde, von den Wissensbeständen der Betreiber. Diese werden im Folgenden genauer beleuchtet.

5.2.2 Wissensbestände

Wissen ist im praxistheoretischen Verständnis immer praktisches Wissen. Sowohl ostensive als auch performative Aspekte der Praxis spiegeln sich in den individuellen Wissensbestände wider (vgl. Kap. 3.1.3.1). Durch Interaktion zwischen Akteuren werden diese Wissensbestände hervorgebracht und ausgetauscht; *learning by doing*, by *using* und *by interacting* sowie die Prozesse der *downward* und *upward causation* sind für die Erzeugung sowie die Ausbreitung von Wissensbeständen fundamental. Ausgehend davon stellen sich für die vorliegende Untersuchung drei Fragen: Welche Wissensquellen sind für die Aneignung von Wissen für die Betreiber von Biogasanlagen im Untersuchungsgebiet wichtig? Wie werden Wissensbestände verbreitet? Wie verändert sich der Umgang mit der Anlage durch sich ändernde Wissensbestände?

Ein interessanter Ausgangspunkt zur Beantwortung dieser Fragen ist der von den Betreibern angeführte Mangel an Wissen und Erfahrungen hinsichtlich der Biogaserzeugung. So äußert Betreiber 22, der die erste Biogasanlage in Rheinland-Pfalz errichtete: „Es gab nicht einmal einen vernünftigen BHKW-Hersteller, da musste man ja sogar danach suchen" (I-22). Und auch im Ressourceneinsatz machte er diese Erfahrung, denn nach wenigen Monaten gab es große Probleme mit der Anlage. Die Kernursache dafür war, dass der eingesetzte Hühnerkot sandhaltig war und sich der Sand im Fermenter ablagerte. Einerseits verstopften Leitungen, andererseits wurde die Anlage durch mechanischen Abrieb beschädigt. „Woher hätte man das wissen sollen? Hatte ja keiner die Erfahrung gemacht bis dato" (I-22). Mangelnde Wissensbestände und das Fehlen von Routinen und Erfahrungswerten sieht er im Rückblick als Ursachen. Zahlreiche Betreiber im gesamten Untersuchungsgebiet bestätigen diesen Eindruck in unterschiedlichen Bereichen:

> „Die Berechnungen, die wir damals gemacht haben, [haben] sich ja größtenteils nicht bestätigt, ganz einfach deswegen, weil es gab eigentlich keine Erfahrungswerte zu dem Zeitpunkt, auf die man sich hätte wirklich berufen können" (I-15).

> Von der Technik her waren wir zu früh dran gewesen, weil die Technik war nicht ausgereift" (I-31).
> „Wir hatten nicht die Ahnung gehabt. Wir haben den Fermenter sozusagen vollgemacht und haben dann mal mit Heizöl den Motor, muss mehrmals irgendwie, das hat dann ewig gedauert, vier, fünf Monate, das war mal, wenn man Gas hatte" (I-27).
> „Am Anfang hatte keiner gewusst was auf einen zukommt. Wir nicht, die Unternehmen, die Bauunternehmer eigentlich nicht und der liebe Gott auch nicht, als derjenige, der die Unwägbarkeiten dann erleben musste" (I-25).

Die Wissensbestände in der Frühphase der Biogasbranche im Untersuchungsgebiet waren gering. Zwar war Biogas „eine Sache, die durch die Medien ging, […] neue Techniken, bessere Verwertung, vor allen Dingen noch Wärmenutzung" (I-36), aber „keiner konnte dir so richtig sagen, wie das funktioniert" (I-33). Ein Betreiber vergleicht die Entwicklung des Wissens über die Biogaserzeugung und -technologie mit der Informations- und Kommunikationstechnologieentwicklung der 1990er Jahre: das Wissen über biologische Prozesse im Fermenter „verdreifacht sich alle zwei, drei Jahre" (I-10). Wie in Kapitel 6.1 dargelegt wird, waren für die Entwicklung der Wissensbestände insbesondere der Austausch mit anderen Betreibern, gezielte Anlagenbesichtigungen, Messebesuche und die Lektüre von Fachliteratur wichtig. Wie sieht dies für den heutigen Betrieb der Anlage aus? Welche Wissensquellen sind entscheidend, wie wird Wissen angeeignet und verbreitet?

5.2.2.1 Wissensquellen, -aneignung und -verbreitung

Die Interviewten gehen auf diverse Wissensquellen, Formen der Wissensaneignung und -verbreitung für den Betrieb der Anlage ein. Die Lektüre von Fachzeitschriften wird häufig benannt. Auch der gezielte Besuch von Veranstaltungen ist wichtig, um neues Wissen zu gewinnen. Dabei wird von vielen Befragten im westlichen Rheinland-Pfalz das „Dienstleistungszentrum ländlicher Raum" (DLR) mit Sitz in Bitburg benannt: „Interessante Themen, die sie dieses Jahr anbieten! Im Winter haben sie oft Veranstaltungen und jetzt ist nochmal, nächste Woche meine ich, pflanzenbaulich nochmal Neuerungen werden vorgestellt, Versuchsergebnisse. Das ist auch nicht schlecht" (I-26).

Austausch und Zusammenarbeit mit erfahrenen Experten ist ebenfalls von großer Bedeutung. So äußert ein Betreiber, dass es ein Vorteil ist,

> „dass wir jetzt nicht die erste Anlage da haben. Wenn ich das jetzt sehe, wie die, die hatten auch teilweise noch schlechte Rührwerke, die das einfach nicht ausgehalten haben und dann da Ärger hatten mit Schwimmschichten und hin und her. Mit AGRICOM, die hatten zu dem Zeitpunkt, wo ich jetzt da eingestiegen bin, hatten die schon 350 Anlagen am Laufen" (I-21).

Anlagenhersteller wie AGRICOM und Planungsbüros mit Erfahrungen in Konfiguration und Betrieb der Anlage stellen für nahezu alle Betreiber wichtige Quellen für Wissensbestände dar, die für sie den Alltag erheblich erleichtern. Bei einem Betreiber war „die Unterweisung durch die Firma Vrehen schon sehr wichtig" (I-20), bei einem anderen konnte der Anlagenhersteller auf Probleme hinweisen und auch für die Zukunft hilfreiche Informationen weitergeben (I-16). Diese Fälle belegen, dass der technologieorientierte, auf *codified knowledge* basierende Strang des Biogasregimes eine wichtige Quelle für individuelle Wissensbestände darstellt. Das Regime transportiert via *downward causation* Routinen auf die individuelle Ebene.

Das gemeinsame Erschließen von Wissensbeständen ist eine zweite Art der Wissensaneignung. Gerade in der Anfangsphase waren Studienreisen hilfreich, denn „in der Zeit, wo man am wenigsten Ahnung hat, braucht man die nötigsten Informationen" (I-14; vgl. Kap. 6.1). Der Aufbau kollektiver Wissensbestände, die individuell rückgebunden werden können, ist zugleich von individueller Praxis abhängig. So sieht ein Betreiber eine Ursache für die teilweise inkorrekte Erwartungshaltung an Arbeits- und finanziellen Aufwand in der Entwicklung des Biogassektors begründet:

> „Die Technik geht auch alles weiter und wir haben eigentlich sehr viel Lehrgeld bezahlt dadurch, dass wir einer der ersten Anlagenbetreiber waren. Und dann haben wir eben die Entstehungszeit über mitgemacht. Und wir haben eben noch die uralte Einfülltechnik und einfach das ist, wir haben die ganzen anfänglichen Schwierigkeiten mitgemacht und mitgetragen dann auch. Und vielleicht, wenn man eine neue Anlage baut, dann sind ja viele Probleme schon ausgemerzt und dann kann man vielleicht auch anders starten. Und heute liegen auch schon andere Zahlen vor. Dann geht man vielleicht auch nicht mehr so blauäugig in so ein Unternehmen hinein" (I-18).

Er äußert sich zu seinen eigenen Handlungen also kritisch („blauäugig"). Wie auch andere Betreiber bestätigen, wurde insbesondere in der Anfangsphase der Biogasaktivität im Untersuchungsgebiet durch einzelne Betreiber viel neues Wissen aufgebaut. Dies war mit Unsicherheit verbunden. Mittlerweile sehen sie die Technologie als ausgereift an, weshalb sie vermuten, dass nun Großkonzerne in den Biogassektor einsteigen. „Und dann hat der Kleine eben seine Schuldigkeit getan und dann können die Größeren ja anfangen, dann machen sie ihre Gewinne" (I-10).

Für den heutigen Betrieb der Anlage sind insbesondere Kontakte zwischen verschiedenen Betreibern sowie die Wissensaneignung über Personen wichtig, die nicht unmittelbar mit Biogaserzeugung zu tun haben, aber über mobile Wissensbestände verfügen. Erfahrungswerte von Kollegen bewerten diverse

Betreiber als hilfreich für den eigenen Betrieb. Ein Interviewpartner schildert, wie der erstmalige Kontakt mit Biogas über einen Bekannten ablief:

> „Das war eigentlich ganz kurios. Ich habe nie was von Biogas gehört. Dann waren wir in Luxemburg auf einem Betrieb, Stalleinrichtung anschauen, Liegeboxen für die Kühe. Dann hat er so beiläufig erzählt: ‚Wir haben auch jetzt eine Biogasanlage.' Dann habe ich gesagt: ‚Wie? Biogas? Was ist das? Nie gehört.' ‚Ach, dann zeige ich dir das.' Und dann habe ich die gesehen und gesagt: ‚Ja, das ist es! So was will ich auch haben'" (I-34).

Der Austausch mit anderen Parteien wird von zwei weiteren Betreiber als unmittelbar relevant für die Wissensaneignung angeführt. Betreiber 29 schildert, dass sich durch das *Smart Country* Projekt (vgl. S. 209) Lernvorteile ergeben. Da das Projekt seiner Auskunft nach eine gewisse Anziehungskraft ausstrahlt, kämen zahlreiche Besuchergruppen auf seinen Hof: Politiker seien interessiert, informierten sich über Biogaserzeugung und würden damit für den Betreiber zugänglich; Gruppen von Studierenden und interessierte Forscherteams begleiteten die Projektentwicklung und gäben Rückmeldung, von denen der Betreiber profitieren könne. Zudem liefere das Energieversorgungsunternehmen Expertise für den Betrieb und insbesondere im Management der Anlage. Betreiber 20 geht auf das *learning by interacting* bezüglich des alltäglichen Umgangs mit der Anlage ein: „Gut, da hat man ja schon den Vorteil beim Aufbau der Anlage. Das ist ja alles auch nicht an einem Tag passiert. Da hat man ja schon die Schritte gesehen und man konnte sich mit den Leuten unterhalten: Moment, was bist du jetzt am Montieren, wozu ist das gut und so weiter" (I-20). Die Interaktion mit dem Anlagenhersteller ist wichtig für die Aneignung technischen Wissens.

Und auch die Interaktion und der Wissensaustausch mit einer breiteren Öffentlichkeitsarbeit wird als relevant benannt. Dies resultiert insbesondere aus der Wahrnehmung, dass in den Medien negative Stimmung gegen Biogas erzeugt würde.

> „Genau so ist das mit Biogas, wo dann nur die Horrorszenarien erzählt werden: ja, rennen alle 30 km [um Rohstoffe zu besorgen]; was ja auch Quatsch ist, ne, weil dann einer mal fünf Hektar da irgendwo holt, ne, rennen alle, komplett alles, 30 km. (Lachen) […] Das wird einfach alles in einen großen Pott rein und dann alles schlecht gemacht und deswegen ist es allein schon deswegen gut, wenn man hier die Leute alle mit im Boot hat" (I-21).

Vor allem Betreiber 21 nahm sich diesem Thema an, organisiert regelmäßig Informationsveranstaltungen auf der Anlage, zu denen neben Bürgern auch Politiker und andere Anlagenerzeuger erscheinen und gemeinsam über die Biogaserzeugung diskutieren. Er hat dabei das Gefühl, dass durch diese

Informationsmöglichkeit viele Vorurteile ausgeräumt werden können – was zugleich darauf hindeutet, dass er selbst kein ausgeprägtes Problembewusstsein hat beziehungsweise ein klares Ziel verfolgt: Akzeptanz für seinen Betrieb und die Biogasbranche (s. Abb. 5.9). In seiner Argumentation wird darüber hinaus auch eine Facette des Raumverständnisses deutlich: wird lokal Wissen ausgetauscht, schafft dies regional Akzeptanz für den Betrieb sowie den Biogassektor.

Abbildung 5.9: Argument – Lokaler Informationsaustausch schafft Akzeptanz (I-21), eigene Darstellung.

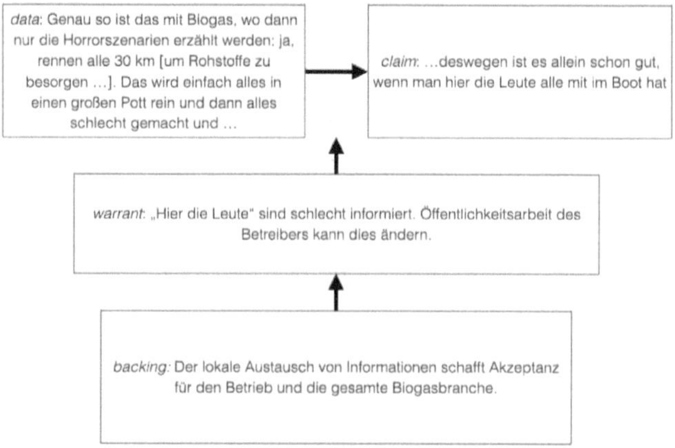

Was einige Betreiber bedauern, ist, dass kaum über Probleme gesprochen wird. Dies ist zudem für manche Betreiber ein Zeichen dafür, dass Informationen zurückgehalten werden, was auf den Nutzen des Wissens nachteilig wirkt:

> „Es gibt Leute, mit denen man ganz offen Austausch machen kann. Es gibt welche, die haben nie Probleme, da läuft nie was schief, alles ist immer in Ordnung. Also, mit solchen Leuten kannst'e nicht! Es gibt keine Biogasanlage, die stressfrei läuft, das gibt's einfach gar nicht, also ich habe noch keine gesehen. Wenn die Leute ehrlich sind, dann sagen Sie: ‚Hier hat man ein Problem, wie hast du, oder wie würdest du das lösen? Was hattest du? Wie bist du daran gegangen? Wen kennst du, wer macht was?' Und das sind einfach Sachen, damit kann man arbeiten" (I-33).

Im Kontext von Netzwerken wird die Beziehung zu anderen Anlagenbetreibern weiter diskutiert werden (s. Kap. 5.3.1).

Die dritte Art von Wissensquellen ist das individuelle Vorwissen der Betreiber, im Sinne von Wissen, das aus anderen Bereichen in den Betrieb der Biogasanlage übertragen werden kann. Einige Interviewpartner waren bereits im Energiebereich tätig, betrieben Photovoltaik- oder Windenergieanlagen. Damit hatten sie erste Erfahrungen im Energiesektor sammeln können, wussten beispielsweise über technische Anforderungen an Transformatoren und damit verbundene Regulierungen Bescheid. Dies verdeutlicht, wie individuelles Wissen über technische Elemente für Entwicklungen im Praxisfeld bedeutend wird, was beispielsweise Betreiber 24 dazu brachte, ein Finanzierungsangebot eines Investors auszuschlagen:

> „Weil wir vielleicht technisch zu versiert [waren] den Herren, weil ich da gesagt habe: Was ihr da verarbeitet habt ist Müll und hält nicht. Man hat das nicht bejaht und auch nicht verneint, aber es hieß dann ganz klar: Wir haben unsere Komponenten, Komponentenlieferer, weil man schon über 20 Anlagen nach diesem Schema gebaut hat, natürlich dann super gute Konditionen bei den Lieferanten hat. Aber was nützt mich das als Betreiber hinterher, wenn ich eine Anlage da habe, wo ich jeden Tag dran rumgiggeln will" (I-24).

Auch Wissensbestände aus der Landwirtschaft können, wie erwähnt, in die Biogaserzeugung übertragen werden. Neben den bereits beschrieben Möglichkeiten und Grenzen vertraglicher Regelungen bezieht sich dies auf Erfahrungen mit bestimmten Technologien. Beispielsweise entschied sich Betreiber 22 bewusst gegen ein ihm angebotenes BHKW: „Ich komme ein bisschen aus der Landwirtschaft und ich sag mal, einen Perkinsmotor würde ich mir nie kaufen (Lachen)!" Betreiber 10 setzte eine baugleiche Version seiner für die Fütterung der Kühe genutzten Fütterungsschnecke in die selbst geplante Biogasanlage ein, da er im Umgang mit dem Gerät geübt war und er die Funktionsfähigkeit schätzte. Dies schließt auch an den bereits angeführten Vergleich an: „viele Milchkühe gegen eine Kuh, sage ich mal, die Biogasanlage" (I-18).

Ein weiterer Bereich, aus dem Wissensbestände für das Biogasregime genutzt werden, ist das Lohnunternehmertum. Die Betreiber, die auch als Lohnunternehmer tätig sind, gehen im Kontext des Ressourcentransports auf unterschiedliche technologische Möglichkeiten ein (insb. Traktor vs. LKW; vgl. Kap. 5.2.1.2).

Auch Tätigkeiten in Ausschüssen und Gremien der Landwirtschaft, wie beispielsweise im Vorstand von Verbänden oder Vereinen oder im Meisterprüfungsausschuss, werden benannt durch die die Betreiber regelmäßig Einblicke in laufende Verfahren, Entwicklungen oder Ähnliches erhalten. Diese dem Biogasregime externen Praktiken ermöglichen den Transfer spezifischer individueller Wissensbestände in das Praxisfeld Biogaserzeugung. So war beispielsweise Betreiber 33 in der Zeit vor der ersten Biogasanlage als Beratungslandwirt für die Deutsche Saatveredelung aktiv und konnte so Wissensbestände und Kontakte in den Handel aufbauen, von denen er noch heute profitiert: „Die kommen mit Neuerungen ab und zu auf mich zu und dann wird immer probiert, die interessanten Sachen. Der Bezug ist bestehen geblieben und dadurch kommt man vielleicht mal schneller an Sachen dran wie andere" (I-33).

Neben diesen auf andere Akteure oder Praktiken aufbauenden Formen von Wissensquellen oder der Wissensaneignung spielt das *learning by doing* eine wesentliche Rolle. Ein Betreiber äußert, konkret nach dieser Form der Wissensaneignung gefragt: „*Learning by doing*, das ist auf jeden Fall das Wesentliche, muss ich ganz klar sagen, wo ich mir jetzt mein Wissen quasi angeeignet habe" (I-20). Diese Aussage ist typisch für die Betreiber im Untersuchungsgebiet. Die technische Steuerung, mechanische Wartung und Fütterung der Anlage sind stark von praktischem Erfahrungswissen abhängig. Konkret gestaltet sich die Aneignung dieses Erfahrungswissens beispielsweise folgendermaßen:

> „Wenn man vorbeifährt, dann schaut man halt mal kurz rein, man bekommt irgendwie... sieht man schon, wenn Gas weniger kommt, dann ist was entweder mit der Gärung nicht richtig oder mit dem Produkt, was eingeführt wurde. [...] Man lernt immer noch was Neues" (I-17).

Das eigene Handanlegen ist dabei wichtig, das *doing* der Biogaserzeugung: „Wenn du das selbst machst und selbst planst und dir selbst deine Lieferanten ‚raussuchst und dann bist du im Lernprozess schon von dem Tag an, wo du das Erste machst" (I-24). Dabei können *learning by doing* und *by interacting* auch nahe beieinander liegen: „*Learning by Doing*, wenn ein Problem kam, musste man sich damit befassen und ja, daraus hat man dann gelernt. Der Kontakt untereinander war dann schon da oder man wusste: der hat das selbe BHKW, den kannst du mal fragen" (I-28). So können in der *Community of Practice* gemeinsame Wissensbestände aufgebaut werden. Für die vorliegende Arbeit ist insbesondere das transformative Potenzial von Interesse, wie durch die Verbreitung von Wissensbeständen neue Praktiken und neue Routinen entstehen. Eine vertiefte Diskussion dieses Aspekts wird in Kapitel 7 erfolgen.

5.2.2.2 Änderung im Umgang wegen ändernder Wissensbestände

Einige Betreiber gehen auf sich ändernde Abläufe im Betrieb ein, die unmittelbar auf Wissensbestände zurückgeführt werden können. Eigene Erfahrungswerte, die Entstehung kollektiver Wissensbestände im Biogassektor oder neue Wissensbestände, die durch Externe eingebracht werden, thematisieren diverse Betreiber. Sie entfalten Wirkung für den Betrieb und die Rekonfiguration der Anlage. Gerade in der Anfangsphase der eigenen Biogasaktivität sind die Betreiber in stärkerem Maße auf externe Hilfe angewiesen, wie im vorherigen Kapitel dargelegt. So können Wissensbestände erschlossen werden, die die spätere Praxis informieren. Dieser Aspekt wird in Kap 5.3.1.2 genauer thematisiert.

Zugleich wird dabei auch für den gesamten Biogassektor die Entwicklung deutlich. Beispielsweise schildert ein Betreiber, dass anfängliche technische Probleme auf mangelnde Erfahrung der Technologiehersteller zurückzuführen waren: „Da hatte der Rührwerkshersteller dann geglaubt, das Rührwerk hätte ein Problem, hat einfach das dann wieder raus geholt und ein anderes gleiches neues eingebaut. Problem war das gleiche: [...] Der hat auf seinem Tauchrührer einen zu großen Flügel. Da schaffte er das von der Stromaufnahme nicht" (I-25). Der gleiche Betreiber berichtet von Erfahrungsmangel bezüglich biologischer Prozesse, die anfänglich nicht reibungslos abliefen und daher kein ausreichender Gasertrag zu erzielen war. Ursache dafür war eine Unterversorgung mit Spurenelementen, die zufällig in den Fermenter eingebracht wurden, als „das richtige versiffte Gras im Herbst, die letzten Schnitte – das war viel Maulwurfshügel, viel Dreck, viel Schlamm" (I-25) eingesetzt wurden. Diese Erfahrung teilte er mit dem Anlagenhersteller sowie Kollegen und trug damit zu einer Änderung der Wissensbestände bei. Weiter führt er aus, dass etwas später die Heizung nicht mehr funktionierte, da die eben benannten Ressourcen sich an den Heizungsrohren im Fermenter ablagerten und die Wärmeabstrahlung verhinderten. Nach Reinigung kamen die gleichen Probleme wie zuvor auf und der Betreiber entschied sich, mit einem auf die Fermenterbiologie spezialisierten Unternehmen aus Norddeutschland zusammenzuarbeiten. „Alle zwei, drei Monate machen wir eine Probe, und dann tun die die [Spurenelemente] für uns passend herstellen. Sind scheiß teuer, die verdienen sich eine goldene Nase dabei, aber wir haben Ruhe und wir haben seitdem eine stabile Biologie" (I-25).

Erfahrungswerte sind zudem für den Umgang mit Rohstoffen wichtig. So legt Betreiber 17 für die Beschaffung dar: „Es gibt mal Engpässe, aber das weiß man natürlich schon aus Erfahrung. Vor Weihnachten muss man sich eindecken, dass man bis Mitte Januar sicher seine Produkte hat, und auch im Sommerurlaub, aber das weiß man jetzt" (I-17). Auch die Beschickung der Anlage mit den Rohstoffen ist stark von Erfahrungswissen, vom *knowing in practice*, geprägt: „Ich habe immer so vom Gefühl her gefüttert, dass der Motor immer gedreht hat, dass immer genug Speicher in den Folien war und dass die Motoren immer ihre vollen 24 Stunden gedreht haben" (I-18). Eng damit verknüpft ist das Anpassen an neue Situationen und der Vergleich mit früheren Kontexten: „Es geht jetzt schon besser. Man hat schon ein bisschen Erfahrung, dann weiß man schon: aha, das ist oder reg dich nicht auf, reg dich weniger auf (Lachen), als am Anfang" (I-16). Dies trifft insbesondere auf den zunehmenden Einsatz von Technologien zu. Der Betrieb der Anlage hat sich durch diese deutlich verändert (vgl. Kap. 5.2.1.4).

5.2.3 Routinen und Wissensbestände in der Gesamtschau

In diesem und dem vorherigen Unterkapitel wurden die Routinen innerhalb des Biogassektors thematisiert, die gemeinsamen Elemente der *Community of Practice*. Von den Betreibern werden diverse Praktiken im Untersuchungsgebiet thematisiert, die eine sozio-räumliche regionale Ebene konstituieren. Beim Ressourceneinsatz wird deutlich, wie das politisch-administrative Regime (Vergütungen, Boni etc.) und globale Kontexte (bspw. agrarische Weltmarktpreise) die Ressourcenwahl maßgeblich beeinflussen. Die Beschaffung von Rohstoffen wird maßgeblich vom sozio-technischen Regime (Konkurrenzkamp, Transportmöglichkeiten) und von diversen Megatrends (insb. (Un)Möglichkeit von Vertragsabschlüssen und agrarische Praktiken) beeinflusst. Die Instandhaltung wird als Element des regionalen Regimes betrachtet. Routinen der Wartung werden im zeitlichen Verlauf innerhalb der CoP und des Praxisfeldes Biogaserzeugung (re)produziert. In der Schilderung der Alltagsabläufe verdeutlichen die Betreiber, wie sich durch die Herausbildung eines Regimes Praktiken der Biogaserzeugung verändern. Sie benennen einerseits politisch-administrative Bedingungen (insb. durch Kontrolle) und andererseits die Routinisierung von Abläufen (z. B. im Umgang mit Technologien). Insgesamt wird deutlich, wie die Praktiken der Biogaserzeugung in engem Zusammenhang mit Wissensbestände zusammenhängt.

Wissensbestände entwickeln sich im Lauf der Zeit auf verschiedenen Wegen. Erstens werden individuelle Wissensbestände durch die Weitergabe kodifizierten Wissens, vor allem über Techniken, erweitert. Dabei transportiert das Regime via *downward causation* Routinen des Umgangs mit der Anlage auf die individuelle Ebene. Zweitens entfaltet individuelles Vorwissen große Wirkung, insbesondere im Umgang mit bestimmten Anlagenkomponenten wie Fütterungsschnecken oder Motoren. Und drittens spielt das *learning by doing* eine große Rolle für den Aufbau praktischen Erfahrungswissens. Dieses kann in der *Community of Practice* weitergegeben werden und so zum Aufbau gemeinsamer Wissensbestände beitragen.

Wissensbestände werden in der Praxis rückgebunden. Diese Rückbindung führt zu Änderungen in der Praxis. Das bedeutet, dass die Wissensverbreitung die Grundlage für die Verbreitung von Routinen darstellt (vgl. Kap. 3.1.3.1). Denn durch Interaktion werden die veränderten Praktiken ausgebreitet und tragen zur Änderung der Wissensbestände bei (Bsp. Fermenterbiologie). Der Wissensaustausch ist eine interaktive Praxis, die von Individuen innerhalb einer oder zwischen verschiedenen *communities of practice* abläuft und wodurch die ostensiven Aspekte von Routinen produziert, reproduziert und transformiert werden.

Verschiedene Mechanismen der Wissensverbreitung sind der Austausch zwischen einzelnen Betreibern, zwischen Betreibern und Zulieferern, Dienstleistern, Politikern oder Verwaltungsangestellten, die Zusammenarbeit in Vereinen, der Umgang mit verschiedenen Anspruchsgruppen (Bürger, Nachbarn, Familie, Kollegen, Mitarbeiter etc.) und damit verbundene Informationsformen. Grundlegend für die Erzeugung sowie Verbreitung dieser Wissensbestände und damit auch der Praktiken ist folglich die Interaktion von Individuen. Damit kommt sozialen Netzwerken, verstanden als „Gruppe von Menschen, die durch gemeinsame Ansichten, Interessen o. Ä. miteinander verbunden sind" (Duden-Online, 2014), eine zentrale Rolle zu.

5.3 Netzwerke

Wie in Kapitel 3.2 ausgeführt, ist die Analyse der Konfiguration von Akteursnetzwerken hilfreich, um Aufschluss über die räumliche Dimension von Transitionen zu gewinnen. Wie die Auseinandersetzung mit bestehenden Ansätzen (Coenen/Benneworth/Truffer, 2012; Binz/Truffer/Coenen, 2014) zeigt, gilt es dabei, die praktische Dimension der Netzwerke zu vertiefen und neben der Zusammensetzung der Netzwerke auch die zugeschriebene Bedeutung einzelner Akteure zu erforschen sowie auf die Organisation des Netzwerks und verschiedene Interaktionsvarianten einzugehen.

5.3.1 Entscheidende Partner bei Konfiguration und Betrieb

Die Interviewpartner gehen auf eine Vielzahl von Akteursgruppen und Akteuren ein, die für Konfiguration und Betrieb ihrer Anlage wichtig sind und mit denen sie ihr Netzwerk bilden. Zu diesen gehören andere Betreiber von Biogasanlagen, unterstützende Unternehmen und Berater, Rohstofflieferanten, Vereine, Politik und Verwaltung und dabei insbesondere das DLR. So beschreibt ein Betreiber sein Biogasregime als Konglomerat von 28 Anlagenbetreibern, politischen Regularien, einigen spezialisierten Techniklieferanten, einem Planungsbüro sowie mehreren landwirtschaftlichen Zulieferern, insbesondere im Bereich Ressourcen und der Gülletechnologie. Auf diese unterschiedlichen Akteursgruppen im Untersuchungsgebiet wird nun genauer eingegangen.

5.3.1.1 Andere Betreiber

Im Kontexte der verschiedenen Routinen und Wissensbestände konnte bereits verdeutlicht werden, in wie vielen verschiedenen Bereichen die Interaktion zwischen Betreibern von Biogasanlagen stattfindet. Dabei äußern einige Betreiber, wie auch folgendes Zitat belegt, dass durch die hohe Konzentration von Anlagen im Untersuchungsgebiet die Zusammenarbeit wichtig ist „weil wir hier in der Eiffel oder im Kreis Bitburg-Prüm so eine hohe Dichte von Biogasanlagen haben und da kennt jeder jeden. Von da ist das schon gut, wenn man dann mit denen spricht" (I-19). Auch die in Luxemburg tätigen Betreibern schildern dies. Wie ein Befragter darlegt sind die für den Alltag wichtigen Kontaktpersonen „hauptsächlich hier in der Ecke […], die hier rundherum um mich sind" (I-10). So ist beispielsweise für die Betreiber der Einspeiseanlagen in Luxemburg trotz der Konkurrenzsituation der Austausch von Informationen entscheidend, insbesondere um politisches Gehör zu finden. Zudem legen einige Betreiber dar, dass viele Anlagen im gesamten Untersuchungsgebiet technisch vergleichbar seien, sodass der persönliche Austausch über Möglichkeiten (und zu geringerem Maße Probleme) hilfreich sei.

Ein Betreiber aus dem westlichen Rheinland-Pfalz schildert, wie wichtig für ihn die Expertise eines lange im Biogasbereich tätigen Landwirts war. Als er Probleme mit der Gasqualität hatte wendete er sich an diesen, der auf Wissensbestände des *knowing in practice* verwies und zu dem Betreiber sagte: „‚Mach mal den gelben Hahn da auf und halt das Feuerzeug da hin. Wenn die Flamme richtig blau ist, dann ist das Gas gut und wenn da noch so gelb ist, dann ist das nicht gut'" (I-27). In den späten 1990er Jahren waren diese Wissensbestände für den Betreiber lediglich im direkten Kontakt mit anderen Pionieren zu erhalten.

Die Bewertung der Bedeutung der Zusammenarbeit spiegelt sich auch in den Schilderungen der Befragten über die Organisationsformen des Unternehmens „Biogasanlage" wider. Die Organisationsform zeigt, wie die Betreiber ihr Umfeld im Aufbau ihres Unternehmens rückbinden. Im westlichen Rheinland-Pfalz gründeten die meisten Interviewten Betriebsgemeinschaften für die Biogasanlage, in Luxemburg sind die meisten selbständig. Zudem gibt es in Luxemburg Genossenschaftslösungen, die im Untersuchungssample im westlichen Rheinland-Pfalz nicht auftauchen.

Der Vorteil, die Anlage als landwirtschaftliche Genossenschaft zu betreiben, liegt laut einem Betreiber darin, dass sowohl die Ressourcenzufuhr (große Verfügbarkeit und Lagerkapazität) als auch die Abnahme der Fermentationsreste zwischen den Genossen klar geregelt sind. Da in seinem Fall alle Mitglieder zu gleichem Anteil an der Anlage beteiligt sind, entstehen zwischen ihnen keine klaren Hierarchien oder Abhängigkeiten, die sich zum Beispiel auf Betriebsgröße begründen könnten (vgl. auch George, 2012). Diese Organisationsform führt dazu, dass alle Genossen den Betrieb der Anlage unterstützen und damit deren Funktionieren absichern wollen.

Auf den selbständigen Betrieb gehen lediglich drei Betreiber ein. Einer aus dem westlichen Rheinland-Pfalz (I-25) stellt dies als Besonderheit dar. Für ihn ist die Unabhängigkeit von anderen Anteilseignern auch aus wirtschaftlichen Gründen wichtig, da diese ihm zufolge davon abhängen, ob die Entscheidungskompetenzen vollkommen bei einem Betreiber liegen. Für die in Luxemburg Tätigen ist der eigenständige Betrieb vor allem im Vergleich zum Gemeinschaftsbetrieb erwähnenswert. So sieht ein Betreiber das Hauptproblem von Gemeinschaftsbetrieben darin, dass ein hoher Transportaufwand entstehe. Mehrere Betreiber bedeuteten auch stets mehrere Ressourcenlieferanten, die nicht unbedingt alle in Hofnähe ihre Flächen bewirtschafteten. Zwei Betreiber schildern persönliche Komplikationen: „Sieben Leute […] sind dann sieben Chefs“ (I-13), was als negativ, kompliziert und im Alltag belastend dargestellt wird. Daher entschieden sich diese Befragte dazu, ihre Anlagen unabhängig und selbständig zu betreiben.

Der gemeinschaftliche Betrieb der Anlage wird vom Großteil der Befragten praktiziert und zugleich differenziert bewertet. Einige Betreiber äußern, dass in Betriebsgemeinschaften der einzelne Beteiligte an Stimmgewicht verliert und zudem Kompromisse nötig werden. Zudem stellen Befragte dar, dass die Koordination der Alltagsabläufe komplizierter wird, da Absprachen nötig werden. Daraus ergibt sich auch die Notwendigkeit, dass gemeinsame Beschlüsse gemeinsam umgesetzt werden. Denn nur so können Sicherheit und Vertrauen zueinander geschaffen werden, was für den gemeinsamen Betrag der Anlage nötig ist. An einem Beispiel wird dies besonders deutlich:

> „Also mein Kollege der macht hauptsächlich Maiseinkauf. Der kommt im Sommer schon gerannt: Es gibt keinen Mais, keinen Mais! […] Ich kenne das ja mittlerweile, ich mache das ja seit zwei Jahren […] und immer mal wieder sage ich: Halt die Füße mal ruhig, wir haben noch nicht (unverständlich). […] Wie letztes Jahr, […], da war er allein am gucken, dann hat er mich angerufen: Das traue ich mich nicht allein zu machen, komm mal mit. Gut, das kann natürlich auch passieren, da fahren wir mal zu zweit. Aber im Normalfall lasse ich ihm freie Hand. Wenn er mal daneben liegt, dann ist es eben so. Genauso lässt er mir freie Hand, wenn ich mal eine Fläche brauche, das ist eben so. Man kann mal daneben liegen, man kann auch mal gewinnen. Das ist eben so. Da macht keiner dem anderen einen Vorwurf, das darf auch nicht passieren. Weil wenn das passiert, dann können wir sofort aufhören. Da muss schon ein bisschen Vertrauen da sein. Und wenn einer daneben liegt, dann liegt er eben daneben“ (I-19).

Diverse andere Vorteile von Gemeinschaftsanlagen werden angeführt. Der meistgenannte ist die Versorgungssicherheit mit Ressourcen und landwirtschaftlichen Flächen, wodurch die Betreiber weniger vom Pachtmarkt abhängig sind (I-14; I-18; I-19; I-20; I-27). Von Vorteil wird zudem bewertet, dass alle an der Anlage Beteiligten Landwirte sind. Dies erleichtert zudem die Wissensaneignung, wie ein Gesprächspartner verdeutlicht: „Weil wir auch zu fünft sind, wir fünf unterhalten uns auch miteinander. Da hört der mal irgendwann mal irgendwas in der Ecke und trägt uns das [vor], sodass wir immer zusammen, wenn man neue Ideen rein bringt … Man darf nicht immer auf dem selben Stand bleiben. Und jeder bringt mal eine Idee mit rein" (I-19). Ein Betreiber schloss sich mit dem Leiter des Büros zusammen, das die Biogasanlage plante. Dazu merkt er an: „War auch von mir aus kein Thema. Er ist Nebenerwerbslandwirt, kommt aus einem landwirtschaftlichen Betrieb, für ihn ist Landwirtschaft kein Fremdwort und ist Praktiker genau wie ich" (I-20). Bestätigt wird diese Bedeutung gemeinsamer Wissensbestände, Erfahrungswerte und Routinen von einem anderen Betreiber hinsichtlich der Zusammenarbeit mit einem Nicht-Landwirt: „Nach dem ersten Betriebsjahr haben wir festgestellt, dass praktische Landwirte und eine auf Biogas spezialisierte Firma nicht zusammenpassen. Und da haben wir einen sauberen Strich gezogen und haben die rausgekauft" (I-25).

Aber auch die Möglichkeit, eine geschlossene Wertschöpfungskette (Feld- und Viehwirtschaft plus Lohnunternehmen) zu erreichen, spielt eine Rolle und wird in der Zusammenarbeit als besser realisierbar gesehen (I-25; I-29; I-33). Diese ermögliche es den Betreibern von Gemeinschaftsanlagen auch, von den Pachtpreisen unabhängig zu sein, was zugleich bedeutet, dass sie auf diese nicht einwirken. Diese Bewertung verdeutlicht folgendes Zitat, in dem eine spezifische Raumlogik der Pachtpreise erkennbar wird: Hohe Pachtpreise werden auf eine lokale Konzentration von Biogasanlagen zurückgeführt, die von Einzelpersonen betrieben werden (s. auch Abb. 5.10).

> „Das kann nicht sein, dass wir hier die Anlage bewirtschaften und machen hier einen Aufruf: Hier bin ich, Fläche her, was es kostet, ist egal, ich will sie haben. Treibt ja die Pachtpreise in die Höhe. Deswegen tu ich dann lieber mit ein paar Kollegen hier zusammenarbeiten, das klappt gut […] Ich hab jetzt im Moment hier einen Pachtpreis hier in unmittelbarer Nähe von 200 Euro ein Hektar und ich werde mich hüten, da hier die Preise in die Höhe zu treiben. Damit schade ich mir nur selber. Weil die anderen Verpächter, die bekommen das auch mit und dann stehen die hier reihenweise auf der Matte und sagen: Ja wenn du, ja da kannst du, kannst 250 Euro ein Hektar geben, dann ist es billiger" (I-20).

Die verschiedenen Beispiele zeigen, dass die Betreiber in einem gemeinsamen Praxisfeld handeln, das gleichzeitig an physisch-materielle Bedingungen rückgebunden werden kann (bestimmte Anlagen, naturräumliche Bedingungen oder

Abbildung 5.10: Argument – Lokale Konzentration von Einzelbetreibern führt zu höheren Pachtpreisen (I-20), eigene Darstellung.

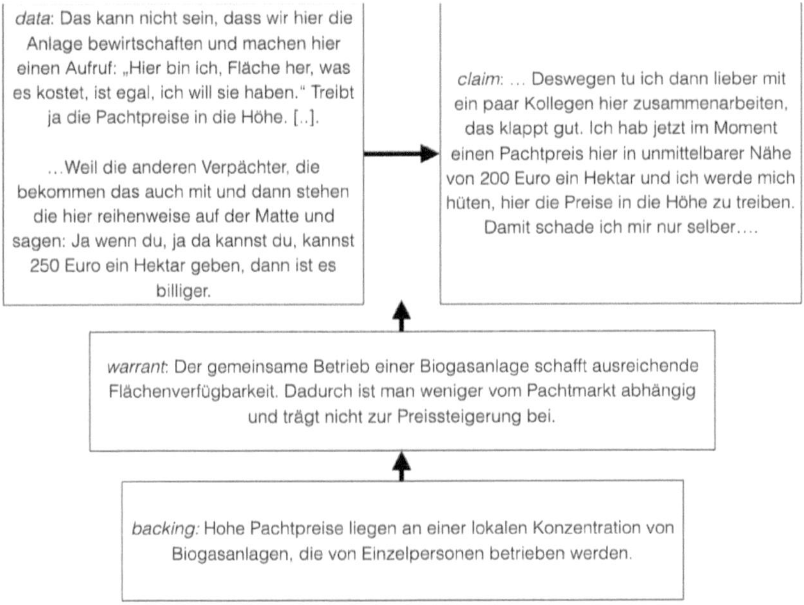

Rohstoffverfügbarkeiten). Der regelmäßige Austausch zwischen Betreibern trägt zum Aufbau und zur Stabilisierung eine *Community of Practice* bei, die die Betreiber selbst als regionales Netzwerk (s. Abb. 5.11). So werden auf Basis von Bekanntschaft und Vertrauen Wissensbestände weitergegeben (vgl. Kap. 5.2.2.1). Zudem entsteht durch die Zusammenarbeit mit anderen Betreibern ein soziales Zugehörigkeitsgefühl, das unmittelbar mit der CoP in beziehung gesetzt wird und die Betreiber im Alltag zu bestimmten Praktiken ermutigt. Zugleich sind auch Elemente eines globalen Netzwerks zu erkennen, wenn Informationen im Netzwerk ausgetauscht werden, die über den alltäglichen Erfahrungsbereich hinausgehen. Diese Form war insbesondere in der Anfangsphase des Biogassektors aufzufinden, als spezifische Wissensbestände im Praxisfeld unabhängig von physisch-materiellen Komponenten (außer dem Gegenstand des Austauschs) weitergegeben werden mussten - sie waren vor Ort schlicht nicht verfügbar. Dies untermauert auch der Einblick, dass diverse Betreiber die heutige Möglichkeit darlegen, sich mit einem der vielen anderen Kollegen sowie unterstützenden Unternehmen und Beratern im Umfeld auszutauschen.

Abbildung 5.11: Argument – Regionale Communities of Practice fördern Interaktion (I-19), eigene Darstellung.

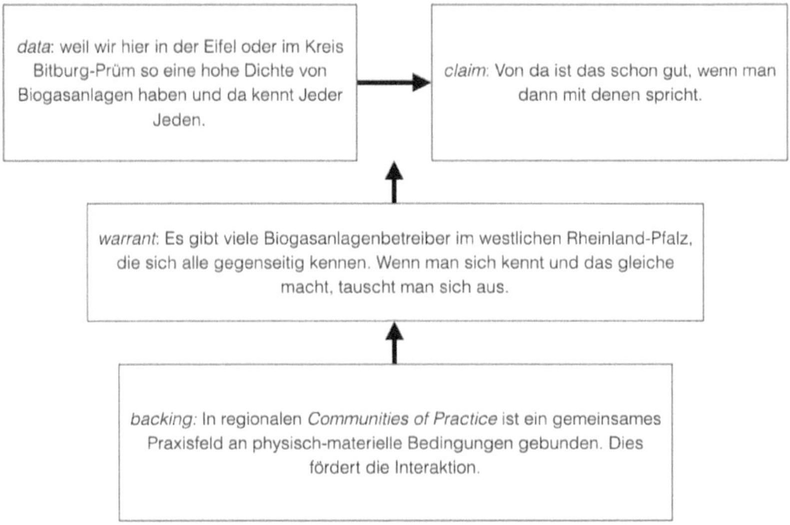

5.3.1.2 Unterstützende Unternehmen und Berater

Die Zusammenarbeit mit Unternehmen und Beratern ist von großer Bedeutung für Konfiguration und Betrieb der Anlage. So äußert ein Betreiber, dass „ein halbes Dutzend Leute“ (I-12) wie Elektriker oder Montageunternehmen mit in den Betrieb der Anlage involviert sind, vor allem, um sie funktionsfähig zu halten (vgl. Kap 5.2.1.3). Auffällig ist, dass den Befragten die räumliche Nähe zu den unterstützenden Unternehmen und Beratern sehr wichtig ist. Es werden nahezu ausschließlich im Untersuchungsgebiet ansässige Unternehmen benannt. Eine Interviewpassage verdeutlicht Gründe dafür. Für die regelmäßig anfallenden Arbeiten, die nicht eigenhändig durchgeführt werden können „wollen wir auch eine Firma vor Ort haben. […] Ich muss auch mit solchen Leuten kommunizieren oder telefonieren können, oder er muss auch mal vorbeikommen können“ (I-29). Das „vor Ort“-Sein erleichtert die Interaktion, was auf die regionale Dimension des Netzwerks hindeutet. Dies heben auch andere Betreiber hervor. Beispielsweise hatte Betreiber 26 im westlichen Rheinland-Pfalz seit über 20 Jahren Kontakt mit einem Hersteller von Paddelmischern für die Futtermittelbereitstellung für seine Kühe. Diese Firma war auch Lieferant für einen Biogasanlagenhersteller, weshalb er sich für diesen entschied. Die spezifische und den eigenen Wissensbeständen entsprechende Konfiguration ermöglicht es dem Interviewten, die Anlage gemäß den eigenen Vorstellungen zu betreiben. Dass dies vor allem mit regionalen Planungsbüros zu erreichen ist, bestätigt auch Betreiber 35. Er wollte keine Anlage „von der Stange“ bauen, um die betriebsspezifischen Potenziale auszuschöpfen. Die Zusammenarbeit mit dem Planungsbüro sowie der ausführenden Baufirma verlief „immer reibungslos“ (I-35). Dafür waren gemeinsame Werte und Normen entscheidend, die aus Sicht mehrerer Betreiber lediglich durch räumliche Nähe aufzubauen sind. Tabelle 5.3 gibt einen Überblick über die von den Betreibern im Untersuchungsgebiet explizit als wichtig oder bedeutsam benannten Unternehmen und Berater. Wie die Betreiber diese Akteure wahrnehmen wird im Folgenden dargelegt.

Tabelle 5.3: Wichtige Unternehmen und Berater für die Betreiber im Untersuchungsgebiet, eigene Darstellung.

Akteursgruppe	Unternehmen	bei Interviewpartner
Anlagenhersteller	Agraferm Luxemburg	07, 08, 10, 26
Planung und Baubetreuung	Berg und Partner	21, 25
	L.E.E.	10, 13, 16, 18, 20, 26, 34
Motorenhersteller	Schnell	11, 20, 22, 25
Wartungsbetrieb	Vrehen	06, 09, 10, 12, 13, 15, 16, 18, 20, 23, 25, 26, 30, 32, 35
Technologiedienstleister	Zahnen	25, 26, 29

Bei allen Dienstleistern legen die Betreiber insbesondere Wert auf Erfahrung. Gerade bei Wartungsarbeiten spielt diese eine Rolle, zum Teil aufgrund komplizierter Arbeiten, zum Teil aus versicherungstechnischen Gründen und erforderlichen spezifischen Ausbildungen. Die Zusammenarbeit mit Planungsbüros wird besonders hervorgehoben, „denn ich mache das ja nicht selbst, die können das ja besser“ (I-13). Expertise spielt dabei ebenso eine Rolle wie grundlegenden Fähigkeiten und Wissensbestände, die für Genehmigungsverfahren nötig sind. Zwar schildern einige Betreiber, dass das Errichten einer Anlage aufgrund bestehender Erfahrungswerte deutlich einfacher geworden sei. Ohne externe und professionelle Hilfe das Genehmigungsverfahren zu durchlaufen, sei aber „nicht zu machen, […] muss man jetzt schon ein Büro [beauftragen]“ (I-16). Dies wird ebenso für den Monteur diverser Anlagenelemente bestätigt, der bei Reparaturarbeiten auch ohne unmittelbar vor Ort zu sein eine große Hilfe darstellt. Sein Wissen über die Anlage nutzte zum Beispiel Betreiber 21, als er ein Ersatzteil benötigte und es nicht fand. Der Mitarbeiter des Anlagenherstellers wusste, wo er es hinterlegt hatte und konnte dem Betreiber telefonisch genau erläutern, wo er es finden würde und wie er es einzubauen habe. Gute, unterstützende Unternehmen und Berater zu haben motiviert einige Betreiber, auch selbst in der Wartung aktiv zu werden: „Wenn sie so einen Service haben, dann packen sie auch gerne mit an" (I-35). Dies übertragen zwei Befraget auf die Kontrolle der Fermenterbiologie. Über den sogenannten „Fermenterdoktor" (Firma Schaumann) ließen sie sich zunächst beraten und erwarben dann von diesem ein Testset, um selbst Kontrollen durchführen zu können. Solche Beratungsdienstleistungen spielen im Alltag bei vielen Betreibern eine große Rolle, wie auch ein anderer Betreiber bestätigt: „Wir haben noch zwei Berater, eben externe Berater hier. Das ist völlig normal, dass man sich mit denen unterhält und da kriegt man eine neue Idee" (I-19). Wie erläutert sind dabei die im Untersuchungsgebiet ansässigen für den Großteil der Betreiber die wichtigen.

Agraferm Luxemburg bietet Komplettlösungen für Biogasanlagen an. Die Betreiber sehen den Vorteil, für Planung, Genehmigung und Bau einen einzigen Ansprechpartner zu haben. Zudem ist Agraferm vollständig auf Biogasanlagen spezialisiert und hat einen großen Erfahrungsschatz, was bei der Konfiguration für die Betreiber hilfreich ist. So änderte beispielsweise Betreiber 26 seine Konfigurationsidee von einem ursprünglichen 100 Kilowatt-Motor aufgrund der Expertise des Unternehmens auf einen 250 kW-Motor, da dies finanziell kaum eine Mehrbelastung bedeutete und auch von dem Ressourcenverbrauch her laut Berechnungen der Firma zu seinem Hof passte.

Berg und Partner bot im Untersuchungsgebiet ursprünglich keine Biogasanlagen an, sondern war im Kanalbau aktiv. In Nordrhein-Westfalen hatten sie allerdings bereits Biogasanlagen realisiert. Betreiber 25 war als Bürgermeister seiner Gemeinde in die Erneuerung der Kanalisation involviert und kam darüber mit Berg und Partner in Kontakt: „Von da an hatten wir immer einen kompetenten Ansprechpartner, dem wir die Ohren konnten lang ziehen, und die sich da mit den Behörden nehmen mussten. […] Der [Unternehmensleiter] stammt aber auch von hier" (I-25). Im Jahr 2009 empfahl der Interviewpartner Betreiber 21 dieses Büro. Für diesen plante Berg und Partner eine komplette Anlage, einschließlich Holzhackschnitzelproduktion und Wärmenetz. Gerade für das Wärmenetz war die Erfahrung aus dem Kanalbau wichtig.

L.E.E. ist ein in Luxemburg ansässiges, auf die Planung von Biogasanlagen spezialisiertes Unternehmen. Betreiber 16 zufolge unterhält die Firma gute Kontakte ins Ministerium und „weiß, was geht und was nicht" (I-16). Seit Anfang der 2000er Jahre plant L.E.E. Anlagen im Untersuchungsgebiet. So schildert Betreiber 20, dass durch die Erfahrung des Planungsbüros mit anderen Anlagen in der Umgebung die Genehmigung der Anlage trotz der neun zu beteiligenden Behörden zügig verlief.

Die Firma Schnell ist ein Hersteller von BHKWs für den Einsatz in Biogasanlagen und Weltmarktführer im Bereich der Zündstrahltechnik. Für einige Betreiber war Schnell ein unentbehrlicher Partner während der Konfiguration und in der Frühphase des Betriebs. So schildert Betreiber 25, dass 2005 „der Chef [...] samstags mittags auf den Hof – das waren ja alles damals noch Hinterhof-Firmen – hier zu uns auf den Hof [kam] und hat uns hier den Motor verkauft". Dabei wurden wichtige Informationen aus erster Hand weitergegeben, was dem Betreiber Sicherheit gab. Zudem bietet die Firma Schulungen an: „da bleibt immer irgendwie was hängen, neue Erkenntnisse oder man kann Fragen stellen" (I-20). Schnell hat ein breites Netzwerk von Servicefirmen, die für Einbau und Wartung der Aggregate zuständig sind. Im Untersuchungsgebiet ist dies die Firma Vrehen.

Paul Vrehen sitzt im luxemburgischen Schoos und ist einer der wichtigsten Akteure des Biogassektor im Untersuchungsgebiets. Neben Biogasanlagen vertreibt die Firma Landmaschinentechnik, weshalb sie vielen Betreibern bereits aus ihrer landwirtschaftlichen Tätigkeit bekannt ist. Für 15 Befragte stellt die Firma einen entscheidenden Partner dar, insbesondere für Montage und Wartung des Motors. Sie wird als „der Fachmann" (I-18) im Untersuchungsgebiet angesehen. Die Zusammenarbeit empfinden die Betreiber durchweg als sehr gut. Ein für die Betreiber wichtiger Aspekt ist, dass das Unternehmen vor Ort ansässig ist, „einigermaßen um die Ecke hier" (I-18) seinen Firmensitz hat. Denn „wenn man mal was hat, man braucht Ölfilter oder so, dann ruft man einfach an: Hier, wenn du mal gelegentlich kommst, dann bringst du uns das und das mit" (I-23). Vertrauen in die Firma resultiert aus den vielen guten Erfahrungen diverser Betreiber im Laufe der Zeit.

Die Firma Zahnen aus Arzfeld im westlichen Rheinland-Pfalz wird von verschiedenen Betreibern als wichtiges Unternehmen für die technische Betreuung der Anlage wahrgenommen. „Das ist eine Firma, die hier direkt 7 km weg sitzt [...]. Das finden wir ganz toll und ganz gut. [...] Man kennt sich sogar, wir können unseren Dialekt sprechen" (I-29). Auch andere Betreiber stimmen zu, dass die Ansässigkeit im Untersuchungsgebiet wichtig ist, dass die Ko-Existenz mit den Mitarbeitern die gemeinsame Arbeit im regionalen Regime unterstützt.

Einige Betreiber äußern aber auch Kritik an den Dienstleistern. Die Kosten für externe Dienstleistungen werden oftmals als sehr hoch wahrgenommen: „Biogas ist sehr kostenintensiv, das muss man schon [sagen]. Man muss viel Geld investieren bis alles läuft, und jede Reparatur und alles was kommt, was mit Biogas anfängt, das ist alles absolut überteuert" (I-30). Während der Konfiguration der Anlage hatten einige Betreiber schlechte Erfahrungen mit

Teilelieferanten gemacht. „Die Habgier von gewissen Leuten ist halt eben ein bisschen größer wie sie von Anderen ist. Der eine ist mit 20 Prozent Gewinn zufrieden, der Andere eben mit 120 Prozent“ (I-24). So lag etwa beim Leitungsausbau für die Biogasanlage die Preisspanne zwischen verschiedenen Firmen für die gleichen Bauteile zum Teil um den Faktor drei auseinander. Zudem versuchten nach Auffassung von Betreiber 31 verschiedene „Weißkittelackerpiloten, […] Fachleute ohne Ahnung“ (I-31), die Anlage zu optimieren und brächten dabei unrealistische Ideen vor. Dies wird insbesondere darauf zurückgeführt, dass „irgendwo das Gerücht herumlaufen [muss], dass man mit Biogas richtig Geld umsetzt, richtig Geld verdient. Alle drei Tage kommt jemand und will hier noch was verkaufen, da noch was verkaufen, hier noch was abhaben, jeder will was davon“ (I-30). Daher äußert ein Betreiber sein grundsätzliches Unwohlsein mit den Beratern:

> „Ich habe mit denen eher ein nicht so hundertprozentig gutes Gefühl. […] Wir hatten die erste Anlage mit denen gebaut und für die Erweiterung wussten wir auch nicht so recht wohin. […] Ich weiß nicht, ob wir noch einmal mit denen so zusammen arbeiten werden. […] Auch von der Beratung her und so, da wird man doch eher im Regen stehen gelassen“ (I-18).

Dabei ist interessant, dass sich die Unzufriedenheit erst ab dem wiederholten Kontakt im Zuge der Rekonfiguration der Anlage herausbildete. Eine Erklärung dafür liegt in der Branchenentwicklung, zu der zwei Gesprächspartner sagen:

> „am Anfang war das immer alles ein bisschen Pionierarbeit. Und mittlerweile wird das überall geschäftlich gemacht, professionell. Es ist nicht mehr so, dass wie früher … war das kollegialer. Man kannte die Leute alle. Fast persönlich! Wenn die Firma dann mehr in einem Maßstab, dass man die nicht mehr alle kennt [wächst], ist man halt Kunde und fertig. Wir rufen uns nicht mehr mit unserem Namen. Wenn ich den anrufe, dann hab ich vorher mit dem Firmenchef geredet, aber die Zeiten sind um. […] Man ruft an als Kunde X oder Kunde XY“ (I-12).
> „[Berater sind] unehrlich, die Verkäufer fangen an, uns für Idioten zu halten, […] erzählen uns irgendeinen Schrott. Wenn ich jetzt nicht so intensiv da drin wäre, dann würde ich das nicht mitbekommen. Aber wenn ich weiß, was läuft und da sind Leute, die erzählen einen Scheiß zusammen, das ist ganz schlimm“ (I-13).

Nach Auffassung einiger Betreiber haben sich diverse Dienstleister im Lauf der Zeit durch zunehmende Professionalisierung von ihren Kunden distanziert. Daher schätzen sie, so die Vermutung, die vorhandenen Wissensbestände der Betreiber nicht mehr korrekt ein, was wiederum dazu führt, dass die Betreiber sich nicht mehr ernst genommen fühlen. Dies liegt vor allem an den Wissensbeständen der Anlagenbetreiber, die es ihnen ermöglicht, Informationen in hilfreich und wirkungslos, richtig und falsch zu differenzieren. Diese spiegelt sich auch in Wahrnehmung über externe Berater, die, wie im Fall von Betreiber 31, aus Norddeutschland kommen:

> „Wir haben auch festgestellt, wenn wir mit den Firmen, die da von oben runterkommen… Bei uns war es immer noch so, wir brauchten nicht alles aufzuschreiben: gesagt, getan. Ein Mann, ein Wort. Bei denen stimmt das alles nicht, generell nicht. ‚Wo steht das? Wo steht das geschrieben? Wenn das nirgends steht, brauchen wir nichts zu machen'" (I-31).

Dies verdeutlicht, dass Bekanntschaft und Vertrauen wichtige Aspekte für die Auswahl der Partner im Netzwerk sind. Ungeachtet dessen war Betreiber 31 zu Beginn zufrieden mit dem Büro und den Technologielieferanten. Doch nach und nach lieferten Subkontraktoren nicht die vereinbarten Maschinen, zum Teil sogar keine Neuware. Durch technische Probleme gab es daher einerseits Einkommensausfälle von etwa 70.000 Euro, da kein Biogas produziert werden konnte. Andererseits mussten unerwartete Kosten für Reparatur- und Austauscharbeiten sowie Anwaltskosten in Höhe von circa 160.000 Euro aufgebracht werden. Auch Betreiber 11 machte negative Erfahrungen mit nicht-ansässigen Beratern. Er schildert, dass das Ministerium bei der Festlegung der Einspeisevergütung für Biogas ein Beratungsbüro aus Ostdeutschland beauftragte, was er als Ursache für falsche Berechnungen und damit einen niedrigen Einspeisetarif sieht:

> „Wir Luxemburger, wir haben ja auch Leute, die im Biogas [tätig sind] oder die denen das vorrechnen. Aber dann wurde das nach Leipzig in irgendwie ein Institut geschickt, [um] das zu klären. Und die hätten rausgefunden, dass es auch mit 6,5 [Cent] geht. Nur haben die verschiedene Sachen drin vergessen. Unsere Baustandards, die wir aufgelegt bekommen, das wissen wir von den Etüden [= Studien]. Sie haben vergessen, dass hier die Löhne fast doppelt so teuer sind wie in Deutschland. Die Standards, die Ländereien, wo du drauf baust, alles ist viel teurer. Die Sachen fehlen alle in den Etüden" (I-11).

Aufgrund andere Kontexte in Luxemburg sei es dem Institut nicht möglich gewesen, den luxemburgischen Containerraum der Biogaserzeugung vollständig zu verstehen und alle Komponenten angemessen in die Berechnungen einzubeziehen (s. Abb. 5.12). Eng damit verbunden ist die Besonderheit des Untersuchungsgebiet, nationalstaatliche Grenzen zu überbrücken. So schildert beispielsweise Betreiber 09, dass bei der Planung seiner Anlage das deutsche Büro teilweise falsche Annahmen über das luxemburgische Rechtssystem anstellte, weshalb diverse Überarbeitungen an den Plänen nötig wurden. Auch bei diesem Beispiel entfaltet sich eine Containerraumlogik: Der Betreiber macht einmal eine negative Erfahrung mit einem ausländischen Unternehmen und schreibt diesen Mangel auch den anderen ausländischen Unternehmen zu; er wählte er in der Folge ausschließlich in Luxemburg ansässige Unternehmen.

Abbildung 5.12: Argument – Containerräume der Biogaserzeugung sind unterschiedlich und schwer von außen zu verstehen (I-11), eigene Darstellung.

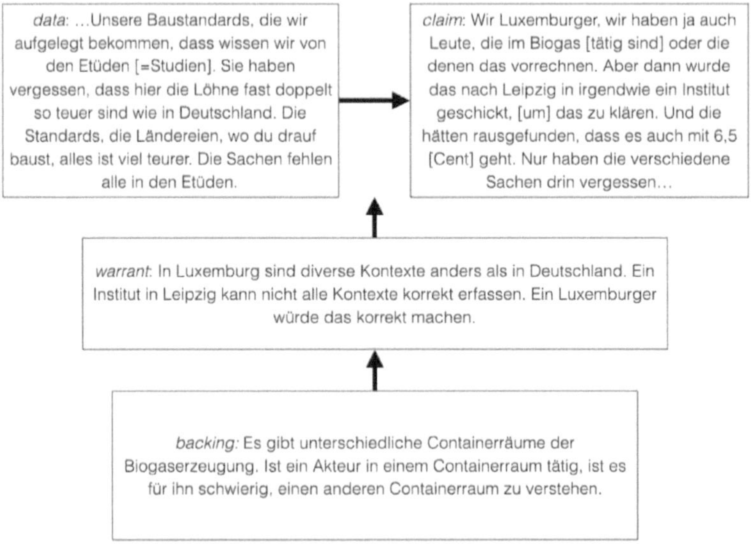

Insgesamt sehen die befragten Betreiber die unterstützenden Unternehmen und Dienstleister im Untersuchungsgebiet als wichtige Partner, mit denen zielführend zusammengearbeitet werden kann. Sie Teilen mit diesen Werte und Normen sowie Wissensbestände, praktizieren in vergleichbaren gesellschaftlichen Kontexten und bilden damit eine regionale *Community of Practice*. Unternehmen, die außerhalb dieser *Community of Practice* stehen, werden tendenziell kritischer betrachtet. Wie einige Beispiele belegen behindert ein Mangel lokaler und regionaler Werte und Normen – und damit Unterschiede in individuellen Wissensbeständen der Akteure in der *Community of Practice* – eine vertrauensvolle Zusammenarbeit (s. Abb. 5.13).

Lediglich ein Betreiber äußert dass die Partnerwahl unabhängig der Lage des Unternehmens sei. Er hebt hervor, dass die Tätigkeit in einem gemeinsamen Praxisfeld und historisch gewachsenes Erfahrungswissen (s. Abb. 5.14) von größerer Bedeutung seien: „Haben mit einem österreichischen Anlagenhersteller, der uns da sehr kompetent vorkam, [zusammengearbeitet], was auch im Nachhinein sich so herausgestellt hat, weil die einfach schon länger am Werk waren" (I-32). Diese Offenheit gegenüber Unternehmen außerhalb des Untersuchungsgebiets ist allerdings ein Einzelfall. Die lokale bis regionale Integrität des Biogassektors ist für die aller meisten Befragten von oberster Wichtigkeit.

Abbildung 5.13: Argument – Lokale und Regionale Werte und Normen sind nötig für Vertrauen (I-31), eigene Darstellung.

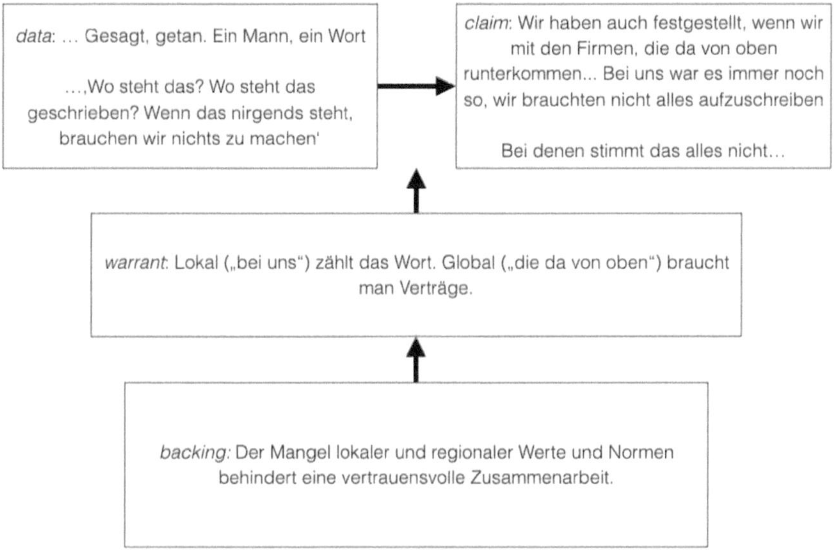

Abbildung 5.14: Argument – Die regionale Community of Practice ist unabhängig vom Containerraum (I-32), eigene Darstellung.

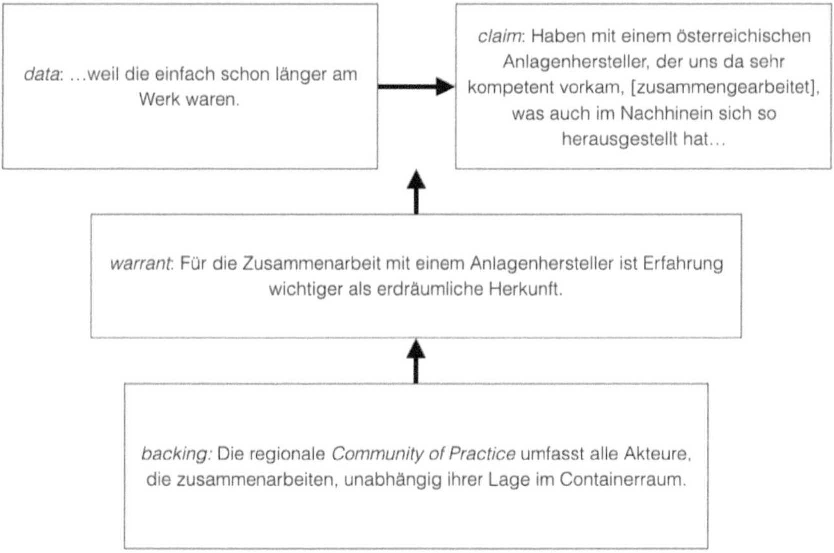

5.3.1.3 Ressourcenlieferanten

Da die Verfügbarkeit von Rohstoffen eine grundlegende Anforderung des Betriebs einer Biogasanlage ist, die meisten Betreiber aber nicht über ausreichende Mengen verfügen, ist die Interaktion mit landwirtschaftlichen und abfallwirtschaftlichen Akteuren von großer Bedeutung. Im Zuge der Diskussion über die Ressourcenbeschaffung wurde diese Rolle der Ressourcenlieferanten bereits thematisiert (vgl. Kap. 5.2.1.2), weshalb sie an dieser Stelle nicht noch einmal aufgegriffen wird.

5.3.1.4 Vereine der Betreiber

Ein Verein ist eine „Organisation, in der sich Personen zu einem bestimmten gemeinsamen, durch Satzungen festgelegten Tun, zur Pflege bestimmter gemeinsamer Interessen o. Ä. zusammengeschlossen haben" (Duden-Online, 2014). Im Untersuchungsgebiet gibt es verschiedene Vereine, die für die Interviewpartner wichtig sind: die luxemburgische *„Biogasvereenegung a.s.b.l."* (Biogasvereinigung e.V.), der deutsche „Fachverband Biogas e.V.", der „Bauern- und Winzerverband Rheinland-Nassau e.V." sowie die *„Lëtzebuerger Landjugend – Jongbaueren an Jongwënzer a.s.b.l."* (Luxemburger Landjugend – Jungbauern und Jungwinzer e.V.). Die beiden letztgenannten waren insbesondere für die Konfiguration der Anlagen in der Frühphase von Bedeutung, da sie Besichtigungsfahrten organisierten und somit den Austausch von Wissen ermöglichten (vgl. Kap. 6.4.13) und (6.1.2). Einige Betreiber erleben diesen Austausch als hilfreich: „dann werden halt eben auch eine Handvoll kritische Fragen gestellt und ja. Und man wird selbst nicht dümmer davon" (I-24). Zugleich wurde in den Gesprächen auch deutlich, dass die Verbände über nationalstaatliche Grenzen hinweg den Austausch suchen: „Die Luxemburger sind tolle Kollegen, wir haben allerbestes Miteinander, auch innerhalb des Bauernverbandes, innerhalb der Organisationen" (I-25).

Die *Lëtzebuerger Biogasvereenegung* wurde 2003 gegründet. Von den befragten Betreibern waren vier in die Gründung involviert (I-06, I-12[3], I-13, I-17). Heute sind, mit einer Ausnahme, alle luxemburgischen Biogasanlagenbetreiber Mitglied in dem Verein.[4] Laut Präsident bestehen derzeit keine konkreten Plä-

---

3 Betreiber 12 war die ersten sechs Jahre Präsident der *Biogasvereenegung*.

4 Das eine Nicht-Mitglied wird vom aktuellen Präsidenten (I-06) als Trittbrettfahrer bezeichnet, da das Erreichte der Vereinigung auch für jenen positiv wirke, der keinen Mitgliedsbeitrag entrichte.

ne seitens aktueller oder potenzieller Betreiber zum Neubau von Biogasanlagen. Dies bestätigen auch andere befragte luxemburgische Betreiber.

Die Zusammenarbeit im Verein wird positiv wahrgenommen. „Wir sind wirklich miteinander Kollegen“ äußert Interviewpartner 13. Auch Betreiber, die selbst nicht sehr aktiv im Verein sind, sehen die Biogasvereenegung als wichtige Versammlung: „Ich habe das Gefühl, dass die schon etwas leisten“ (I-18). Die Gründung des Betreibernetzwerks, in dem zudem auch die Firmen Vrehen und L.E.E. Mitglied sind, hat insbesondere politische Vorteile: „Politischen Druck bekommt man nur hin, wenn man zu mehreren ist, sonst wird man von der Politik nicht wahrgenommen“ (I-10). Das Ministerium wollte beispielsweise einen höheren Einsatz von Gülle einfordern, die Vereinigung legte aber dar, dass dies zu wirtschaftlichen Problem führen würde und die Pläne wurden verworfen. Die Vereinigung wird nach Meinung des Präsidenten von Politikern geschätzt und anerkannt. Beispielsweise habe der Wirtschaftsminister die Vereinigung beauftragt, mit einem Fraunhoferinstitut ein neues Einspeisereglement zu erarbeiten. Der Vorstand trifft sich auch regelmäßig mit dem Minister, um über die allgemeine Situation der Biogaserzeuger in Luxemburg zu sprechen.

Insgesamt wird die politische Arbeit der *Biogasvereenegung* von den luxemburgischen Betreibern positiv bewertet. Allerdings zeichnet sich ab, dass ein Großteil der Arbeit vergebens ist: „Es kommt immer wieder dabei heraus, dass das Ministerium nicht will“ (I-12). In den Schilderungen über die politische Arbeit der Biogasvereenegung kommt ausschließlich dem luxemburgischen Kontext Bedeutung zu, was wieder verdeutlicht, dass die Energieregion „in“ Luxemburg als ein Containerraum der Biogaserzeugung zum Deutungsmuster wird.

Als weitere wichtige Aufgaben der Biogasvereenegung werden Wissensaustausch, Verbreitung neuer Erkenntnisse, Unterhalten von Kontakten ins Ausland und Vorstellen neuer Technologien benannt. Von den Mitgliedern wird insbesondere die Möglichkeit zum Wissensaustausch geschätzt: „Wir sagen uns immer, was uns stört und was uns nervt oder was nicht gut ist oder was verbessert werden müsste oder so“ (I-11). Allerdings stellt der Präsident fest: „Aber wenn es finanziell nicht gut läuft, dann besteht auch weniger Interesse an Weiterbildungen, das spürt man schon“[5] (I-06).

Die Arbeit der Biogasvereenegung hat sich nach Ansicht von Betreiber 16 verändert. Während zu Beginn noch stark über konkrete Anlagen und spezifische

5 Eigene Übersetzung aus dem Luxemburgischen: *„Mee wann finanziell net gutt leeft, dann ass och manner Interessi u Weiderbildung, dat spiert een awer“.*

Probleme diskutiert wurde, sei sie heute vorrangig in politische Arbeit involviert. Allerdings empfindet er auch, dass die Vereinigung derzeit Probleme hat,

> „denn die Landwirte sind nicht da. Die geben nicht ihre Probleme preis in der Vereinigung. […] Ich glaube, das geht heute mehr über größere Firmen als über die Vereinigung […] Die machen politisch sehr viel Arbeit […] der Vorstand hauptsächlich […] aber von der praktischen Anlage sind sie ein bisschen weggekommen" (I-16).

Durch ein vergrößertes Angebot von Dienstleistern scheint die gemeinsame Arbeit in einem Verein für den alltäglichen Betrieb einer Biogasanlage in Luxemburg an Bedeutung zu verlieren.

Im westlichen Rheinland-Pfalz gehen die Betreiber weniger intensiv auf den „Fachverband Biogas" oder dessen Regionalgruppe eingehen. Lediglich vier Betreiber äußern sich über diesen. Einer sieht den Verband als „reine Lobbyisten" (I-25). Zugleich merkt er an: „Der Biogasfachverband ist richtig gut aufgestellt, muss man sagen. […] Die sitzen in München und wenn wir ein Problem haben, ich rufe die auch sofort an. Wir sind da Mitglied und die können einem auch relativ, ja, hat bisher immer gepasst" (I-25). Diesen positiven Eindruck über die Unterstützung im alltäglichen Betrieb teilen auch andere Befragte. Einer geht explizit auf Regionalgruppentreffen ein, „wo man sich regelmäßig trifft, wo dann auch eben aktuelle Themen immer behandelt werden und bei Bedarf auch Diskussionen dann geführt werden" (I-28). Auch ein luxemburgischer Betreiber ist Mitglied im Fachverband, um an Ausstellungen, Seminaren und Tagungen teilzunehmen. Vor dem Hintergrund sich ändernder politischer Rahmenbedingungen und einer vermeintlichen Verschlechterung der Situation für Biogaserzeuger äußert er kritisch, dass die Arbeit des Fachverbandes kaum neue oder zukunftsweisende Ideen entwickelt würden.

Die Vereine der Betreiber sind als Plattform des Informationsaustausches von großer Bedeutung. Sie bilden damit einen Bestandteil der Energieregion als Austauschplattform sozio-technischer Wissensbestände. Noch wichtiger wird heute die Rolle der politischen Arbeit gesehen. Zugleich ist ihre Arbeit vorrangig auf die Energieregion als Containerraum der Biogaserzeugung ausgerichtet.

5.3.1.5 Politik und Verwaltung

Politiker und Verwaltungsangestellte sind für die Betreiber wichtige Akteure für die Konfiguration und den Betrieb der Anlage. Wie in Kapitel 5.1.1 dargelegt, ist die Interaktion mit dieser Akteursgruppe mitverantwortlich für die Herausbildung von Deutungsmustern, für die Verhandlung von Handlungsmöglichkeiten und Gestaltungsspielräume sowie für die Gestaltung neuer Verfahren oder Regularien. Eine besondere Rolle wird dabei von den Betreibern aus dem westlichen Rheinland-Pfalz dem DLR zugesprochen. Es stellt den Betreibern Informationen über Gesetzesänderungen, Genehmigungsverfahren, Vergütungsaspekte, technische Entwicklungen oder Forschungserkenntnisse, auch im Substratbereich, zur Verfügung (I-22, I-23, I-25, I-26, I-28, I-30). Die Mitarbeiter werden als „hoch kompetent" (I-23) angesehen.

Allerdings kommen zunehmend kritische Stimmen auf. Einige Betreiber halten die vom DLR bereitgestellten Materialien oft für wenig hilfreich: „Ob die Machbarkeit immer so ganz gegeben ist, was die da von sich geben, ist eine andere Geschichte" (I-33). Ähnlich bewertet Betreiber 21 die Situation: „Jetzt [in 2013] sieht man dann Vorträge: Biogas mit Hackschnitzanlage. Ja toll, das habe ich seit 2009" (I-21). Neben der Machbarkeit wird auch die Aktualität der Informationen angezweifelt. Zudem schildern einige Befragte, dass mittlerweile eine Sättigung an Information erreicht sei: „was wirklich Neues kommt auch nicht mehr" (I-30). Hinsichtlich der Mitarbeiter beim DLR werden deren Ansichten vereinzelt als „zu engstirnig, auch in Bezug auf möglichst viel an Wertschöpfung" (I-33) wahrgenommen. Dies führt ein anderer Betreiber auf eine falsche Erwartungshaltung seitens der Betreiber zurück. Seiner Einschätzung nach seien sie dem DLR gegenüber zu streng und zu kritisch eingestellt, wie folgende Sequenz verdeutlicht:

> „Ja, wir schimpfen hier über die. Sie werden das hier hören bei den Bauern: Die machen nichts, und die sitzen nur da! Aber wir hatten jetzt vom Bauernverband eine Bezirksversammlung in Nettendorf und da ging es um die kleinsten Biogasanlagen und da war [... ein Herr vom DLR] als Referent. Und da waren, sagen wir, 30 Betriebe, dann aber immer mit Vater, Sohn [...]. Die wollten eigentlich hören: Das ist ein Ding, passt. Und der [Herr vom DLR] hat einfach gesagt: Leute, ihr könnt euch so froh beten wie ihr wollt und ihr könnt auf die Anlagenverkäufer, Vertreter, die wollen ja alle verkaufen, die wollen ja alle nur unser Bestes, viel Geld, hören, aber es funktioniert nicht. Er hat dann wirklich mal die Beispiele aufgezeigt. Es rechnet sich nicht 5, 6, 7, 800.000 Euro zu investieren, um dann am Ende des Jahres schon 10 oder 15.000 Euro der Bank zu bezahlen, das geht nicht" (I-25).

Insgesamt wird das DLR von den Betreibern als staatliche Plattform angesehen, bei der es um den Austausch positiver Aspekte und um eine gute Selbstdarstellung unter Kollegen geht. Somit können zum einen Informationen leichter gewonnen werden, zum anderen scheinen diverse Betreiber dazu verleitet werden, falsche Angaben über ihre Anlage gegenüber Kollegen zu machen. Weil diese wiederum mit anderen Akteuren im Praxisfeld, etwa Banken, vernetzt sind, werden diese Falschaussagen aber erkannt.

Hinsichtlich entscheidender Partnern kann kurz zusammengefasst werden, dass für die Konfiguration und den Betrieb diverse Akteure eine wichtige Rolle übernehmen. Landwirtschaftliche und energiewirtschaftliche sowie staatliche und private Partner sind dabei ebenso bedeutend wie Einzelpersonen oder Netzwerke. Gemeinsam bilden die unterschiedlichen Akteure und Akteursgruppen ein Netzwerk im Untersuchungsraum, das für die Betreiber im Normalfall von größerer Bedeutung ist als Verbindungen nach außen.

5.3.2 Organisation des Netzwerks

Die Organisation des Netzwerks ist eine wesentliche Komponente für dessen Aufbau und Erhalt. Welchen Akteuren sprechen die Betreiber welche Verantwortlichkeiten und Kompetenzen zu? Welche Handlungsfähigkeiten empfinden die Betreiber und wem werden welche Handlungsfähigkeiten zugeschrieben? Welche Handlungsmotive und Strategien werden im Netzwerk auf welche Weise wahrgenommen?

5.3.2.1 Verantwortlichkeiten und Kompetenzen

Den benannten Akteursgruppen werden von den Betreibern unterschiedliche Verantwortlichkeiten und Kompetenzen zugesprochen. Die Betreiber in Luxemburg geben folgendes generelles Bild der Verantwortlichkeiten: Persönliche Kontakte sind wichtig für den alltäglichen Betrieb der Anlage (vgl. Kap. 5.2.1), die Biogasvereenegung ist für politische Lobbyarbeit zuständig (vgl. Kap. 5.3.1.4) und Dienstleister für die Biologie und Technologie der Anlage (vgl. Kap. 5.3.1.5). Hilfreich ist, dass im benachbarten Deutschland nicht nur viel Wissen vorhanden ist, sondern auch viele Anlagen installiert sind, sodass Besichtigungen problemlos möglich sind, um an neue Erkenntnisse zu gelangen.

Für das westliche Rheinland-Pfalz kann kein so klares Bild gezeichnet werden. Die Deutung der Organisation des Netzwerks ist dort stärker diversifiziert, was auch an der größeren Vielfalt der betrieblichen Organisationsformen liegt (Gemeinschaftsanlagen, Investoren, *Smartgrids* Projekt). Im gesamten Untersuchungsgebiet wird der Politik die Verantwortlichkeit über die Regulierung sowie die Definition von Vergütungssätzen und Vorschriften zugesprochen, welche von der Verwaltung ausgeführt werden. Die wahrgenommenen Verantwortlichkeiten und Kompetenzen innerhalb des Netzwerks der Betreiber selbst werden durch ihre Grenzen sichtbar. Betreiber 22 stellt heraus, dass durch die zunehmende Integration der Biogasanlagen in den Elektrizitätsmarkt finanzstarke Akteure Kompetenzen abziehen:

> „Wir wollen die Sache mal realistisch sehen: Der Wandel zum Energiewirt ist ein Wunschtraum, denn das geht immer mehr in die Hände von Großinvestoren über. Entweder Industrie oder die Leute, die das Geld ohne arbeiten verdienen, Steuerberater,

> Zahnärzte etc. Die Landwirte haben doch kaum noch bei neuen Anlagen, großen Anlagen, die Finger drin. Die werden noch Rohstofflieferanten sein, das heißt, sie begeben sich zurück in die Leibeigenschaft, wo sie früher schon mal drin waren. Offensichtlich fühlen sie sich ja immer noch wohl da drin und mehr wird nicht dabei rumkommen. [...] Denn der Betreiber trägt das Risiko ja in diesen Koopera-, in diesen Art Gesellschaftsformen. Denn das wird ja auf den Landwirt abgewälzt. Der wird also verpflichtet dazu, das und das zu machen. Ob er jetzt eine gute [Anlage] hat oder eine schlechte, das spielt überhaupt keine Rolle, da hast du Pech gehabt. Und das sind alles nichtlandwirtschaftliche Investoren größtenteils, genau wie bei den Windrädern auch. Na wer baut denn die Windparks? Doch nicht der Landwirt, dem das Grundstück gehört" (I-22).

Dieses Deutungsmuster bestätigen auch andere Interviewpartner. Diverse Betreiber wurden von Investoren angesprochen und lehnten aus den von Betreiber 22 in der Interviewsequenz genannten Gründen die Anfragen ab. Zugleich gibt es auch Fälle, in denen dem Biogassektor nahestehende Akteure (Projektentwickler, Technologielieferanten) als Gesellschafter beteiligt wurden und die Betreiber mit dieser Lösung zufrieden waren (vgl. Kap. 5.3.1.1). Dabei gestalten sich Verantwortlichkeiten und Kompetenzen allerdings in der Tat so aus, wie Betreiber 22 dies schildert. Beispielsweise äußert der Betreiber, der in das Smart Country Projekt eingebunden ist: „Wir müssen jetzt momentan nicht, wir können auch durch das Projekt nichts Großes ändern. Jetzt müssen wir erstmals den Ablauf abwarten, bis es abgeschlossen ist, aber dann können wir noch mal tätig werden" (I-29). Das deutet darauf hin, dass das Projekt Schranken aufbaut, dass der Projektträger Vorgaben hinsichtlich der Konfiguration der Anlage macht und die Rekonfiguration ausschließt. In dem Interview wird zudem deutlich, dass für die Projektlaufzeit die alltäglichen Abläufe des Betriebs vom Energieversorgungsunternehmen definiert werden. Sobald also Investoren im Untersuchungsgebiet in die Anlagen eingebunden sind, führt dies zur Verlagerung einzelner Verantwortlichkeiten und Kompetenzen.

Neben den eigenen Verantwortlichkeiten und Kompetenzen gehen die Betreiber auch auf Vereine ein. Wie oben dargelegt, sind diese heute vor allem für die Interessensvertretung zuständig. Für die Anfangsphase des Biogassektors in Luxemburg deuten die Betreiber die *Biogasvereenegung* als Organisation zur Selbsthilfe: „Aber es war schon ein Selbstzweck die Gründung, um sich gegenseitig und gemeinsam zu helfen. Es gab ja viele Behördengänge zu machen in die Ministerien, es war gar nichts bekannt, niemand wusste, was das ist und wie das aussehen soll"[6] (I-06). Im westlichen Rheinland-Pfalz wird vor allem die

6 Eigene Übersetzung aus dem Luxemburgischen: *„Awer et war schonn en Selbstzweck, déi Gründung do fir sech géigesäiteg ze hëllefen an gemeinsam. Et ware jo vill Démarchen*

Interaktion von Bauernverband und Fachverband Biogas diskutiert und positiv wahrgenommen. Betreiber 25, der Kreisvorsitzender im Bauernverband ist, stellt zudem heraus: „Die Drähte glühen, also das ist kein Konkurrenzverband von uns, sondern das ist wirklich dann die Pfeilspitze, die notwendig ist, um absolut in der Politik dann denen die Ohren lang zu ziehen. Weil der Bauernverband muss ja die ganze Breite, von der Sozialversicherung bis ich weiß nicht was, abdecken" (I-25). Die Vereine und deren Zusammenarbeit werden im Untersuchungsgebiet als für Lobbyarbeit zuständig betrachtet.

Die Betreiber geben ein klares Bild über Verantwortlichkeiten und Kompetenzen innerhalb des Netzwerks. Aber wie bewerten sie die Handlungsfähigkeiten der einzelnen Akteure?

5.3.2.2 Handlungsfähigkeiten

Aus der Netzwerkaktivität eröffnen sich für die Betreiber Handlungsmöglichkeiten. Diese beziehen sich beispielsweise auf die Gestaltung des Netzwerks: „Man muss natürlich auch aufpassen, dass man sich die richtigen Leute um sich rum schart, die nicht nur, wenn sie Biogasanlage hören, die Dollarzeichen in den Augen haben" (I-24). Verschiedene Befragte sehen dafür ausreichende Informationen, Empfehlungen von anderen Betreibern sowie eigene Erfahrungen mit anderen Unternehmen als wichtig. Durch die Interaktion in zum Teil selbst geschaffenen und zum Teil vorhandenen Netzwerken wird laut Betreiber 19 insbesondere der Zugang zu Ressourcen und landwirtschaftlichen Flächen vereinfacht. Auch Betreiber 26 stellt dies dar: „Wir sind hier auch mit den Anlagen teilweise ein bisschen, dass untereinander auch gesprochen wird, wenn dann mal einer verpachtet" (I-26). Im Netzwerk besteht Wissen über Preise und über Verfügbarkeit von Rohstoffen und Flächen. Dieses Wissen kann kontinuierlich aktualisiert werden, sofern am Netzwerk partizipiert wird (vgl. auch Kap. 5.2.1.2) und daraus eröffnen sich Handlungsfähigkeiten.

Für die Ressourcenbeschaffung ergibt sich Handlungsfähigkeit ebenfalls aus der Vereinsarbeit. Das Netzwerk wird auch hier deutlich in seiner regionalen Ausprägung präsentiert. Die *Biogasvereenegung* schloss einen Vertrag über die Abnahme kommunalen Grünschnitts mit dem Abfallsyndikat SIDEC. Die je am nächsten liegende Anlage wird mit Rohstoffen versorgt. Dieser Vertragsschluss war laut Betreiberaussage relativ einfach zu erzielen, da im gleichen Jahr Kommunalwahlen stattfanden und die Politiker, die in den Vorständen der

---

awer ze maachen an de Ministèren, et war guer net bekannt, et wousst keen wat ass dat a wéi soll dat ausgesinn".

Abfallsyndikate saßen, um Wählerstimmen buhlten und für solche Projekte offen waren. Dies verdeutlicht, wie wichtig das Auftreten im Verein gegenüber Politikern ist. Diese nehmen die Betreiber als Kollektiv wahr, wodurch eine erhöhte Handlungsfähigkeit entsteht:

> „Ich denke, wenn man in einem Verband zusammen ist, die arbeiten ja auch Anträge aus und bei der Regierung um mehr Geld, andere Einspeisetarife und so weiter. Und ich denke, das funktioniert nur im Verband mit vielen zusammen. Ein Einzelner kann nichts erreichen, und nur im Verband denke ich kann da etwas erreicht werden" (I-18).

Betreiber 36 schränkt ein, dass das Netzwerk auch Nachteile hinsichtlich der Handlungsfähigkeiten mit sich bringe. Im Vergleich zur Anfangsphase der Biogaserzeugung im Untersuchungsgebiet stell er fest, dass sich unterstützende Unternehmen seit etwa 2008 deutlich stärker im Netzwerk engagiert haben. Dies sei für den Wissensaustausch und die Zusammenarbeit zwar förderlich, die regelmäßige Interaktion führt allerdings zur Einschätzung: „mit Verhandeln war eigentlich nicht viel" (I-36). Da die Unternehmen und Berater bestens über den Biogassektor informiert sind sowie Bekanntschaften geschlossen und Vertrauen aufgebaut wurde, ist eine harte Verhandlungsführung erschwert. Dieser Aspekt wird auch als Handlungsmotiv oder Strategie der Akteure benannt.

5.3.2.3 Handlungsmotive und Strategien

Handlungsmotive und Strategien im Netzwerk schreiben die Betreiber anderen Akteuren zu und benennen dabei vorrangig negative Aspekte. Betreiber verbinden Strategien anderer Akteure im Netzwerk mit erheblichen Preissteigerungen, für die zwei Gründe gesehen werden: steigende politische und administrative Auflagen „und natürlich, weil die Leute, die in dem Bereich tätig sind, sagen: Okay, die Bauern kriegen das Geld, das rechnet sich für die auch noch, wenn sie das ausgeben. Je mehr der Staat fördert, desto mehr nehmen sich auch die anderen Bereiche" (I-32). Konkret macht der Befragte dies an den Kosten für den Bau seiner Anlage fest. Während er selbst insgesamt etwa 1,1 Millionen Euro investierte, geht er heute von Kosten für eine vergleichbare Anlage von 1,5 bis 1,8 Millionen Euro aus. Auch andere Betreiber bestätigen diesen Eindruck, dass andere Akteure vermehrt versuchten, in die Netzwerke eingebunden zu werden, um Zugriff auf einen Markt zu haben, in dem viele Fördermittel abgegriffen werden können. Dies veranlasst nach Aussage von Betreiber 17 das in Luxemburg zuständige Wirtschaftsministerium dazu, vermehrt die finanziellen Aspekte der Biogasanlagen zu betrachten: „Heute, Energieministerium, da wird nur gerechnet, gerechnet, um so billig wie möglich den Strom zu produzieren" (I-17). Dem entgegen versuche die *Biogasvereenegung* eine Erhöhung der Einspeisevergütung zu erzielen, auch, um die Kreislaufwirtschaft und eine verbesserte Ressourceneffizienz zu ermöglichen, die nur mit höheren Zuschüssen zu ermöglichen sei. Die Interaktion zwischen verschiedenen Akteursgruppen ist dabei wichtig, um im Netzwerk eigene Ziele zu erreichen und Verantwortlichkeiten und Kompetenzen zu diskutieren.

5.3.3 Interaktionsvarianten

Interaktion bedarf Aktion. Zugleich ist Interaktion für die Verbreitung von Wissensbeständen wesentlich. Durch Interaktion entstehen und festigen sich Routinen. Die Betreiber im Untersuchungsgebiet gehen auf die Rolle persönlicher Kontakte, auf unterschiedliche Formen der Kommunikation und deren Entwicklung ein.

Face-to-face-Kontakte sind für die Betreiber wesentlich. Die erwähnten Besichtigungsfahrten luxemburgischer Betreiber ins westliche Rheinland-Pfalz sind ein gutes Beispiel dafür, wie die Akteure miteinander in Kontakt kamen, woraus auch spätere Interaktion resultierte: „Komplett der Bus voller luxemburger Landwirten kam unsere Anlage besichtigen und da war der Kontakt schon da. Mit Luxemburgern komme ich eigentlich echt gut zurecht" (I-19). Da direkte Interaktion entscheidend ist, kommt auch der mündlichen Kommunikation eine große Bedeutung zu. „Das geht viel von Mund-zu-Mund-Propaganda hier auch über die Grenze, weil hier kennt ja doch oben in der Ecke Jeder Jeden. Und das ist so, kam jetzt dann auch, nachdem dann einer gehört hatte, dass Ernie hier GPS super gefahren hat, kam schon der Nächste und hätte gern Mais verkauft" (I-21). Ein anderer Betreiber ergänzt dies mit dem Aspekt Nachbarschaft, was auf die lokale Dimension der Interaktion hinweist: „Manchmal klingeln die Landwirte auch bei uns oder wir arbeiten mit einem Landwirt hier aus dem Dorf sehr eng zusammen, der uns auch die Ernte ganz macht. Und über den kommen auch verschiedene Kontakte zustande, der sagt: [...],Ruf den mal an.' Der macht so kleine Kontakte" (I-18). Auch im direkten Kontakt mit großen Lieferanten findet sich dieses Muster: „Ich habe einen Grossist gefragt, mit dem hab ich angefangen. Und der hat mir dann ein anderes großes Geschäft vermittelt. Und die haben dann alle verschiedene kleine Niederlassungen und so weiter. Ja und dann kam der nächste so dazu" (I-09). In Kontakt kommen Betreiber mit Lieferanten demnach über persönliche Bekanntschaft sowie Gespräche, die „hier in der Ecke" sowie „über die Grenzen" hinweg stattfinden; räumliche Nähe begünstigt die Interaktion – auch grenzüberschreitend (vgl. Abb. 5.15). Zudem ist es für die Betreiber wichtig, in Interaktion zu bleiben. Einige Befragte kontaktieren ihre Rohstoffhändler regelmäßig, um in Verbindung zu bleiben und die Ressourcen damit sicherzustellen. Betreiber 10 schildert, dass er daher noch keine Versorgungsengpässe hatte.

Abbildung 5.15: Argument – Räumliche Nähe begünstigt Interaktion – auch grenzüberschreitend (I-21), eigene Darstellung.

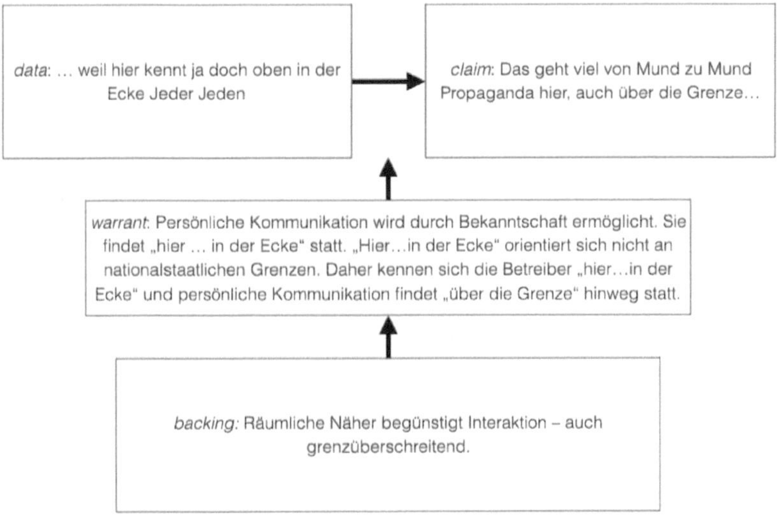

Eine andere Dimension regelmäßiger Interaktion ist die zwischen den Betreibern. Die meisten Befragten sehen die anderen Betreiber gleichzeitig als Kollegen und als Konkurrenten (vgl. Kap. 5.3.1.1). Dennoch ist der regelmäßige Austausch wichtig, um über Entwicklungen informiert zu sein.

Die Evolution des Biogassektors (vgl. dazu auch Kap. 6) ging auch mit einer Veränderung der Interaktionsformen einher. Ein Betreiber äußert sehr prägnant: „Die Biogasbranche 2001 war sehr klein, wenig Leute und eigentlich hat sich jeder gekannt" (I-34), was er an der Firma Agricom festmacht: 2001 hatte Agricom fünf Mitarbeiter, heute seien dies über 400. Ab 2004 beobachtete Betreiber 34 die Expansion des Unternehmens. Auch sein eigener Betrieb habe dabei eine Rolle gespielt: „Über uns damals hat Agricom den Schritt nach Luxemburg gemacht. Wir waren ja so die erste grenznahe Anlage für die Luxemburger, wir standen als Referenzanlage im Prospekt und die sind mit einer Kolonne nach der anderen aus Luxemburg hier noch gucken gekommen" (I-34). Allerdings spürte auch der Betreiber das Wachstum von Agricom: „man hatte nicht mehr den Chef am Telefon, wenn man etwas hatte, sondern irgendeinen Gebietsbearbeiter" (I- 34). Wie auf Seite 200 bereits dargelegt, empfinden die Betreiber im Untersuchungsgebiet die Interkation mit anderen Unternehmen oder Beratern als unpersönlicher als noch vor zehn Jahren. Nicht nur die Ansprechpartner bei den Unternehmen sind andere (an Stelle des „Chefs“ der „Bearbeiter“), sondern auch die Art und Weise der Interaktion verändere sich. Dass, wie in der Anfangsphase des Biogassektors im Untersuchungsgebiet häufig der Fall, oft der Geschäftsführer von Dienstleistern oder Bauunternehmen in den Bau der Anlage involviert war, sei heutzutage kaum noch der Fall. Auf den Baustellen oder beim Betrieb seien nun andere Mitarbeiter präsent, was den Betreibern das Gefühl vermittelt, weniger gut unterstützt zu werden und bei Bau und Betrieb vielmehr Handlanger, als professionelle Betreiber zu sein.

5.3.4 Netzwerke in der Gesamtschau

Dieses Unterkapitel verdeutlichte die Zusammensetzung, Organisation und Interaktion der Akteursnetzwerke der Biogaserzeugung im Untersuchungsgebiet. Das in den Interviews gewonnene Material gibt dabei umfassenden Einblick in die Zusammensetzung des Netzwerk der Biogaserzeugung als *Community of Practice* (s. Abb. 5.16). Die Organisation und Interaktionsformen werden hingegen weniger intensiv von den Betreibern diskutiert. Die Betreiber verdeutlichen, dass insbesondere der Austausch mit anderen Betreibern im persönlichen Kontakt oder in Vereinen wichtig für den alltäglichen Betrieb der Anlage ist. Dabei spielen individuelle Wissensbestände der Beteiligten in Form von *knowing in practice* eine große Rolle. Die Zusammenarbeit mit unterstützenden Unternehmen und Beratern ist für die Betreiber vor allem bei der Konfiguration (insbesondere bei Planung und Bau sowie Technologieauswahl), aber auch bei der Wartung von großer Bedeutung. Politiker und Verwaltungsangestellte entfalten ihre Rolle in der Regulierung und Kontrolle und sind daher nicht unmittelbar Partner, sondern werden im Kontext der Vereinsarbeit als Adressaten der Lobbyarbeit angesehen. Die Bewertungen anderer Akteure hängen dabei wesentlich von individuellen Wissensbeständen und Erwartungen ab.

Aus den unterschiedlichen Rollenzuschreibungen ergeben sich auch unterschiedliche Verantwortlichkeiten und Kompetenzen innerhalb der *Community of Practice*: persönliche Kontakte für den alltäglichen Betrieb, Vereine für politische Arbeit und Dienstleister für komplizierte (Wartungs-)Arbeiten. Durch intensive Zusammenarbeit mit externen Unternehmen werden Handlungsfähigkeiten eingeschränkt, zugleich eröffnet die Arbeit in Netzwerken jedoch auch neue Formen der Praxis, des Austauschs oder der Interaktion, die vorrangig im persönlichen sowie im *face-to-face*-Kontakt abläuft.

Abbildung 5.16: Das Netzwerk der Biogaserzeugung als Community of Practice *aus Betreibersicht, eigene Darstellung.*

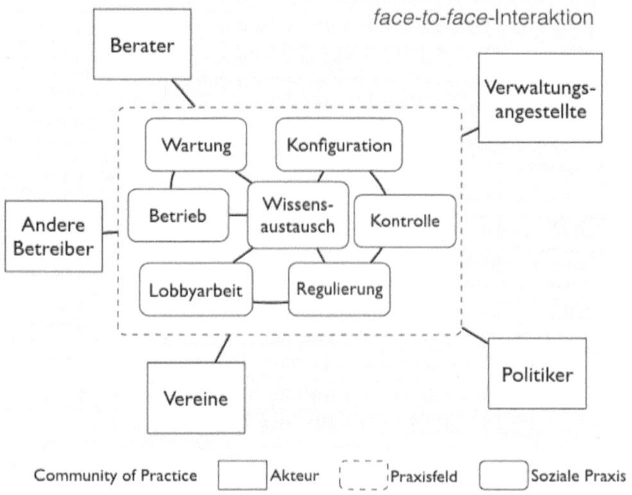

5.4 Praktiken der Biogaserzeugung und Raum

Kapitel 5 verdeutlicht, wie die Betreiber durch ihre Deutungen von gesellschaftlichen Kontexten, Routinen, Wissensbeständen und Netzwerken räumliche Bezüge hervorbringen und wie sie dabei wiederum von räumlichen Aspekten beeinflusst werden. Durch ihr energetisches Regionalisieren konstituieren sie sozio-technische und sozio-räumliche Ebenen, die in den Tabellen 5.4 und 5.5 zusammenfassend dargestellt sind.

Tabelle 5.4: Elemente der sozio-technischen Ebenen der Biogaserzeugung im Untersuchungsgebiet, eigene Zusammenstellung.

Megatrends	Regime	Alternative Praktiken
Politik Klima- und Umweltschutz; Indexlohn; Abfalltransport.	Einspeiseregularien (Vergütungssätze, Güllebonus); Ressourcennutzung.	
Verwaltung Persönlichkeit der Mitarbeiter unbeeinflussbar.	Genehmigungsverfahren, neue Auflagen; Dokument ationspflicht.	

Megatrends	Regime	Alternative Praktiken
Agrarsektor Weltmarktpreise; Image („nicht mehr Kuhbauer"); Verträge mit Landwirten nicht möglich; Wissensbestände (z. B. über Technologie oder Motor); Lohnunternehmertum; Gremien / Ausschüsse.	**Biogasbranche** Wissensaneignung über unterstützende Unternehmen und Berater; Wissensbestände anderer Betreiber, unterstützender Unternehmen und Berater (*Learning by interacting*)	
Werte und Normen Kollegialer Umgang.	**Biogasbranche** Wissensaustausch außerhalb organisierter Netzwerken (Diffusion von *knowing in practice,* Wissen wird im Netzwerk kontinuierlich aktualisiert);	
Technologien Technisierung Betrieb; Regeltechnologie; Trocknungsanlage.	**Biogasbranche** Wissensaustausch mit Unternehmen und Beratern (Lage im Containerraum bestimmt über Kontaktmöglichkeiten; Größe eines Gebiets bestimmt über Bekanntschaften; Nähe begünstigt Interaktion); Vertrauen (lokale und regionale Werte und Normen nötig für Vertrauen); Professionalisierung und zunehmende soziale Distanz.	
	Betrieb Ressourceneinsatz; Ressourcenbeschaffung (Konkurrenz); Instandhaltung (Region als funktionale Beziehungen); Alltagsabläufe („Betonkuh");	*Learning by doing*: praktisches Erfahrungs wissen; *Knowing in practice*; Tätigkeit erfordert Regulierung; Transportgenehmigungen pro forma anfragen; Abweichende Aufzeichnungsverfahren; Betrieb ohne Genehmigung
	Konfiguration mehr Anlagen = mehr Regulierung; Containerräume der Biogaserzeugung sind unterschiedlich und schwer von außen zu verstehen.	Eigeninitiative liefert Anstoß für Politik; Studienreisen; Aufbau kollektiver Wissensbestände.

Tabelle 5.5: Elemente der sozio-räumlichen Ebenen der Biogaserzeugung im Untersuchungsgebiet, eigene Zusammenstellung.

Lokal	Regional	Global
Werte und Normen Akzeptanz in der Nachbarschaft (Transport; Wärmenetz; Feldfrüchte; bauliche Gestaltung BGA).	land- / viehwirtschaftlicher Hintergrund; historisch gewachsene Werte und Normen (auch Ursache von Desinteresse an Erneuerbaren Energien); Lage im Containerraum für Bewertung finanzieller Aspekte und zwischenmenschlicher Beziehungen wichtig.	Hoffolge; Kyoto-Protokoll;
Routinen Wissensaustausch über lokale Prozesse durch soziale Beziehungen.	Ressourcenbeschaffung als Routine im Containerraum (Aktionsradius bestimmt über regionale Dimension; Region als Ausdruck metrischer Distanzen); *communities of practice* fördern Interaktion; regionale *Community of Practice* unabhängig vom Containerraum.	
Betrieb Lokaler Informationsaustausch schafft Akzeptanz; lokale Konzentration von Einzelbetreibern führt zu höheren Pachtpreisen; auf lokaler Ebene zählen Zuverlässigkeit und Vertrauen; Die Lage im Containerraum bestimmt über Kontaktmöglichkeiten (inkl. Sprache).	Instandhaltung als regionales Regime (Routinen im zeitlichen Verlauf innerhalb des Praxisfeldes (re)produziert).	
Konfiguration Gemeinsame Werte und Normen mit Dienstleistern durch räumliche Nähe (Containerraum).		

In den Argumentationen der Betreiber zeigt sich, dass die Weltbilder der Biogaserzeugung insbesondere vom Containerraum, weniger von relationalem Raumwissen und gar nicht vom Raum der Sinneswahrnehmung geprägt sind. Daher werden die verschiedenen Weltbilder nun abschließend fokussiert.

5.4.1 Der Biogas-Containerraum

Der Containerraum bezieht sich auf die „Länderkunde" oder „Raumwissenschaft im Alltag" (Felgenhauer, 2011, 329), das alltägliche Raumverständnis, bei dem Raum mit konkreten Objekten in Verbindung gebracht wird, mit physisch-materiellen Elementen. Welche Bedeutungen werden naturräumlichen Aspekten zugeschrieben? Wie wird über metrische Distanzen gesprochen? Welche technischen Elemente werden als entscheidend, prägend oder Ähnliches für die Konfiguration oder den Betrieb einer Biogasanlage dargestellt?

Der Naturraum wird von den Betreibern vor allem im Kontext der Rohstoffversorgung thematisiert. Die Lage der Anbauflächen an einem bestimmten Ort steht in Verbindung mit Klimabedingungen, woraus bestimmte theoretische Ertragswerte resultieren: „Man kann nicht sagen, ich mache jetzt 1000 kW und brauche 500 ha Fläche, wie das so schön in diesen Lehrbüchern drin ist. […] Jedes Jahr müsste man neu bewerten, um einfach zu sehen, was brauchen wir jetzt an Futter, was müssen wir machen, damit es hinhaut […] hier klimatisch vor Ort" (I-33). Naturraum und Klima stellen für die Betreiber lokale Aspekte dar, die sie sowohl in der kurz- als auch der langfristigen Betrachtung des Betriebs für praxisrelevant erachtet.

Die Lage im Containerraum wird als wesentlich für den Ertrag benannt: „Hier, fast um die 500 Meter [ü.N.N], sind [sie] auch schon ein bisschen mehr Grenzstandort. […] Die Qualität [des Maises] ist besser, der so bei 300, 350 Meter stand, das merkt man schon, der ist viel früher reif und die Qualität ist besser" (I-26). Das Wort „Grenzstandort" im Kontext der Maisproduktion wird vorgebracht, um darzustellen, wie naturräumliche Einflüsse, in diesem Fall die Höhenlage, Einfluss auf die Rohstofferzeugung und damit die Gasqualität und die Energieerzeugung in der Biogasanlage ausüben(I-23/30). Auch die Bodengüte ist für einige Betreiber ein Argument, um eigene Entscheidungen zu rechtfertigen. Beispielsweise stellte für Betreiber 20 die Intensivierung des klassischen Ackerbaus aufgrund der wenig fruchtbaren Böden keine Option dar. Betreiber 29 äußert, dass er auf Böden geringerer Güte diverse Pflanzen anbauen würde, die für die Biogasanlage genutzt werden könnten, was für die Viehhaltung keine Option darstellte und damit die Ackerflächen nun energetische genutzt werden könnten. Hinzu kommt die spezifische Topographie:

„Unsere Lage hier vom Hof, ja, die ist nicht so optimal. Wir [haben] zwar jetzt auch noch 5 Hektar hier um den Hof rum, das sind aber alles hängige Flächen" (I-20). Die Hanglage verhindert eine Nutzung, der Containerraum beschränkt Anbaumöglichkeiten und macht den Zukauf aus größerer Entfernung erforderlich. Dieses Problem stellt sich auch für andere Betreiber, die von physisch-materiellen Bedingungen (z. B. Flussläufen oder Waldgebieten) unterbrochene Ackerflächen bewirtschaften. Diese entfalten Wirkung für den Transport, wie ein Betreiber darlegt: „Da müssen wir dann gucken, dass da keine fünf Schluchten dazwischen sind. Da müssen wir auf einer Ebene bleiben [...]. Wenn der [Last-]Zug am Rollen ist, dann: Sie müssen keine Höhenunterschiede groß machen, dann ist das mit dem Energieverbrauch in Grenzen" (I-25).

Die Verfügbarkeit landwirtschaftlicher Flächen bringt auf eine dritte Weise die Bedeutung physisch-materieller Komponenten für die Betreiber zum Vorschein. „Die Fläche ist ganz klar für alles der begrenzende Faktor. Die Fläche ist nicht vermehrbar" (I-20). Dies bezieht sich zum einen auf die eigenen Flächen, zum anderen auf die generelle Verfügbarkeit für alle Landwirte. So äußert beispielsweise Betreiber 33: „diese Abhängigkeit von Anderen, die wollten wir nie eingehen und haben immer nur die Anlage der Größe betrieben, wie wir selber Futterfläche haben" (I-33). Das Schlagwort „Konkurrenzkampf" verdeutlicht die Bedeutung der Flächenverfügbarkeit für die Betreiber, wie bereits auf Seite 174 erläutert. Ein knappes Angebot an physisch-materiellen Komponenten wird zudem als Ursache für soziale Konflikte dargestellt. „Also hier, wir sind schon eingezingelt und von daher wird das immer schwieriger Substrate zu bekommen, das ist ganz klar [...] Konkurrenzkampf" (I-19). Im Kontext der Ressourcenbeschaffung wird dies von nahezu allen Betreibern vorgebracht. Ein Spezifikum der Flächenkonkurrenz liegt im grenzüberschreitenden Charakter des Untersuchungsgebiets: „auch historisch, auch weil die luxemburger Bauern vielleicht bessere Preise bezahlen können als belgische Bauern und dann gibt es Flächenkonkurrenz im Grenzgebiet"[7] (I-06). Dabei bildet die nationalstaatliche Grenze den Übergang von einem in einen anderen Containerraum ab, in dem unterschiedliche Preise gezahlt werden können.

---

7 Eigene Übersetzung aus dem Luxemburgischen: „*Och historisch, och well déi lëtzebuerger Baueren vläicht besser Präisser kënne bezuele wéi grad déi belsch eh Baueren an dann ass Flächenkonkurrenz am Grenzgebiet*".

Entfernungen als metrische Lagebeziehungen von physisch-materiellen Komponenten benennen die Betreiber ebenfalls im Zusammenhang mit der Ressourcenbeschaffung. Betreiber 22 geht auf die weit verbreitete Auffassung ein, dass insbesondere Gülle lokal beschafft werden muss: „Maximale Entfernung ist ein Kilometer. Sie können so was nicht über große Entfernungen transportieren. Denn der Energiegehalt der Rindergülle ist ja relativ gering" (I-22). Für nachwachsende Rohstoffe wird von ihm sowie von vielen anderen Betreibern demgegenüber eine maximale Transportentfernung von zehn bis 15 Kilometern angeführt. Der energetische Gehalt der Rohstoffe bestimmt somit die Transportfähigkeit eines Gutes und erzeugt auf diese Weise einen metrischen lokalen Raum der Wirtschaftlichkeit.

Auf technische Elemente gehen die Betreiber nur begrenzt ein. Einige benennen die Transformatoren zur Umspannung und Einspeisung des erzeugten Stroms als begrenzende Faktoren bei der Erweiterung, die aber stets problemlos zu ersetzen gewesen seien. Sie hätten zudem keine direkte räumliche Bedeutung, lediglich indirekt über die Zunahme des Ressourcenbedarfs. Im Kontext der Entfernung wird die Verfügbarkeit von Transporttechnologien angeführt; sofern ein Transport mit Lastkraftwagen möglich sei, könnten größere Distanzen bis zu 400 Kilometern wirtschaftlich bewältigt werden; bei Transport mit Traktoren lägen sie, wie erwähnt, bei maximal 15 Kilometern. Gerade für die Einspeiseanlagen war das Vorhandensein eines Gasnetzes fundamental. Aber auch andere physisch-materielle Elemente werden im Kontext der Standortwahl (i. S. v. harten Standortfaktoren) benannt: „Deswegen hat man sich dann hier für diesen Standort hier entschieden, weil eben auch gegenüber die ehemalige Deponie [ist], die Straßen sind alle hier, die Infrastruktur ist da. Deswegen hat man sich dafür entschieden. Die Grundstücke waren auch verfügbar hier" (I-08). In einem explorativen Gespräch verdeutlichte ein Investor, dass für die Standortwahl eine gewisse lokale ‚Raumaustattung' benötigt wird. Zu dieser gehört auch die Möglichkeit der Wärmenutzung:

> „Am Anfang, als die ersten Biogasanlagen gebaut wurden, gab's keine Wärmekonzepte. Wichtig war, Strom zu verkaufen. Und deswegen war sie auch häufig irgendwo auf der grünen Wiese, weil man gedacht hat: möglichst weit weg vom Dorf, dann kann's da auch keinen Ärger geben. Ja, und so im Nachhinein schaut man schon: wie kann man die Wärme nutzen, auch, um die Wirtschaftlichkeit der Biogasanlage zu erhöhen" (I-05).

Diese Sequenz verdeutlicht, dass im Kontext der Standortwahl auch über die konkrete Lage im Containerraum nachgedacht wird, da sowohl Akzeptanz als auch Wirtschaftlichkeit davon abhängen (vgl. Abb. 5.17).

Abbildung 5.17: Argument – Geographische Lage entscheidet über Akzeptanz und Wirtschaftlichkeit (I-05), eigene Darstellung.

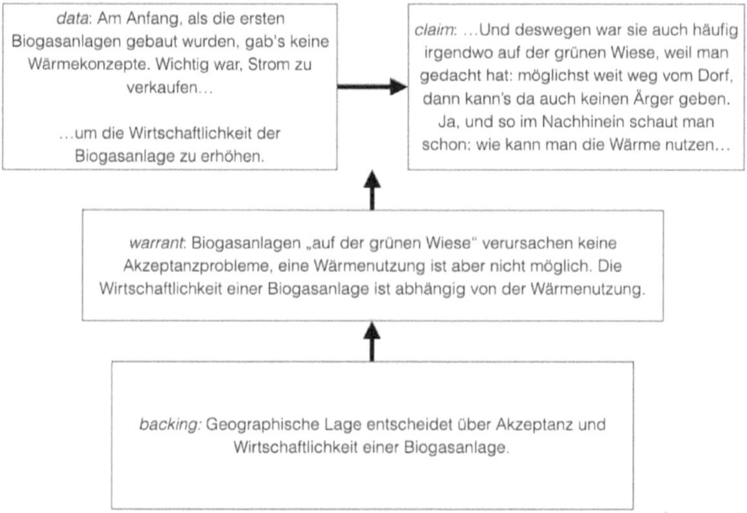

Das Verständnis vom Containerraum wird darüber hinaus in den Ausführungen über Regulierungen sowie im grenzüberschreitenden Denken deutlich. „Wir haben sehr hohe Standards, höher als in Deutschland. Die Standards, hier wird ja immer ein Tröpfchen drauf gesetzt, wir sind Luxemburg!“ (I-11) sagt Betreiber 11. Ein anderer in Luxemburg ansässiger Betreiber äußert: „In Deutschland sind ja die Einspeisepreise viel höher, aber die Beihilfen sind fast gar nicht. Das ist besser, der bessere Weg als wie hier bei uns“ (I-16). Alle anderen Betreiber in Luxemburg bestätigen dies. Befragte in Deutschland empfinden dies als umgekehrt. Insbesondere die deutschen Lohnunternehmer äußern sich in ähnlicher Form, so wie Betreiber 24: „Und wenn die [Luxemburger] dann 30 Cent günstiger den Diesel haben, dann haben die schon 300 bis 400 Euro in der Tasche“ (I-24). Insbesondere diese gesetzlichen Rahmenbedingungen werden mit Nationalstaaten assoziiert, was aufgrund derer klaren Steuerungswirkung innerhalb des Territoriums nicht überrascht.

Die nationalstaatliche Containerraumlogik wird auch hinsichtlich kultureller Fragen mobilisiert. Es werden nationale Unterschiede bei den Einstellungen der Landwirte ausgemacht: „Wenn man den Luxemburgern weiterhilft, dann sind die auch mal gerne bereit, mal auf die letzten Euro zu verzichten und zu sagen: Hier, dann fahre ich eben dahin. Das ist sicher, die sind dann eher bereit dazu wie hier in Deutschland“ (I-19). Diese Einschätzung wird auch von anderen

Betreibern bestätigt: „weil einfach die Mentalität der Luxemburger eine andere ist wie die von den Deutschen. Ein Luxemburger sagt: Und wenn der Luxemburger dreimal so teuer ist, das macht einer aus unserem Ländchen. Und den Deutschen ist das scheißegal, Hauptsache billig" (I-24). Den Landwirten wird eine Einstellung zugesprochen, die auf ihrem Herkunftsland beruht. Auch in der Selbstwahrnehmung kann dies festgestellt werden: „Ich bin aus Leidenschaft Landwirt; ich möchte das auch so an meinen Sohn weitergeben. In Luxemburg ist das so die luxemburgische Tradition. In Luxemburg geht das so" (I-16). Für spezifische Werte und Normen bildet der Nationalstaat einen Containerraum ab, in der internen wie der externen Bewertung.

Auch verschiedene gesellschaftliche Einstellungen werden auf die gleiche Weise wie Politik oder ausgewählte Routinen hinsichtlich des erdräumlichen Bezuges behandelt: „Erstens mal ist Luxemburg gar nicht so wie Deutschland. [Die Energieerzeugung] interessiert die Leute hier nicht, die sind gar nicht so eingestellt. Oder wenige sind so eingestellt, dass man sich selbst versorgen kann. Denen geht es zu gut (Lachen), sage ich jetzt mal so" (I-16). Werte und Normen werden von verschiedenen Betreibern als universal in einem bestimmten Raum geltend dargestellt. Dies verdeutlicht die globale Dimension des Containerraums.

Der Containerraum dient den Betreibern im Untersuchungsgebiet einerseits als Erfahrungskontext – im Sinne einer argumentativen Grundlage – für ihre Praktiken (als Rückbindung) und andererseits zur Weltbindung von Deutungsmustern (als Zuschreibung). Die Lage im Containerraum wird zum Argument für die Biogasaktivität und gegen die klassische Landwirtschaft, als Rechtfertigung für Ressourcenzukauf, als Abwägungsaspekt für Transportdistanzen. Sie ist folglich als lokaler Aspekt des Betriebs zu betrachten. Gleichermaßen werden beispielsweise Anbaupraktiken an physisch-materielle Bedingungen gebunden und im historischen Vergleich bewertet. So kann ein Unteraspekt dieser Praxis, wie die Flächenkonkurrenz, als regionales Phänomen verstanden werden. Zugleich legen die Betreiber dar, wie der Containerraum auch globaler Ausprägung sein kann. Er erscheint in den Ausführungen der Betreiber als Naturraum (Höhenlage, Bodengüte, Topographie, Flächenverfügbarkeit); auch Entfernungen zwischen Orten und Transportreichweiten spielen eine Rolle. Bestimmte technologische Elemente werden vor allem für die Standortwahl als wichtig identifiziert. Quasi-naturalistisch werden zudem Nationalstaaten behandelt, in denen bestimmte Praktiken durchgeführt werden und bestimmte Werte und Normen existieren. Die wesentlichen Elemente der sozio-räumlichen Ebene des Containerraums der Biogaserzeugung sind in Tab. 5.6 aufgelistet.

Tabelle 5.6: Die wesentlichen Elemente der sozio-räumlichen Ebenen des Containerraums der Biogaserzeuger, eigene Zusammenstellung.

Lokaler Container	Regionaler Container	Globaler Container
Naturraum und Klima (Betrieb)	Flächenverfügbarkeit und Routinen des Anbaus	Werte und Normen
Höhenlage und Topographie (Betrieb)	Akzeptanz und Wirtschaftlichkeit durch Routinen im Raum	Einstellungen der Landwirte
Metrische Entfernung (Ressourcentransport)	Politische Regulierung	
Technische Elemente (Transformator, Gasnetz)		

5.4.2 Der relationale Raum der Biogaserzeuger

Der relationale Raum der Biogaserzeugung spiegelt das System von Beziehungen von gesellschaftlichem Kontext und spezifischem Praxisfeld wider. Dazu gehören die Werte und Normen der Biogaserzeugung auf kollektiver wie individueller Ebene sowie Netzwerke und deren räumliche Entstehung und Verbreitung.

Der relationale Raum der Biogaserzeugung wird von den Betreibern in gesellschaftlichen Kontexten, in Routinen und Wissensbeständen sowie in Akteursnetzwerken (re)produziert. Auf unterschiedliche Art und Weise setzen sie den politisch-administrativen Rahmen, Werte und Normen, Routinen, Wissensbestände, wichtige Partner sowie die Organisation des eigenen Netzwerks und Interaktionsvarianten in Beziehung zueinander und gewinnen dadurch Deutungsmuster für ihre eigenen Praktiken. Die Deutungsmuster bilden den individuellen Erfahrungskontext der Betreiber, der durch energetisches Regionalisieren konstituiert sowie in der Konfiguration sowie dem Betrieb der Anlage rückgebunden wird.

Die gesellschaftlichen Kontexte lassen sich analytisch unmittelbar mit soziotechnischen wie sozio-räumlichen Ebenen assoziieren. Megatrends entfalten für die Betreiber als Deutungsmuster Wirkung. Das Biogasregime spiegelt sich in der Rekonfiguration wider, wenn Betreiber sich beispielsweise auf etablierte Wissensbestände, Verfahrensweisen, Netzwerke oder politische Regularien beziehen. Alternative politisch-administrative Handlungen zeigen sich in neuen Verfahren oder Regularien für den Umgang mit neu entstehenden Anforderungen. Lokale und regionale Werte und Normen werden assoziiert mit Nachbarschaft, gesellschaftlichen Debatten über Umwelt und Ressourcen (v. a. Akzeptanz, Landschaftsschutz und Rohstofftransport). Dabei setzen die Betreiber individuelle Wissensbestände und Routinen in Relation mit physisch-materiellen Elementen, durch die lokale und regionale Werte und Normen erkennbar werden. Routinen und Wissensbestände werden in ihrer sozio-räumlichen Dimension sehr unterschiedlich dargelegt: Routinen konstituieren regionale Zusammenhänge sowie lokale und globale Wissensbestände. Das Akteursnetzwerk stellt sich als Mischform lokaler und globaler Bezüge dar.

Tabelle 5.7 gibt einen Überblick über die verschiedenen Relationen, die die Betreiber durch ihre Schilderungen deutlich machen. Auf schematische Weise ist verdeutlicht, welche Aspekte lokalen, regionalen und globalen Relationen zugeordnet werden können und wie sich dadurch das relationale Raumwissen der Betreiber darstellt.

Tabelle 5.7: Die wesentlichen Elemente der sozio-räumlichen Ebenen des relationalen Raumes der Biogaserzeuger, eigene Zusammenstellung.

Lokale Relationen	Regionale Relationen	Globale Relationen
Gesellschaftliche Debatten der Nachbarschaft	**Routinen**	**Landwirtschaftliche Traditionen**
Akzeptanz	„Betonkuh" (Erfahrungswissen)	Hoffolge
Landschaftsschutz	erdräumliche Lagebeziehungen: Ressourcenbeschaffung und -transport, zwischenmenschliche Beziehungen, finanzielle Aspekte	
Rohstofftransport	**Werte und Normen**	**Generelle gesellschaftliche Debatten**
	regional historisch gewachsen	Kyoto-Protokoll
	in Luxemburg Ursache des Desinteresses an Erneuerbaren Energien	Tank-oder-Teller

Was sind die Ursachen für die Entstehung des dargelegten Raumwissens über Container und Relationen? Das folgende Kapitel setzt sich mit dieser Frage auseinander. Es wird die Entstehung des Biogassektors im Untersuchungsgebiet nachgezeichnet und analysiert, wie und inwiefern individuelle Wahrnehmungen und Deutungsmuster innerhalb spezifischer Biogasprojekte abhängig von Zeit sind, wie sich verschiedene Praxisphänomene entwickelten, wie sie in Beziehung zueinander stehen und welche wichtigen Elemente mit den verschiedenen sozio-räumlichen und sozio-technischen Ebenen in Verbindung gebracht werden. Im Anschluss daran (Kap. 7) wird auf den Zusammenhang der Raumbilder mit der Evolution eingegangen (Reflexive Inhaltsanalyse).

Kapitel 6 Evolution des Biogassektors

Wie entwickelte sich der Biogassektor im Untersuchungsgebiet? Welche intrinsischen Anreizstrukturen und welche symbolischen oder normativen Verankerungen einzelner Elemente der Praxisfelder stabilisierten und routinisierten einzelne Praktiken im Laufe der Zeit? Die parachrone Betrachtung von Konfiguration und Rekonfiguration ermöglicht es, die Transformationspraktiken und deren Veränderung im Laufe der Zeit zu erschließen.

Die Konfiguration bildet die Weltbindungen der Betreiber ab, die vor der eigentlichen baulichen Umsetzung abläuft. Die Rekonfiguration reflektiert neu aufgebaute Wissensbestände und deren Rückbindung in der Biogasanlage. In diesem Kapitel stehen die Motive für die Errichtung der Anlage im Mittelpunkt, wie der Einstieg in die Biogasbranche gerechtfertigt und dabei das Umfeld aus gesellschaftlichem Kontext und physisch-materiellen Komponenten vor dem Hintergrund individueller Wissensbestände bewertet wird. Die Betrachtung der Rekonfiguration ermöglicht es, vertiefende Erkenntnisse über den Wandel der Praxisphänomene zu gewinnen.

Abbildung 6.1 veranschaulicht, in welchen Jahren die befragten Betreiber ihre Anlage konfigurierten. Sie zeigt, dass eine parachrone Betrachtung des Praxisfeldes hilfreich ist, um den Wandel des Umfeldes zu verstehen. Denn über einen Zeitraum von 15 Jahren sind im Untersuchungsgebiet kontinuierlich neue Anlagen errichtet worden. Im untersuchten *Sample* gab es lediglich in zwei Jahren keine neue Anlagenerrichtung und in über 50 Prozent der Jahre gingen zwei oder mehr Anlagen ans Netz. Auffällig ist, dass acht der elf erforschten luxemburgischen Anlagen bis 2003 errichtet wurden. Zudem gab es 1999, 2001 sowie 2005 Hochphasen der Inbetriebnahme. Die Anlagen von 1998 waren auch über das untersuchte Sample hinaus die ersten errichteten im Untersuchungsgebiet; die 1999 im westlichen Rheinland-Pfalz erstellte Anlage war die erste im gesamten Bundesland.

Die Betrachtung der Rekonfiguration gibt insbesondere Einblicke in den Wandel individueller Wissensbestände durch den alltäglichen Umgang mit der Anlage. Aufgrund welcher Aspekte entscheidet sich ein Anlagenbetreiber zur Rekonfiguration seiner Anlage? Abbildung 6.2 stellt dar, zu welchen Zeitpunkten Rekonfigurationen vorgenommen wurden. Dabei zeigt sich, dass von 2003 bis 2013 kontinuierlich Änderungen an den untersuchten Anlagen vorgenommen wurden. Die Rekonfiguration stellt dabei insbesondere eine Reaktion auf die Erfahrung mit der Anlage dar, in der neue Wissensbestände rückgebunden

Abbildung 6.1: Anzahl der Inbetriebnahmen der untersuchten Biogasanlagen je Jahr, Eigene Darstellung.

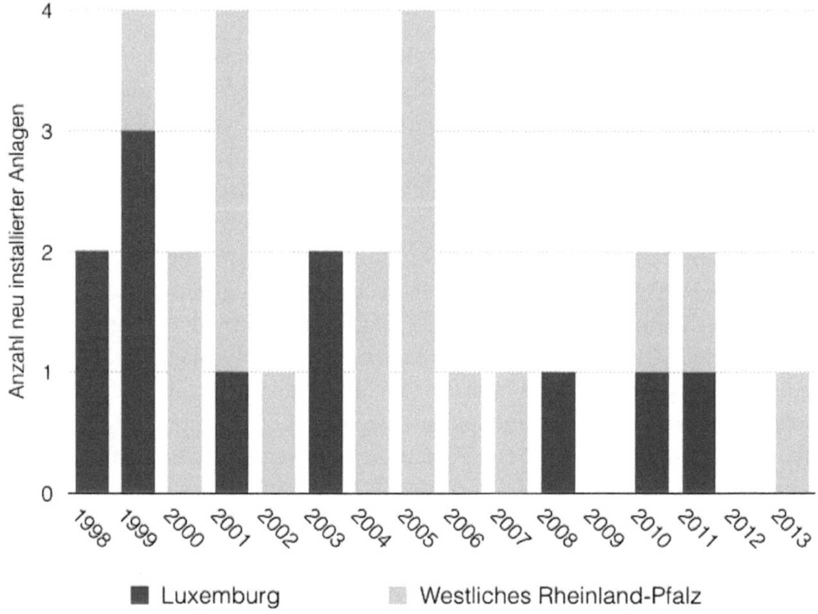

werden; diverse diesbezügliche Aspekte wurden bereits im vorherigen Kapitel 5 beleuchtet. Im Folgenden wird daher nur gelegentlich explizit auf die Rekonfiguration und vorrangig auf die Konfiguration eingegangen.

Für das bessere Verständnis des Bedeutungswandels einzelner Aspekte ist die zeitliche Betrachtung der Praxisphänomene zielführend. Erfasst wurde die Bedeutung durch die qualitative Inhaltsanalyse der Interviews. Wie häufig und intensiv wurde über einzelne Aspekte gesprochen? Die Aspekte wurden alle von den Befragten selbst eingeführt und im Analyseprozess den Praxisfeldern zugeordnet. Das Interview Mapping (vgl. Kap. 4.2.3.2) ermöglicht es, die zeitliche Dimension aus den Betreiberaussagen herauszuarbeiten. In den Tabellen 6.2 bis 6.5 ist die Bedeutungsänderung dieser Aspekte abgetragen. Im Folgenden wird diese konzeptgeleitete, parachrone Analyse des empirischen Materials genauer dargelegt, die sich an den vier Praxisphänomenen ‚individuelle Wissensbestände' (Kap. 6.1), ‚physisch-materielle Bedingungen' (Kap. 6.2), ‚gesellschaftlicher Kontext' (Kap. 6.3) und ‚Praxisfeld' (Kap. 6.4) orientiert. Abschließend wird die gemeinsame Evolution dieser Praxisphänomene beleuchtet (Kap. 6.5).

Abbildung 6.2: Dauer bis zur Umsetzung einzelner Entwicklungsschritte, eigene Darstellung. Lesebeispiele: I-9 wurde 1998 konfiguriert und 2008 rekonfiguriert; I-24: 2005 konfiguriert und 2009 rekonfiguriert; I-28: 2001 konfiguriert und je in 2005, 2011 und 2013 rekonfiguriert; I-10 und I-23 wurden beide 1999 konfiguriert und nie rekonfiguriert.

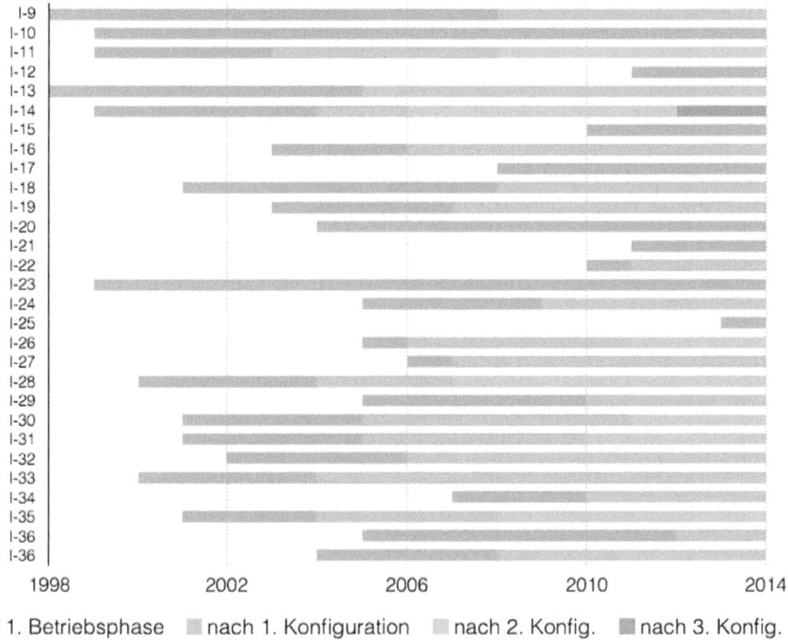

6.1 Individuelle Wissensbestände

Vor allem die Erzeugung (*learning by doing, by using,* und *by interacting*) und Diffusion praktischen Wissens gibt Aufschluss über die Bedeutung von Gegenständen, Emotionen sowie Sinnzuschreibungen und -deutungen der Weltbindung (vgl. Kap. 3.3.1). Im Zusammenhang mit der Konfiguration der Anlage wird hier auf das *learning by interacting* und die Wissensdiffusion eingegangen, da das *using* erst nach der Konfiguration stattfindet (s. dazu Kap. 5.2.2) und das *doing* im Zuge der Praxisfelder (Kap. 6.4) thematisiert wird.

In den Interviews gehen die befragten Anlagenbetreiber auf vier Elemente der Interaktion und Diffusion ein: eigene Wissensbestände über die Biogasbranche, Aneignung von Wissen durch gezielte Besichtigungen anderer Anlagen, Besuche von Messen und Auseinandersetzung mit Fachliteratur, sowie eine generelle technologische Begeisterung, die Offenheit gegenüber neuen Einflüssen fördert.

6.1.1 Branchenkenntnis

Die Wichtigkeit der Branchenkenntnis ist im Verlauf der Zeit für die Betreiber kontinuierlich gestiegen. Unter Branchenkenntnis wird hier das individuelle Wissen der Betreiber über die Biogasbranche verstanden, das insbesondere aus übertragenen Erfahrungen von Bekannten sowie der Aufnahme von Wissen aus sozialen Netzwerken (Verbänden etc.; s. Kap. 6.4) und den Medien resultiert.

Betreiber, die bis zum Jahr 2001 ihre Anlage errichteten, schildern die Bedeutung persönlicher Bekannter als groß. So berichtet Betreiber 13 beispielsweise davon, direkt von Bekannten auf die Möglichkeit der Biogaserzeugung angesprochen worden zu sein. Wissensaneignung durch Fachversammlungen war zu diesem Zeitpunkt schwer möglich, da sich die Technologie noch im Frühstadium befand. So besuchte Betreiber 22 eine Hauptversammlung des deutschlandweit tätigen Fachverbands Biogas und sah sich dort unter circa 120 Mitgliedern als einer der Pioniere im Biogasbereich.

Die Interviewten, die von 2003 bis 2008 ihre Anlagen konfigurierten, berichten nahezu alle von Erfahrungen der Nachbarn, die Biogasanlagen betrieben. Zwei Betreiber eigneten sich Wissen dadurch an, dass sie an Biogasanlagen nachwachsende Rohstoffe lieferten, woraus die Idee entstand, eine eigene Anlage zu errichten. Ein weiterer wichtiger Aspekt waren die Medien, die Anfang bis Mitte der 2000 Jahre viel und vorrangig positiv über Biogaserzeugung in der Landwirtschaft berichteten: „[Biogas] war eine Sache, die durch die Medien ging, durch die Presse ging, neue Techniken, bessere Verwertung, vor allen Dingen noch Wärmenutzung" (I-36). Auf die im Zitat angesprochenen Aspekte wird im weiteren Verlauf dieses Kapitels eingegangen.

Ein vergleichbares Bild ergibt sich bei den Betreibern, die nach 2008 in die Biogaserzeugung einstiegen. Erfahrungen, beispielsweise als Lohnunternehmer, sowie der Austausch im Biogasfachverband werden als entscheidend für die Konfiguration der Anlage benannt. Betreiber 21 berichtet davon, dass er sich an die Landwirtschaftskammer wendete, um sich über Finanzierungsmöglichkeiten und Einspeisevergütungen zu informieren. Dort traf er auf seinen ehemaligen Berufsschullehrer, der ihm riet, sich die Biogasanlage im Nachbarort anzuschauen. Der Betreiber dieser Anlage (Betreiber 25) bestärkte ihn in seinem Entschluss und verwies für die weitere Planung an ein Büro, mit dem er gute Erfahrungen gemacht hatte. Betreiber 21 äußert: „wichtig ist immer, was andere Kollegen sagen" (I-21). Ähnliche Aussagen bringen verschiedene Befragte vor, womit sich zeigt, wie heutzutage die Verbreitung von Branchenkenntnis durch Interaktion innerhalb der *Community of Practice* ein wichtiger Diffusionsmechanismus ist.

6.1.2 Gezielte Anlagenbesichtigungen

Bis in die frühen 2000er Jahren waren gezielte Anlagenbesichtigungen ein wichtiges Instrument, um Wissen über die Branche zu gewinnen. So schildert einer der Pioniere im Untersuchungsgebiet: „Das waren die ersten, 1996, die ersten Anlagen in Deutschland, kleine Anlagen, heute zum Lachen, aber da war ich infiziert" (I-13). Doch die geringe Anzahl an möglichen Beispielen im näheren Umfeld machte Besichtigungen in größerer Entfernung nötig. Betreiber 32 organisierte im Jahr 2000 selbst diverse Reisen, um Anlagen zu besichtigen, insbesondere nach Österreich, denn „die sind schon teilweise 15-20 Jahre gelaufen" (I-32).

Da sich in der Folge zahlreiche Personen im Untersuchungsgebiet entschieden, Biogasanlagen zu errichten, waren diese Fahrten spätestens ab Mitte der 2000er Jahre obsolet. Zudem nahm die Branchenkenntnis der einzelnen Interviewpartner durch die Möglichkeit der direkten Erfahrung im Umfeld zu (s. o.), sodass gezielte Anlagenbesichtigungen den Betreibern nicht mehr besonders wichtig erschienen.

Die Bedeutungszunahme gezielter Anlagenbesichtigungen in der zweiten Hälfte der 2000er Jahre ist insbesondere spezifischen technologischen Anforderungen geschuldet. Drei Betreiber entschieden sich, Einspeiseanlagen zu errichten und gingen auf Exkursionen nach Schweden: „da war überall die Einspeisung schon mehr als ein Jahrzehnt" (I-14). Zwei Interviewpartner errichteten Pelletierungsanlagen und besichtigten entsprechende Vergleichsanlagen. Beide Technologieformen waren im Untersuchungsgebiet nicht vorhanden.

6.1.3 Messebesuche und Fachliteratur

Der Besuch von Messen sowie die Lektüre von Fachliteratur wurde für die Betreiber im Lauf der Zeit wichtiger. Während um die Jahrtausendwende erste Berichte in der Fachpresse über das Thema Biogaserzeugung erschienen, spielten Messen noch keine Rolle. Ab der zweiten Hälfte der 2000er Jahre wurde auch auf Branchentreffen wie der Eurotier oder der Agritechnika zunehmend über Energietechnologien und dabei insbesondere Biogas berichtet. Betreiber 10 schildert seine Erfahrungen folgendermaßen: Ende der 1990er Jahre „gab es eine halbe [Messe-] Halle zur EE-Technik, […] seit 2008 drei Hallen" (I-10). Als eine wichtige Änderung nehmen dabei einige Betreiber wahr, dass zunehmend Aussteller und Vorträge zum Thema Nahwärmenetze präsent sind. Ein Vergleich der jüngeren Vergangenheit des größten Branchentreffens „Biogas" zeigt, wie sich die Fachmesse seit 2009 entwickelte (s. Tab. 6.1). Dabei ist auch zu erkennen, dass in jüngster Vergangenheit eine Rückentwicklung bei Ausstellern und Besuchern verzeichnet wird. Da das Jahr 2014 außerhalb des in der vorliegenden Arbeit betrachteten Zeitraums liegt, können darüber keine vertiefenden Informationen aus dem empirischen Material gewonnen werden, weshalb auf eine weitere Auseinandersetzung mit dieser Entwicklung verzichtet wird.

Tabelle 6.1: Entwicklung der Anzahl von Ausstellern und Besuchern der Fachmesse „Biogas" von 2009 bis 2014, eigene Zusammenstellung nach Fachverband Biogas 2010; 2011; 2012; 2014.

Jahr	Aussteller	Besucher	Ausstellungsfläche (m^2)
2009	240	3.182	4.116
2010	285	3.635	10.000
2011	342	6.911	11.400
2012	431	7.043	15.100
2013	446	8.065	17.200
2014	406	7.554	17.500

Auch die landwirtschaftliche Presse greift das Thema Biogaserzeugung nach Aussage der Befragten immer stärker auf. So äußert ein Betreiber: „mittlerweile ist [auch] noch in der ‚top agrar' [viel zu lesen], die haben sogar extra Berichte [über Biogaserzeugung]" (I-27). Auch andere Betreiber bestätigen, dass in traditionell landwirtschaftlichen Fachzeitschriften das Themenfeld Bioenergie in den vergangenen Jahren beständig an Bedeutung gewann und dass Sonderausgaben zu dem Thema aufgelegt wurden.

6.1.4 Technologische Begeisterung

Insbesondere die Betreiber, die 2000 und 2001 ihre Anlagen konfigurierten, schildern ihre technologische Begeisterung, „die Neugier und das Probieren und das Machen" (I-30): „Das war das Erste, was ich gesehen habe, dieser Motor mit Stromaggregat und wie das technisch gelöst ist. Und da habe ich gesagt: Das ist es!" (I-34). Dafür spielte auch die Selbstwahrnehmung eigener Fähigkeiten eine wichtige Rolle: „Ich bin ein absolut technisch versierter Mensch und habe mich dafür ziemlich schnell interessiert" (I-32). Keiner der Befragten, die zwischen 2002 und 2013 ihre Anlage errichteten, geht auf diesen Aspekt ein. Lediglich Betreiber 24 äußert noch: „[Es] sind viele technische Dinge, viele Herausforderungen, die mich daran gereizt haben und auch immer noch reizen" (I-24).

6.1.5 Individuelle Wissensbestände in der Gesamtschau

Es zeigt sich, dass die von den Betreibern vorgebrachten Elemente individueller Wissensbestände eine deutliche Bedeutungsänderung erfuhren (vgl. Tab.6.2). Einerseits sind in der alltäglichen Auseinandersetzung mit dem Thema neue Möglichkeiten des *learning by doing* vor Ort entstanden (vgl. auch Kap. 6.4). Andererseits nimmt die Möglichkeit zur Wissensdiffusion in nicht-alltäglichen und nicht-persönlichen Situationen einen stetig größeren Stellenwert ein. Branchenkenntnisse und Messebesuche sowie Fachliteratur haben im Laufe der Zeit kontinuierlich an Bedeutung für die Konfiguration gewonnen. Anlagenbesichtigungen und Technikbegeisterung wurden hingegen weniger bedeutsam. Die Interaktion der befragten Betreiber hat sich gewandelt von gezielten, gemeinsam organisierten Aktionen im Bekanntenkreis hin zu professionellen, zentralisierten Branchentreffen.

Tabelle 6.2: Veränderung der Bedeutung einzelner Aspekte des Praxisphänomens Individuelles Wissen; „–" unwichtig, „-" wenig wichtig, „o" weder wichtig noch unwichtig, „+" wichtig, „++" sehr wichtig; eigene Darstellung.

	Ende 1990er	Mitte 2000er	Anfang 2010er
Branchenkenntnis	–	o	++
Gezielte Anlagenbesichtigungen	++	–	-
Messebesuche und Fachliteratur	–	-	o
Technologische Begeisterung	o	–	–

6.2 Physisch-materielle Komponenten

Auf physisch-materielle Komponenten gehen die Betreiber im Kontext der Konfiguration der Anlage ausschließlich auf die Verfügbarkeit von Ressourcen ein. Dazu zählen einerseits die Möglichkeit zur Bewirtschaftung landwirtschaftlicher Flächen mit Energiepflanzen und andererseits das Vorhandensein von Rohstoffen zur Fütterung der Biogasanlage. Die Verfügbarkeit von Fläche für den Anlagenstandort wird von den Betreibern auch thematisiert, dies vor allem vor dem gesellschaftlichen Hintergrund der Nachbarschaft, weshalb darauf in deren Kontext (Kap. 6.3.6) eingegangen wird.

Physisch-materielle Komponenten waren um das Jahr 2000 wichtige Aspekte für die Betreiber. Bis auf einen Betreiber hielten damals alle Interviewpartner Vieh und hatten damit Gülle und Mist als organische Produkte in den Ställen verfügbar. Im westlichen Rheinland-Pfalz spielte bundesdeutsche Politik eine wichtige Rolle für die Bedeutung physisch-materieller Komponenten. Dies ist ein erstes Beispiel dafür, wie die Betreiber die verschiedenen Praxisphänomene zueinander in Beziehung setzen: Durch die Einführung des NaWaRo-Bonus in Deutschland in 2004 war insbesondere zu diesem Zeitpunkt die Versorgung mit NaWaRos ein vor dem Bau der Anlage sicherzustellendes Kriterium. So erzählt beispielsweise Betreiber 36: „Als 2004 das neue EEG kam haben wir uns direkt entschieden in die Biogasbranche einzusteigen, weil es sich da für uns einfach wirtschaftlich dargestellt hat […] für [eine] bessere Vermarktung des anfallenden überschüssigen Getreides beziehungsweise der Fläche" (I-36).

In Luxemburg war zu jedem Zeitpunkt die Nutzung jeglicher organischer Rohstoffe möglich. Daher waren hier weit größere Möglichkeiten zur Ressourcenbeschaffung gegeben, was auch Folgen für die Konfiguration der Anlage hatte, wie in Kapitel 5.2.1.1 dargelegt.

Für die Konfiguration großer Einspeiseanlagen in den frühen 2010er Jahren spielten physisch-materielle Komponenten ebenfalls eine große Rolle. Durch den sehr hohen Ressourceneinsatz war eine wichtige Praxis der Konfiguration die Sicherstellung der Ressourcenzufuhr. Dies wurde entweder durch die Gründung von Betreibergenossenschaften geregelt, in denen jeder Beteiligte Rohstoffe bereitstellt, oder durch Lieferverträge mit Entsorgungsunternehmen, die organische Abfälle zur Anlage transportieren (vgl. Kap. 5.2.1.2).

Physisch-materielle Komponenten spielen vor allem für die Rekonfiguration der Anlage eine große Rolle. Die ausreichende Versorgung mit Rohstoffen für die Biogasanlage war zwar zu jeder Zeit ein wichtiges Kriterium für die Konfiguration der Anlage, auf welche Ressourcen dabei Wert gelegt wurde hing jedoch wesentlich vom politischen Rahmen ab. Dieser ist auch Gegenstand der beiden folgenden Kapitel.

6.3 Gesellschaftlicher Kontext

Übergeordnete kulturell-normative Wertvorstellungen bilden wichtige Einflussfaktoren der Konfiguration. Sie sind Aspekte, welche die Betreiber als außerhalb des Energieregimes liegend wahrnehmen, die für die diversen Praktiken der Energieerzeugung aber eine Rolle spielen. In den Interviews benannten die Gesprächspartner die Milchquote, allgemeine Marktpreise von Agrarprodukten, die Hoffolge, Kreislaufwirtschaft, Energieerzeugung und Nachbarschaft als gesellschaftliche Aspekte.

6.3.1 Milchquote

Die Milchquote – auch Referenzmenge oder Milchkontingent – ist eine Quotenregelung der Europäischen Union zur Beschränkung der Milchproduktion im europäischen Binnenmarkt. Auf Betreiberseite bezeichnet sie das Kontingent oder die Menge Milch, die ein Erzeuger produzieren und an der Milchbörse verkaufen darf (vgl. Europäische Kommission, 2014). Alle Betreiber, die im Interview auf die Milchquote eingingen, benannten sie als den entscheidenden Aspekt für die Konfiguration der Anlage. Alle hatten bis 2001 eine Biogasanlage errichtet. Relevant war, dass das Kontingent für die Milcherzeugung innerhalb der kommenden Jahre auslief, weshalb sie einen Handlungsbedarf für die Absicherung des Hofes wahrnahmen (vgl. Kap. 6.4.3 und 6.4.4). Keiner der Befragten, die nach 2001 eine Anlage errichteten, ging auf die Milchquote ein, obwohl sie erst durch die Reform der EU-Agrarpolitik von 2003 und dem damit verbundenen sogenannten „*Health Check*" 2008 endgültig zum 1. April 2015 abgeschafft wurde. Seither veräußern Landwirte ihre Milch zu Preisen, die sich an Angebot und Nachfrage orientieren.

6.3.2 Marktpreise Agrarprodukte

Um die Jahrtausendwende setzten niedrige Marktpreise insbesondere von Fleisch und Milch die Landwirte unter Druck. „Milchpreise im Keller, Fleischpreis war damals im Keller" (I-09). Zudem sanken zwischen 1999 und 2001 die Milch- und Getreidepreise erheblich (I-23). Der Weltmarktpreis von Weizen, von dem auch der Maispreis wesentlich abhängt, sank beispielsweise von etwa 190 Euro pro Tonne im Oktober 2002 auf ungefähr 110 Euro im Juni 2003. Dies war ein wichtiger Aspekt für diverse Befragte, um über die Errichtung einer Biogasanlage nachzudenken, um einerseits den Einkommensausfall zu kompensieren, aber auch, da die wesentlichen Ressourcen für die Biogaserzeugung auf einmal sehr günstig waren. 2004 erreichten die Getreidepreise einen Tiefstand. Nahezu alle Befragten, die eine Anlage zwischen 2004 und 2008 errichteten, schilderten dieses Problem sehr ausführlich und stellten es als besonders wichtigen Grund für die Konfiguration der Anlage dar: „Getreide war ja dann sehr schlecht. […] Milch war auch nicht berühmt" (I-26). Ein Betreiber äußerte, dass sein Hof aufgrund der niedrigen Milchpreise um 2004 „stark gebeutelt" (I-33) war und daher eine Umorientierung nötig wurde. Der nächste Einbruch der Milchpreise 2008 führte zu Überlegungen weiterer Landwirte, die eine Einkommensalternative benötigten (vgl. Kap. 6.4.3). So erklärt Betreiber 20, dass er „nicht das gleiche Schicksal" (I-20) wie viele seiner früheren Kollegen erleiden wolle; in den 1960er Jahren gab es in seinem Dorf 15 Vollerwerbsbetriebe, 2013 waren es noch drei, von denen Betreiber 20 der einzige Milchproduzent war.

Auch hinsichtlich der Rekonfiguration sind die Marktpreise der Agrarprodukte ein häufig angeführter und bedeutsamer Aspekt. Viele Betreiber, die bereits eine Anlage errichtet hatten, reagierten ab etwa 2004 auf die damals niedrigen Marktpreise, indem sie ihre Anlage vergrößerten und somit ihre selbst erzeugten Agrarprodukte in der Anlage verwerten konnten. Der Megatrend Weltmarktpreise im Agrarsektor (vgl. Tab. 5.4) entfaltete insbesondere um 2004 für die Rekonfiguration und den Neueinstieg in die Bioenergieerzeugung seine Wirkung.

6.3.3 Kreislaufwirtschaft

Kreislaufwirtschaft kann im Kontext der Bioenergieerzeugung definiert werden als die „Rückführung von genutzten Rohstoffen in das System mit möglichst geringen energetischen und stofflichen Verlusten“ (Hoffmann, 2007, 31). Damit werden insbesondere die „Vermeidung und Verwertung von Abfällen“ angestrebt, wie sie beispielsweise in Deutschland auch gesetzlich normiert sind (Kreislaufwirtschaftsgesetz 2013, §2,19).

Ende der 1990er Jahre war die Kreislaufwirtschaft für die Betreiber bei der Konfiguration kein besonders wichtiger Aspekt; binnen weniger Jahre gewann sie aber stark an Bedeutung. So äußert Betreiber 15 hinsichtlich seiner Überlegungen in 2003: „Wir [waren] eigentlich immer der Auffassung, dass man in der Landwirtschaft, so weit es geht, Kreisläufe berücksichtigen soll“ (I-15). Dieses Motiv wird von fast jedem zweiten Betreiber, der seine Anlage ab 2003 konfigurierte, als wichtig benannt.

Neben diesem vermeintlich vorrangig ökologischen Aspekt der Ressourceneffizienz, der bei Konfiguration bis etwa 2008 vorgebracht wird, beziehen sich insbesondere Betreiber, die ab 2010 ihre Anlage errichteten, auf die Kreislaufwirtschaft im Sinne innerbetrieblicher Kreisläufe. Dieser Aspekt wurde vor allem von Befragten angesprochen, die neben der Land- und/oder Viehwirtschaft ein weiteres Betriebsstandbein haben, wie ein Lohnunternehmen oder Grassamenvermehrung. Zwei Beispiele verdeutlichen das. Betreiber 21 errichtete seine Anlage 2010. Besonders gefiel ihm der Aspekt der Kreislaufwirtschaft vor Ort, „dass man die Wärme mit dem eigenen Grassamen und Getreide trocknen, nutzen können im Sommer und haben trotzdem auch für die anderen Leute da einen Vorteil geschaffen, sodass man sieht, dass insgesamt das Dorf davon profitiert“ (I-21). Sein Verständnis von Kreislaufwirtschaft steht in Zusammenhang mit der Nachbarschaft (s. Kap. 6.3.6). Betreiber 24 errichtete seine Anlage 2013, ist sowohl Biogasanlagenbetreiber als auch Lohnunternehmer und Landwirt und äußert: „Als Zukunftssicherung, für eine runde Sache zu machen, einfach geschlossenes System. […] Der eine bezahlt den anderen: die Biogasanlage bezahlt den Lohnunternehmer, der Lohnunternehmer macht dem Landwirt seine Arbeit und der Landwirt liefert sein Material an die Biogasanlage“ (I-24).

Die Kreislaufwirtschaft war bereits ab 2003 wichtig, wobei sich die Auslegung des Begriffs von einer eher ökologischen zu einer betrieblichen Argumentation änderte.

6.3.4 Energieerzeugung

Die Erzeugung von Energie war im Untersuchungsgebiet zu keiner Zeit ein dominantes Motiv der Konfiguration einer Biogasanlage. Dennoch gehen einige Befragte darauf ein. Dabei ist die Energieerzeugung nicht aus dem Energiesektor heraus motiviert, sondern wird in den weiteren gesellschaftlichen Kontext eingebettet, wird als Variante der sonstigen Tätigkeit dargestellt. Insbesondere Betreiber, die bis 2001 ihre Anlage errichteten, sprechen von der Faszination „Energie selber zu machen" (I-27) oder berichten stolz: „Wenn man abends sieht, das ganze Licht, was abends hier im Dorf ist. [...] Es wird mehr Strom produziert, als das Dorf verbraucht, benötigt. [...] Das motiviert auch" (I-17). Auch agrarische Gründe der Energieerzeugung werden angeführt: „[Wir] haben gedacht, das ist jetzt doch was, Energie produzieren auf dem Acker am schlechten Standort" (I-30). Die Nutzung vorher als ungünstig bewerteter physisch-materieller Komponenten zur Energieerzeugung sagte dem Betreiber zu.

Noch bis Mitte der 2000er Jahre wird Energieerzeugung als eigentliches Motiv der Konfiguration benannt: „Biogas ist tatsächlich mein Thema, das ist überhaupt diese Energiegewinnung, Erneuerbare Energien, das ist ein Thema für mich, wo ich einfach sage, das ist was, was ich machen will, und da sehe ich auch meine Zukunft drin" (I-33). Doch im Lauf der Zeit verliert dieser Aspekt immer stärker an Bedeutung. Vielmehr wird die Energieerzeugung zunehmend in den Kontext wirtschaftlicher Tätigkeit gesetzt, als Methode, um Einkommen zu generieren. Dies wird in folgendem Zitat sehr deutlich: „Natürlich macht man so ein Projekt vor dem Hintergrund, dass man da irgendwann mal Geld mit verdient. Ich meine, das ist natürlich der Sinn der Sache. Alternative Energiegewinnung natürlich auch, aber, das muss ich ja ganz offen sagen, das finanzielle Einkommensstandbein ist für mich vordergründig" (I-20).

6.3.5 Hoffolge

Die Hoffolge, hier verstanden als die Vererbung des landwirtschaftlichen Unternehmens an einen eigenen Nachfahren, spielte bei der Konfiguration der Anlage für viele Betreiber eine wichtige Rolle. Dies äußert sich auf unterschiedliche Weise, wobei keine Unterschiede in zeitlicher Dimension festzustellen sind.

Ein erster Unteraspekt der Hoffolge ist die Verfügbarkeit zusätzlicher Arbeitskraft. Durch den Einstieg des Sohnes in den landwirtschaftlichen

Betrieb – in lediglich einem Fall erwähnte ein Interviewpartner seine Tochter als Nachfolgerin – war zum Zeitpunkt der Konfiguration eine zusätzliche Arbeitskraft vorhanden, sodass es möglich wurde, ein Tätigkeitsfeld zu intensivieren oder ein Neues aufzubauen: „weil wir auch arbeitskräftemäßig ziemlich gut besetzt sind, da wir einen Hofnachfolger haben, der jetzt auch schon mit in dem Betrieb drin ist, und das für uns passen würde" (I-26). Diese Abwägung führte auch im Falle von drei weiteren Interviewten (I-32, 25 & 24) zum Bau einer Biogasanlage.

Zweitens gehen Interviewpartner (I-30 & 32) auf die Notwendigkeit ein, eine zusätzliche Familie zu ernähren. Ein Weg um dies zu erreichen, war die Erweiterung des landwirtschaftlichen Betriebs, die wiederum zur Errichtung einer Biogasanlage führte.

Ein dritter und zugleich am häufigsten vorgebrachter Unteraspekt der Hoffolge ist die Ablehnung der Viehhaltung seitens des Nachfahren. Ein Betreiber, selbst der Nachfahre, äußert dafür beispielhaft: „Weil ich auch keinen Bock [hatte]. Wenn ich Bock auf Kühe hätte, hätten wir jetzt vielleicht 500 oder 600 Kühe, aber da habe ich einfach keinen Bock darauf" (I-32). Auffallend dabei ist, dass in allen Fällen der Vater die Kuhhaltung ausbauen wollte, aufgrund des Wunsches des Sohnes aber davon absah, um die Hoffolge sicherzustellen: „Ich wollte das eigentlich andersrum machen, aber er … […] Ob ich noch einen neuen Stall baue für 2 Millionen [Euro] und ich gehe dann mit 65 Jahren, habe ein schönes Gebäude da stehen, aber Keinen mehr, der weitermacht" (I-24). Lediglich in einem Fall war dies umgekehrt: „Meine Tochter, die würde gleich zu mir sagen, wenn ich die Kühe [aufgebe]: Dann mach ich den Betrieb nicht" (I-10). Dabei legt Betreiber 10 dar, dass die Kuhhaltung für die Biogasanlage nicht notwendig sei und er sie lediglich behalte, um die Hoffolge sicherzustellen.

Insgesamt verdeutlichen diese Beispiele, dass die Hoffolge stets ein wichtiges Argument für die Konfiguration war. Dies verweist zudem auf die Bedeutung landwirtschaftlicher Megatrends bei der Konfiguration (vgl. Kap. 5.1.2.2).

6.3.6 Nachbarschaft

Der letzte Aspekt des gesellschaftlichen Kontexts hinsichtlich kulturell-normativer Wertvorstellungen, den die Befragten ansprechen, ist das Verhältnis zu den Nachbarn und Bewohnern der Ortschaft. Dieses solle möglichst gut sein; Konflikten vorzubeugen und Akzeptanz für die eigenen Aktivitäten zu erzielen, scheint den Interviewpartnern wichtig zu sein. Die Vermeidung von Geruchsemissionen durch Gülle und Mist ist ein Motiv der Konfiguration insbesondere bis

2000. Mitte der 2000er Jahre wird diese Dimension von diversen Interviewpartnern auf die Ausbringung der Fermentationsreste als Düngemittel erweitert, wie folgende Sequenz verdeutlicht: „Damals war das ja schon auch die Idee, die Gülle, dass die vergärt wird. Ist schon ein riesiger Vorteile, wenn man die ausbringt, die Substrate: der Geruch ist hier längst nicht mehr so, das ist schon ein riesiger Unterschied. Wenn die richtig vergoren sind, da kannst du die normalerweise an die Häuserwand fahren, da hast du kein Problem" (I-26). Ein Befragter schildert, dass der Aspekt Geruchsbelästigung in Verbindung mit Verkehrsbelastung die Standortwahl für die Anlage beeinflusste: „[Die Biogasanlage am Hof in der Ortschaft zu errichten,] das wäre hier für die Dorfstraße eine enorme Verkehrsbelastung geworden. [...] Das war auch jedem von Anfang an klar. Auch eventuelle Geruchsbelästigungen sind da oben zu fast 100 Prozent ausgeschlossen. Schon allein von der Windrichtung her, die Hauptwindrichtung ist von hier (zeigt mit dem Finger). Das war auch jedem hier im Dorf ganz klar von Anfang an und deswegen war das gar kein Problem" (I-20). Physisch-materielle Bedingungen werden hier als Deutungsmuster genutzt und in den gesellschaftlichen Kontext der Nachbarschaft eingebettet.

Lediglich ein Betreiber bejaht die Frage, ob es Bürgerbewegungen gegen die eigenen Pläne gab. Er schildert das folgendermaßen: „Da gab es halt eben Boykott, weil sie einfach gesagt haben: Nein, wir gönnen dir das Geld nicht. Einmal, da hörte ich dann, oder eine Architektin, die mir dann Habgier und Sonstiges vorgeworfen hat, weil ich ihre Mutter angeblich belästigt habe mit dem Leitungsrecht [für das Nahwärmenetz]. Da habe ich gesagt: Wisst ihr was, Leute, da macht ihr was ihr wollt, fahre ich anders rum. Und ich habe es auch anders geregelt bekommen" (I-24). Der Konflikt löste sich letztendlich durch Vermittlung eines Lokalpolitikers. Seine Idee war, dass neben privaten Großabnehmern (Schwimmbad, Einkaufszentrum, Hotel, Campingplatz, Getränkemarkt, Heizungsinstallateur) auch eine bestehende Schule sowie der geplante Neubau einer Schule an das Nahwärmenetz angeschlossen würden. Dies untermauerte der Interviewpartner argumentativ dadurch, dass es Ziel für den Neubau war, 30 Prozent des Energieverbrauchs aus Erneuerbaren Energien zu gewinnen, wofür er Biogaswärme als prädestiniert ansah. Dadurch konnte er die lokale und regionale Politik für das Projekt gewinnen, die in der Bevölkerung erfolgreich vermittelte. Von Vorteil erwies sich der persönliche Kontakt zum Landrat, mit dem die Frau des Betreibers Abitur gemacht hatte.

Die Nachbarschaft wird somit in mehreren Dimensionen bedeutsam: Nachbarn als ‚Betroffene' einer von ihnen als negativ wahrgenommenen Entwicklung; Nachbarn als Bekannte und Schulfreunde, die als Mediatoren auftreten; Nachbarn als Abnehmer von Energie. Die Bedeutung der Nachbarschaft wird von den

Befragten im Vergleich zu anderen Aspekten nie als besonders hoch eingestuft, sie spielt aber zu jeder Zeit und für alle Befragten eine Rolle.

6.3.7 Der gesellschaftliche Kontext in der Gesamtschau

Die einzelnen Aspekte der gesellschaftlichen Kontexte werden von den Betreibern im Laufe der Zeit in unterschiedlicher Wichtigkeit wahrgenommen (s. Tab. 6.3). Ihre Bedeutung schwankt weniger, als die der einzelnen Aspekte der zuvor vorgestellten individuellen Wissensbestände (vgl. Kap. 6.1). In der Anfangsphase der Biogaserzeugung im Untersuchungsgebiet spielten die landwirtschaftlich-gesellschaftlichen Kontexte Milch- und Agrarmarktpreise eine entscheidende Rolle für die Konfiguration. Betreiber, die nach 2004 ihre Anlage konfigurierten gehen auf diese Aspekte seltener ein. Ebenfalls weniger Bedeutung als in den frühen 2000er Jahren hat die Energieerzeugung an sich, wobei sie zu keinem Zeitpunkt als wirklich entscheidend dargestellt wurde. Die Rolle von Kreislaufwirtschaft und Nachbarschaft unterlag im Untersuchungsgebiet im betrachteten Zeitraum starken Schwankungen. Die Nachbarschaft wird von vielen Befragten zu allen Zeitpunkten als ein Element benannt, ihr kommt aber nie eine übergeordnete Rolle zu. Die Kreislaufwirtschaft wurde in der Anfangsphase kaum beachtet, gewann später stark an Bedeutung und gehört heute mit zu den wichtigen gesellschaftlichen Aspekten. Sie wird auch häufig in direktem Zusammenhang mit der Nachbarschaft thematisiert. Eine Sonderstellung kommt dem Aspekt Hoffolge zu, der über den gesamten Zeitraum von dem deutlichen Großteil der Interviewten als wichtig dargestellt wurde.

Tabelle 6.3: Veränderung der Bedeutung einzelner Aspekte des Praxisphänomens gesellschaftlicher Kontext; „–“ unwichtig, „-“ wenig wichtig, „o“ weder wichtig noch unwichtig, „+“ wichtig, „++“ sehr wichtig; eigene Darstellung.

	Ende 1990er	Mitte 2000er	Anfang 2010er
Milchquote	++	o	–
Marktpreise Agrarprodukte	+	++	+
Kreislaufwirtschaft	-	+	+
Energieerzeugung	-	-	–
Hoffolge	+	+	+
Nachbarschaft	–	–	–

Ursachen für die Bedeutungsentwicklung des gesellschaftlichen Kontexts für die Konfiguration können nicht in diesem selbst gefunden werden. Um auf diesen

Wandel genauer einzugehen, ist zunächst die Auseinandersetzung mit dem verbleibenden Praxisphänomen notwendig.

6.4 Praxisfeld

Das spezifische Praxisfeld Konfiguration ist eingebettet in die Routinen und Normen des Energiesektors. Es umfasst die Praktiken, die von den Betreibern als wesentlich für die Erstellung einer Biogasanlage benannt werden und die nicht in eines der anderen Praxisphänomene fallen. Elemente, die von den Betreibern als für die Praktiken relevant benannt werden, sind zum einen wirtschaftliche Abwägungen und energiebezogene Motive. Zu den wirtschaftlichen Abwägungen gehören die Aspekte Wertschöpfung, Güllenutzung und -veredelung, Diversifizierung und Einkommen, zu den energiebezogenen Motiven zählen die Aspekte Selbstversorgung und allgemeine Wärmenutzung. Zum anderen gehen die Betreiber auf politische Rahmenbedingungen und Beziehungen zu anderen Akteuren oder Partnern ein. Als politische Rahmenbedingungen erwähnen die Betreiber Einspeisevergütungen und Subventionen, generelle energiepolitische Entscheidungen und Wahrnehmungen über die staatliche Verwaltung, wobei insbesondere Genehmigungsverfahren thematisiert werden. Als Akteure oder Partner gehen die Interviewpartner auf Dienstleister im Energiesektor sowie Banken und Verbände ein. Im Folgenden wird auf diese insgesamt 13 verschiedenen Aspekte eingegangen. Um den Überblick darüber zu erleichtern, wird in Kapitel 6.4.7 ein kurzes Zwischenfazit über die ersten sechs Aspekte geliefert.

6.4.1 Wertschöpfung

Wertschöpfung benennen die Betreiber hinsichtlich der Erzeugung von Energie aus landwirtschaftlichen Produkten oder aus Abfallstoffen. Insbesondere in der frühen Phase der Entwicklung war dies ein sehr wichtiger Faktor. Dabei spielten einerseits individuelle Begeisterung über die Wertschöpfung und andererseits die konzeptionelle Einbettung der Biogasanlage in den Gesamtbetrieb eine Rolle. Viele Betreiber gehen darauf in folgender oder ähnlicher Art ein:

> „Das ist einfach fantastisch, wenn man das sieht, wie aus Abfall Energie produziert werden kann. Es ist ja eigentlich ein immenser Prozess, finde ich, eine Wertschöpfung. Ja, das war meine Motivation“[1] (I-06).

---

1 Eigene Übersetzung aus dem Luxemburgischen: „*Dat ass einfach fantastesch wann een dat gesäit, wéi aus Offall eppes, Energie ka produzéiert ginn. Et ass jo eigentlech en immense Prozess fannen ech. Eng Wäertschöpfung. Jo, dat war meng Motivatioun*“.

> „Das Konzept gefiel mir ganz gut und dann hab ich das am Anfang erst gedacht, nur für den Betrieb, jetzt den Mist und die Gülle aufzubereiten. Aber nachher sah ich, dass da noch viel Potenzial war und dann entschied ich mich hauptsächlich für Abfall" (I-09).

Eine andere Dimension der Wertschöpfung in der Anfangsphase steht in Zusammenhang mit der verfügbaren Fläche. So entschied sich beispielsweise Betreiber 30 dafür, eine Anlage auf Abfallbasis zu errichten, „weil wir keine wertvollen Ackerflächen mit Mais wollen pflanzen" (I-30).

Bis Mitte der 2000er Jahre blieb die Wertschöpfung ein sehr wichtiger Aspekt der Konfiguration. Sie wird beispielweise als „Ausgangsgedanke" (I-15) bezeichnet oder im Kontext der generellen Nutzung organischer Lebensmittelabfälle angeführt.

Von allen Betreibern, die nach 2004 die Konfiguration der Anlage durchführten, bezieht sich lediglich einer für seine Konfiguration im Jahr 2008 auf den Aspekt Wertschöpfung: „Wir haben über Biogas gesprochen, da habe ich gesagt, das interessiert mich, weil mich immer interessiert, wie man aus Nichts etwas machen kann, das hat mich immer gereizt" (I-16).

6.4.2 Güllenutzung und -veredelung

Für viele Befragte war aufgrund ihrer Viehhaltung Gülle verfügbar, um eine Hofanlage zu betreiben. Neben dem zuvor angesprochen Aspekt der Wertschöpfung aus dieser Ressource sowie der Reduktion der Geruchsbelästigungen (s. Aspekt Nachbarschaft im gesellschaftlichen Kontext) gehen einige Befragte auf die Veredelung der Gülle durch den Fermentationsprozess ein sowie auf die Möglichkeit, andere Düngemittel durch die veredelte Gülle zu substituieren. Insbesondere bis 2001 war dieser Aspekt für die Betreiber relevant. Dabei ist ein Argument für die Güllenutzung pragmatischer Art: „Die Gülle hat man sowieso gehabt [...], war sogar pflanzenverträglicher danach, wie sie aus dem Fermenter herauskam" (I-27). Hier wird das physisch-materielle Vorhandensein der Ressource mit landwirtschaftlicher Praxis in Verbindung gesetzt, wobei die Biogaserzeugung als Bindeglied wirkt. Neben der Verbesserung des Düngeprozesses wird auch auf damit verbundene Umweltaspekte eingegangen: „Man hat einen Synergieeffekt mit Gülleveredelung, mit besseren Düngewerten der Gülle und [...] Methanabstoß in die Atmosphäre" (I-29). Durch die Nutzung der veredelten Gülle sahen einige Betreiber auch das Potenzial, Düngemittel zu substituieren: „Das, was man als organische Masse oder Abfall von anderen Betrieben zukauft, da ist ja Stickstoff drin. Diesen Stickstoff braucht man nicht mehr über chemischen Stickstoff zu importieren. Also geht der Stickstoffverbrauch herab auf deiner Anlage, auf den Betrieben, wo die Biogasanlagen sind. Das ist deutlich bewiesen"[2] (I-06). Neben der eigentlichen Düngung und der Veredelung durch die Biogasanlage bezieht sich dieser Betreiber auch auf sozio-technische Wissensbestände, wenn er von vorliegenden Beweisen spricht. Die Nutzung von Wissensbeständen über durch Biogaserzeugung entstehende Potenziale ist für den Aspekt der Güllenutzung und -veredelung bis Mitte der 2000er Jahre von Bedeutung. Danach ist er von untergeordneter Wichtigkeit.

6.4.3 Diversifizierung

Diversifizierung sprechen die Betreiber im Untersuchungsgebiet einerseits bezogen auf den Aufbau eines zusätzlichen Betriebszweigs an, andererseits im Sinne einer Einkommensalternative. Der zusätzliche Betriebszweig wurde dabei als notwendig angesehen, um den landwirtschaftlichen Betrieb zu sichern, „so wirklich als zweites Standbein, wie es immer so schön heißt, Landwirt und Energiewirt" (I-18). Insbesondere Betreiber, die vor 2000 ihre Anlage konfigurierten, gehen auf diesen Aspekt ein und nehmen dabei Bezug auf niedrige Marktpreise von Agrarprodukten oder politischer Regulierung.

Ab den 2000er Jahren wird das zweite Standbein zunehmend direkt als Einkommensalternative betrachtet. Beispielsweise sah Betreiber 32 die „Möglichkeit, neben dem Kerngeschäft noch ein Einkommen zu haben, weil das Kerngeschäft an vielen Stellen einfach nicht mehr reicht" (I-32). Mehrer Betreiber konfigurierten ihre Anlage so, dass sie im Falle des Scheiterns den Gesamtbetrieb nicht gefährdet. Auch die Hoffolge (s. Kap. 6.3.5) wird in diesem Zusammenhang als zusätzliches Argument angeführt. Einige weitere Einzelbeispiele stellen sich folgendermaßen dar: Betreiber 34 benötigte im Jahr 2001 eine Alternative zu seiner Saatgutvermehrung, da dafür die Pacht auslief. Betreiber 15 und 16 sahen 2003/2004 die Möglichkeit, Reststoffe in Energie umzuwandeln (s. Kap. 6.4.1) und dadurch eine Einkommensalternative bei niedrigen Marktpreisen für Agrarprodukte zu generieren. Dies ergänzend geht Betreiber 36 auf politische Regulierung in anderen Feldern ein: Neben der Haltung von Schweinen war und ist das Branntweingeschäft eines seiner Standbeine. Im Jahr 2002 erfuhr der Vater des Betreibers, der zugleich Vorsitzender eines Brennereiverbandes war, dass das deutsche Obstbrennrecht aufgrund von EU-Richtlinien auf eine Art verändert

2 Eigene Übersetzung aus dem Luxemburgischen: „*Dat wate en als organesch Mass zoukeeft vun anere Betrieber oder als Offall, do ass jo Stickstoff dran. Dee Stickstoff brauch een net méi iwwer den chemeschen Stickstoff zimportéieren … Also Stickstoffverbrauch geet erof op deenen Anlagen, op deene Betrieber wou Biogasanlage sinn. Dat ass däitlech bewisen*" (I-6).

werden würde, dass sich dieser Bereich für den Betrieb nicht mehr als ausreichend erträglich darstellen würde. In Verbindung mit niedrigen Preisen für Getreide suchte er daher eine Einkommensalternative.

Für den Konfigurationszeitraum zwischen 2005 und 2010 gehen die Betreiber nicht mehr auf den Aspekt der Diversifizierung ein. Aber Betreiber, die ab 2010 ihre Anlagen konfigurierten, beleuchten ihn wieder, wie beispielsweise Betreiber 20: „[Da] hat man dann deutlich gesehen, dass wir bei Milchpreisen starken Einbruch bekommen. [...] Und das hat für mich ganz klar gezeigt, hier muss eine Einkommensalternative her" (I-20). Verschiedene Befragte gehen auf den Megatrend Agrarpreise ein, der als ein wesentlicher Anstoß zur Diversifizierung gesehen wird (s. Kap. 6.3.2).

Die Diversifizierung des Betriebs war zu nahezu jeder Zeit ein wichtiger Aspekt der Konfiguration, wobei sie in der Frühphase vor allem als zweites Standbein zur Absicherung des Betriebs und in der Gegenwart unmittelbar als Einkommensalternative zu niedrigen Agrarpreisen betrachtet wird.

6.4.4 Einkommen

Einkommenssicherheit sowie die Generierung eines zusätzlichen Einkommens werden für die Konfiguration ab Anfang des Millenniums stetig bedeutender. Die Sicherheit resultiert vor allem aus dem gesetzlichen Rahmen. Insbesondere die Einspeisevergütung, die für einen Zeitraum von 20 Jahren Einnahmen garantiert, ist dabei Gegenstand der Schilderungen: „das hat uns gut gefallen mit dieser festen Einspeisevergütung über 20 Jahre hinweg" (I-23); „es gab das EEG, das hat einem eine gewisse Sicherheit gegeben mit der Einspeisung" (I-34). In diesem Zusammenhang äußern sich auch diverse Interviewpartner hinsichtlich der Einkommenssicherheit in Relation zu den landwirtschaftlichen Marktpreisen. Zum Beispiel äußert ein Betreiber: „wenn die [Menschen] nicht bereit sind, uns auch das dafür zu bezahlen, dass wir gut davon leben können, oder vernünftig davon leben können, dann geht es bei uns in die Biogasanlage" (I-25). Die Biogasanlage bietet für einige Befragte eine Einkommenssicherheit und damit zugleich eine gewisse Unabhängigkeit vom sonstigen agrarischen Marktgeschehen.

Wie bereits beim Aspekt Energieerzeugung angeführt (s. Kap. 6.3.4) wird von den Betreibern zunehmend die wirtschaftliche Tätigkeit betont. Die Interviewpartner, die ab den 2010er Jahren ihre Anlage konfigurierten, sehen die Biogaserzeugung vor allem als Methode, um zusätzliches Einkommen zu generieren; sie wird für diverse Betreiber zum hauptsächlichen „Einkommensstandbein, wo ich in Zukunft drauf zähle" (I-20). Der Aspekt Einkommen hat sich zu einem sehr wichtigen entwickelt und steht direkt in Beziehung zur Diversifizierung (s. Kap. 6.4.3).

6.4.5 Energie zur Selbstversorgung

Die Erzeugung von Energie durch eine Biogasanlage zur Eigennutzung war in der Anfangsphase der Entwicklung ein sehr wichtiger Aspekt. Die Substitution von Energiekosten auf dem Hof war dabei zu Beginn das entscheidende Motiv. So hatte Betreiber 06, der Pionier im Untersuchungsgebiet, bis 1998 eine Holztrocknungsanlage, die mit Heizöl lief. Er baute die Biogasanlage vor dem Hintergrund, die anfallende Wärme für die Holztrocknung zu nutzen. Nahezu alle Betreiber, die bis 2001 ihre Anlage konfigurierten, schildern ausführlich, dass die Nutzung der Wärme für den Hof, den Stall und das Warmwasser wichtig waren. Auch die Eigennutzung des Stroms wird thematisiert. Betreiber 17 ergänzt ein wichtiges Detail: „wir mussten ja 50 Prozent von der Hitze verarbeiten, um den KWK-Bonus zu bekommen" (I-17). Das zeigt, dass bereits in der frühen Entwicklungsphase des Biogassektors im Untersuchungsgebiet der politische Rahmen Wirkung entfaltete.

Auch für die Konfiguration von 2003 bis 2005 war die Wärmenutzung ein wichtiger Aspekt, zunehmend vor dem Hintergrund der Kosteneinsparung und der effizienteren Nutzung der in der Biogasanlage eingesetzten Rohstoffe. Bei Erstellung der Anlage bis etwa 2010 wurde das Thema der Energieselbstversorgung von den Betreibern kaum noch als besonders wichtig angesprochen. Ab 2010 erlangte es neue Prominenz, wurde von den Betreibern zunehmend mit der Möglichkeit verbunden, ein Wärmenetz im Dorf aufzubauen. Die Eigennutzung wird zugleich seither im Kontext der allgemeinen Wärmenutzung gesehen.

6.4.6 Wärmenutzung

Die Wärmenutzung als Aspekt der Konfiguration spielt für die Betreiber bis 2001 keine Rolle. Danach wurde zunehmend über die Nutzung der anfallenden Wärme nachgedacht. Dabei wurden insbesondere Holzpelletanlagen von mehreren Betreibern als Variante ausgemacht, um die Wärme effektiv zu nutzen. So schildert Betreiber 19, dass die Wärmenutzung bei der Konfiguration ein wesentlicher Aspekt war und er daher eine Studie in Auftrag gab, um die Umsetzung eines Nahwärmenetzes zu durchdenken. Letztendlich scheiterte es am mangelnden Interesse der Nachbarn. Gefragt nach der ökonomischen Notwendigkeit der Wärmenutzung äußert er: „Das geht gar nicht anders. Ich meine, wir haben da einen relativ hohen Arbeitsaufwand für alles, nur wenn ich den bezahlt bekomme und alles, meine Kosten gedeckt, dann ist es in Ordnung. Ich meine, ich kann die Tilgung davon bezahlen und das ist ja für mich ausschlaggebend“ (I-19). Die Wärmenutzung ist für diverse Befragte als effiziente Ausschöpfung der Potenziale auch wirtschaftlich notwendig.

Ab 2010 wurden bei der Konfiguration verstärkt Wärmenetze berücksichtigt. Sie ergänzten insbesondere die Holzhackschnitzelherstellung als Möglichkeit der Wärmenutzung. Wie Betreiber 24 äußerten auch die anderen Befragten, die nach 2010 ihre Anlage errichteten, dass sie „nie eine Biogasanlage ohne ein vernünftiges Wärmekonzept“ (I-24) bauen würden. Die Wärmenutzung ist im Verlauf der Zeit zu einem wichtigen Aspekt der Konfiguration geworden.

6.4.7 Zwischenfazit - Praxisfeld

Die bis hierhin vorgestellten ersten sechs Aspekte des Praxisfeldes gingen auf wirtschaftliche Abwägungen und energiebezogene Motive ein, die tendenziell beim Betreiber angesiedelt sind. Tabelle 6.4 stellt dar, wie die Betreiber den einzelnen Aspekten im Laufe der Zeit eine unterschiedliche Bedeutung für die (Re)Konfiguration zusprechen. Zu erkennen ist, dass insbesondere die Generierung von Einkommen eine starke Bedeutungszunahme erfuhr und die Selbstversorgung sowie die Wärmenutzung stark einbüßten. Detaillierter wird

Tabelle 6.4: Veränderung der Bedeutung einzelner Aspekte des Praxisfelds im Kontext von Wirtschaft, Energie, Politik und Gesellschaft; „–“ unwichtig, „-“ wenig wichtig, „o“ weder wichtig noch unwichtig, „+“ wichtig, „++“ sehr wichtig; eigene Darstellung.

	Ende 1990er	Mitte 2000er	Anfang 2010er
Wertschöpfung	++	+	–
Güllenutzung & -Veredelung	o	-	–
Diversifizierung	+	o	+
Einkommen	–	o	+
Energie zur Selbstversorgung	++	o	–
Wärmenutzung	–	o	+
Einspeisevergütung & Subventionen	-	+	++
Politik & Verwaltung	o	-	-
Genehmigungsverfahren	–	o	++
Dienstleister Energie	-	++	++
Finanzierung / Banken	-	o	+
Vereine	++	o	o

dies am Ende des Kapitels diskutiert. Die im Folgenden vorgestellten sechs Aspekte werden sich stärker mit Wahrnehmungen über Elemente beschäftigen, die noch deutlicher betriebsübergreifend Wirkung entfalten: politische Rahmenbedingungen sowie Beziehungen zu anderen Akteuren oder Partnern. Diese sind ebenfallls in der Tabelle aufgelistet. Als politische Rahmenbedingungen gehen die Betreiber auf Einspeisevergütungen und Subventionen, auf generelle energiepolitische Entscheidungen und auf Wahrnehmungen über die staatliche Verwaltung ein, wobei dabei insbesondere Genehmigungsverfahren thematisiert werden. Als Akteure oder Partner benennen die Interviewpartner Dienstleister im Energiesektor sowie Banken und Verbände.

6.4.8 Einspeisevergütung und Subventionen

Auf die gesetzliche Förderkulisse beziehen sich die Betreiber in parachroner Betrachtung sehr differenziert. Da sich das Untersuchungsgebiet aus unterschiedlichen Nationalstaaten zusammensetzt, werden dabei auch unterschiedliche Förderinstrumente benannt (vgl. Kap. 5.1.1.1). Auffallend ist, dass sieben der elf in Luxemburg ansässigen und nur vier der 18 im westlichen-Rheinland Pfalz ansässigen Betreiber nicht auf diesen Aspekt eingehen. Dabei sind folgende Entwicklungsphasen auszumachen, die im Folgenden dargelegt werden: bis 2000, zwischen 2000 und 2006, 2006 bis einschließlich 2009 und ab 2010.

Sowohl in Luxemburg als auch im westlichen Rheinland-Pfalz existierte bereits Ende der 1990er Jahre eine Einspeisevergütung. Diese lag in Deutschland bei 13 Pfennig, was als ausreichend bezeichnet wird, sofern hofeigene Ressourcen und vor allem Reststoffe genutzt werden. „Geld haben sie damit keins verdient, das ist ganz klar“ (I-22). In Luxemburg nahmen verschiedene Betreiber lediglich zur Kenntnis, dass eine Einspeisevergütung existierte. Dies zeigt, dass die Abnahmeentgelte für Energie in den späten 1990er Jahren keine besondere Rolle spielte. In Luxemburg relevanter und zugleich als Normalzustand wahrgenommen sind Subventionen für landwirtschaftliche Betriebe: 50 Prozent der Kosten von Neuanschaffungen und anderweitigen Investitionen für den landwirtschaftlichen Betrieb wurden vom Landwirtschaftsministerium übernommen. Dies galt auch für Biogasanlagen. Die Interviewpartner aus dem westlichen Rheinland-Pfalz gehen für die Konfiguration bis 2001 nicht auf Subventionen ein.

Die zweite Entwicklungsphase der gesetzlichen Förderkulisse kann aufgrund der Betreiberaussagen zwischen 2000 und 2006 angesiedelt werden. In Luxemburg waren die landwirtschaftlichen Subventionen nach wie vor von Bedeutung, auch wenn sich die Betreiber in ihren Aussagen kaum direkt darauf beziehen.

Die Einspeisevergütung wird als „interessant" (I-17) bewertet, aber nicht annähernd so bedeutend wie die landwirtschaftlichen Unterstützungen. Im Gegensatz zur ersten Phase waren zwischen 2000 und 2006 auch im westlichen Rheinland-Pfalz Subventionen von Bedeutung. 2001 gab es für einzelne Anlagen eine Innovationsförderung vom Bund als „Pilotanlage in Rheinland-Pfalz". Auch das Bundesland stellte finanzielle Mittel zur Verfügung: „Da gab es einen Zuschuss vom Land. Dann mussten wir ziemlich schnell entscheiden, für den Antrag zu stellen. [...] Den Antrag haben wir dann gestellt und ist ja auch bewilligt worden vom Land Rheinland-Pfalz [...] und dann haben wir auch direkt angefangen zu bauen" (I-31). Diverse Betreiber konnten bis zu einem Viertel ihrer Aufwendungen über Fördermittel begleichen.

Zwischen 2000 und 2006 war die Einspeisevergütung das dominierende Motiv für die Konfiguration. Im westlichen Rheinland-Pfalz wurden die Einspeisetarife von 2000 (15 bis 16 Cent) generell noch als nicht ausreichend bezeichnet. Durch die EEG-Novelle von 2004 änderte sich dies erheblich. Mehrere Betreiber äußerten, dass sie erst durch die Novellierung und die damit verbundene Anhebung der Vergütungssätze den Entschluss fassten, ihre Anlage zu errichten. Besonders anschaulich schildert dies ein Betreiber, der erste Überlegungen aufgrund der alten Einspeisevergütung zurückstellte: „Wenn es sich wirtschaftlich dargestellt hätte, hätte ich schon drei Jahre früher damit angefangen. Nur, Idealismus alleine, davon kann keiner leben" (I-36). Sein Vorhaben wurde durch die EEG-Novelle bekräftigt: „Die Pläne waren auch im Prinzip schon soweit geschaffen und als dann 2004 das neue EEG kam, haben wir uns direkt entschieden, in die Biogasbranche einzusteigen, weil es sich da für uns einfach wirtschaftlich dargestellt hat" (I-36). Der ebenfalls mit der Novelle eingeführte NaWaRo-Bonus entfaltete seine Wirkung anders: „Und wir waren damals eben auch noch der Meinung – im Jahre 2002, in der Planungsphase. Damals war viel mit Ko-Substraten, also Abfallvergärungsanlage. Und das wurde alles hinfällig, nachdem das EEG-Gesetz mit der NaWaRo-Anlage kam" (I-19). Aufgrund des Bonus änderte Betreiber 19 seinen Plan, eine Abfallanlage zu errichten und entschied sich für eine Anlage auf Basis von NaWaRos.

Der Übergang von Phase zwei zu drei kann mit dem nachfolgenden Zitat eines Betreibers markiert werden, der 2005 seine Anlage konfigurierte: „Jedes Mal, wenn ich was Neues baue, will ich auch wissen, ob ich denn Fördermittel bekomme oder nicht. Da sind wir dann zur Biogasanlage gekommen" (I-35). Die Förderkulisse für die Biogaserzeugung war 2005 bereits so ausgereift, dass sie alleine für die Entscheidung ausreichen konnte.

Von 2006 bis 2009 veränderte sich die Bedeutung des Aspekts kaum. Die Änderung in Deutschland, dass ab 2007 kein konventionelles Heizöl mehr für den

Betrieb eines Zündstrahlmotors genutzt werden durfte, wirkte auf ähnliche Weise wie zuvor der Güllebonus: „Wir hatten ja den Druck, zum 31.12. mussten wir den Motor am Laufen haben, weil nach dem 1.1.2007 durften wir kein Heizöl mehr einsetzen, da hätten wir den Status verloren" (I-26). Das bedeutet, dass aufgrund rechtlicher Rahmenwerke die Anlage zügig an das Netz angeschlossen werden und einspeisen musste. In Luxemburg gab es Änderungen bei der Wärmenutzung. Die Investition von Betreiber 16 wurde lediglich zu 40 Prozent über Subventionen gedeckt, da er einen Teil der Wärme verkauft hatte und nur bei 100 prozentiger Eigennutzung der maximale Fördersatz gewährt wurde. Darüber regt er sich auf, denn nach seiner Ansicht habe ihn das Ministerium „ein bisschen hängen[ge]lassen" (I-16).

Im Jahr 2008 kündigte das luxemburgische Wirtschaftsministerium ein Gesetz zur Einspeisung von Biogas in das Gasnetz an. 2009 wurden mündliche Zusagen über einen Einspeisetarif von 7,5 Cent gegeben (s. Kap. 6.4.9). Dies gab 2010 den Impetus für zwei Betreiber, mit der Konfiguration einer Gaseinspeiseanlage voranzuschreiten. Damit begann die vierte und bisher letzte Entwicklungsphase, die von einer weiteren Bedeutungszunahme des Aspekts Einspeisevergütung und Subventionen gekennzeichnet ist.

In Luxemburg gingen die beiden benannten Biogaseinspeiseanlagen 2010 und 2011 ans Netz. Für die Anlagen in Deutschland gab es zusätzliche Subventionen für den Aufbau von Nahwärmenetzen. Zudem wurden die Einspeisetarife gerade für kleinere Anlagen attraktiver. Dies legt Betreiber 21 dar: „von 500 kW bis 750 gibt es schon ein paar Cent weniger" (I-21), weshalb er eine kleinere Anlage wählte. Zugleich wurde ein Maximalbetrag für die Subventionierung von Biogasanlagen im Bundesgebiet festgelegt. Für manche Betreiber war dies finanziell erfreulich, „weil dann eine ordentliche Förderung dabei war, ist da auch, sag' ich mal, kein großer Batzen hängen geblieben" (I-21). Dies mag eine Ursache für folgende Beobachtung sein: „2011 war ja ein richtiger Biogasboom" (I-20). Zugleich erläutert der Interviewpartner:

> „von heute auf morgen hieß es auf einmal: So, 10. August Stichtag und alle Anträge, die bis dahin positiv eingegangen sind, werden genehmigt – alles was danach kommt, negativ, ja. Da waren wir leider aus dem Rennen gewesen. […] Ja gut, dann war es halt eben leider klar, Zuschuss können wir keinen bekommen und ja, da brauchen wir jetzt auf nichts mehr zu warten, da legen wir direkt mit dem Bau los, gell" (I-20).

Hier zeigt sich, dass die Zuschüsse zu Verzögerungen in der Bautätigkeit geführt hätten. Diese wären wiederum für einen anderen Aspekt hinderlich gewesen, denn der gleiche Betreiber konnte nur dadurch noch bis zum Ende des Jahres die Anlage fertigstellen, was hinsichtlich einer EEG-Novelle zum

1. Januar 2012 mit verändertem Einspeisetarif wichtig war: „Da waren wir natürlich froh, dass wir noch vor dem 1. Januar [2012] am Netz waren“ (I-20). Das ist ein Anzeichen dafür, dass Änderungen im Vergütungssystem insbesondere kurz vor Inkrafttreten sehr bedeutsam sind, was von andere Betreiber bestätigt wird: „da müssen wir ja ganz akribisch drauf aufpassen, [...] dass wir im alten EEG bleiben“ (I-24). Gerade für Betreiber, die ihre Anlage in der jüngsten Entwicklungsphase konfigurierten oder rekonfigurierten, waren höhere Vergütungssätze sehr wichtig.

6.4.9 Politik und staatliche Verwaltung

In dem Aspekt Politik und staatliche Verwaltung sind all jene Bezüge der Interviewpartner enthalten, die die Betreiber hinsichtlich folgender Dimensionen äußern: Politik auf unterschiedlichen Ebenen des politisch-administrativen Systems (lokal und regional sowie national; vgl. auch Kap. 5.1.1); staatliche Verwaltung (Behörden, bspw. Gemeindeverwaltung oder Bezirksregierung; vgl. auch Kap. 5.3.1.5) und als Sonderform davon das DLR (vgl. ebf. Kap. 5.3.1.5).

Mitte der 1990er Jahre wurde nach Informationen von Betreiber 25 der Grundstein der Evolution des Biogassektors in und durch die Gemeinde Arzfeld gelegt. Er selbst war zu dieser Zeit politisch aktiv und eng in die Entwicklung eingebunden. Die Gemeindevorsteher planten die Errichtung eines Ferienparks und wollten dessen Energieversorgung über eine Biogasanlage decken.

> „Und um die Akzeptanz in der Landwirtschaft zu gewinnen – weil wir sind ja nicht glücklich, wenn irgendwo ein großer Ferienpark mitten im landwirtschaftlichen Gebiet entsteht – da wollte man dann sagen: Okay, ihr habt den Vorteil, wir brauchen dann eine große Biogasanlage und dann könnt ihr die Gülle veredelt bekommen und könnt noch ein bisschen Geld damit verdienen“ (I-25).

Die an dem Ferienpark interessierten Investoren sahen den Vorteil, dass die Geruchsemissionen durch die Gülleveredelung geringer würden (vgl. Kap. 6.3.6). In der damaligen Diskussion mit den Landwirten wurde deutlich, dass die Realisierung einer Biogasanlage in der Gemeinde nicht möglich war: „Da war die Akzeptanz noch gar nicht da. Die haben uns angeschaut, als sollten wir die erste Eisenbahn durch die Eiffel verkaufen, und [haben uns] quasi vom Acker gejagt“ (I-25). Der Interviewte stellt heraus, dass durch die Projektidee das Thema Biogas erstmalig in der Eifel angesprochen war: „Da waren viele Bauern halt eben als Einzelpersonen da und als wir dreimal darüber geschlafen hatten, da haben die auf einmal gedacht: Oh, das könnte ja was für mich sein, für meinen Hof. Und da sind hier in der Region die ersten drei, vier Anlagen entstanden“ (I-25). Diese lagen in Spielmannsholz, Lauperath, Hölzchen und Niederprüm.

Zur gleichen Zeit entstand auch in Luxemburg lokalpolitisches Interesse an der Biogaserzeugung; in der Gemeinde von Betreiber 10 schloss sich der Bürgermeister diversen Exkursionen nach Bayern an. Durch den weiteren Kontakt mit Vertretern der Gemeinde während des späteren Genehmigungsverfahrens konnte sich Betreiber 10 den Grünschnitt der Gemeinde als Rohstoff für seine Biogasanlage sichern; auch hier war das frühe Engagement der Gemeindevertreter ein wichtiger Aspekt der Konfiguration.

Gleiches berichten die Betreiber auch für die Verwaltung, die als „sehr positiv eingestimmt" (I-22) gegenüber Biogas beschrieben wird. Die Interviewpartner vermuten, dass den politischen Vertretern und Verwaltungsangestellten dabei neue Entwicklungspotenziale zusagten. Ebenso äußern sie sich über die nationale Politik. Ende der 1990er Jahre sah beispielsweise Betreiber 12 „Euphorie im Ministerium" (I-12). Laut seinen Aussagen wollte der damalige Minister einen Experten für eigens zu gründendes Biogasressort im Ministerium anwerben. Dieser entschied sich allerdings dafür, das Planungsbüro L.E.E. (vgl. Kap. 5.3.1.2 und 6.4.11) aufzubauen, woraufhin der Minister die Idee eines eigenen Biogasressorts verwarf. Ende der 1990er Jahre wendeten sich Betreiber auch an staatliche Einrichtungen, um Hilfe bei der Planung anzufragen. Sie hatten allerdings geschlossen den Eindruck, die regionale Offizialberatung habe „keine Ahnung" (I-22). Dies ist auf mangelnde Erfahrung zurückzuführen, schließlich gab es zu der Zeit noch keine Biogasanlage im Untersuchungsgebiet. Außerdem hatte Betreiber 22 das Gefühl, er werde für verrückt gehalten: „ich hatte den Eindruck, der [Berater dort] greift jeden Moment zum Telefonhörer und ruft die Jungs mit den weißen Turnschuhen an" (I-22).

Von 2003 bis 2008 wird die Rolle von Politik und Verwaltung sehr unterschiedlich dargestellt. So wurden einige Betreiber politisch unterstützt, andere nicht; manche hatten aufwendige Auseinandersetzungen mit Behörden, andere nicht; bei manchen war die Gemeinde ein wichtiger Partner, andere empfanden so wie Betreiber 16: „sie haben mir nicht geholfen, aber sie haben mir auch keine Steine in den Weg gelegt" (I-16). Es scheint, dass seitens Politik und Verwaltung differenzierter über Biogaserzeugung geurteilt und stärker auf Einzelfallprüfungen geachtet wurde. Aus Sicht der Betreiber war zwischen 2003 und 2008 keine der beiden Akteursgruppen von größerer Bedeutung bei der Konfiguration.

Vergleichbar mit der Situation Mitte der 1990er Jahre im westlichen Rheinland-Pfalz ist die Situation Ende der 2000er Jahre in Luxemburg, als dort erstmals über eine Biogaseinspeiseanlage nachgedacht wurde. Wie dargelegt führte die Ankündigung und mündliche Zusagen über die Höhe eines Einspeisetarifes dazu, dass erste Betreiber über den Bau einer solchen Anlage nachdachten. Einerseits äußert diesbezüglich ein Befragter: „Da haben wir gesagt: Nein, wir machen nicht weiter, bis wir schriftlich wissen, dass die Regierung das abgesegnet hat" (I-14). Andererseits bezieht er sich auf die mündliche Zusage und legt dar, dass dies aufgrund von Vertrauensbeziehung ausreichte:

> „Dann hatten wir natürlich – während der Zeit sind ja einige Monate verstrichen – noch einige Male Kontakt mit dem Wirtschaftsministerium und haben immer wieder gefragt: Wie sieht es aus, wo sind wir?,Ja, ja, ja, die in Brüssel, die geben uns nicht Bescheid.' Und letztendlich, als wir die Zahlen auf dem Tisch hatten, haben die gesagt: ‚Ja, macht ruhig weiter, ihr könnt uns da vertrauen, wir werden euch da nicht im Regen stehen lassen, das Gesetz wird schon in Kraft sein, bevor ihr die Anlage überhaupt am Bauen seid.' So. Wenn man das Wort von drei Ministern hat, denkt man, man könnte sich darauf verlassen. Da haben wir angefangen mit Bauen, also Genehmigung beantragen und so weiter, das Nötige zu machen. Und letztendlich hatten wir die Anlage schon am Laufen, bevor die Luxemburger Regierung es fertig gebracht hat, ein entsprechendes Gesetz zu machen" (I-14).

Diese Sequenz verdeutlicht die große Bedeutung der Politik für die Konfiguration: bereits eine mündliche Zusage reichte aus, um den Betreiber zum Bau zu ermutigen. Auch die Betreiber der beiden anderen luxemburgischen Einspeiseanlagen schildern dieses Szenario.

Für die Konfiguration nach 2010 äußern sich die Betreiber bezüglich der lokalen und regionalen Politik sowie der Verwaltung positiv. Diese seien offen gegenüber neuen Anlagen gewesen und seien sogar aktiv auf die Betreiber zugegangen, um für Nahwärmenetze zu werben. Dabei wurde insbesondere die Wärmeversorgung kommunaler Gebäude erörtert. Die Offizialberatung konsultiert die Betreiber gerne; bei spezifischen Anfragen war sie nicht hilfreich, wie Betreiber 21 schildert:

> „Die waren jetzt ehrlich gesagt meiner Meinung nach ein bisschen hinten dran. Beim DLR war ja auch [einer …] extra eingestellt. […] Er konnte mir weder was [sagen] zur Hackschnitzanlage noch zum Bedarf von dem Brennmaterial noch was ein kW nachher kostet noch zur Förderung von dem Wärmenetz. […] Also das war traurig, was man da von öffentlicher Stelle sagen konnte. Heute tun sie so, als wenn sie alles gemacht hätten und gewusst hätten, aber zu der Zeit hätte ich den mit Sicherheit besseren Vortrag gehalten (Lachen)" (I-21).

Nichtsdestotrotz ist die Bedeutung von Politik und staatlicher Verwaltung, wie die Betreiber in ihren Ausführungen über die Konfiguration darlegen, heutzutage wieder größer als sie es Mitte der 2000er Jahre war.

6.4.10 Genehmigungsverfahren

Das Einholen einer Genehmigung für den Bau einer Anlage ist ein wesentlicher Schritt der Konfiguration. Befragte im gesamten Untersuchungsgebiet, die bis einschließlich 2005 ihre Anlage errichteten, messen dem Genehmigungsverfahren und allen damit verbundenen Praktiken keine besondere Bedeutung zu. Ende der 1990er Jahre nahm Betreiber 22 wahr: „Die mussten auch erst mal überall nachsuchen und nachhören und rumtelefonieren: ‚Ja was machen wir da überhaupt, welche Auflagen und und und'. War ja für die auch nicht einfach. Heute haben sie da Standards" (I-22). Betreiber 27 schildert seine Erfahrung mit den Behörden aus dem Jahr 2000 folgendermaßen:

> „Die erste Genehmigung war echt gut gewesen. Da haben wir praktisch nachgefragt: Biogasanlage. Da gab's noch gar keine Deklaration dafür, das war praktisch so: ‚Was wollen Sie denn bauen?' ‚Ja, wir müssen einen Fermenter.' ‚Was ist das?' ‚Das ist ein Güllebehälter.' ‚Ist das Endlagerung?' ‚Nee, der ist einmal voll und dann bleibt er voll: Einer wo was reinkommt, der Andere läuft wieder raus.' Wir hatten nur eine Genehmigung für unseren Fermenter. Und weil es ja kein Lagerraum war, sondern das waren Behälter, die wurden nur einmal vollgemacht und bleibt voll, also zählt das nicht zur Lagerung. Und deswegen kann man den auch noch so nach normalem Baurecht genehmigt bekommen und das war unsere Genehmigung für die Biogasanlage. Mit der Biogassache, das hat keine Sau interessiert" (I-27).

Auch 2001 lief die Genehmigung nach dem sogenannten „vereinfachten Verfahren" (I-30), einer baurechtlichen Genehmigung. Auf dem Amt vernahm Betreiber 34 bei der Antragsstellung: „‚Was ist das denn? Biogasanlage. Habe ich noch nie gehört.' Und die ist innerhalb von vier Wochen als Baurechtsanlage genehmigt gewesen" (I-34).

Für die Konfigurationen ab 2005 berichten Betreiber von aufwendigen, komplizierten oder problematischen Genehmigungsverfahren. So kalkulierte beispielsweise Betreiber 26 mit etwa vier Monaten Genehmigungsdauer, aufbauend auf den Erfahrungswerten von Kollegen. Aber es dauerte beinahe ein ganzes Jahr bis die Genehmigung vorlag. Dies führt er auf die SGD-Nord zurück: „das ist schon 'ne harte Nuss, das hört man auch jetzt noch. Kollege von mir, die bauen jetzt noch eine reine Güllebiogasanlage, die hängen da auch an einer und derselben Person wie wir auch. Das ist bei allen, also das fürchte ich" (I-26; vgl. Kap. 5.1.1.1). Auch wasserschutzrechtliche Vorgaben führten zu ersten Verzögerungen bei der Genehmigung – Betreiber 28 berichtet von einem 18-monatigen Verfahren. Neben diesen verwaltungsseitig bedingten ersten Komplikationen gehen einzelne Interviewte auch auf selbstverschuldete Verzögerungen ein: fehlerhafte, eigenständig erarbeitete Planungsunterlagen oder häufige Änderungen an den Dokumenten aufgrund des geplanten Einsatzes neuer Technologien werden als Ursachen benannt.

Ab 2010 stellen die Befragten das gesamte Genehmigungsverfahren als „schon ganz schwierig" (I-21) dar. Zunehmend schalteten sich die Netzbetreiber mit ein, um Aspekte wie Netzstabilität oder -ausbau besser zu kontrollieren. Betreiber 20 berichtet, dass 2010 neun und Betreiber 24 sagt, dass 2013 17 verschiedene Behörden zu beteiligen waren – das Verfahren für Betreiber 24 dauerte seinen Aussagen zufolge daher über ein Jahr und stellte einen sehr wichtigen Aspekt der Konfiguration dar. Für diese langwierigen Prozesse bringt Betreiber 14 aber auch Verständnis auf:

> „Ich verstehe auch die Beamten [...], denn die kriegen ja von vielen Bereichen die Anträge und es ist natürlich schwer für Ingenieure – egal, was sie gelernt haben oder was auch immer – von jedem Industriebereich was zu kennen. Ich nehme einfach nur den Biogasbereich. Biogas, von denen, die da in der Umweltverwaltung sind, bezweifle ich, dass jemand Biogas studiert hätte, denn so lange gibt es das noch gar nicht. Also ist immer wieder bewunderungswert. Ich finde, die auch so was mit angehen müssen, die müssen das ja auch lernen und *learning by doing* und die müssen das ja auch genehmigen und sich das Wissen erst mal aneignen. Und dann ist das meistens ja, wenn da was mit Verantwortung verbunden ist, was wir wohl nicht unbedingt abweisen, aber die Latte mal hochlegen und dann sehen, dann können wir das immer noch lockern. Aber es ist nicht so, dass die nicht wollen“ (I-14).

Der Befragte selbst bestätigt damit den zeitaufwendigen Aufbau von Wissensbeständen (vgl. Kap. 5.2.2.1).

Die Bedeutung der Genehmigungsverfahren für die Konfiguration hat in den letzten Jahren deutlich zugenommen. Während sie gemäß der Ausführungen der Befragten zu Beginn noch zügig und unkompliziert von statten ging sind heutzutage zeitlich wie inhaltlich aufwendige Verfahren zu durchlaufen. Diese sind zugleich von großer Bedeutung für die Konfiguration, da sie wesentliche Auswirkungen auf die bauliche Ausgestaltung der Anlage haben.

6.4.11 Externe Beratung

Zu jeder Phase der Evolution ist das Element Beratung (durch Planungsbüros, Anlagenhersteller oder Spezialisten für die Energieerzeugung aus Biomasse) für die Betreiber erwähnenswert (vgl. Kap. 5.3.1.2). Den Ursprung der Biogasberatung in Luxemburg nimmt Betreiber 12 für sich in Anspruch. Als er 1998 bei einem deutschen Produzenten einen Motor kaufen wollte, forderte dieser, dass das Geschäft über einen luxemburgischen Händler abgewickelt werde. „Und ich habe schon mit Vrehen gearbeitet. Der hatte Landmaschinentechnik gemacht. Und jetzt macht er Biogastechnik“ (I-12). Indirekt wird dies von anderen luxemburgischen Betreibern bestätigt, die äußern, dass es damals keine Expertise im Land gegeben habe. Auch Betreiber 10 kam früh bei vom Ökofond organisierten Besichtigungsfahrten nach Deutschland mit Vrehen in Kontakt und bezog von ihm seine Motorentechnik. Die Planung führte er eigenständig zu Kosten von etwa 500 Euro durch. Bei den Exkursionen lernte er auch den späteren Geschäftsführer der Firma L.E.E. kennen „und der hat mich mit dem Virus Biogas infiziert“ (I-10). Wie die anderen Pioniere in Luxemburg wurde er von diesem beraten „und dann hat er gedacht: ‚Wenn ich das so machen kann, kann ich auch einen Betrieb aufmachen und das dann zu meinem Beruf machen‘“ (I-10) – mit der erwähnten Konsequenz für das geplante Biogasressort im Ministerium (vgl. Kap. 6.4.9).

Auch für das westliche Rheinland-Pfalz stellt ein Interviewpartner für 1999 fest: „Kein Mensch kannte das hier“ (I-22). Der Pionier in diesem Gebiet ließ sich von einem bayerischen Büro beraten, nahm Konzeption und bauliche Ausführung größtenteils selbst vor: „Irgendwo finden Sie immer einen, der schweißen kann oder so was“ (I-22). Die geringe Erfahrung im Biogasbereich verursachte für einige Betreiber Probleme. So schildert einer, dessen Anlage 2001 ans Netz ging, dass sich das beauftragte Büro mehrfach verrechnete: „Die waren überfordert mit den ganzen Sachen, auch mit der Technik“ (I-31). Bis einschließlich 2001 hatten die Betreiber im Untersuchungsgebiet drei Alternativen für die Planung der Anlage: Berater von außerhalb des Untersuchungsgebiets beauftragen, Experten aus sonstigen Praxisfeldern zu Rate ziehen oder die Planung und Kalkulation weitestgehend eigenständig durchführen.

Bereits 2002 gab es im gesamten Untersuchungsgebiet auf Biogas spezialisierte Unternehmen, Technologielieferanten, Planungsbüros, Bauunternehmen oder Firmen, die alles aus einer Hand lieferten (Wirtschaftlichkeitsberechnung, Genehmigungsphase, Ausschreibungen). Diese waren wichtige Akteure der Wissensdiffusion und damit der Ausbreitung der Bioenergieerzeugung (s. Kap. 5.2.2.1 und 5.3.1.1).

Seit Ende der 2000er Jahre haben die privaten Dienstleister eine sehr große Bedeutung für die Konfiguration der Anlage. So äußern Betreiber, dass sie ohne Planungsbüro „nie weiter gekommen“ wären:

> „Also wenn man das auch sieht, was für einen Umfang das hat und was für Vorkenntnisse man da haben muss, da ist man auch komplett überfordert. […] Also selbst wenn man den [Gesetzes-]Text gelesen hat, weiß man ja noch nicht, wie das… […] hängt das davon ab, wie der eine oder der andere das auslegt, wie wird das gesehen bei der Dienststelle, die andere Dienststelle sieht das schon wieder anders. Deswegen müssen da erfahrene Leute dran“ (I-21).

Zudem wird erwähnt, dass die Büros mittlerweile mit den Verfahren sowie den Sachbearbeitern bei den Behörden vertraut waren, was sehr positiv sei: „Die wollen immer mit den selben Leuten arbeiten, von der Genehmigungsprozedur, die wollen gar nicht mit mir zu tun haben“ (I-16). Für die Konfiguration in den vergangenen Jahren legen alle Befragten dar, dass die Bedeutung externer Beratung von fundamentaler Bedeutung ist.

6.4.12 Finanzierung und Banken

Bis zur Inbetriebnahme der Biogasanlage müssen Betreiber diverse Arbeiten finanzieren. Bis Anfang der 2000er Jahre werden von den Betreibern im gesamten Untersuchungsgebiet sehr unterschiedliche Erfahrungen geschildert. Wie bereits ausgeführt (s. Kap. 5.1.1.2), ist eine Unterscheidung im Untersuchungsgebiet, dass die Landwirte in Luxemburg bis 2005 vom Agrarministerium einen Zuschuss von bis zu 50 Prozent für den Bau einer Biogasanlage erhielten. Im gesamten Gebiet war es typisch, einen Kredit über die Hausbank aufzunehmen. Wie Betreiber 06 ausführt, waren andere Banken damals nicht an einer Finanzierung interessiert. Bei einer luxemburgischen Bank gab es ein spezielles Sparprodukt, das umweltverträgliche Projekte förderte, wobei die Sparer dafür auf einen gewissen Anteil des Zinssatzes verzichteten (etika 2014). Über dieses Produkt konnte Betreiber 06 zusätzlich 5.000 Euro pro installierter Kilowattstunde beziehen (insgesamt: 300.000 Euro). Dass die Hausbanken Biogas „in dem Moment ganz positiv“ (I-17) aufnahmen, schildern diverse Betreiber.

> „Unsere Hausbank hat eine Chance in dieser Entwicklung gesehen und war froh, dass wir als Vorreiter und dass sie auch ihre Erfahrungen sammeln konnten in Sachen Biogas. Es kam der Bankdirektor persönlich mit Stiefeln hier an während der Bauphase und hat das auch angeguckt und hat gesagt: ‚Das ist richtig und macht das um Gottes willen weiter, die Landwirtschaft braucht Alternativen‘“ (I-34).

Als wichtige Elemente werden benannt, dass die Hausbank den landwirtschaftlichen Betrieb sowie den Betreiber kannte und dass Ratingverfahren „damals noch nicht so groß geschrieben [wurden]“ (I-29). Außerdem wählten diverse Betreiber Gemeinschaftsmodelle, um das Risiko auf mehrere Personen zu verteilen und damit den Banken die Entscheidung zu erleichtern (I-31). Denn manche Betreiber erlebten die Finanzierung als durchaus kompliziert: „2000 wollten die Banken noch gar nichts davon wissen: Neuland, die Risiken. Ich musste richtig mit Allem da hingehen. Da war nicht, dass du einfach hingehst und sagst: ‚Hier, ich hab das und das vor‘ und mündlich da machst“ (I-31). Dies lag auch daran, dass einige Anlagen für die Hausbanken als Pilotprojekte im Biogasbereich fungierten. Im westlichen Rheinland-Pfalz übernahm zusätzlich die Investitions- und Strukturbank Rheinland-Pfalz (ISB) bei manchen Anlagen eine Teilfinanzierung, insbesondere für den Aufbau von Nahwärmenetzen.

Auch Mitte der 2000er Jahre stellte die Finanzierung über die Hausbank für kleinere Hofanlagen in der Regel „gar kein Problem" (I-23) dar, obwohl die Biogasbranche nach wie vor „Neuland" (I-28) für die Regionalbanken war. Dies hat laut Interviewpartnern zwei Hauptgründe: erstens die circa zehnprozentige Rendite (I-25) und zweitens die geringen Investitionsvolumina (I-28). Sobald diese höher wurden, wurde die Finanzierung schwieriger. Ein geplantes Nahwärmenetz von Betreiber 35 scheiterte an der Wirtschaftlichkeitsberechnung der Bank; Betreiber 19 hatte ein Investitionsvolumen von knapp vier Millionen Euro, was die Bank erst nach Gründung einer GmbH finanzierte; „die Bank wird keine dreieinhalb oder vier Millionen [Euro] Kredit geben, wenn die Gesellschafter persönlich dafür haften" (I-19). Auch Mischformen der Finanzierung sind ab 2006 vorzufinden: „Wir sind ja drei Gesellschafter, wir haben 450.000 Euro Privatanlagen gemacht, jeder 150.000 Euro. Und den Rest haben wir fremdfinanziert" (I-26). Die Fremdfinanzierung übernahm in diesem Beispiel die Kreditanstalt für Wiederaufbau (KfW). Allerdings mussten der Betreiber und sein Bruder ihre jeweiligen Anteile von 150.000 Euro an der Einlage zusätzlich über ihre Hausbank finanzieren. Dieses Modell fand ab 2006 zunehmend Beliebtheit im Untersuchungsgebiet: überregional tätige Banken wie die KfW, die Umweltbank oder die GLS Bank finanzierten die Biogasanlage, wenn die Betreiber 15 bis 30 Prozent Eigenkapital nachwiesen. Dieses Eigenkapital bezogen die Betreiber über die Hausbank oder über private Kredite. Echtes Eigenkapital floss somit nicht.

Im Kontext der Finanzierung wurden ab Ende der 2000er Jahre zunehmend Projektentwickler bedeutsam. Den Hausbanken war es wichtig, dass die Betreiber einen Partner hatten, mit dem die Bank bereits positive Erfahrungen gemacht hatte: „Ohne [etablierten Partner] geht das nicht" (I-21). Gab es diesen, waren die Banken offen für eine Finanzierung. Bei Betreiber 24 ging dies so weit, dass die Bank einen Projektentwickler einforderte, der bedeutende Änderungen an der Planung durchführte, was zu Zusatzkosten von 800.000 Euro führte, die zusätzlich finanziert werden mussten. Positiv wirkte sich dabei allerdings das niedrige Zinsniveau aus: „Der Nachteil, der uns entstanden ist, oder der Verlust, der uns entstanden ist, weil wir 2011 nicht mehr gebaut haben und halt eben 2012 am Netz waren, der hat sich absolut relativiert dadurch, dass die Zinsen nochmal ein Prozent runtergegangen sind" (I-24). Dies verdeutlicht, wie das Finanzsystem als Megatrend für die Betreiber wichtig wird, auf den sie selbst keinen Einfluss haben. Zudem ist festzustellen, dass im Verlauf der Zeit die Auseinandersetzung mit der Finanzierung immer bedeutsamer wurde, dass finanzielle Aspekte stärker in die Abwägungen der Betreiber einfließen und dass damit Entwicklungen im Finanzsektor für die Biogasbranche an Bedeutung gewinnen.

6.4.13 Verbände und Vereine

Verbände und Vereine werden von den Betreibern in unterschiedlicher Form für die Konfiguration angesprochen. Ende der 1990er Jahre nahmen im westlichen Rheinland-Pfalz der Kreisbauernverband und in Luxemburg die Jungbauern- und Jungwinzer das Thema Biogas auf, informierten ihre Mitglieder und führten in den Folgejahren regelmäßig Exkursionen durch (s. Kap. 6.1 und 5.3.1.4). Zu diesem Zeitpunkt gab es in Luxemburg ein erstes Einspeisegesetz und vier Biogasanlagen, deren Betreiber gemeinsam mit der Firma Vrehen und einem Mitarbeiter des Ökofonds 2001 die Biogasvereenegung gründeten. Dazu zählte auch Betreiber 12, der seit 1998 mit drei Kollegen eine Hofanlage betrieb. Der Fachverband Biogas in Deutschland war damals noch relativ klein; Betreiber 22 besuchte, wie auf Seite 228 bereits angeführt, eine Hauptversammlung und war dort unter circa 120 Mitgliedern seiner Einschätzung nach einer der Pioniere im Biogasbereich. Verbände und Vereine sowie organisierte Treffen waren für die Betreiber wesentlich, um Kontakte zu knüpfen, Partner und Berater zu finden und Wissen sowie Überzeugung zu erhalten, eine Biogasanlage zu konfigurieren.

Betreiber, die bis etwa 2006 ihre Anlage errichteten, beziehen sich häufig auf die Verbände, vorrangig als Informationsquelle. Erst in jüngerer Zeit gibt es abweichende Stimmen. So äußert beispielsweise Betreiber 26, dass er aus dem Fachverband ausgetreten sei, da er keinen weiteren Nutzen mehr im Verband gesehen haben. Diese Einschätzung wird auch von einigen anderen Betreibern geteilt und vor allem mit einer abnehmenden Bedeutung für die Wissensgenerierung und das Knüpfen von Kontakten bestätigt. Nichtsdestotrotz sind die Verbände auch in der Gegenwart bedeutsam für die Betreiber, insbesondere als Lobbygruppen, was im Kontext von Einspeisevergütungen und Bonuszahlungen geäußert wird (vgl. Kap. 5.3.1.4).

6.4.14 Das Praxisfeld in der Gesamtschau

Die Entwicklung der Elemente des Praxisfelds verlief äußerst vielseitig (vgl. Tab. 6.4). Ein erkennbarer Trend ist die Umkehrung der Bedeutung einzelner Aspekte. In den späten 1990er Jahren waren die Wertschöpfung, die Erzeugung von Energie zur Selbstversorgung und die Zusammenarbeit in oder mit Verbänden sehr wichtig. Deren Bedeutung hat im Laufe der Zeit kontinuierlich abgenommen; die beiden erstgenannten Aspekte spielen heute sogar fast keine Rolle mehr, ebenso der Aspekt Güllenutzung und -veredelung. Diametral entgegengesetzt verlief die Bedeutungsentwicklung von Genehmigungsverfahren, der Generierung von Einkommen und der Nutzung der gewonnen Wärme, denen in den Anfangsjahren der Biogasbranche im Untersuchungsgebiet keine und im Jahr 2013 eine große Bedeutung zugesprochen wurde. Eine ebenfalls sehr hohe Bedeutungszunahme wird den Elementen Einspeisevergütung und Subventionen, der Finanzierung und den Dienstleistern im Energiebereich zugemessen. Die Möglichkeit zur Diversifizierung war in den Anfangsjahren von sehr großer Bedeutung; sie verlor diese bis Ende der 2000er Jahre und stieg bis 2013 auf ein hohes Niveau. Ähnlich bewerten die Betreiber die Bedeutung von Politik und Verwaltung, die anfangs als mittel eingeschätzt wurde, bis 2008 auf ein geringes Maß abnahm und seither zugelegt hat.

Auffällig ist, dass alle Aspekte, die mit vorrangig ökonomischen Überlegungen zusammenhängen, stark an Bedeutung gewinnen und jene mit Ressourcennutzungs- oder Subsistenzbezug stark verlieren. Auffällig ist auch die nahezu parallele Bedeutungszunahme der Elemente ‚Einspeisevergütung' und ‚Subventionen' sowie ‚Wärmenutzung', die verdeutlicht, dass der politische Kontext für die konkrete Ausgestaltung der Anlagen immer bedeutsamer wurde. Darauf deutet auch hin, dass Genehmigungsverfahren von den Betreibern häufiger als bedeutsam erwähnt werden, wenn sie ihre Anlage später konfigurierten. Interessant ist hieran, dass der politisch-administrative Rahmen in historischer Betrachtung unterschiedlich wichtig ist. Dies ist ein interessanter Einblick für die energiegeographische Forschung, die bisher undifferenziert mit diesem Kontext umging (vgl. Kap. 2.1)

Entgegengesetzt verlaufen die Entwicklungstrends der Bedeutung von Dienstleistern und Verbänden; Ersten wird im Lauf der Zeit eine immer größere Bedeutung zugesprochen. Während Verbände für die übergeordnete Lobbyarbeit noch bedeutsam zu sein scheinen, sind heutzutage professionelle Planungsbüros und Berater viel wichtiger für die Konfiguration der Anlage. Dies schlägt sich auch in Anforderungen der Banken sowie im Kontext von Genehmigungsverfahren nieder, für die die Betreiber professionelle sowie erfahrene Unternehmen zur erfolgreichen Umsetzung des Projekts als wichtig ansehen.

6.5 Zusammenfassung: Evolution der Praxisphänomene

Welche Entwicklungstrends der Praxisphänomene wurden erkennbar? Wie stehen diese in Beziehung zueinander? Welche wichtigen Elemente werden mit den verschiedenen sozio-räumlichen und sozio-technischen Ebenen in Verbindung gebracht?

Auffällig ist eine Bedeutungsverschiebung einiger Aspekte im Lauf der Zeit. Beispielsweise ist die **technologische Begeisterung** heute weitestgehend unbedeutend, was mit der zunehmenden Bedeutung **externer Berater** zu tun hat, die sich um die technologischen Details der Anlage kümmern. Deutlich wird dabei die große Bedeutung einzelner Akteure für die Entstehung eines Biogassektors. Einerseits waren es die ersten Anlagenbetreiber im Untersuchungsgebiet, die Pionierarbeitet leisteten. Andererseits übernahmen einzelne Unternehmer als spezialisierte Berater eine wichtige Rolle für die Wissensdiffusion im Biogassektor. Mit der zunehmenden Bedeutung dieser Berater ist die der kollektiven Wissensaneignung gesunken. Der Wissensaustausch in nicht-alltäglichen und nicht-persönlichen Situationen ist hingegen wichtiger geworden. Damit hängt auch die Rolle von **Vereinen** zusammen: Während sie zu Beginn von fundamentaler Wichtigkeit für Wissensaneignung und -diffusion waren, sind sie heute für diese nicht mehr relevant, sondern stärker auf Lobbyarbeit ausgerichtet. Der Aspekt **Kreislaufwirtschaft** wurde in der Anfangszeit des Biogassektors im Untersuchungsgebiet mit einer gesteigerten Ressourceneffizienz als ökologische Abwägung vorgebracht. Heutzutage wird er vorrangig mit ökonomischen Überlegungen assoziiert. Auch Fragen der **Energieversorgung** kamen in den frühen 2000er Jahren insbesondere über die Faszination zum Ausdruck, Strom und Wärme produzieren zu können und dafür Land zu nutzen, das bisher keine Verwendung hatte. Seit Ende der 2000er Jahre wird die Möglichkeit der Energieerzeugung ausschließlich mit dem Verdienen von Geld in Verbindung gebracht. Seit 2005 wird auch deutlich, dass die **Förderkulisse** für zahlreiche Betreiber den absolut wichtigsten Aspekt der Konfiguration sowie der Rekonfiguration darstellt. Dabei spielen insbesondere die Tage des Inkrafttretens von Gesetzesnovellen eine wichtige Rolle; je vor den Stichtagen soll die neue oder die rekonfigurierte Anlage am Netz sein. Aspekte, die mit Geld in Verbindung stehen, sind im Lauf der Zeit immer wichtiger geworden und dominieren heutzutage die Überlegungen der Betreiber. Auch die **Rohstoff-** und **Wärmenutzung** sowie die **Diversifizierung** oder **Gülleveredelung** haben ihre Ausrichtung verändert: anfänglich auf Effizienz oder Betriebssicherheit ausgerichtet, werden sie heute vor allem im Kontext der Einkommensgenerierung erwähnt. Demzufolge nahm auch die Bedeutung der Finanzierung der Anlagen im Lauf der Zeit stark zu. Ein weiterer Zusammenhang scheint zwischen den Agrarmarktpreisen, dem physisch-materiellen Kontext und dem politischen Rahmen zu bestehen: Einspeiseregularien und Bonuszahlungen führten zu einer höheren Nachfrage nach geförderten Ressourcen, welche wiederum Preissteigerungen bedingte.

Die verschiedenen Elemente stehen auch im Zusammenhang mit sozioräumlichen und sozio-technischen Ebenen. Ihre Analyse bildet den ersten und zweiten Schritt der reflexiven Inhaltsanalyse. Abbildung 6.3 schematisiert den Zusammenhang dieser Ebenen, wie sie im Interview Mapping deutlich werden, welche Elemente welchen Ebenen zugeordnet werden. Festzustellen ist, dass die Betreiber von den Elementen konstante Vorstellungen haben, dass keines im Verlauf der Zeit zwischen den Ebenen springt.

Abbildung 6.3: Schematischer Zusammenhang sozio-technischer und sozio-räumlicher Ebenen gemäß des Interview Mappings, eigene Darstellung.

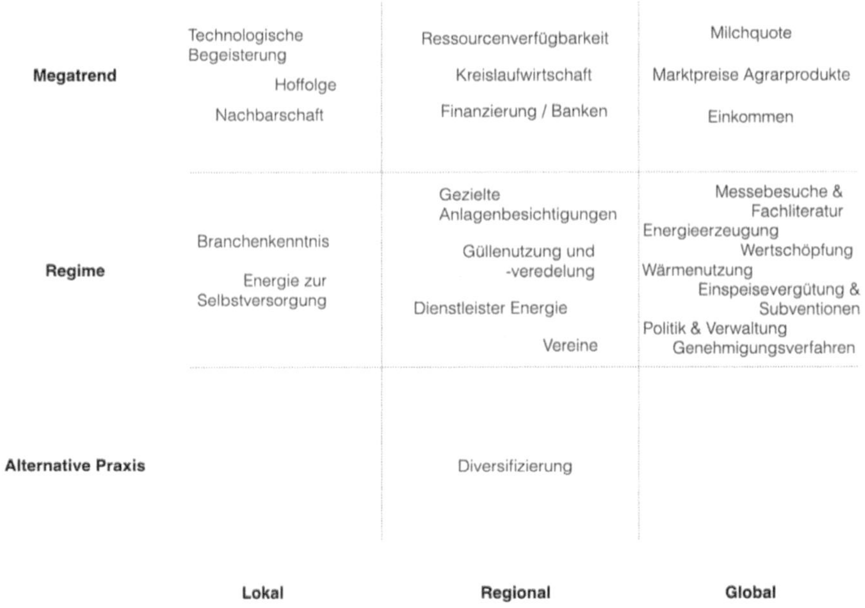

Durch das Interview Mapping kann zudem aufgezeigt werden, dass die unterschiedlichen Ebenen im Laufe der Zeit eine Bedeutungsverschiebung erfahren haben (s. Tab. 6.5). Diese Bedeutungsverschiebung wird durch eine aggregierte Betrachtung der in dem gesamten Kapitel analysierten Elemente sichtbar. Die Regimeelemente im Globalen wurden stetig bedeutsamer, im Lokalen erreichten sie Mitte der 2000er Jahre einen Höhepunkt. In den ersten Jahren gewannen Megatrendelemente im Regionalen wie Globalen stark an Bedeutung, wohingegen regionale Regime- und lokale Megatrendelemente deutlich verloren. Von 2003 bis 2008 wurden die globalen Megatrendelemente erheblich unbedeutender, ebenso die alternativen Praktiken, die jedoch heute wieder bedeutsamer sind. Dem entgegen haben Regimeelemente im Regionalen in den letzten Jahren weiter an Bedeutung verloren. Weder für globale noch lokale alternative Praktiken wurden Befunde erzielt.

Festzustellen ist, dass die dargelegte Evolution in zeitlicher Betrachtung keinen räumlich eindeutigen oder gar homogenen Entwicklungstrend hervorbrachte. Wie Kapitel 5 allerdings zeigte, hat der Biogassektor durchaus eine räumliche Dimension. Welche Zusammenhänge von Raum und Zeit können also beobachtet werden? Welche Transitionsräume (re)produzieren und transformieren die Betreiber durch ihre Praktiken? Diesen Fragen wendet sich das nächste Kapitel zu.

Tabelle 6.5: Veränderung der Bedeutung unterschiedlicher Ebenen gemäß des Interview Mappings; „–" unwichtig, „-" wenig wichtig, „o" weder wichtig noch unwichtig, „+" wichtig, „++" sehr wichtig; eigene Darstellung.

Ebenen des Regionalisierens		**Ende 1990er**	**Mitte 2000er**	**Anfang 2010er**
Global	Megatrend	+	++	o
	Regime	-		o
	Alternative Praktiken			
Regional	Megatrend	-	++	+
	Regime	++	o	-
	Alternative Praktiken	+	-	+
Lokal	Megatrend	o	-	-
	Regime	o	+	o
	Alternative Praktiken			

Kapitel 7 Transitionsräume der Biogaserzeugung

Wie werden Raum und Zeit – je als Erfahrungskontext und mit diesem verbundene Deutungsmuster – durch Praktiken der Weltbindung von Biogaserzeugern (re)produziert und transformiert? In Kapitel 5 und 6 konnte aufgezeigt werden, welche Praxisphänomene für Konfiguration und Betrieb bedeutsam sind und welche räumlichen Aspekte bei der Evolution eines Biogassektors entscheidend waren. Dieses Kapitel wendet sich der Beantwortung der eben gestellten Forschungsfrage zu und geht damit auf die Transitionsräume der Biogaserzeugung ein. Damit werden auch die letzten Schritte der reflexiven Inhaltsanalyse gegangen (s. Kap. 4.3.3). Der Fokus liegt dabei, wie in Kapitel 3.3.4.4 ausführlicher erläutert, auf der Analyse der (Re)Produktion und Transformation von gesellschaftlichen Kontexten, physisch-materiellen Bedingungen, Wissensbeständen und Praxisfeldern, die im vorherigen Kapitel herausgearbeitet wurden. Diese werden durch das energetische Regionalisieren miteinander in Beziehung gesetzt; durch das energetische Regionalisieren erzeugen die Anlagenbetreiber also Transitionsräume, die keinen explizit territorialen Bezug haben, sondern sich über die Praxisphänomene definieren.

Für das Verständnis von Raum hat sich in der Transitionsforschung sowie der Wirtschaftsgeographie die Unterscheidung verschiedener Ebenen – trotz der Kritik an ihrer gelegentlichen Überbewertung und Verdinglichung (z. B. Jones, 2009; Marston, 2000; Moore, 2008) – als sehr hilfreich erwiesen, um produktive analytische Arbeit zu leisten (s. Kap. 3.2.2.2). Wie bereits in den einleitenden Gedanken zu Kapitel 5.1 verdeutlicht, ist diese Systematisierung von Prozessen und Praktiken eine analytische Hilfskonstruktion, die aus den Ausführungen der Betreiber herausgearbeitet wird.

Aufbauend auf den Einschätzungen der Betreiber aus den vorherigen Kapiteln ergibt sich folgendes Bild: Es ist zu erkennen, dass die Megatrends stabil und zu allen Zeiten wichtig waren und die Regime insgesamt ebenfalls eine stabil hohe Bedeutung zugewiesen bekommen, mit einer leichten Hochphase Mitte der 2000er Jahre. Alternative Praktiken und die lokale Ebene verlieren deutlich an Bedeutung, die regionale Ebene verliert zu Beginn und bleibt dann stabil. Lediglich die globale Ebene wird mit starker Zunahme immer bedeutender für die Betreiber. Dies verdeutlicht, dass in chronologischer Perspektive eine Verschiebung von der lokalen zur globalen Ebene stattgefunden hat und dass alternative Praktiken lediglich in der Anfangsphase als bedeutsam empfunden wurden.

Tabelle 7.1 gibt einen Überblick über die von den Betreibern geäußerten unterschiedlichen Bedeutungszuweisungen der einzelnen sozio-technischen und sozio-räumlichen Ebenen. Die subjektiv-erfahrungsbezogene Zeitlichkeit (*kairos*) liegt diesen Ergebnissen als parachrone Veränderung zugrunde; die empirischen Einzelbefunde sind methodisch aggregiert, was eine chronlogische Darstellung ermöglicht - wie auch in den Tabellen 7.2 und 7.3.

Tabelle 7.1: Bedeutung der verschiedenen Ebenen des energetischen Regionalisierens aus Betreibersicht; unwichtig, wenig wichtig, „o" weder wichtig noch unwichtig, „+" wichtig, „++" sehr wichtig; eigene Darstellung.

Ebene	Ende 1990er	Mitte 2000er	Anfang 2010er
Megatrend	+	+	+
Regime	+	++	+
Alternative Praktiken	++	o	-
Global	–	o	+
Regional	+	o	o
Lokal	+	o	–

Doch welche Entwicklungen stehen hinter diesen übergeordneten Mustern? Welche Praxiselemente entfalten im Laufe der Zeit unterschiedliche Bedeutungen? Auf welche Praxiselemente greifen die Betreiber in welcher Phase in ihrem energetischen Regionalisieren zurück und transformieren so die verschiedenen Ebenen und damit die Transitionsräume? Um diese Fragen zu beantworten gilt es, die beiden Ebenenkonzepte miteinander in Verbindung zu bringen und zu fragen, wie die unterschiedlichen Maßstäbe miteinander verwoben sind und wie sie die Transitionsprozesse beeinflussen.

Im Sinne der reflexiven Inhaltsanalyse werden im Folgenden zuerst die soziotechnischen Ebenen des energetischen Regionalisierens abschließend erfasst (Kap. 7.1). Im Anschluss daran wird analysiert, wie sie zur Konstitution sozioräumlicher Ebenen von Transitionen beitragen. Dafür wird zuerst die Entwicklung der Praxiselemente (Kap. 7.2) und dann der Zusammenhänge zwischen einzelnen Praxiselementen (Kap. 7.3) dargelegt. Dies baut auf den von den Betreibern genannten Praxiselemente auf, die mit den Ebenen gemäß den Schilderungen in Kapitel 3.3.3.1 und 3.3.3.3 zusammengeführt werden. Abschließend wird aufgezeigt, wie durch die zusammenhängende Entwicklung der Praxiselemente Transitionsräume im zeitlichen Verlauf durch Praktiken der Weltbindung konstituiert und (re)produziert werden (Kap. 7.4).

7.1 Transitionsebenen der Biogaserzeugung

In Kapitel 3.3.3.1 wurde dargelegt, dass die analytische Unterscheidung verschiedener Ebenen des energetischen Regionalisierens entscheidend ist, um die Beziehung der Praxisphänomene über Transformationspraktiken und damit die räumliche Dimension der Biogaserzeugung zu verstehen. Es wurde diskutiert, wie die sozio-technischen Ebenen die Beziehungen der vier Praxisphänomene zueinander ausdrücken und weshalb (Re)Produktion, Rekonfiguration und Transformation dafür wichtig sind. Wie drückt sich dies in der Fallstudie aus? Wie und mit welchen Elementen konstituieren die Betreiber die sozio-technischen und die sozio-räumlichen Ebenen des energetischen Regionalisierens? Um diese Frage zu beantworten, kann auf die in Kapitel 5 und 6 gewonnenen Erkenntnisse zurückgegriffen werden.

7.1.1 Sozio-technische Ebenen der Biogaserzeugung

In ihren Ausführungen gehen die Betreiber im Untersuchungsgebiet auf verschiedene Elemente der sozio-technischen Ebenen des energetischen Regionalisierens ein. Die einzelnen Elemente wurden in den vorherigen Kapiteln bereits ausführlich diskutiert; Abbildung 7.1 gibt einen Überblick über diese Konstruktionen der Betreiber. Wie im konzeptuellen Teil der vorliegenden Arbeit diskutiert (Kap. 3.3.3.1) werden die drei Ebenen von den Betreibern folgendermaßen (re)produziert und entsprechend in der Analyse dargelegt: Zu den Megatrends gehören solche Praxiselemente, die entweder nicht direkt Bestand des Biogassektors sind, oder solche, die außerhalb der unmittelbar wahrgenommen Einflusssphäre eines Akteurs liegen. Zum Regime werden Praxiselemente gezählt, die von den Betreibern als unmittelbar wichtig für die Biogaserzeugung benannt werden oder solche, die sie als verhandelbar darstellen. Zu den alternativen Praktiken werden Praxiselemente gezählt, die bei Konfiguration oder Betrieb vom Regime abweichen.

Politik und Verwaltung werden als Megatrend- sowie Regimeelemente wahrgenommen. Als Megatrends werden sie als „gegeben" akzeptiert und als außerhalb des Energiesektors liegend identifiziert. Dazu gehören im gesamten Untersuchungsgebiet die Klima- und Umweltschutzpolitik, Gesetze über den Abfalltransport sowie die individuelle Persönlichkeit von Mitarbeitern bei Genehmigungs- und Kontrollbehörden. Die in Luxemburg tätigen Betreiber führen zusätzlich den Indexlohn als Megatrend an, der in Zusammenhang mit dem Regimeelement Einspeisevergütung gesehen wird. Die Regimeelemente von Politik und Verwaltung stehen den Befragten zufolge in enger Wechselbeziehung mit den zugehörigen Megatrends. Durch eigene Aktivitäten sehen die

Betreiber allerdings Möglichkeiten der Einflussnahme auf die Gesetzgebung, wie Einspeisevergütungen, Bonuszahlungen, Subventionen, die Genehmigung des Rohstoffeinsatzes oder den Ablauf von Genehmigungsverfahren. Neue Auflagen oder die Dokumentationspflicht gehören für alle Betreiber unmittelbar zum Biogasregime und sind teilweise verhandelbar, was sich auch in Konfiguration und Betrieb äußert. Diese Erkenntnisse tragen zu denen der *Transition Studies* bei, wie sie in Kapitel 2.1 bezüglich der Biogaserzeugung vorgestellt wurden. Dort wurde diskutiert, dass die Technologieausbreitung – also die Etablierung eines Biogassektors – wesentlich abhängt von Rohstoffverfügbarkeit und politischer Unterstützung (Decker et al., 2007; Negro/Hekkert, 2008) sowie sozialen Netzwerke und gemeinsamen Erwartungshaltungen (Geels/Raven, 2007; Wirth et al., 2013).

Abbildung 7.1: Elemente der sozio-technischen Ebenen des energetischen Regionalisierens, eigene Darstellung.

Während die STS technologische Innovation als Nischenphänomen innerhalb eines sozio-technischen Systems ansieht, wird aus der Betrachtung des energetischen Regionalisierens ersichtlich, dass Technologien von den Betreibern als

Megatrend begriffen werden. Die Technisierung des Betriebs sowie der Einsatz und die Wahl spezifischer Technologien (vgl. auch Welsh et al., 2010) werden von dem Großteil der Betreiber als nicht verhandelbar dargestellt. Innovationspotenziale, wie beispielsweise der Einsatz eines eigentlich landwirtschaftlichen Rührwerks, gehen auf individuelle technologische Begeisterung zurück, die sich nicht innerhalb des betrachteten sozio-technischen Systems „(Bio)Energie" ergeben habe, sondern bereits vorher im landwirtschaftlichen Kontext bestand. Dies deutet darauf hin, dass jede Betrachtung eines bestimmten Systems mit der Herausforderung konfrontiert ist, die Grenzen dieses Systems zu bestimmen. Hinsichtlich der ersten Erkenntnisse über Megatrends des energetischen Regionalisierens hat sich der auf Praktiken orientierte Forschungsansatz mit seiner Offenheit als günstig erwiesen.

Auch der Agrarsektor wird als Megatrendelement benannt. Weltmarktpreise, Milchquote und Image, die Möglichkeit Verträge zu schließen, spezifische Wissensbestände, Erfahrungen aus dem Lohnunternehmertum, aus der Arbeit in Gremien und Ausschüssen sowie der Aspekt der Hoffolge werden als übergeordnete Phänomene dargestellt, die sich in der Landwirtschaft ansiedeln ließen und nicht unmittelbar durch die Biogasaktivitäten beeinflusst werden könnten. Diese Megatrends sind die für Konfiguration und Betrieb bedeutsam, was die dargestellten Befunde der Agrarökonomie (s. S. 41 f.) qualitativ belegt. Jedoch zeigt sich in der vorliegenden Studie, dass die Annahme, die Biogasproduktion sei „weitgehend politikgetrieben" (Degenhart/Holstenkamp, 2011, 14) zu kurz greift. „Getrieben" impliziert eine externe Einflussnahme, wie sie von Megatrend ausgeht. Doch zahlreiche wichtige Faktoren des Megatrends liegen außerhalb einer politischen Steuerung. Zwar können Finanzierung (z. B. Bankenregulierung), Ressourcenverfügbarkeit (z. B. Förderung NaWaRo), Einkommen (z. B. Einspeisevergütung) oder Kreislaufwirtschaft (z. B. Güllebonus) politisch motiviert werden, doch diverse angeführte Elemente (z. B. technologische Begeisterung, individuelle Wissensbestände, Hoffolge) und verschiedene Werte und Normen (kollegialer Umgang, Nachbarschaft) entziehen sich zumindest weitestgehend der unmittelbaren politischen Einflussnahme. Somit ist auf die Bedeutung individueller Fähigkeiten und Wissensbestände der Betreiber hingewiesen, deren besseres Verständnis beispielsweise im Kontext der Finanzierung und Finanzierungsformen, hinsichtlich der Vertragsgestaltung oder der konkreten Konfiguration einer Anlage nötig ist.

Die von den Betreibern geschilderten Elemente von Konfiguration und Betrieb können dem Regionalisieren mit dem Regime und zugleich den alternativen Praktiken zugeordnet werden. Im Regime stehen sie für die Ausgliederungen aus der Biogasbranche: Während der Biogassektor die Diffusion von

Wissensbeständen zwischen Beratern, Dienstleistern, Betreibern oder Vereinen sowie gegenseitiges Vertrauen beinhaltet, werden für Konfiguration und Betrieb konkrete, für diese Praxisfelder relevante Elemente benannt (s. Abb. 7.1). Diese können auch als heute etablierte Routinen der Biogasbranche angesehen werden, die zwar individuelle Ausprägungen haben, aber dennoch im gesamten Untersuchungsgebiet typische Muster erkennen lassen (vgl. Kap. 5). Damit können auch die von Wirth et al. (2013) herausgearbeiteten Berufskulturen gleichgesetzt werden, die Walla/Schneeberger (2006; 2008) als kognitive und normative Faktoren bezeichnen, also als Mischung von kontextabhängigen individuellen und strukturellen Elementen (vgl. Kap. 2.1). Durch deren Strukturation (Giddens, 1984) erzeugen die Betreiber Regime und alternative Praktiken der soziotechnischen Ebenen.

Die Regime bilden für die Betreiber zugleich den Rahmen, aus dem sie durch alternative Praktiken ausbrechen können. So wurde im Zuge der Konfiguration von diversen Betreibern verdeutlicht, wie wichtig Eigeninitiative für die Wissensaneignung sei und wie über den Anstoß verschiedener Maßnahmen wie Studienreisen der Aufbau kollektiver Wissensbestände überhaupt erst ermöglicht wurde. Wissen für und über den Betrieb wurde von nahezu allen Betreibern erst durch den Betrieb selbst erworben. Zwar bietet das Regime diverse Möglichkeiten der Wissensaneignung, diese werden jedoch maßgeblich durch das eigene Tätig-Sein ergänzt (s. Kap. 5.2.2). So haben die verschiedenen Tätigkeiten im Biogassektor diverse alternative Praktiken hervorgebracht, die von den etablierten Regimeelementen abweichen, wie zum Beispiel die Gaseinspeisung in Luxemburg oder die Aufzeichnungsvarianten im westlichen Rheinland-Pfalz verdeutlichen. Die *on-topic professionality* (Song et al., 2007; s. Kap. 3.1.3.1, S. 67) regte folglich kreative Dynamiken an und führte so zur Neuformierung von Wissensbeständen und Routinen.

Die Betreiber konstituieren also durch ihr energetisches Regionalisieren sozio-technische Ebenen, die an konkreten Praxiselementen festzumachen sind. Neben diesen sozio-technischen Ebenen, also den Ebenen des energetischen Regionalisierens, bringen die Betreiber durch ihr energetisches Regionalisieren auch sozio-räumliche Ebenen hervor, die zusammen Energieregionen abbilden. Wie werden also diese sozio-räumlichen Ebenen konstituiert?

7.1.2 Sozio-räumliche Ebenen der Biogaserzeugung

Wie auch die sozio-technischen Ebenen beziehen sich die sozio-räumlichen Ebenen auf verschiedenen Praxiselemente und damit Praxisphänomene sowie Praktiken der Weltbindung. Die Bezugnahme und Deutung der Betreiber von physisch-materiellen Komponenten und gesellschaftlichen Kontexten sowie deren Rückbindungen in spezifischen Praktiken rücken in den Forschungsfokus (vgl. Kap. 3.3.3.3). Die Ebenen werden durch Weltbindung konstituiert, (re)produziert und auch transformiert. Die lokale und regionale Ebene können, wie gezeigt, als direkt und räumlich erfahrbarer *economic space* aufgefasst werden, die globale Ebene mit ihren übergeordneten, diffusen Aspekten der Praxisfelder und gesellschaftlichen Kontexte stehen für die *economic world*.

Die spezifischen Praxisfelder Betrieb und Konfiguration sowie die gesellschaftlichen Kontexte in Form von Routinen sowie Werten und Normen, werden von den Betreibern auf allen drei Ebenen benannt. Für die regionale und globale Ebene kommen zusätzlich übergreifende Elemente hinzu (s. Abb. 7.2). Eine ausführliche Diskussion der sozio-räumlichen Elemente hat bereits in den Kapiteln 5.1.2 und 6.5 stattgefunden. Im Folgenden wird darüberhinaus auf drei Besonderheiten hingewiesen.

Abbildung 7.2: Elemente der sozio-räumlichen Ebenen des energetischen Regionalisierens, eigene Darstellung.

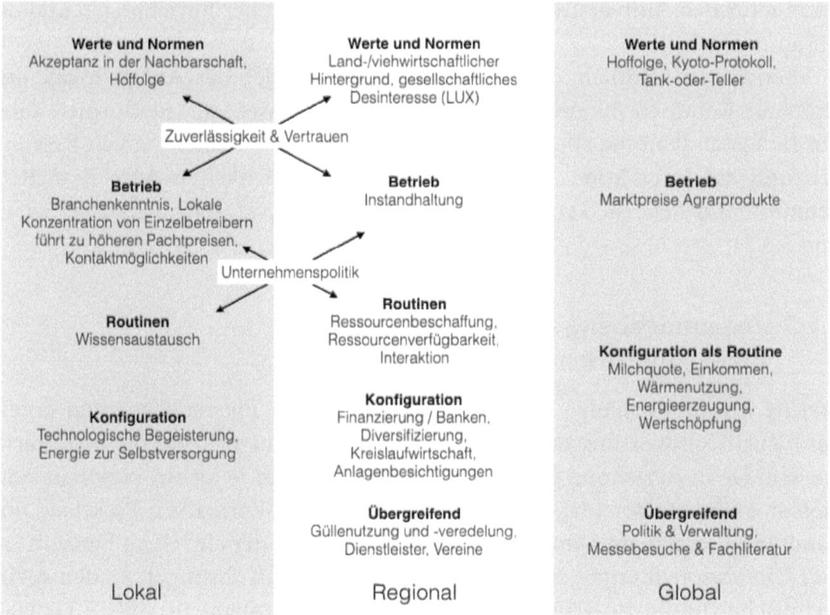

Etablierte und unhinterfragte Routinen der Konfiguration sind der globalen Ebene zugehörig. Losgelöst von physisch-materiellen Komponenten werden die dort angeführten Elemente als Motive für die Konfiguration benannt. Explizit trifft dies auf die Hoffolge zu, die als agrarische Norm global bedeutsam ist (s. Kap. 5.1.2.2) und lokal mit den eigenen Kindern das Fortbestehen des Hofes regelt (s. Kap. 5.1.2.2).

In Kapitel 5 wurde an diversen Stellen erläutert, dass die Elemente Zuverlässigkeit und Vertrauen auf lokaler Ebene von Bedeutung sind. Diese wirken als verbindendes Glied zwischen Werten und Normen und dem Betrieb. So sind Zuverlässigkeit und Vertrauen diejenigen individuellen Wissensbestände, die es dem Betreiber ermöglichen, Werte und Normen in der eigenen Praxis rückzubinden und aus den praktischen Erfahrungen heraus zu bewerten. Dabei ist interessant, dass die Verbindungsfunktion nicht nur element-, sondern auch ebenenübergreifend, nämlich zwischen lokaler und regionaler Ebene, besteht. So ist Vertrauen im Lokalen beispielsweise ein wichtiger Wert zum Aufbau von Kontakten und im Regionalen wird es bei der Auswahl von Dienstleistern für die Instandhaltung bedeutsam. Dies ergänzt die bisherigen Erkenntnisse bezüglich der Bedeutung von Netzwerken und *communities of practice* der Biogaserzeugung (Kap. 2.1). In beiden Fällen sind lokale wie regionale Werte und Normen wichtig für den Aufbau und Fortbestand vertrauensvoller Beziehungen und der Zusammenarbeit.

Ebenso wird deutlich, dass die Betreiber im Betrieb der Anlage lokale und regionale Routinen miteinander verbinden. Der Wissensaustausch spielt dabei für die Instandhaltung ebenso eine Rolle, wie für die Beschaffung von Ressourcen und die Interaktion. Prinzipielle Kontaktmöglichkeiten oder Branchenkenntnis sind zusätzlich von besonderer Bedeutung (vgl. Kap. 5.2.1.1 bis 5.2.1.3 und 5.3.3).

7.1.3 Zusammenhang sozio-technischer und sozio-räumlicher Ebenen

Welche Zusammenhänge lassen sich zwischen den Ebenenkonzepten erkennen? Zur Beantwortung dieser Frage werden die beiden Konzepte matrixartig zueinander in Beziehung gesetzt (s. Abb. 7.3). Es gibt je lokale, regionale oder globale Elemente der Megatrends, Regime und der alternativen Praktiken und damit insgesamt neun Dimensionen. Die Zuordnung der einzelnen Elemente zu den Dimensionen ergibt sich aus den vorherigen Ausführungen zu den sozio-technischen und sozio-räumlichen Ebenen. Einige Elemente (in Abb. 7.3 optisch durch einen Kasten hervorgehoben) sind in mehreren Dimensionen wirksam. Dies verdeutlicht, dass die Ebenen weder hierarchisch noch statisch verstanden werden dürfen. In Anlehnung an das *scale blending* (vgl. Kap. 3.2.2.2 und Anfang

Kap. 5.1) erkennen die Betreiber nicht unbedingt spezifische Ebenen als Aspekte ihrer Praktiken. Doch durch ihre Handlungen können Ebenen als analytische Einheit ausgemacht werden; die Betreiber konstituieren durch ihre Praktiken analysierbare Ebenen. Folglich gibt es Praxiselemente der Biogaserzeugung, die ebenenübergreifend zu verstehen sind. Diese werden im Folgenden genauer erläutert.

Abbildung 7.3: Zusammenhang sozio-technischer und sozio-räumlicher Ebenen, eigene Darstellung.

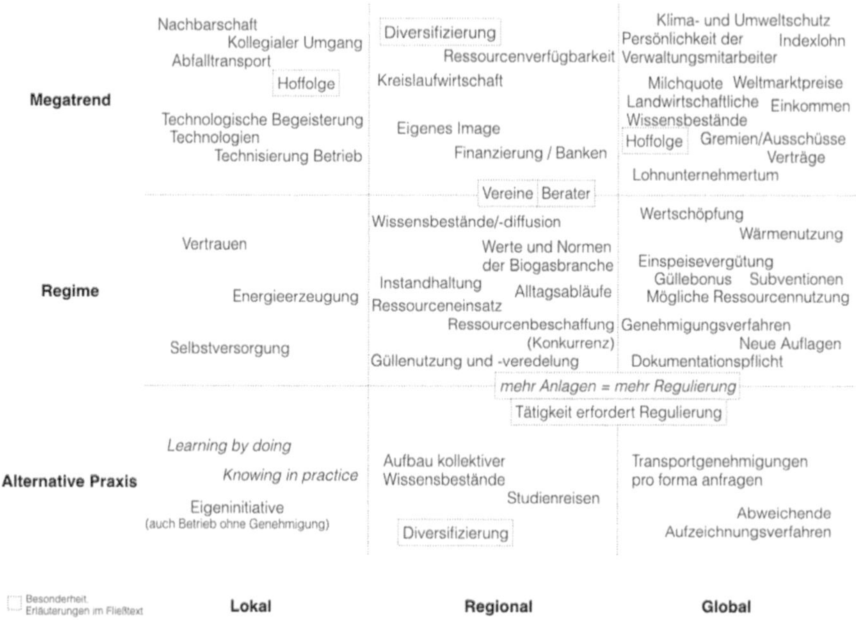

Die Elemente „Tätigkeit erfordert Regulierung" und „mehr Anlagen = mehr Regulierung" sind ähnlicher Natur. Erstgenanntes ist der alternativen Praxis zuzuordnen. Zeitlich betrachtet markiert es den Anfangspunkt des Praxisfelds Biogaserzeugung. Betreiber begannen, Biogas zu produzieren, worauf politisch reagiert wurde. Die Tätigkeit führte also zur Regulierung (*upward causation*), die im Späteren von den Betreibern wieder rückgebunden wurde (*downward causation*; vgl. S. 67). Durch die Ausbreitung der Biogaserzeugung wurde die Regulierung zunehmend wichtiger und differenzierter. Folglich stehen die beiden Elemente „Tätigkeit erfordert Regulierung" und „mehr Anlagen = mehr

Regulierung“ zwischen der regionalen und der globalen Ebene, da sie zum einen Routinen vor Ort prägten, zum anderen auch übergreifend Wirkung entfalteten. Zugleich wird ersichtlich, wie sich durch die Verbreitung von Routinen der Biogaspraktiken ein (politisches) Regime herausbildete, das zur Formierung einer Energieregion beitrug (vgl. Kap. 7.4).

In den Aussagen der Betreiber wird ersichtlich, dass sie Berater (vgl. Kap. 5.3.1.2 & 6.4.11) und Vereine (vgl. Kap. 5.3.1.4 & 6.4.13) als regionale Elemente von Regime und Megatrend wahrnehmen. Beide Akteursgruppen unterstützen bei routinierten Praktiken, vermitteln Wissen oder bieten Möglichkeiten der Wissensdiffusion. Dabei gibt es einerseits Berater und Vereine, die vor Ort sind, mit denen gemeinsam Wissen erzeugt wird (*local buzz*), die Bekannte sind, die demnach als regional dargestellt werden. Dabei ist das *local* im *local buzz* nicht mit der lokalen Ebene des energetischen Regionalisierens gleichzusetzen. Andererseits gibt es Berater und Vereine, die nicht vor Ort sind, die „da von oben runterkommen“ (I-31) und ihre Praktiken und Routinen im Untersuchungsgebiet ausüben oder etablieren, die Wissen von außerhalb zu den Betreibern bringen (*global pipeline*), die also als übergeordneter Megatrend empfunden werden. Dies verdeutlicht, dass die Betreiber im Untersuchungsgebiet einerseits Agglomerationsvorteile haben und andererseits auf globale Netzwerke zurückgreifen können (vgl. S. 91 & Coenen/Truffer, 2012, 369).

Auch die Hoffolge ist, wie bereits ausgeführt (s. S. 265), verschiedenen Dimensionen zuzuordnen, da sie als Megatrend sowohl lokal als auch global angeführt wird. Global bezieht sie sich auf eine Routine der Landwirtschaft, lokal auf den eigenen Hof vor Ort im Zusammenhang mit der eigenen Familie.

Die Diversifizierung wird als regionales Element des Megatrends und der alternativen Praxis hinsichtlich der Möglichkeit zum Aufbau eines zweiten Betriebsstandbeins angeführt (s. Kap. 6.4.3). Als Megatrend wird sie als übliche Praxis dargestellt, als etablierte Routine. Als alternative Praxis wird auf die historische Dimension der Biogaserzeugung hingewiesen, als die Pioniere im Untersuchungsgebiet erstmals Biogaserzeugung als Möglichkeit zur Diversifizierung erkannten und landwirtschaftliche Praktiken neu miteinander in Beziehung brachten.

Die herausgearbeiteten Ebenen sind, wie auch in der MLP betont (vgl. Kap. 3.2.1.2), ineinander verwoben, stehen nicht in einem hierarchischen Verhältnis zueinander und sind auch keinesfalls statisch zu begreifen (vgl. Verbong/Geels, 2010). Diverse Elemente durchbrechen das analytische Gefüge der Ebenen. Doch neben diesen dimensionsübergreifenden spezifischen Praxiselementen gibt es den Ausführungen der Betreiber nach dennoch eine Reihe von Elementen, die einer einzigen Dimension zugeordnet werden können (vgl. Abb. 7.3). Die sich mit dem zeitlichen Verlauf ändernden Zusammenhänge dieser dimensionsspezifischen Praxiselemente sind die Grundlage des betrachteten Ausschnitts der Energiewende. Die Veränderung der Energieregion als Transitionsraum resultiert aus den Änderungen der Zusammenhänge der Praxisphänomene: Praxisinnovationen oder Neukombinationen einzelner Praxiselemente im zeitlichen Verlauf bergen den performativen Aspekt der sozialen Praktiken und damit das eigentliche transformative Potenzial der Praxis (vgl. Kap. 3.1.3.1, S. 70). Die Veränderungen dieser Zusammenhänge sind Gegenstand des folgenden Kapitels.

7.2 Entwicklung einzelner transformativer Praxiselemente

Die Entwicklung der einzelnen Praxiselemente ist ein Ergebnis des energetischen Regionalisierens. Die von den Betreibern dargelegten Praxiselemente sind ihre wichtigen Bestandteile des Umfelds der Biogaserzeugung. Durch das energetische Regionalisieren bindet jeder einzelne Betreiber sein Umfeld in seine Praktiken zurück (Weltbindung, vgl. Werlen, 2007, 30). Im Laufe der Zeit entfalten dann die Praktiken der Betreiber ihre Bedeutung und führen zu einer Änderung des Umfelds. Durch *upward* und *downward causation* stehen also die Praxisfelder und das Umfeld in einer Wechselbeziehung.

Im vorherigen Kapitel wurden ausgehend von den Betreiberinterviews die Praxiselemente und damit die Elemente des energetischen Regionalisierens den einzelnen sozio-technischen und sozio-räumlichen Ebenen zugeordnet und eine Matrix aus neun Dimensionen abgeleitet. In diesem Kapitel wird die Entwicklung der einzelnen Elemente betrachtet, wie sie im Laufe der Zeit an Bedeutung gewannen oder verloren. Anschließend wird auf ihre Bedeutung für die (Re) Produktion und Transformation der Energieregionen eingegangen.

Bei Betrachtung der einzelnen Praxiselemente ergibt sich ein differenziertes Bild. Tabelle 7.2 zeigt die Entwicklung der Elemente des energetischen Regionalisierens aufgeteilt nach den neun Dimensionen der Ebenen. Nicht enthalten sind in der Abbildung die in Kapitel 7.1.3 diskutierten mehrere Dimensionen übergreifende Elemente „Tätigkeit erfordert Regulierung“ und „mehr Anlagen = mehr Regulierung“, da deren Entwicklung Ausdruck der Zusammenhänge anderer Elemente ist (s. Kap. 7.3). Die ebenfalls dimensionsübergreifenden Elemente „Berater“ und „Vereine“ sowie „Hoffolge“ und „Diversifizierung“ werden in den folgenden Ausführungen behandelt, da sie eindeutig einer sozio-technischen oder sozio-räumlichen Ebene zugeordnet werden können.

Von den insgesamt 48 angeführten Elementen unterlagen zehn im Laufe der Zeit keiner oder nur einer geringen Bewertungsveränderung. Diese Elemente sind alle einer der drei Megatrenddimensionen zugeordnet. Eine starke Zunahme erfuhren die Aspekte „Finanzierung / Banken" (Megatrend – Regional) und „Einkommen" (Megatrend – Global), eine starke Abnahme die „Milchquote" (Megatrend – Global). Seit Mitte der 2000er Jahre haben einige lokale und regionale Megatrendelemente an Bedeutung gewonnen, wohingegen einige globale verloren haben. Für die Megatrends ergibt sich insgesamt folgendes Bild: Regionale Megatrends gewannen an Bedeutung, lokale und globale blieben insgesamt stabil, wobei sich einige Elemente hinsichtlich ihrer Bedeutung ablösten. Dies spiegelt in gewisser Weise die Erkenntnisse der TIS bezüglich der Strukturen und die Einblicke der MLP hinsichtlich den *landscapes* wieder, die je als zeitlich relativ stabil aufgefasst werden (s. Kap. 3.2.1.1 und 3.2.1.2). Wie im weiteren allerdings gezeigt wird, gibt es auch verschiedene Elemente des Megatrends, die noch weniger von dieser Stabilität gekennzeichnet sind, als es insbesondere in der MLP angenommen wird.

Eine zweite Auffälligkeit ist, dass die globalen Regime erheblich an Bedeutung gewonnen haben. Zwar ist die „Wertschöpfung" von einem insgesamt sehr wichtigen zu einem vollkommen unbedeutenden Aspekt abgefallen, alle anderen Elemente haben aber deutlich und kontinuierlich an Wichtigkeit gewonnen. Ähnlich, aber weniger deutlich, zeigt sich dies für die regionalen Regimeelemente, wo Vereine zwar an Bedeutung einbüßten, Berater und Dienstleister dafür aber deutlich hinzugewannen. Dies deutet darauf hin, dass sich im Laufe der Entwicklung des Biogassektors im Untersuchungsgebiet gemeinsame Routinen entwickelten und Praktiken der Biogaserzeugung etablierten. Die Entstehung eines institutionellen und sozio-kulturellen Rahmens, der Aufbau technologischer Wissensbestände und die Bildung sozialer Netzwerke zwischen verschiedenen Akteuren waren bedeutsame Entwicklungen, die auch Essletzbichler (2012, 794) als wichtig für die Herausbildung eines Regimes identifiziert (s. Kap. 3.2.1.2, S. 85).

Drittens fällt auf, dass insbesondere regionale (und in geringerem Maße auch lokale) alternative Praktiken sowie lokale Regime heute weniger bedeutsam sind als zu Beginn der Biogasaktivität im Untersuchungsgebiet. Eine mögliche Erklärung hierfür wird in einer Äußerung deutlich, die von einem Betreiber bezüglich seines Betriebsstarts im Oktober 2001 stammt: „Das war damals eine Nische, die sehr interessant schien" (I-17). Dadurch, dass in der Anfangsphase der Biogasaktivität wenig Wissen und damit auch keine Routinen, Netzwerke, Regulierungen oder Ähnliches existierten, waren alternative Handlungen und Elemente des lokalen Umfelds für die Praktiken wichtiger. Zu Beginn galt es, soziale Netzwerke aufzubauen und Wissen zu generieren, wie es auch in der MLP herausgearbeitet wurde (vgl. Geels, 2002b, 365). Durch interaktiven und rekursiven Lernprozesse und die zunehmende institutionellen Einbettung von Innovationen (vgl. TIS in Kap. 3.2.1.1; Bergek et al., 2008, Markard/Truffer, 2008) verloren die alternativen Handlungen zunehmend an Bedeutung. Durch die verschiedenen *„everyday relational processes“* (Jones, 2013, 7) stabilisierten sich die Handlungen und formten Routinen. Eine genauere Untersuchung der Gründe für diesen Wandel der Aspekte wird im nächsten Kapitel vorgenommen.

Hinsichtlich globaler alternativer Praktiken zeigt Tabelle 7.2, dass diese im zeitlichen Verlauf unwesentlich an Bedeutung zunehmen und für keinen Zeitpunkt der Biogasaktivität als wichtig benannt werden. Die Kernursache dafür liegt in der Empirie der vorliegenden Arbeit und dem Zustandekommen der Tabelle 7.2. Die Betreiber wurden in den Interviews nicht gezielt nach diesen Elementen befragt sondern brachten sie vor. Die Intensität der Auseinandersetzung mit den einzelnen Aspekten oder konkrete Bedeutungszuschreibungen zu verschiedenen Elementen wurden als Maß der Wichtigkeit angelegt. Die globalen alternativen Praxiselemente wurden nur von insgesamt vier Befragten geäußert. Daher kann diesen Elementen aus Betreibersicht keine höhere Bedeutung zugeschrieben werden. Nichtsdestotrotz ist deren Bedeutung für die Entwicklung des Biogassektors im Untersuchungsraum nicht zu unterschätzen. Denn wie in Kapitel 5.1.1.3 gezeigt, war insbesondere das abweichende Aufzeichnungsverfahren eine wichtige alternative Praxis, die sich im Untersuchungsgebiet verbreitete und zur Transformation des globalen Regimes („Dokumentationspflicht“) beitrug. Ursprünglich nicht routiniert, beinahe zufällige, aber mit Sicherheit improvisiert wird die Bedeutung der alternativen Praxis zuerst für den individuellen Betreiber und später für die gesamte *Community of Practice* sichtbar (vgl. Kap. 3.1, S. 52; Jones/Murphy, 2010). Die entstandene Routine wird weitergegeben, verbreitete sich und trägt somit als alternative soziale Handlung zur Transformation bei (vgl. Kap. 3.1.3.1; Feldman/Orlikowski, 2011; Radwan/Kinder, 2013).

Eine relativ beständige und deutliche Zunahme erfuhren die wirtschaftlichen Elemente „Finanzierung/Banken“ und „Einkommen“ sowie die politisch-administrativen Aspekte „Einspeisevergütung/Güllebonus/Subventionen“, „Genehmigungsverfahren“ und „legal mögliche Ressourcennutzung“, mit der unmittelbar die „Ressourcenbeschaffung“ sowie „Wärmenutzung“ über Nutzungsverpflichtungen zusammenhängen. Zudem wurden „Werte und Normen der Biogasbranche“ sowie „Berater und Dienstleister“ deutlich wichtiger. Alle diese Elemente deuten darauf hin, dass sich ein Regime etabliert hat, was auch durch die Bedeutungszunahme neuer Auflagen oder abweichender Aufzeichnungsverfahren gestützt wird. Zu den Beratern ist anzumerken, dass sie anfänglich als Megatrend und mit der Etablierung des Sektors im Untersuchungsgebiet im Regime bedeutsam waren.

Tabelle 7.2: Entwicklung der Elemente des energetischen Regionalisierens; unwichtig, wenig wichtig, „o“ weder wichtig noch unwichtig, „+“ wichtig, „++“ sehr wichtig; Zeiträume: Ende 1990er, Mitte 2000er, Anfang 2010er; eigene Darstellung.

	Lokal				Regional				Global			
		1990er	2000er	2010er		1990er	2000er	2010er		1990er	2000er	2010er
Megatrend	Hoffolge	+	+	+	Diversifizierung	++	+	++	Einkommen	-	o	++
	Kolleg. Umgang	o	o	o	Finanz./Banken	-	o	+	Hoffolge	+	+	+
	Technologie	o	o	o	Kreislaufwirtschaft	-	+	+	Weltmarktpreise	+	++	+
	Techn. Betrieb	–	-	o	Ressourcenverfügb.	+	++	o	Klima-/Umweltschutz	-	+	o
	Nachbarschaft	-	-	-	Image	–	-	o	Landwirt. Wissen	+	o	o
	Transport	-	-	-	Berater	-	++	++	Verwaltungs-MA	-	-	-
	Tech. Begeisterung	o	–	-	Vereine	++	o	o	Verträge	-	-	-
	Indexlohn	–	–	–								
	Gremien	–	–	–								
	Lohnunternehmen	–	–	–								
	Milchquote	++	o	-								
Regime	Vertrauen	++	o	o	Berater/Dienstl.	-	+	++	Vergütung.	-	+	++
	Energieerzeugung	-	-	-	Ressourcenb eschaf.	–	o	+	Genehmigungsverf.	–	o	++
	Selbstversorgung	++	o	–	Werte/Normen	–	o	+	Wärmenutzung	–	o	+
	Ressourceneinsatz	+	o	+	Legale Ressourcen	–	o	o				
	Wissen /-sdiffusion	o	o	o	Neue Auflagen	–	-	o				
	Alltagsabläufe	o	o	o	Dokumentation	–	–	-				
	Instandhaltung	o	o	o	Wertschöpfung	++	+	–				
	Vereine	++	o	o								
	Gülle	o	-	–								
Alt. Praxis	Eigeninitiative	++	o	-	Diversifizierung	+	o	+	Alt. Aufzeichnung	–	–	-
	Knowing in practice	-	+	+	Aufbau Wissen	+	o	-	Transport	–	–	-
	Learning by doing	++	+	o	Studienreise	++	–	-				

Einiger Praxiselemente waren von einer beständig starken Bedeutungsabnahmen gekennzeichnet (Milchquote, Selbstversorgung, Wertschöpfung, Vereine, Aufbau kollektiver Wissensbestände und Studienreisen[1]). Diese Entwicklung lässt den Schluss zu, dass heutzutage ausreichend Wissen für Konfiguration und Betrieb einer Biogasanlage vorhanden sind. Darauf deuten auch die Bedeutungsabnahmen von *learning by doing* und der landwirtschaftlichen Wissensbestände sowie die schwankende Bedeutung des *knowing in practice* (mit einem Höhepunkt Ende der 2000er Jahre) hin. Letzteres lässt vermuten, dass praktisches Wissen bis Ende der 2000er Jahre wichtig war, der Aufbau dieses praktischen Wissens jedoch später durch die Existenz kollektiver Wissensbestände und gemeinsamer Routinen nicht mehr nötig war (vgl. auch die zuvor genannten Entwicklungen). Dass die Wertschöpfung im Sinn von Energiegewinnung aus landwirtschaftlichen Produkten oder aus Abfallstoffen unbedeutend wurde, kann nicht unmittelbar erklärt und vermutlich nur im Zusammenhang mit anderen Elementen verstanden werden.

Insgesamt wird deutlich, dass die einzelnen Praxiselemente teilweise voneinander abhängen; die Bedeutungsentwicklung eines Elements wird von anderen Elementen beeinflusst. Im folgenden Kapitel werden daher die Zusammenhänge verschiedener Praxiselemente fokussiert, um anschließend über Transitionsräume eine fundierte Aussage treffen zu können.

7.3 Zusammenhänge transformativer Praxiselemente

Bereits in Kapitel 6.5 sind diverse Zusammenhänge verschiedener Praxiselemente ersichtlich geworden. Diese werden nun weiter herausgearbeitet, was den sechsten Schritt der reflexiven Inhaltsanalyse darstellt. Dies leitet zur Beantwortung der Frage über, welche Transformationspraktiken zu erkennen sind. Wie die bisherigen Ausführungen verdeutlichten, gibt es zudem einige weitere Zusammenhänge, die zusätzlich zu diskutieren sind.

Zunächst steht der Zusammenhang zwischen „technologischer Begeisterung“ und „Beratern und Dienstleistern“ im Fokus. Mit zunehmender Bedeutung der Berater nimmt die Bedeutung der technologischen Begeisterung ab. Die Berater liefern Gründe für Technologien, empfehlen Technologien, stellen Wissen und Expertise zur Verfügung, was für die Betreiber deutlich wichtiger ist als ihre eigenen Präferenzen. Das Expertenwissen wird zum entscheidenden,

1 Die in Tab. 7.2 dargestellte Spitze in der Bedeutungsentwicklung von Studienreisen ist auf die Einführung einer neuen Technologie, der Gaseinspeisung, zurückzuführen. Diese ist im Untersuchungsgebiet jedoch lediglich für zwei Einzelfälle relevant.

unhinterfragten Deutungsmuster für die Betreiber, das es ihnen ermöglicht, sich mit dem Phänomen Technologie auseinanderzusetzen (vgl. Kap. 3.3.1, S. 97; Schütz/Luckmann, 2003, 29f.). Wird das Augenmerk auf die physisch-materielle Komponente „Technologie" gelegt (s. Abb. 7.4), werden weitere Zusammenhänge deutlich. Erstens ist festzustellen, dass Technologien aus unterschiedlichen Gründen bedeutsam sind: am Anfang war es technologische Begeisterung, am Ende fiel die Wahl für bestimmte technologische Komponenten aufgrund gesetzlicher Vorgaben. So führen bestimmte Anreizstrukturen, wie der NaWaRo- oder der Güllebonus sowie Wärmenutzungsverpflichtungen, zu darauf abgestimmten (Re)Konfigurationen. Ebenso sind landwirtschaftliche Wissensbestände für die Wahl bestimmter Technologien wichtig, wie die Beispiel der Fütterungsschnecke (S. 187) oder der Wahl eines bestimmten Motors (ebd.) zeigten. Dies verdeutlicht, dass das politisch-administrative Regime sowie globale, landwirtschaftliche Megatrends für den Zusammenhang zwischen Betreibern und Technologieausbreitung wichtig sind.

Abbildung 7.4: Praxiselemente und Technologie, eigene Darstellung.

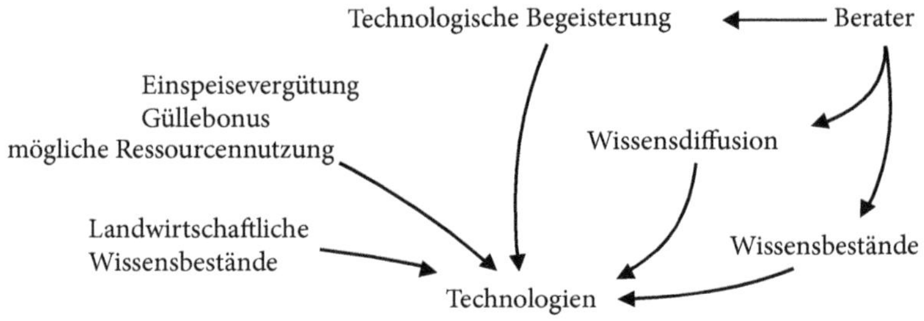

Diese Ausbreitung und auch die Technisierung des Betriebs sind eng mit der Diffusion von Wissensbeständen in der *Community of Practice* verbunden. Viele Anlagen im Untersuchungsgebiet sind technologisch vergleichbar, verwenden zum Beispiel ähnliche Motoren. Die Betreiber tauschen Wissen persönlich oder auf Veranstaltungen aus (s. Kap. 5.2.2.1), was Neueinsteiger offensichtlich dazu veranlasst, auf vergleichbare Produkte zu setzen. Die technologische Ähnlichkeit der gewählten Bauteile ist aber auch und besonders seit Mitte der 2000er Jahre auf die Zusammenarbeit mit gleichen Dienstleistern zurückzuführen (s. Abb. 7.5; vgl. Kap. 5.3.1.2). Insgesamt sind also der persönliche Kontakt, der Austausch mit Beratern und Dienstleistern sowie die politischen Vorgaben entscheidende, zusammenhängende Aspekt für die Ausbreitung von Technologie. Dabei bildet der technologieorientierte, auf *codified knowledge* basierende

Bereich des Biogassektors die wichtigste Wissensquelle. Via *downward causation* werden so Routinen auf die individuelle Ebene transportiert (vgl. Kap. 5.2.2.1) und damit auch das Umfeld im Sinne der Giddens'schen Strukturation beziehungsweise der Werlen'schen Weltbindung in konkreten Handlungen zurückgebunden (vgl. Kap. 3.1.1 und 3.1.2).

Abbildung 7.5: Praxiselemente und „Berater", eigene Darstellung.

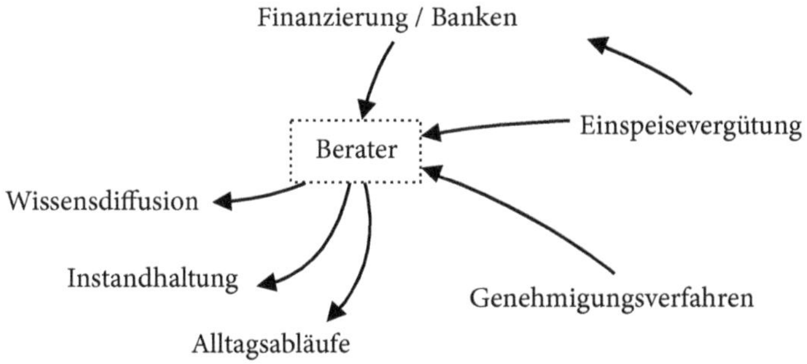

Die Entwicklung der lokalen Megatrends „Technologie", „technologische Begeisterung" und „Technisierung Betrieb" hängt insbesondere von regionalen (Berater und Dienstleister, Wissensbestände/-diffusion) und globalen (Einspeisevergütung etc.) Regimeelemente ab. Welche Elemente sind aber für deren Entwicklung von Bedeutung?

Wie ebenfalls in Kapitel 6.5 dargelegt, wird die Rolle der Berater und Dienstleister im Verlauf der Zeit unterschiedlich wahrgenommen. Während sie zu Beginn vor allem für die Wissensdiffusion eine Rolle spielten, wird ihnen ab Ende der 2000er Jahre eine größere Bedeutung für die Konfiguration der Anlagen zugesprochen. Berater und Dienstleister besitzen umfassende Wissensbestände, die sowohl für die Genehmigungsverfahren als auch für die Finanzierung sowie die Instandhaltung und den biologisch stabilen Betrieb der Anlage, damit für die Alltagsabläufe und so für die Formung von Werten und Normen wichtig sind (s. Abb. 7.5). Dass die Bedeutung der Berater und Dienstleister bis 2004 rasch steigt und dann auf hohem Niveau stabil bleibt, hängt auch mit der Bedeutungszunahme von Einspeisevergütung und Genehmigungsverfahren zusammen: Da diese, wie in Kapitel 6.4 diskutiert, deutlich umfangreicher und differenzierter geworden sind, werden spezifische Kompetenzen und Erfahrungswerte erforderlich, die insbesondere spezialisierte Unternehmen aufbauen. Ebenso ist die auch als Finanzialisierung (Klagge/Anz, 2013) benannte Entwicklung für die Bedeutungszunahme der Berater und Dienstleister anzuführen. Die Expertise dieser Akteursgruppe wird seit Ende der 2000er Jahre zunehmend von den Banken und Investoren nachgefragt, um Risiken in der Projektfinanzierung besser abschätzen zu können (vgl. Kap. 6.4.12). Durch kontinuierlichen Wissensaufbau haben die Berater und Dienstleister die Möglichkeit, bestimmte Routinen zu etablieren, die es ihnen wiederum ermöglichen, Deutungsmuster für verschiedene Akteursgruppen anzubieten. Für die Finanzierung ist seit Mitte der 2000er Jahre aber auch das politische Umfeld als Sicherungsmechanismus wichtig, was wiederum ein Grund für die stärkere Bedeutungszunahme des Aspekts „Finanzierung/Banken" nach 2004 ist, denn Banken legen seitdem verstärkt Wert auf Betriebssicherheit und -stabilität, die sie durch die Einkommenssicherheit durch die Einspeisevergütung sehen.

Ein weiterer wichtiger Zusammenhang besteht zwischen Beratern und der Eigeninitiative (s. Abb. 7.6), insbesondere in der Frühphase der Entwicklung. Dadurch, dass zunächst wenig Wissen, damit auch keine Routinen, Netzwerke, Regulierungen oder Ähnliches existierten, waren alternative Handlungen und Elemente des lokalen Umfelds wichtig. Zwei der heute bedeutenden Unternehmen kamen durch lokale alternative Praxis zum Biogas; sowohl Berg und Partner als auch Vrehen wurden von Betreibern durch ihre Tätigkeit in den Biogassektor eingebunden (I-25 und I-18, vgl. Kap. 5.3.1.2). Die hohe Bedeutung der Eigeninitiative bis 2003 und die folgende vorübergehende Abnahme sind auch in Zusammenhang mit den politisch-administrativen Aspekten des globalen Regimes und den regionalen alternativen Praktiken zu sehen. Bis Anfang der 2000er Jahre wurden durch eine große Anzahl an Eigeninitiativen im Untersuchungsgebiet kollektive Wissensbestände aufgebaut, die zur vermehrten Nutzung der Biogastechnologie führten. Folglich sah sich die Politik dazu verpflichtet, Gesetze zu erlassen. Außerdem etablierte die Verwaltung Verfahrensweisen, um mit der rapiden Zunahme an Anlagen umzugehen. Die verstärkte Tätigkeit im Biogassektor erforderte Regulierung (Vergütungen, Genehmigungsverfahren). Diese Regulierung war im westlichen Rheinland-Pfalz spätestens mit der EEG-Novelle von 2004 (vgl. Kap. 6.4) so umfangreich, dass in der Folge weniger Raum für abweichende Praktiken wahrgenommen wurde. Dies spiegelt sich auch darin wider, dass zahlreiche Betreiber die Tage des Inkrafttretens von Gesetzesnovellen als wichtig benennen: je vor den Stichtagen soll die neue oder die rekonfigurierte Anlage am Netz sein, um von den entsprechenden Fördersätzen maximal profitieren zu können. In Luxemburg eröffnete sich um das Jahr 2011 im Zuge der Gaseinspeisung nochmals Raum für Neues. Drei Betreiber begannen, ohne bestehenden rechtlichen Rahmen, Gaseinspeiseanlagen zu führen. Dadurch sah sich das Wirtschaftsministerium in Luxemburg dazu veranlasst, ein Gutachten in Auftrag zu geben und ausgehend von den so gewonnenen Erkenntnissen ein

Gesetz über die Gaseinspeisung zu entwickeln. Das Gutachterbüro saß in Leipzig, hatte in Luxemburg keine Erfahrung, traf faktisch fehlerhafte Annahmen und war demnach aus Sicht der Betreiber für die als zu niedrig empfundenen Einspeisetarife verantwortlich (vgl. Kap. 5.3.1.2, 201). Die Betreiber sehen das Beratungsbüro als regionalen Megatrend an, der erst durch die lokale alternative Praxis in das globale Regime der Regulierung eingebunden wurde. Insgesamt wird deutlich, dass das „*‚breaking' and ‚shifting' of structures*" (Reckwitz, 2002, 255; vgl. Kap. 3.1.3.1, S. 69) wesentlich durch alternative Handlungen ermöglicht wird. Alltägliche Krisen mit Routinen, bestimmte Zusammenhänge zwischen Praxiselementen sowie selektive Wissensbestände der Akteure stehen in engem Zusammenhang mit alternativen Handlungen, die wiederum zu Umfeldänderungen führen können.

Abbildung 7.6: Praxiselemente und „Eigeninitiative", eigene Darstellung.

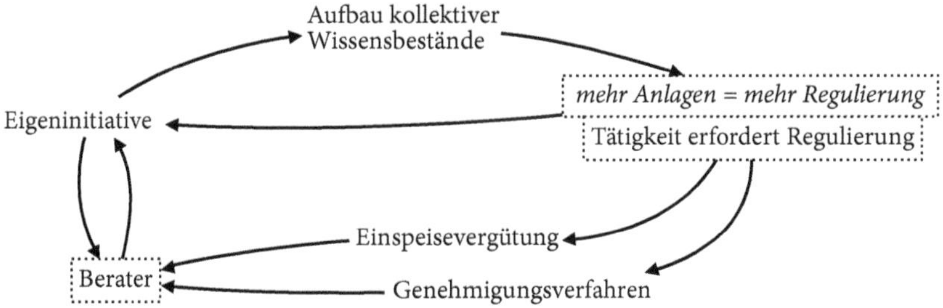

Eigeninitiative ist auch als politische Dimension der lokalen alternativen Praxis in der Frühphase wichtig gewesen. Die Idee des Gemeinderats in Arzfeld, einen Ferienpark zu errichten, brachte das Thema Biogas Mitte der 1990er Jahre erstmals in das westliche Rheinland-Pfalz. Einige involvierte Landwirte entschieden sich in der Folge zur Errichtung einer Anlage (vgl. Kap. 6.4). Beinahe zeitgleich entstand auch in Luxemburg lokalpolitisches Interesse an Biogas, wo einzelne Bürgermeister sich Exkursionen nach Bayern anschlossen und Landwirten in ihrer Gemeinde die Idee eröffneten (vgl. Kap. 6.4.9). Zugleich schildern Betreiber ihre Erfahrungen mit anderen politischen und administrativen Instanzen am Ende der 1990er Jahre als negativ im Sinne von wenig hilfreich, da diese aufgrund mangelnder Erfahrung „keine Ahnung" (I-22) hatten und Biogas nicht offen gegenüber waren. Insgesamt trägt die Eigeninitiative, die durch *learning by doing* zum *knowing in practice* beiträgt, wesentlich zum Aufbau von kollektiven Wissensbeständen bei. Diese kollektiven Wissensbestände der Intersubjektivität sind wesentlich für die

„gesellschaftliche Konstruktion der Wirklichkeit" (Werlen, 2004b, 319; vgl. Kap. 3.1.2) und damit das Regionalisieren.

Nichtsdestotrotz ist die Bedeutung von Eigeninitiative und des Aufbaus kollektiver Wissensbestände mit der zunehmenden Bedeutung der Berater und Dienstleister gesunken (vgl. Kap. 6.5). Eng damit hängt auch die Rolle der Vereine zusammen (s. Abb. 7.7). In der Anfangsphase waren diese für das Knüpfen von Kontakten mit anderen Betreibern sowie Partnern und Beratern wichtig, auch, um sich Wissen anzueignen. So waren beispielsweise Studienreisen, die wiederum durch Eigeninitiative angestoßen wurden, von Vereinen organisiert und bis etwa 1999 von sehr großer Bedeutung (vgl. Kap. 5.2.2.1 und 6.1.2). Mit der Etablierung politisch-administrativer Routinen und damit der Herausbildung eines Regimes der Biogaserzeugung verschob sich die Bedeutung der Vereine rasch hin zur Lobbyarbeit (vgl. Kap. 5.3.1.4 und 5.3.2.1). Diese wird zwar auch als wichtig eingeschätzt, zugleich bewerten die Betreiber sie aber auch als weniger wichtig als die anfängliche Tätigkeit – auch aufgrund ausbleibenden Erfolgs (s. Kap. 5.3.1.4).

Abbildung 7.7: Praxiselemente und „Vereine", eigene Darstellung.

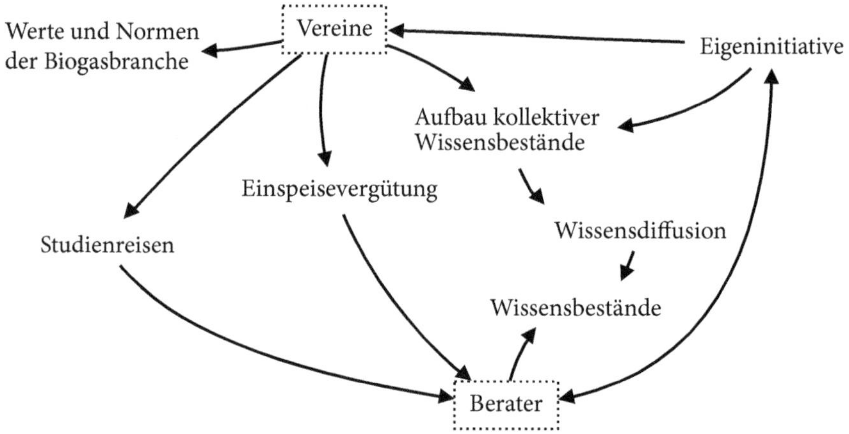

Auch der Aspekt „Wissensdiffusion" ist im Kontext des *knowing in practice* und des Aufbaus kollektiver Wissensbestände zu betrachten (vgl. Faulconbridge, 2006; Feldman/Orlikowski, 2011) und damit im Zusammenhang mit Beratern und Vereinen. Zu Beginn der Aktivität im Untersuchungsgebiet gab es kaum Wissensbestände über Konfiguration oder Betrieb, weshalb die Generierung wichtig, die Möglichkeiten der Diffusion aber begrenzt waren. Dafür waren Vereine eine wichtige Plattform. Mit zunehmendem Wissen der Betreiber sowie der

Beratern verlor die Diffusion zunächst leicht an Bedeutung. Die Zunahme ab Mitte der 2000er Jahre ist darauf zurückzuführen, dass sich die Interaktion der Betreiber wandelte: von gezielten, gemeinsam organisierten Aktionen im Bekanntenkreis (Vereine, Studienreisen) zu professionellen, zentralisierten Beratern sowie Branchentreffen (z. B. Eurotier). Allerdings empfinden die Betreiber im Untersuchungsgebiet die Interaktion mit anderen Unternehmen oder Beratern heute unpersönlicher als noch vor zehn Jahren. Ein weiterer Zusammenhang besteht zwischen der Wissensdiffusion und dem Einkommen (s. Abb. 7.8): „Aber wenn es finanziell nicht gut läuft, dann besteht auch weniger Interesse an Weiterbildungen, das spürt man schon" (I-06), äußert der Präsident der Biogasvereenegung zur heutigen Situation. Das bedeutet, dass der Faktor Einkommen heute für die Motivation zur Wissensaneignung sehr wichtig ist.

Abbildung 7.8: Praxiselemente und „Einkommen", eigene Darstellung.

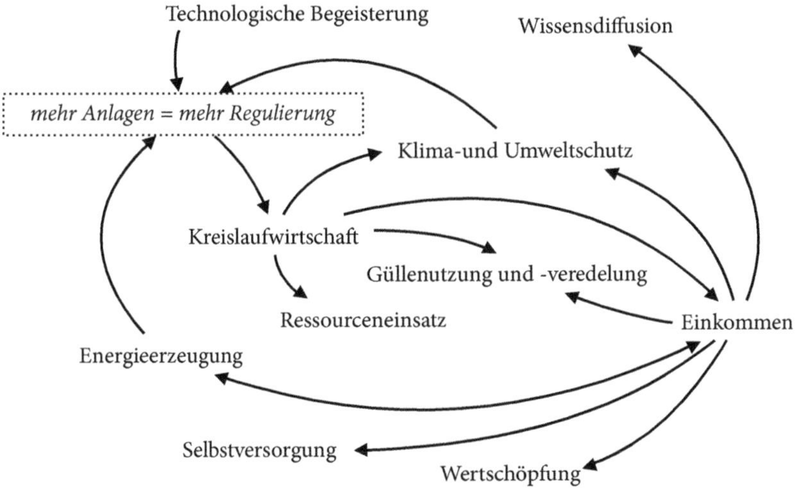

Mit dem Bedeutungsgewinn des Einkommens verbunden ist auch der vollkommene Bedeutungsverlust der Praxiselemente Wertschöpfung, Güllenutzung und -veredelung, Selbstversorgung, technologische Begeisterung, Faszination der Strom- und Wärmeerzeugung, oder Nutzung weniger fruchtbarer landwirtschaftlicher Flächen und damit ökologische Überlegungen. Seit Ende der 2000er Jahre wird die Möglichkeit der Energieerzeugung ausschließlich mit „Einkommen" in Verbindung gebracht. Die Generierung von Einkommen als globaler Megatrend steht heute absolut im Vordergrund, hat die Regimeelemente abgelöst. Dies hat auch Auswirkungen auf das Element „Kreislaufwirtschaft". Sie wurde in der Anfangsphase kaum beachtet, gewann dann aber stark an Bedeutung und stellt heute einen wichtigen gesellschaftlichen Aspekt dar. Bis etwa 2003 wurde die Kreislaufwirtschaft mit dem Klima- und Umweltschutz in Verbindung gebracht, mit effizienter Ressourcennutzung und Gülleveredelung. Seit etwa 2003 wird sie vor dem Hintergrund der Wertschöpfung neu verstanden und stärker auf das Einkommen bezogen. Das spiegelt sich auch darin wider, dass über Kreislaufwirtschaft nur noch im Kontext der Betriebsformen (Betriebsgemeinschaften) gesprochen wird. Die Verschiebung der Wichtigkeit einzelner Elemente wird also in der parachronen Betrachtung besonders deutlich. Dies zeigt bereits an dieser Stelle, dass die historische Betrachtung der Transformation, wie sie in den *Transition Studies* praktiziert wird, für eine praktikenorientierte Forschung produktiv ist. Zugleich wird durch die Fokussierung auf einzelne Praxiselemente ein tieferes Verständnis der Transformation ermöglicht. Im Folgenden wird auf einige weitere Änderungen eingegangen.

In Zusammenhang mit der Einkommenserzeugung hat auch der globale Megatrend „Klima- und Umweltschutz" deutlich an Bedeutung verloren. Zu Beginn wurde er im Sinne des eigenen Beitrags zum Umweltschutz als wichtig empfunden. Ab Mitte der 2000er Jahre wird er im Kontext der globalen Klimaänderung als große gesellschaftliche Aufgabe aufgefasst, zu der man über erneuerbare Energieerzeugung beitragen kann. Zugleich wird er aber als „akademische Diskussion" (I-25) wahrgenommen und daher nicht mehr als bedeutsam bewertet. Die Einkommenserzeugung ist auch für die Hoffolge ein wichtiges Element. Diese wird als lokales Praxiselement bezeichnet, bei dem das Einkommen im Kontext der Diversifizierung wichtig ist: Die Biogasanlage soll Einkommen für die Familie erzeugen und zugleich ein Tätigkeitsfeld für die Nachfolger eröffnen, das ihnen die Fortführung des Hofes ermöglicht oder attraktiv macht (s. Kap. 6.4.3; auch Hoffolge in Kap. 5.1.2.2).

Für die Erzeugung von Einkommen aus Biogasanlagen sind Rohstoffe von großer Bedeutung (s. Abb. 7.9). Daraus resultiert die Bedeutungszunahme der Praxiselemente „Ressourcenbeschaffung" und „Ressourceneinsatz". Die ausreichende Versorgung mit Inputstoffen ist für die Betreiber zu jeder Zeit wichtig. Dabei orientiert sich die Auswahl wesentlich an den gesetzlich möglichen oder begünstigten Substraten (NaWaRo- oder Güllebonus). Außerdem sind Weltmarktpreise für agrarische Produkte bedeutsam; der Hochpunkt in 2004 ist mit einem zeitgleichen Tiefstand der Weizenpreise zu erläutern, der für viele Betreiber ein sehr relevantes Einstiegskriterium in die Biogaserzeugung darstellt (Diversifizierung). Ein weiterer Zusammenhang besteht zwischen der Konkurrenz, den Agrarmarktpreisen, dem physisch-materiellen Kontext und dem politischen Rahmen: Globale Einspeiseregularien und Bonuszahlungen führen im

Regionalen zu einer höheren Nachfrage an den geförderten Ressourcen, welche wiederum Preissteigerungen bedingen. So zeigt sich, wie das globale Regime regional Wirkung entfaltet und zugleich auf einen globalen Megatrend Einfluss nimmt. Die analytischen Ebenen stehen in enger und zeitlich variabler Wechselbeziehung zueinander (vgl. S. 152).

Abbildung 7.9: Praxiselemente und „Ressourcen", eigene Darstellung.

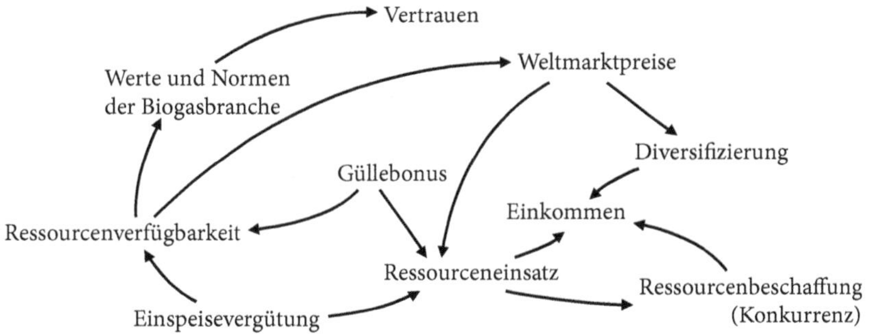

Dass der Aspekt „Ressourcenverfügbarkeit" an Bedeutung verlor, kann vermutlich dadurch erklärt werden, dass sich die Betreiber seit Mitte der 2000er Jahre in gewisser Weise an knappe Ressourcenbestände gewöhnt haben und die begrenzte Ressourcenverfügbarkeit als Norm der Biogasbranche empfinden. Damit geht die Konkurrenz um Ressourcen einher, die bis Mitte der 2000er Jahre Auswirkungen auf das Vertrauen zu anderen Betreibern hatte, weshalb dieser Aspekt an Bedeutung verlor und erst später wieder zulegte.

Die Elemente „kollegialer Umgang" und „Verhältnis mit der Nachbarschaft", sowie die Elemente „Abfalltransport" und „Gülleveredelung" (Geruchsemmissionen) waren zu jeder Zeit einigermaßen gleichbleibend wichtig, was vor dem Hintergrund der zunehmenden Konkurrenz und der Vertrauensänderung auch dazu führte, dass der Faktor „Image" an Bedeutung gewann (s. Abb. 7.10): Mit einem guten Image könne, so einige Betreiber, Vertrauen gewonnen und damit die gute Nachbarschaft gestärkt werden, können negative Auswirkungen der Konkurrenz abgefedert und damit ein kollegialer Umgang gestärkt werden.

Wie aus den Ausführungen deutlich wird, sind die Zusammenhänge der Praxiselemente von komplizierten und vielfältigen Wechselwirkungen abhängen. Im zeitlichen Verlauf haben sich die Bedeutungszuschreibungen deutlich verändert. Deren parachrone Analyse legt dar, dass die Betreiber einzelenen Elementen einen wechselhaften Einfluss auf andere Elemente zusprechen. Einige erfuhren eine Bedeutungsab- oder -zunahme. Zum Abschluss dieses Kapitels

Abbildung 7.10: Praxiselemente und „Image“, eigene Darstellung.

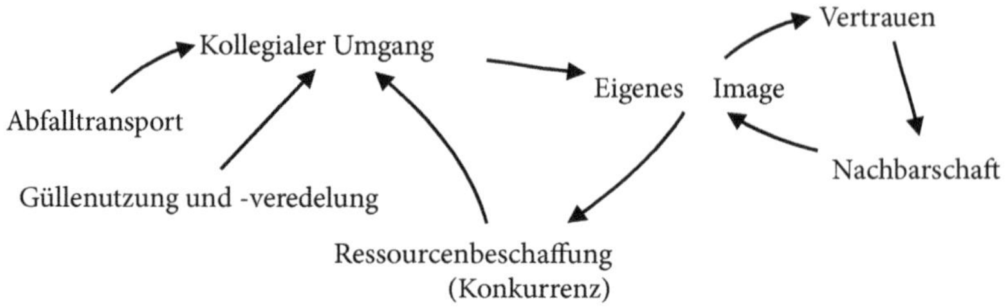

wird darauf eingegangen, wie die Transitionsebenen, die Entwicklung und die Zusammenhänge der transformativen Praxiselemente zur Konstitution von Transitionsräumen führen.

7.4 Zusammenfassung: Transition und Raum

Wie werden Raum und Zeit also durch das energetische Regionalisieren beziehungsweise die Weltbindung der Betreiber (re)produziert und transformiert? In diesem Kapitel wurde dargelegt, dass es eine Vielzahl von Praxiselementen gibt, die auf unterschiedliche Weise räumliche Zusammenhänge herstellen. Die analytische Unterscheidung von neun Ebenendimensionen (je lokale, regionale oder globale Megatrends, Regime und alternative Praktiken) bildet den Ausgangspunkt des Verständnisses der Transitionsräume. Jeder dieser Dimensionen können bestimmte Praxiselemente zugeordnet werden, wobei diese Zuordnung auf Grundlage der Aussagen der Betreiber fußt, die im Detail bereits in den Kapiteln 5 und 6 herausgearbeitet wurde.

Die meisten Praxiselemente unterliegen im zeitlichen Verlauf einer Bedeutungsveränderung für Betrieb und (Re)Konfiguration der Biogasanlage. Die Elemente stehen miteinander in Zusammenhang und beeinflussen sich gegenseitig. Die Änderungen dieser Zusammenhänge trägt entscheidend zur Evolution des Biogassektors im Untersuchungsgebiet und dessen Geographie bei. Das vorherige Unterkapitel verdeutlicht diese komplexen Zusammenhänge und illustriert die Einflüsse der verschiedenen Praxiselemente aufeinander sowie wie sich deren Bedeutung im zeitlichen Verlauf änderte. In Verbindung mit Tabelle 7.2 ist zudem zu erkennen, dass vor allem Regimeelemente aber auch einige Megatrendelemente eine Bedeutungszunahme verzeichnen. Insbesondere die globalen politischen Aspekte ‚Einspeisevergütung‘, ‚Bonuszahlungen‘, ‚Subventionen‘ und ‚Genehmigungsverfahren‘ und regionale Elemente mit Ressourcenbezug werden zunehmend bedeutsam. Auch die Rolle von „regionalen“ Wirtschaftsakteuren

(Beratern oder Banken) nimmt zu. Ergänzend dazu ist festzustellen, dass die ökonomischen Elemente des Megatrends ‚Kreislaufwirtschaft', ‚Finanzierung' und ‚Einkommen' zunehmend Bedeutung erhalten. Hinsichtlich der Stärke des Einflusses auf andere Elemente fällt auf, dass vor allem die lokale alternative Praxis und das globale Regime bedeutsam sind.

Tabelle 7.3 verdeutlich, dass die Betreiber die Bedeutung der Megatrends im zeitlichen Verlauf relativ stabil bewerten (vgl. auch Kap. 7.2). Der Höhepunktpunkt des globalen Megatrends Mitte der 2000er Jahre ist auf die seinerzeit besonders große Bedeutung der niedrigen agrarischen Weltmarktpreise und das Auslaufen der Milchquote zurückzuführen. Ebenfalls kann bestätigt werden, dass lokale Elemente an Bedeutung verlieren. Durch die Analyse der Zusammenhänge können zusätzliche Einblicke gewonnen werden: während die lokalen Megatrends stabil bleiben, nimmt die Wichtigkeit lokaler Regime und lokaler alternativer Praktiken deutlich ab. Bestätigt werden kann auch, dass die globale Ebene kontinuierlich und stark an Bedeutung gewinnt. In der Fokussierung auf die zusammenhängende Entwicklung der regionalen Praxiselemente wird sichtbar, dass das regionale Regime im Lauf der Zeit wichtiger wird, wohingegen regionale alternative Praktiken nachdrücklich an Bedeutung verlieren.

Tabelle 7.3: Bedeutungsveränderung der neun Dimensionen von Ebenen des energetischen Regionalisieren; „–" unwichtig, „-" wenig wichtig, „o" weder wichtig noch unwichtig, „+" wichtig, „++" sehr wichtig; eigene Darstellung.

Ebenen des Regionalisierens		Ende 1990er	Mitte 2000er	Anfang 2010er
Global	Megatrend	o	+	o
	Regime	-	+	++
	Alternative Praktiken	–	–	-
Regional	Megatrend	+	+	+
	Regime	o	o	+
	Alternative Praktiken	++	o	-
Lokal	Megatrend	o	-	o
	Regime	++	+	-
	Alternative Praktiken	++	++	o

Insgesamt ergibt sich ein differenziertes Bild der Bedeutung der verschiedenen Ebenen. Die Betreiber setzen durch energetisches Regionalisieren Praxiselemente zueinander in Beziehung woraus lokale, regionale und globale Entwicklungen des Biogassektors resultieren. Es entstehen Routinen und

Netzwerke, diese werden im zeitlichen Verlauf transformiert. Dieser Wandel der Praxiselemente und derer Beziehungen sowie die Veränderungen der Ebenen des energetischen Regionalisierens sind Ausdruck von Energieregionen als Transitionsräumen. Sie sind spezifische Raum-Zeit-Kontexte, die durch routinisierte Praktiken entstehen (vgl. Kap. 3.1.2). Die räumliche Dimension wird durch Weltbindung hervorgebracht, durch das Erzeugen eines Beziehungsverhältnisses von physisch-materiellen Komponenten, individuellen Wissensbeständen, gesellschaftlichen Kontexten und spezifischen Praxisfeldern. Die Änderungen dieser Weltbindungen sind der zentrale Mechanismus der Transformation von Raum-Zeit-Kontexten und damit von Energieregionen.

Kapitel 8 Fazit – Energetisches Regionalisieren und seine Analyse

Die vorliegende Arbeit liefert einen konzeptuellen und empirischen Beitrag zur praktikenorientierten, wirtschaftsgeographischen Transitionsforschung. Empirisch ist sie eingebettet in den Diskurs um die Energiewende als gesamtgesellschaftliche Transformation (vgl. Kap. 1). Der Fokus der Arbeit liegt auf der Erzeugung von Biogas und dabei auf der Praxis „energetisches Regionalisieren", die Betreiber von Biogasanlagen ausüben. Die forschungsleitenden Fragen lauten: (1) Welche Regionalisierungen werden durch die Produktion von Biogas angestoßen? (2) Welche Einflüsse haben Regionalisierungen auf die Entstehung eines Biogassektors? Im Folgenden werden diese Fragen beantwortet. Danach wird der Beitrag der vorliegenden Arbeit zur wirtschaftsgeographischen Transitionsforschung diskutiert. Zum Abschluss werden die Ergebnisse kritisch Reflektiert und mögliche Anknüpfungspunkte für zukünftige Forschungsarbeiten angeboten.

8.1 Beantwortung der Forschungsfragen

(1) Welche Regionalisierungen werden durch die Produktion von Biogas angestoßen?

Regionalisierungen der Energiewende werden durch energetisches Regionalisieren hervorgebracht. Energetisches Regionalisieren ist eine Praxis, durch die Betreiber von Anlagen zur Energieerzeugung die Energiewirtschaft und ihre Geographie konstituieren. Das Verständnis über diese Praxis lehnt sich an die Werlen'sche „Weltbindung" (vgl. Kap. 3.1.2; Werlen 2007; 2009b; 2010b) an. Damit steht die Konstitution gesellschaftlicher Raumverhältnisse im Forschungsfokus. Durch Weltbindung werden physisch-materielle Komponenten im Raum vom Akteur verortet, beispielsweise die Energieinfrastruktur oder Rohstoffe. Gesellschaftliche Kontexte, wie Nachbarschaft, agrarische Marktpreise oder Hoffolge, und individuelle Wissensbestände, beispielsweise Branchenkenntnis, der Besuch von Fachmessen oder technologisches Wissen, werden von Akteuren durch ihre Körperlichkeit lokalisiert. Elemente spezifischer Praxisfelder (z. B. Einkommensgenerierung, Wärmenutzung, Genehmigung oder Beratung) werden über den Bezug des Akteurs zu einem Projekt (z. B. eine Biogasanlage) an den Raum gebunden.

Das Verständnis über das energetische Regionalisieren baut auf einem konstruktivistischen Raum- und damit Regionsbegriff auf. Die Hervorbringung von

Energieregionen durch gesellschaftliche Praktiken wird fokussiert. Sie sind dabei genau so in gesellschaftlichen Kontexten verankert, wie Musik in einem Instrument: es bedarf Praktiken zur Hervorbringung (vgl. Jones, 2008, 77). Dabei können drei Raumbegriffe unterschieden werden: Der Containerraum spiegelt die Wahrnehmungen von Raum kartographischer Art wider, der relationale Raum die Beziehungen zwischen den Praxisphänomenen und der Raum der Sinneswahrnehmung individuelle Wissensbestände im Sinne von Raumwissen.

Energieregionen werden durch die Zusammenhänge der Praxiselemente sowie der unterschiedlichen Raumverständnisse erzeugt. Für deren Analyse werden verschiedene Ebenen eingeführt: sozio-technische (Regionalisieren mit dem Megatrend, Regionalisieren mit dem Regime, Regionalisieren durch alternative Praktiken; vgl. Kap. 3.3.4.2) und sozio-räumliche (lokal, regional, global; s. S 111 f.). Das energetische Regionalisieren ist die Praxis, die Zusammenhänge zwischen den unterschiedlichen Ebenen herstellt. Im empirischen Fall der vorliegenden Arbeit setzen die Betreiber von Biogasanlagen die Ebenen zueinander in Beziehung, woraus sich vielfältige Entwicklungen des Biogassektors ergeben. Die Zusammenhänge der Ebenen erzeugen die Energieregion als Transitionsraum.

Die empirische Untersuchung der vorliegenden Arbeit ergibt ein differenziertes Bild von Regionalisierungen im Untersuchungsgebiet, die unterschiedliche Energieregionen hervorbringen. Im energetischen Regionalisieren schlagen sich vor allem die Logiken des Containerraums sowie des relationalen Raums nieder. Naturraum und Klima, Höhenlage und Topographie, metrische Entfernungen und technische Elemente werden als Elemente des lokalen Containerraums dargelegt. Nachbarschaftliche Beziehungen werden als Element lokaler Relationen vor allem im Betrieb mobilisiert. Akzeptanz und Wirtschaftlichkeit sowie Flächenverfügbarkeit und Routinen werden an einen regionalen Containerraum gebunden, wobei diverse Routinen sowie Werte und Normen zugleich als regionale Relationen aufgefasst werden. Einstellungen sowie politische Regulierung erscheinen in globalen Containern, die konkreten Orten zugewiesen und dort bedeutsam werden. Traditionen und gesellschaftliche Debatten werden als globale Relationen in Deutungsmuster rückgebunden. Innerhalb bestimmter *communities of practice* werden diese Raumbilder verbreitet, wobei verschiedenen Akteuren unterschiedliche Rollen zugesprochen werden: Vereinen für den Aufbau eines sozialen Netzwerks, Beratern und anderen Anlagenbetreibern für die Etablierung eines *knowing in practice* und die Diffusion anlagenbezogener Wissensbestände, Politikern und Verwaltungsangestellten für die Schaffung von Anreizen oder Verhinderung bestimmter Praktiken. Das bestätigt in Teilen Einblicke der Transitionsforschung, dass sowohl soziale Beziehungen als auch räumliche Ebenen für das Verhalten der Akteure gleichzeitig Bedeutung entfalten (Amin, 2002; Binz/Truffer/Coenen, 2014; Coe/Bunnell, 2003; Coenen/Benneworth/Truffer, 2012). Diese Einblicke werden durch die vorliegende Arbeit um eine räumliche Dimension erweitert, indem das Augenmerk auf die Entstehung von Energieregionen gelegt wird.

Es gibt vielfältige Zusammenhänge zwischen verschiedenen Netzwerken auf unterschiedlichen räumlichen Ebenen. Durch die Analyse der Praktiken und deren Diffusion wird die räumliche Organisation von Innovationsprozessen herausgearbeitet. Dabei wird ersichtlich, dass Routinen durch spezifische Praktiken entstehen und dass darin das Potenziale für deren Verbreitung und damit für Stabilität und Wandel dieser Routinen liegt (vgl. Feldman/Orlikowski, 2011; Radwan/Kinder, 2013). Auch die Funktionsweise von Innovationsprozessen innerhalb und zwischen in Wechselbeziehung stehenden räumlichen Ebenen wird deutlich. Vor allem alternative Praktiken und deren Verbreitung in lokalen und regionalen Kontexten *local buzz* sind im Untersuchungsraum entscheidend. Externe Wissensbestände werden über *global pipelines* in den Untersuchungsraum eingeführt, beispielsweise durch Kontakte mit Beratern oder Vereinen, wodurch die Betreiber ihre Energieregion entsprechend ändern. Dabei eröffnen sich auch Handlungsräume für die Betreiber selbst, insbesondere, wenn individuelle Wissensbestände das Praxisfeld infrage stellen, wie beispielsweise bei nicht erhaltenen Genehmigungen, technologischen Problemen oder der Änderung rechtlicher Rahmenbedingungen. In diesen Praxiskrisen entfaltet sich das transformative Potenzial der Alltagspraxis, denn positive Erfahrungen werden an andere Betreiber weitergegeben und dadurch alternative Praktiken in Routinen überführt.

Durch energetisches Regionalisieren stoßen die Betreiber vielfältige Regionalisierungen an. Somit konstituieren sie im Laufe der Zeit Energieregionen, die sich in unterschiedlichen Raumbildern und auf Ebenen ausdrücken. Konkrete Orte, spezifische Gegenstände, soziale Netzwerke der Betreiber, Interaktion mit anderen Akteursgruppen und der Austausch von Wissen und Routinen sind die entscheidenden Praxiselemente, die im Biogassektor zu Regionalisierungen beitragen.

(2) Welche Einflüsse haben Regionalisierungen auf die Entstehung eines Biogassektors?

Durch energetisches Regionalisieren (re)produzieren und transformieren die Betreiber den Biogassektor. Routinen und Netzwerke werden gebildet und verändert und von den Betreibern in ihren Praktiken rückgebunden. Dadurch stabilisieren und transformieren sich verschiedene Praktiken sowie das Umfeld der Betreiber. Dies geschieht durch die Weltbindung der Akteure. Sie setzen physisch-materielle Komponenten, individuelle Wissensbestände, spezifische Praxisfelder (Konfiguration/Betrieb) und gesellschaftliche Kontexte zueinander in Beziehung.

Vor dem Hintergrund gesellschaftlicher Prozesse werden den physisch-materiellen Komponenten Bedeutungen und Sinn als Erfahrungskontexte und Deutungsmuster zugeschrieben. Durch Weltbindung bettet ein Individuum seine Handlungen in diesen physisch-materiellen Erfahrungskontext als Handlungskontext ein und passt sie diesem an (Rückbindung). Damit verändern sich im zeitlichen Verlauf sowohl der wahrgenommene Erfahrungskontext als auch die damit verbundenen Deutungsmuster.

Für die Weltbindung sind individuelle Wissensbestände notwendig, die sich im *knowing in practice* und damit in Strukturen (ostensiv) und Handlungen (performativ) äußern. Der ostensive Aspekt der Wissensbestände deutet auf deren Einbettung in Normen, Werte und Routinen hin. Normen und Werte werden dem gesellschaftlichen Kontext und Routinen dem Praxisfeld zugeordnet. Der performative Aspekt betont die konkrete Umsetzung von Routinen durch Akteure zu einer bestimmten Zeit an einem bestimmten Ort. Erst durch die Praktiken der Betreiber werden die relevanten Strukturen sichtbar. Die Strukturen haben wiederum wesentliche Bedeutung für die Ausgestaltung der Praktiken.

Empirisch stellt sich dies in der vorliegenden Arbeit folgendermaßen dar: Nahezu alle Praxiselemente erfahren im zeitlichen Verlauf eine Bedeutungsveränderung und werden entweder bedeutsamer oder weniger bedeutend. Es wird ersichtlich, dass regionale und globale Regimeelemente und regionale Megatrends stetig wichtiger werden und regionale Regime und lokale Megatrends Bedeutung einbüßen. Globale Megatrendelemente und alternative Praktiken werden im zeitlichen Verlauf erheblich unbedeutender.

Allerdings wird auch deutlich, dass die Konstitution von Transitionsräumen komplexe Zusammenhänge der Praxiselemente reflektiert. Energieregionen als Konglomerat dieser Praxiselemente entfalten über die Entstehung und Verbreiter spezifischer Wissensbestände und Routinen im Biogassektor Bedeutung (vgl. Feldman/Orlikowski, 2011; Radwan/Kinder, 2013). Es läuft demnach keine räumlich gleichförmige Entwicklung des Biogassektors ab. Auch dies bestätigt die Einblicke der *Transition Studies* in die Energiewende. Energieregionen werden als ostensive Aspekte des *knowing in practice* mobilisiert und existieren als Wissen über die Umsetzung bestimmter Fähigkeiten.

So sind Energieregionen als Strukturen eine Basis des energetischen Regionalisierens, verstanden als Implementierung von Routinen und Wissen (Werlen, 2007, 167). Im performativen Aspekt des Wissens beziehen sich die Betreiber auf die Energieregionen als Referenzpunkt „*to guide, refer to and account for their performances*" (Feldman/Orlikowski, 2011, 11).

Die drei Raumverständnisse (Container, Relation, Sinneswahrnehmung) fungieren dabei als Deutungsmuster, um einzelne Elemente bestimmten Ebenen zuzuordnen. Vor allem Regimeelemente und Megatrendelemente werden für das energetische Regionalisieren als bedeutsam dargelegt. Globale politische Aspekte und ressourcen- und akteursbezogene regionale Elemente sowie ökonomische Elemente des Megatrends werden zunehmend bedeutend. Die stärksten Einflüsse auf andere Elemente haben lokale alternative Praktiken und das globale Regime. Diese starke wechselseitige Beeinflussung verschiedener Praxiselemente schließt auch an die Erkenntnisse der Transitionsforschung bezüglich entscheidender Mechanismen des Wandels an (vgl. Kap. 3.2.1.2).

Es zeigt sich, dass Regionalisierungen vielfältige Auswirkungen auf die Praktiken im Biogassektor haben. Die Betreiber legen dar, wie sie durch energetisches Regionalisieren die Energieregionen des Biogassektors in Form verschiedener Ebenen in Beziehung setzen. Dadurch (re)produzieren und transformieren sie ihre Routinen und Netzwerke und tragen damit zur Evolution des Biogassektors bei.

8.2 Beitrag zur wirtschaftsgeographischen Transitionsforschung

Insgesamt liefert die Arbeit einen Beitrag zur wirtschaftsgeographischen Transitionsforschung, der auf die fundamentale Bedeutung von Praktiken für das Verständnis von Transformationen hinweist. Die fokussierten Praktiken sind dabei zum einen routinierte Handlungen, die etablierte Verfahrensweisen eines Sektors (Regime) reproduzieren. Zum anderen sind es alternative Praktiken, die in Reaktionen auf Änderungen der Routinen, Impulse eines Megatrends, oder vorherige alternative Praktiken entstehen. Im zeitlichen Verlauf transformieren sich demnach die Routinen und mit ihnen das Regime und gegebenenfalls Megatrends, da die Akteure auf ihr Umfeld reagieren oder dieses durch neue Praktiken modifizieren (s. Abb. 3.16). Im Folgenden wird auf die herausgearbeiteten Verbindungslinien (vgl. Abb. 3.12) praktikenorientierter, wirtschaftsgeographischer Transitionsforschung eingegangen.

<u>Akteure und *agency*</u>

Akteure stehen innerhalb verschiedener *communities of practice* in Interaktion miteinander, agieren in einem gemeinsamen Praxisfeld, das sich aus unterschiedlichen sozialen Praktiken und deren Praxiselementen zusammensetzt. Ein Individuum vereint dabei verschiedene Akteursrollen und ist damit in unterschiedlichen Praxisfeldern tätig. Durch die daraus resultierende gleichzeitige Tätigkeit eines Individuums in verschiedenen Praxisfeldern, aber auch durch die Interaktion verschiedener Individuen in *communities of practice* kann es zum Austausch von Praxiselementen oder sogar ganzen Routinen zwischen verschiedenen Praxisfeldern oder Regimen kommen. Zugleich können dadurch auch Megatrends verändert werden, da auch außerhalb des Regimes stehende und als aus diesem heraus nicht beeinflussbar wahrgenommene Aspekte des Umfelds in anderen Kontexten beeinflusst werden können. Die Wechselwirkungen von Akteuren und Umfeld, also die Relationierung von Zeit, Bewusstsein, Körper und Raum (vgl. Kap. 3.2.2.3), stehen im Mittelpunkt dieses Verständnisses von *agency*. Damit können Transformationen als Praxis begriffen werden.

Transformative Praktiken

Transformative Praktiken werden von Akteuren durchgeführt. Dabei setzen sie die vier Praxisphänomene zueinander in Beziehung. Um differenziert auf den evolutionären Aspekt von Transformationsprozessen eingehen zu können, ist eine Unterscheidung transformativer Praktiken nötig. Es werden zwei einem spezifischen empirischen Phänomen zugeordnete Praktiken und zwei Transitionspraktiken unterschieden. Den Ausgangspunkt der Unterscheidung empirischer Praktiken bildet eine konkrete Hervorbringung, in der vorliegenden Arbeit eine einzelne Biogasanlage. Dabei wird gemäß eines Zeitverständnisses als *kairos* (s. Kap. 3.3.3.2) die individuell empfundene Projektzeit fokussiert. So gibt es erstens die transformative Praktik der Konfiguration, die alle Praxiselemente einbindet, die zur Herstellung der Hervorbringung führen. Die zweite transformative Praktik ist der Betrieb, der all jene Elemente umfasst, die für den alltäglichen Umgang nach der Herstellung relevant sind.

Die Analyse der Transitionspraktiken gibt Aufschluss über die Änderungen von Konfiguration und Betrieb. Innerhalb eines *Samples* ähnlicher Hervorbringungen, also beispielsweise mehrere Biogasanlagen, können Unterschiede der Praktiken im zeitlichen Verlauf herausgearbeitet werden und auf Änderungen im Umfeld zurückgeführt werden. Außerdem kann aufgezeigt werden, wie sich das Umfeld dadurch transformiert ((Re)Produktion und Transformation). Somit kann auf ein besseres Verständnis der Bedeutungen von etablierten Strukturen (Regimen), von externen Umfeldbedingungen (Megatrends) oder von individuellen (alternativen) Handlungen für die Transformation hingearbeitet werden.

Ebenen, Räume und Zeit von Transformationen

Die Differenzierung von alternativen Praktiken, Regimen und Megatrends in Anlehnung an die *Transition Studies* erweist sich auch aus praktikentheoretischer Perspektive als äußert nützlich. Die sozio-technischen Ebenen werden von den Akteuren erzeugt und genutzt, um ihre Praktiken in Beziehung zu ihrem Umfeld zu setzen. Durch die Analyse dieser Konstitutionsleistungen wird ersichtlich, wie sich einzelne Praktiken ausbreiten und wie alternative Handlungen im Spannungsverhältnis zu etablierten Routinen entwickelt, aufgenommen oder verworfen werden. Diese beiden Prozesse zusammen können als Ursachen von Transformationen begriffen werden.

Um die Regionalisierungen von Transitionen und damit Transitionsräume herausarbeiten zu können ist eine weitere Unterscheidung von lokalen, regionalen und globalen Praktiken nützlich. Während es die sozio-technischen Ebenen ermöglichen, projektbezogene Skalarität in einem Kontext wie der Energieerzeugung herauszuarbeiten, werden durch die sozio-räumlichen Ebenen die Zusammenhänge von Gesellschaft und Raum sichtbar. Denn die Akteure binden verschiedene Praxiselemente zum einen an physisch-materielle Komponenten, setzen sie zudem aber auch in Zusammenhang mit gesellschaftlichen Kontexten. Somit schildern sie ihre Raumbilder. Da sie zudem über individuell empfundene zeitliche Entwicklungen befragt werden können, kann die Analyse die Raum-Zeit-Bezüge der Betreiber herausarbeiten und somit auf die Konstitution von Transitionsräumen eingehen.

Generalisierung

Durch die Konzentration auf eine Akteursgruppe ist es möglich, eine theoretische Sättigung zu erzielen und damit die qualitative gewonnen Erkenntnisse zu generalisieren (vgl. Kap. 4.2.2.2). Als generelle Entwicklungstrends haben sich dabei in der vorliegenden Untersuchung folgende gezeigt: Routinierte Handlungen sind in der Regel zeitlich beständiger, dauern an und werden an größere Regimeentwicklungen, Megatrends oder alternative Praktiken angepasst. Megatrends sind generell stabiler als Regime, können verschiedenen Entwicklungen angepasst werden, diese aber auch initiieren. Alternative Praktiken treten zeitlich begrenzt auf, können für andere Akteure bedeutungslos bleiben, aber ebenso Einfluss auf das Regime oder Megatrends haben. Diese Erkenntnisse stimmen mit denen der *Transition Studies* und insbesondere der *Multi-Level-Perspecitve* überein (vgl. S. 72 ff.), was verdeutlicht, dass ein praktikenorientierter Ansatz valide Ergebnisse für die Transitionsforschung liefert.

Im Folgenden wird darauf eingegangen, wie die gewonnen Erkenntnisse zu bewerten sind und welche möglichen Anknüpfungspunkte sich daraus für zukünftige Forschungsvorhaben ergeben.

8.3 Kritische Reflexion und Forschungsausblick

Das Ziel der vorliegenden Arbeit, die Entstehung und Veränderung von Energieregionen zu verstehen, konnte konzeptuell, methodisch und empirisch erreicht werden. Es konnte gezeigt werden, dass verschiedene Praktiken für die Evolution und Transformation von Energieregionen entscheidend sind. Dabei wurde deutlich, dass die analytische Fokussierung auf Praktiken zielführend ist, um komplexe Wechselbeziehungen innerhalb sozio-technischer Systeme aufzudecken. Dabei wurde auch deutlich, dass alternative Praktiken einen wichtigen Bestandteil der Transformationen darstellen. Abschließend werden einige Aspekte angeführt, die in zukünftigen Arbeiten zu praktikenorientierter Transitionsforschung sowie zu Regionalisierung berücksichtigt werden könnten.

Alternative Praktiken und Transitionen

Es konnte nicht eindeutig beantwortet werden, wie bedeutsam alternative Praktiken für Transformationen sind. Deutlich wurde, dass Wechselspiele verschiedener Praxiselemente wichtig sind und dass daher alternative Praxiselemente einen nicht zu bestreitenden Einfluss auf die Entwicklung haben. Ebenfalls konnte gezeigt werden, dass einzelne Praxiselemente im Lauf der Zeit unterschiedlich starke Bedeutung zukommt und dass sie unterschiedlich starken Einfluss auf andere Praxiselemente haben können. In folgenden Studien könnte darüberhinaus untersucht werden, wodurch diese schwankenden Bedeutungen bedingt sind und worin genau sich der Einfluss auf andere Praxiselemente äußert. Sind es vor allem alternative Praktiken, die Bedeutungsschwankungen erklären? Zudem könnten durch longitudinale Studien Entwicklungsstadien zu verschiedenen Zeitpunkten aufgenommen und miteinander verglichen werden. Dadurch sind noch klarere Aussagen über den sozio-kognitiven Wandel von Akteuren, über Zusammenhänge von Akteuren, interaktive und rekursive Lernprozesse und institutionellen Einbettung sowie deren Bedeutung für Routinen und alternative Praktiken zu erwarten.

Praxisforschung und Transitionsräume: Ebenen, Identitäten, Macht

Die vorliegende Arbeit wählt eine analytische Unterscheidung verschiedener Ebenen, um Aufschluss über die räumlichen Konstitutionsleistungen der Akteure zu gewinnen. Dabei wurde ausdrücklich darauf hingewiesen, dass die Ebenen für die Analyse von Energieregionen als Hilfskonstruktionen zu betrachten sind. Sie sind sozial konstruiert, Gegenstand gesellschaftlicher Aushandlungsprozesse, weder gegeben noch statisch (vgl. Brenner, 2001, 604). Es wurde auf ihre Bindung an physisch-materielle Komponenten und gesellschaftliche Kontexte hingewiesen und darauf, dass Akteure auf Ebenen Bezug nehmen können, sie aktiv nutzen können, oder nicht. Das Bedeutet, dass die individuelle und kollektive skalare Organisation eines Mehrebenensystems Einblicke in die räumlichen Maßstabsebenen und deren Veränderungen ermöglicht (vgl. Swyngedouw,

1997, 141 f.). Dennoch ist darauf hinzuweisen, dass die Differenzierung der Ebenen eine analytisch-wissenschaftliche ist. In weiterer Arbeit könnte daher beispielsweise darauf eingegangen werden, inwiefern die Praktiken, die diese skalare Organisation hervorbringen, auch auf andere Weise zur Konstitution von räumlichen Zusammenhängen führen.

Anstelle verschiedener Ebenen könnten Transitionsräume beispielsweise auch Ausdruck verschiedener Identitäten der Akteure sein (Schulz/Bailey, 2014, vgl.). Dabei wäre es möglich, an jüngere Studien Anzuknüpfen, die sich mit Fragen der Konstitution von Raum und Identität beschäftigen (z. B. Reckinger, 2014; Wille/Schnuer/Boesen, 2014; Hesse, 2014) und diese um eine zeitliche Dimension zu ergänzen, um auf Transformationen hinzuweisen.

Transitionen könnten auch als Ausdruck von Machtverhältnissen begriffen werden. Die vorliegende Arbeit hatte das Ziel, die praktikenorientierte Forschung in den *Transition Studies* weiterzuentwicklen. Aufgrund zahlreicher konzeptueller Bausteine wurden dabei Machtfragen bewusst ausgeklammert, wie sie beispielsweise von Füller/Marquardt (2009) gefordert werden. Stattdessen wurde der Fokus auf individuelle Wahrnehmungen und Deutungsmuster gerichtet, denen implizit eine Machtdimension innewohnt. Gerade Deutungsmuster als ostensive Aspekte der Praxis beinhalten eine solche, die in Argumentationen zum Ausdruck kommen könnte. Zukünftige Studien könnten einen expliziten Machtbegriff in die praktikenorientierte, wirtschaftsgeographische Transitionsforschung einbinden, um dem möglichen Vorwurf der Machtblindheit vollständig zu entgehen (vgl. Schulz/Bailey, 2014, 287). Dabei sollte dieses Machtverständnis über einen einfachen Governancebegriff hinausgehen, wie er bisher in der Transformationsfroschung angelegt wird, da „*discussions of socio-technical transitions and their governance routinely obscure the central role that practitioners themselves play in generating, sustaining and overthrowing everyday practices*" (Shove/Walker, 2010, 476).

Epistemologische Fundierung

Grundlagen der vorliegenden Arbeit sind Praktikentheorien und Konzepte der Transitionsforschung. Das entwickelte Konzept zur Analyse des energetischen Regionalisierens fand dabei einen Weg, die beiden Ansätze produktiv und gemeinsam zu nutzen. Mögliche Anknüpfungspunkte wurde hervorgehoben ohne in weiterem Detail auf die wissenschaftstheoretischen Grundlagen einzugehen. Eine noch deutlicher theoriegeleitete Auseinandersetzung mit beiden Ansätzen wäre für die epistemologische Fundierung der vorgeschlagenen Heuristik zuträglich. Dabei sollte vertiefend darauf eingegangen werden, worin die Gemeinsamkeiten und Unterschiede der von der Akteur-Netzwerk-Theorie inspirierten

Transition Studies mit ihren analytischen Dimensionen „System“, „Akteur“ und „institutioneller Kontext“ mit dem praxistheoretischen Verständnis liegen, das auf alltägliche soziale Handlungen von Individuen abzielt.

Übertragbarkeit auf andere empirische Bereiche

Der Gegenstand Biogaserzeugung ist ein sehr spezifischer. Innerhalb des Energiebereichs ist es vermutlich bisher der einzige, in dem ein Individuum an allen Elementen der energetischen Prozesskette beteiligt sein kann (vgl. Kap. 1.1). Daher bietet er sich als Untersuchungsgegenstand auch besonders an, um für die energiegeographische Forschung ein umfassendes Bild verschiedener Regionalisierungen liefern zu können. Das Konzept, bestehend aus den vier Praxisphänomenen ‚physisch-materielle Komponenten‘, ‚individuelle Wissensbestände‘, ‚spezifische Praxisfelder‘ sowie ‚gesellschaftliche Kontexte‘ und ist bewusst so offen angelegt, dass eine Übertragbarkeit auf andere Energiesektoren und eventuell auch nicht-energiebezogene Bereiche denkbar ist. Dabei würden die Komponenten der einzelnen Praxisphänomene deutlich variieren.

Gerade für die umweltorientierte Wirtschaftsgeographie bietet das Einbinden physisch-materieller Komponenten in ein praxeologisches Transformationsverständis die Möglichkeit, das Zusammenspiel von Gesellschaft und Umwelt herauszuarbeiten. Insbesondere wäre aber eine differenzierte Auseinandersetzung mit den spezifischen Praxisfeldern wichtig, da diese für jeden empirischen Fall in deutlich anderer Ausprägung zu erwarten sind. Damit einher geht auch, dass für die empirische Arbeit die Möglichkeit besteht, sich nicht, wie in der vorliegenden Arbeit geschehen, auf eine konkrete Akteursgruppe zu konzentrieren, sondern eine größere Bandbreite auszuwählen. So könnten auch andere Akteursgruppen, wie Politiker, Energiehändler, Bänker, Investoren mit in die Untersuchung eingebunden werden. Dies würde Stimmen gerecht, die für die qualitative Forschung Fallvergleiche und Fallkontrastierung, also die Entwicklung von Typen aus Einzelfällen, als wesentlich erachten, also „nicht Repräsentativität, sondern maximale Varianz“ (Kelle/Kluge, 2010, 51). Die Auswahl einer Gruppe bietet hingegen den Vorteil, das alltägliche Regionalisieren einer bestimmten Gruppe von Energieerzeugern zu untersuchen und zu generalisieren.

Die unterschiedlichen Ebenen des energetischen Regionalisierens (Regionalisieren mit dem Megatrend, dem Regime und durch alternative Praktiken) dürften auch für andere Studien nutzbar sein. Da es um die Wahrnehmungen und Deutungsmuster von Individuen und deren Generalisierung geht, stellt die Umsetzung an dieser Stelle eine empirische Aufgabe dar. Selbiger Kommentar gilt für die sozio-räumlichen Ebenen lokal, regional und global, wobei bei diesen insbesondere in zeitlicher Betrachtung noch deutlich herauszuarbeiten wäre, wie einzelne Elemente variieren. In der vorliegenden Studie gab es kaum Praxiselemente, die von den Betreibern in parachroner Betrachtung auf unterschiedlichen sozio-räumlichen Ebenen verortet wurden. Dieser Befund könnte durch longitudinale Studien untermauert werden.

Weitere Forschungsbedarfe für Regionalisierungen im Energiesektor

Das angebotene Verständnis von Regionalisierung als Praktikenphänomen erhebt keinen alleinigen Erklärungsanspruch. Die Loslösung gesellschaftlicher Praxis von Territorien, der Fokus auf Lebens- und Gesellschaftsformen unabhängig von räumlichen Kategorien, die Analyse individueller Interpretationen eines wie auch immer gearteten Umfelds, oder die Betrachtung des Geographiemachens sind auch Gegenstand diverser anderer Ansätze (vgl. Hesse et al., 2012, 3 ff.). Für den Energiesektor scheint dabei entscheidend, auf das Wechselspiel institutioneller und individueller Aspekte einzugehen, die in der gegenwärtigen Forschung noch eine untergeordnete Rolle spielen. Die vorliegende Arbeit leistete für das Verständnis dieser Zusammenhänge vor dem Hintergrund raum-zeitlicher Entwicklung und Transformation einen Beitrag. Unbeantwortet aber bleibt beispielsweise die Frage der gemeinsamen Konstitution von Energieregionen durch das Zusammenspiel von diskursiven Praktiken, institutionellen Verankerungen und dem energetischen Regionalisieren. Dies könnte auch methodisch erweitert werden, indem beispielsweise auf Verfahren der qualitativen Netzwerkanalyse zurückgegriffen wird (vgl. Hollstein/Straus, 2006). Durch qualitative Exploration zielt diese darauf ab, neue Netzwerktypen und Strategien sowie relevante Akteure und Beziehungsformen in einem zu untersuchenden Feld herauszuarbeiten. Zwei besondere Anknüpfungspunkt an die praktikenorientierte, wirtschaftsgeographische Transitionsforschung und die Analyse des energetischen Regionalisierens lägen dabei in dem gemeinsamen Interesse an erstens Deutungen und Wahrnehmungen, die für Erfolg und Misserfolg netzwerkartiger Kooperationen wichtig sind, und zweitens Konstitutionsleistungen von Akteuren (ebd., 21 ff.).

Abschließend ist darauf hinzuweisen, dass die diskutierte Heuristik zur Untersuchung von Regionalisierungs- und Transformationsprozessen im Kontext der Energiewende entwickelt wurde. Damit ist sie auf ein spezifisches Erkenntnisinteresse sowie besondere Merkmale des Energiesektors ausgerichtet. Es ist allerdings festzuhalten, dass die Analyse des energetischen Regionalisierens nicht ausschließlich auf die Biogaserzeugung anwendbar ist und zudem nicht an bestimmte erdräumliche Untersuchungsräume gebunden ist. Die analytischen Kategorien sind übertragbar auf Forschung zu anderen Themenfeldern, die sich mit alltäglichen Praktiken der Akteure, ihren Wahrnehmungen und Deutungen befasst, die daran interessiert ist, wie Akteure durch Interaktion und gemeinsames Handeln räumliche Zusammenhänge erzeugen und transformieren und die sich mit Fragen des Wandels von Praktiken auseinandersetzt. So ist die vorliegende Arbeit als Beitrag zu einer auf Praktiken orientierten Transitionsforschung zu verstehen, die räumliche Auswirkungen und Ursachen von Transformationsprozessen offenlegen, verstehen und erklären möchten.

Literaturverzeichnis

Affolderbach, Julia/Carr, Constance: Blending Scales of Governance: Land Use Policies and Practices in the Small State of Luxembourg. Regional Studies, DOL: 10. 1080/00343404.2014.893057 2014, 1–17

Amann, Wilhelm et al.: Raum- und Identitätskonstruktionen durch institutionelle Praktiken. In **Wille, Christian et al. (Hrsg.):** Räume und Identitäten in Grenzregionen. Politiken – Medien – Subjekte. transcript, Bielefeld, 2014

Amin, Ash: Spatialities of globalisation. Environment and Planning A, 34 2002, 385–399

Anspach, Victor/Möller, Detlev: Biogas – grünes Gold vom Acker? Wirtschaftliche Potentiale und ökologische Nachhaltigkeit von Biogasanlagen. In **AgrarBündnis – Heidrun Betz, Friedrich von Homeyer, Siegfried Jäckle, Bernd Voss, Hubert Weiger (Hrsg.):** Der kritishce Agrarbericht 2008. ABL Verlag, Hamm, 2008

Arapostathis, Stathis et al.: Governing transitions: Cases and insights from two periods in the history of the UK gas industry. Energy Policy, 52 2013, 25–44

Arbach, Cora: Biogaserzeugung in Nordwestdeutschland: Akteure und regionale Wertschöpfung. In **Klagge, Britta/Arbach, Cora (Hrsg.):** Governance-Prozesse für erneuerbare Energien. ARL, Hannover, 2013, 56–68

ARCHEA: Gaserträge und Nährstoffgehalte – NawaRo. http://www.archeabiogas.com/_mediafiles/10-substrate.pdf, letzter Zugriff: 17.12.2014, 2014

Arnold, Heinz: Kritik der sozialgeographischen Konzeption von Benno Werlen. Geographische Zeitschrift, 86 1998 Nr. 3, 135–157

Asheim, Bjorn/Coenen, Lars/Vang, Jan: Face-to-face, buzz, and knowledge bases: sociospatial implications for learning, innovation, and innovation policy. Environment and Planning C: Government and Policy 25 655–670, 25 2007, 655–670

ATEE: Carte des installations biogaz françaises - Club Biogaz, Association Technique Energie Environnement, Arcueil, http://www.atee.fr/biogaz/carte-des-installations-biogaz-en-france, letzter Zugriff: 29.12.2014, 2013

Baker, Sarah/Edwards, Rosalind: How many qualitative interviews is enough? Expert voices and early career reflections on sampling and cases in qualitative research. National Centre for Research Methods, National Centre for Research Methods, 2012

Bathelt, Harald: Geographies of production: Growth regimes in spatial perspective 2— Knowledge creation and growth in clusters. Progress in Human Geography, 29 2005, 204–216

Bathelt, Harald: Geographies of production: Growth regimes in spatial perspective 3 – toward a relational view of economic action and policy. Progress in Human Geography, 30 2006 Nr. 2, 223–236

Bathelt, Harald/Glückler, Johannes: Wirtschaftsgeographie. UTB, 2003

Bathelt, Harald/Glückler, Johannes: The Relational Economy. Geographies of Knowing and Learning. Oxford University Press, New York, 2011

Bathelt, Harald/Malmberg, Anders/Maskell, Peter: Clusters and knowledge: local buzz, global pipelines and the process of knowledge creation. Progress in Human Geography, 35 2004, 31–56

Bathelt, Harald/Schuldt, Nina: Between Luminaires and Meat Grinders: International Trade Fairs as Temporary Clusters. Regional Studies, 42 2008 Nr. 6, 853–868

Bauböck, Roland: Bioenergie im Landkreis Göttingen. GIS gestützte Biomassepotentialabschätzung anhand ausgewählter Kulturen, Triticale und Mais. ibidem-Verlag, Stuttgart, 2009

Baurmann, Michael: Die Einheit von Ethik und Sozialwissenschaften. In **Schwengel, Hermann (Hrsg.):** Grenzenlose Gesellschaft. Kongressband des 29. Kongresses der Deutschen Gesellschaft für Soziologie. Leske und Budrich, Opladen, 2000

Becker, Markus: Organizational routines: a review of the literature. Industrial and Corporate Change, 13 2004, 643–677

Becker, Sören/Bues, Andrea/Naumann, Matthias: Die Analyse lokaler energiepolitischer Konflikte und das Entstehen neuer Organisationsformen. Theoretische Zugänge und aktuelle Herausforderungen. Leibniz-Institut für Regionalentwicklung und Strukturplanung (EnerLOG Working Paper No. 1), Erkner, 2014

Beckmann, Klaus et al.: Räumliche Implikationen der Energiewende. Deutsches Institut für Urbanistik, Berlin, 2013, Difu-Papers

Benz, A. et al.: Einleitung. In **Benz, A. et al. (Hrsg.):** Handbuch Governance. Theoretische Grundlagen und empirische Anwendungsfelder. VS Verlag, Wiesbaden, 2007, 9–25

Benz, Steffen/Moser, Peter: Klassifizierung und länderspezifische Unterstützung von Erneuerbare-Energie-Regionen. deENet Kassel, 2010

Berg, Su-Hyun/Hassink, Robert: Emerging Green Clusters in South Korea? The Case of the Wind Power Cluster in Jeonbuk Province. STI Policy Review, 1 2013 Nr. 3, 63–79

Bergek, Anna/Jacobsson, Staffan: The emergence of a growth industry: a comparative analysis of the German, Dutch and Swedish wind turbine industries.

In **Metcalfe, John Stan/Cantner, Uwe (Hrsg.):** Change, Transformation and Development. Physica-Verlag/Springer, Heidelberg, 2003, 197–227

Bergek, Anna et al.: Analyzing the functional dynamics of technological innovation systems: a scheme of analysis. Research Policy, 37 2008 Nr. 3, 407–429

Berndt, Christian/Boeckler, Marc: Geographies of circulation and exchange: Constructions of markets. Progress in Human Geography, 33 2009 Nr. 4, 535–551

Biermayr, Peter et al.: Bestimmung der Potenziale und Ausarbeitung von Strategien zur verstärkten Nutzung von erneuerbaren Energien in Luxemburg. Fraunhofer Institut für System- und Innovationsforschung, Karlsruhe, 2007

Bijker, Wiebe/Hughes, Thomas Parke/Pinch, Trevor: The Social Construction of Technological Systems: New Directions in the Sociology and History of Technology. MIT Press, Cambridge, 1987

Binz, Christian/Truffer, Bernhard/Coenen, Lars: Why space matters in technological innovation systems—Mapping global knowledge dynamics of membrane bioreactor technology. Research Policy, 43 2014, 138–155

Biogasvereenegung: Mitglieder. http://www.biogasvereenegung.lu/mitglieder.html, letzter Zugriff: 29.12.2014, 2014

Bosch, Stephan: Erneuerbare Energie für Deutschland. Räumliche und technische Planung für eine intelligente Energieversorgung. Gographische Rundschau, 1 2013, 4–11

Böttcher, Jörg: Projektfinanzierung eines Biogas-Projektes. In **Böttcher, Jörg (Hrsg.):** Management von Biogas-Projekten Rechtliche, technische und wirtschaftliche Aspekte. Springer, Berlin/Heidelberg, 2013, 17–49

Boudon, Raymond/Bourricaud, François: Soziologische Stichworte: ein Handbuch. Westdeutscher Verlag, Opladen, 1992

Bourdieu, Pierre: Die feinen Unterschiede – Kritik der gesellschaftlichen Urteilskraft. Suhrkamp, Frankfurt am Main, 1987

Bourdieu, Pierre: The Logic of Practice. Stanford University Press, Stanford, CA., 1990

Bourdieu, Pierre: Physischer, sozialer und angeeigneter physischer Raum. In **Wentz, Martin (Hrsg.):** Stadträume. Campus, Frankfurt/Main, New York, 1991

Bradshaw, Michale J.: Global energy dilemmas: a geographical perspective. The Geographical Journal, 176 2010 Nr. 4, 275–290

Brandom, Robert B.: Begründen und Begreifen. Eine Einführung in den Inferentialismus. Suhrkamp, Frankfurt am Main, 2001

Bremer, Helmut: Von der Gruppendiskussion zur Gruppenwerkstatt. Ein Beitrag zur Methodenentwicklung in der typenbildenden Mentalitäts-, Habitus- und Milieuanalyse. Lit, Münster/Hamburg/London, 2004

Brenner, Neil: The limits to scale? Methodological reflections on scalar structuration. Progress in Human Geography, 25 2001 Nr. 4, 597–614

Bridge, Gavin et al.: Geographies of energy transition: Space, place and the low-carbon economy. Energy Policy, 53 2013, 331–340

Brücher, Wolfgang: Mehr Energie! Plädoyer für ein vernachlässigtes Objekt der Geographie. Geographische Rundschau, 49 1997, 330–335

Brücher, Wolfgang: Energiegeographie. Gebrüder Borntraeger Verlagsbuchhandlung, Berlin/Stuttgart, 2009

Brücher, Wolfgang: "Energiegeographie" – Vorstellung eines Lehrbuchs über ein vernachlässigtes Forschungsgebiet, In **Schüssler, Frank (Hrsg.):** Geographische Energieforschung. Peter Lang, Frankfurt/Berlin, 2010, 1–8

Brühne, Thomas/Tempel, Michael: Postmoderne Energielandschaften in Rheinland-Pfalz, Gographische Rundschau, 1 2013, 28–35

Bruns, Antje: Sozial-ökologische Transformation und [neue] Geographien des Energiesystems. Jahrestagung 2013 Arbeitskreis Geographische Energieforschung Deutsche Gesellschaft für Geographie, 2013

Bulkeley, Harriet: Cities and the Governing of Climate Change. Annual Review of Environment and Resources, 35 2010, 229–253

Bürkner, Hans-Joachim: Einzelrezension – Werlen, Benno: Sozialgeographie alltäglicher Regionalisierungen, Band 2. geographiesche revue, 1 1999, 81–86

Butler, Tim: London Calling - The Middle Classes and the Re-making of Inner London. Berg, Oxford/New York, 2003

Callon, Michel: Some Elements of a Sociology of Translation: Domestication of the Scallops and the Fishermen of St. Brieuc Bay. In **Law, John (Hrsg.):** Power, Action, and Belief: A New sociology of Knowledge, Routledge, London, 1986, 196–229

Calvert, Kirby/Mabee, Warren: Energy transition management as a 'spatial **strategy**'? Geographical implications of the transition toward renewable energy. Working Paper, 2014, working paper

Calzonetti, Frank: Geographical Dimensions of Energy. 4. Auflage. D. Reidel Publishing Company, Dordrecht/Boston/Lancaster, 2013

Calzonetti, Frank/Solomon, Barry: Geographical Dimensions of Energy. D. Reidel Publishing Company, Dordrecht/Boston/Lancaster, 1985, RB 10690 C171

Carlsson, B./Stankiewicz, R.: On the nature, function and composition of technological systems. Journal of Evolutionary Economics, 1 1991 Nr. 2, 93–118

Carlsson, Bo et al.: Innovation systems: analytical and methodological issues. Research Policy, 31 2002, 233–245

Chaminade, Cristina/Vang, Jan: Globalisation of knowledge production and regional innovation policy: supporting specialized hubs in the Bangalore software industry. Research Policy, 37 2008 Nr. 10, 1684–1696

Chapman, John Doneric: Geography and Energy. Commercial Energy Systems and National Policies. Longman Scientific & Technical, New York, 1991

Coe, Neil/Bunnell, Timothy: 'Spatializing' knowledge communities: towards a conceptualization of transnational innovation networks. Global Networks, 3 2003 Nr. 4, 437–456

Coe, Neil/Jones, Andrew: The Economic Geography of the UK. SAGE, London, 2010

Coenen, Lars/Benneworth, Paul/Truffer, Bernhard: Towards a spatial perspective on sustainability transitions. Research Policy, 41 2012, 968–979

Coenen, Lars/López, Fernando Díaz: Comparing systems approaches to innovation and technological change for sustainable and competitive economies: an explorative study into conceptual commonalities, differences and complementarities. Journal of Cleaner Production, 18 2010, 1149–1160

Coenen, Lars/Raven, Rob P.J.M./Verbong, Geert P.J.: Local niche experimentation in energy transitions: A theoretical and empirical exploration of proximity advantages and disadvantages. Technology in Society, 32 2010, 295–302

Coenen, Lars/ Truffer, Bernhard: Places and Spaces of Sustainability Transitions: Geographical Contributions to an Emerging Research and Policy Field. European Planning Studies, 20 2012 Nr. 3, 367–374

Cottrell, Fred: Energy and Society. The Relation between Energy, Social Change, and Economic Development, Greenwood Press, Westport Connecticut, 1970

Dannenberg, Marius et al.: Energien der Zukunft. Wissenschaftliche Buchgesellschaft, Darmstadt, 2012

Decker, Thomas et al.: Regulation and innovation in biogas technology in selected European countries. International Journal of Public Policy, 2 2007, 89–108

Degenhart, Heinrich/Holstenkamp, Lars: Finanzierungspraxis von Biogasanlagen in der Landwirtschaft. Eine empirische Untersuchung zu Stand und Entwicklungslinien. Gabler Research, Wiesbaden, 2011

Demuth, Bernd et al.: Energielandschaften – Kulturlandschaften der Zukunft? Energiewende – Fluch oder Segen für unsere Landschaften? Bundesamt für Naturschutz, 2013, BfN-Skripten 337

Denzin, Norman/Lincoln, Yvonna: The SAGE Handbook of Qualitative Research. SAGE Publications, London/Thousand Oaks/New Delhi, 2005

Dewald, Ulrich: Wechselwirkungen von Politik und Markt: Entwicklung der Photovoltaik in Deutschland. In **Schüssler, Frank (Hrsg.):** Geographische Energieforschung. Strukturen und Prozesse im Spannungsfeld zwischen Ökonomie, Ökologie und sozialer Sicherheit. Tagungsband zur Jahrestagung 2009 des Arbeitskreises Geographische Energieforschung. Peter Lang, Frankfurt, 2010

Dewald, Ulrich/Truffer, Bernhard: The Local Sources of Market Formation: Explaining Regional Growth Differentials in German Photovoltaic Markets. European Planning Studies, 20 2012 Nr. 3, 397–420

Dirksmeier, Peter: Urbanität als Habitus – Zur Sozialgeographie städtischen Lebens auf dem Land. transcript, Bielefeld, 2003

Dohanich, Elizabeth: Installation and manufacturing of photovoltaies: An assessment using California and New York. Unveröfentlichte Dissertation, University of North Texas, 2012

Dörfler, Thomas/Graefe, Olivier/Müller-Mahn, Detlef: Habitus und Feld. Anregungen für eine Neuorientierung der geographischen Entwicklungsforschungn auf der Grundlage von Bourdieus "Theorie der Praxis". Geographica Helvetica, 58 2003 Nr. 1, 11–23

Drilling, Matthias: Young Urban Poor: Abstiegsprozesse in den Zentren der Sozialstaaten. VS Verlag für Sozialwissenschaften, Wiesbaden, 2004

Duden-Online: Duden Online. Duden, Mannheim, http://www.duden.de/woerterbuch, letzter Zugriff: 08.12.2014, 2014

Edquist, Charles: Systems of innovation approaches – their emergence and characteristics. In **Edquist, Charles (Hrsg.):** Systems of Innovation: Technologies, Institutions and Organizations. Pinter, London, 1997, 1–35

Edquist, Charles: Systems of innovation. Perspectives and challenges. In **Fagerberg, Jan/Mowery, David/Nelson, Richard (Hrsg.):** The Oxford Handbook on Innovation. Oxford University Press, Oxford, 2005, 181–208

Ehrenstein, Ulrike/Strauch, Sabine/Hildebrand, Jan: Akzeptanz von Biogasanlagen. Hintergrund, Analyse und Empfehlungen für die Praxis. Fraunhofer-Institut für Umwelt-, Sicherheits- und Energietechnik UMSICHT, Forschungsgruppe Umweltpsychologie (FG-UpSY) und Universität des Saarlandes, 2012

Einecke, Günther: Argumentieren. http://www.fachdidaktik-einecke.de/9c_Meth_Textproduktion/argumentieren_9_10_b.htm, letzter Zugriff: 27.11.2014

Ende, Jan van den/Kemp, René: Technological transformations in history: how the computer regime grew out of existing computing regimes. Research Policy, 28 1999 Nr. 8, 833–851

Essletzbichler, Jürgen: Renewable Energy Technology and Path Creation: A Multiscalar Approach to Energy Transition in the UK. European planning Studies, 20 2012 Nr. 5, 791–816

Europäische Kommission: Landwirtschaft und ländliche Entwcklung: Milch und Milchprodukte. http://ec.europa.eu/agriculture/milk/index_de.htm, letzter Zugriff: 27.12.2014 2014

Everts, Jonathan/Lahr-Kurten, Matthias/Watson, Matt: Practice Matters! Geographical inquiry and theories of practice. Erdkunde, 65 2011 Nr. 4, 323–334

Fachverband Biogas: Veranstaltungsanalyse – 19. Fachtagung und Fachmesse Biogas. Fachverband Biogas, 2010

Fachverband Biogas: Veranstaltungsanalyse – 20. Fachtagung und Fachmesse Biogas. Fachverband Biogas, 2011

Fachverband Biogas: Veranstaltungsanalyse – 21. Fachtagung und Fachmesse Biogas. Fachverband Biogas, 2012

Fachverband Biogas: Veranstaltungsanalyse – 23. Fachtagung und Fachmesse Biogas. Fachverband Biogas, 2014

Faller, Fabian: Biogas – Macht – Raum. Zur Konstruktion von Energieregionen in Grenzräumen. In **Wille, Christian et al. (Hrsg.):** Räume und dentitäten in Grenzregionen.Politiken – Medien – Subjekte. transcript, Bielefeld, 2014, 105–118

Faulconbridge, James: Stretching tacit knowledge beyond a local fix? Global spaces of learning in advertising professional service firms. Journal of Economic Geography, 6 2006, 514–540

Federwisch, Tobias: Metropolregionen 2.0: Konsequenzen einer neoliberalen Raumentwicklungspolitik. Raumforschung und Raumordnung, 71 2012 Nr. 2, 157–159

Feldman, Martha: Organizational routines as a source of continuous change. Organization Science, 11 2000, 611–629

Feldman, Martha/Orlikowski, Wanda: Theorizing Practice and Practicing Theory. Organization Science (MIT Open Access Articles), 22 2011, 1240–1253 (1–25)

Feldman, Martha/Pentland, Brian: Reconceptualizing organizational routines as a source of flexibility and change. Administrative Science Quarterly, 48 2003 Nr. 13, 94–118

Felgenhauer, Tilo: Geographie als Argument. Eine Untersuchung regionalisierender Begründungspraxis am Beispiel "Mitteldeutschland". Franz Steiner Verlag, Stuttgart, 2007

Felgenhauer, Tilo: Raumbezogenes Argumentieren: Theorie, Analysemethode, Anwendungsbeispiele. In **Glasze, Georg/Mattissek, Annika (Hrsg.):** Handbuch Diskurs und Raum, Theorien und Methoden für die Humangeographie sowie die sozialund kulturwissenschaftliche Raumforschung. transcript, Bielefeld, 2009, 261–278

Felgenhauer, Tilo: Geographiesche Paradigmen als alltägliche Deutungsmuster. Berichte zur deutschen Länderkunde, 85 2011 Nr. 4, 323–340

Felgenhauer, Tilo/Schlottmann, Antje: Schreiben → Senden → Schauen? – Medienmacht und Medienohnmacht im Prozess der symbolischen Regionalisierung. Social Geography, 2 2007, 77–83

Flick, Uwe: An Introduction to Qualitative Research. 4. Auflage. SAGE Publications, London/Thousand Oaks/New Delhi, 2009

Flick, Uwe: Qualitative Sozialforschung. Eine Einführung. rowohlts enzyklopädie, Reinbek bei Hamburg, 2011

Flick, Uwe: Triangulation in der qualitativen Forschung. In **Flick, Uwe/Kardorff, Ernst von/Steinke, Ines (Hrsg.):** Qualitative Forschung. Ein Handbuch. rowohlts enzyklopädie, Reinbek bei Hamburg, 2012, 309–318

Foxon, Timothy J.: Transition pathways for a UK low carbon electricity future. Energy Policy, 52 2013, 10–24

Foxon, Timothy J./Reed, Mark S./Stringer, Lindsay C.: Governing Long-Term Social–Ecological Change: What Can the Adaptive Management and Transition Management Approaches Learn from Each Other? Environmental Policy and Governance, 19 2009, 3–20

Franck, Enke: Steuerungsmöglichkeiten beim Energiepflanzenanbau in Niedersachsen Raumplanerische Steuerungsmöglichkeiten und regionale Governance beim landwirtschaftlichen Energiepflanzenanbau am Beispiel Niedersachsen. In **Klagge, Britta/Arbach, Cora (Hrsg.):** Governance-Prozesse für erneuerbare Energien. ARL, Hannover, 2013, Arbeitsberichte der ARL 5, 79–93

Francken-Welz, Herbert von et al.: Biogasanlagen in Rheinland-Pfalz 2012. 3. Betriebserhebung Biogas. Dienstleistungszentrum Ländlicher Raum – Beratungszentrum Nachwachsende Rohstoffe Rheinland-Pfalz, Bitburg, 2012

Frantál, Bohumil/ Martin Pasqualetti, Dan van der Horst: New trends and challenges for energy geographies: introduction to the special issue. Moravian Geographical Reports, 22 2014, 2–6

Freeman, Christopher: Technology and Economic Performance: Lessons from Japan. Pinter, London, 1987

Freeman, Christopher/Perez, Carlota: Structural Crises of adjustment, business cycles and investment behaviour. In **Dosi, Giovanni et al. (Hrsg.):** Technical Change and Economic Theory. Printer Publishers, London, 1988, 38–66

Füller, Henning/Marquardt, Nadine: Gouvernementalität in der humangeographischen Diskursforschung. In **Glasze, Georg/Mattissek, Annika (Hrsg.):** Handbuch Diskurs und Raum. Theorien und Methoden für die Humangeographie sowie die sozial- und kulturwissenschaftliche Raumforschung. transcript, Bielefeld, 2009, 83–106

Gadamer, Hans-Georg: Vom Zirkel des Verstehens. In **Neske, Günther (Hrsg.):** Martin Heidegger zum 70. Geburtstag. Pfullingen, 1959, 24–34

Gailing, Ludger et al.: Die räumliche Gestaltung der Energiewende zwischen Zentralität und Dezentralität. Explorative Anwendung einer Forschungsheuristik. Working Paper, Erkner, Leibniz-Institut für Regionalentwicklung und Strukturplanung, http:://www.irs-net.de/download/wp_energiewende_raum_zentral_dezentral.pdf, letzter Zugriff: 26.09.2014 2013

Gailing, Ludger/Röhring, Andreas: Was ist dezentral an der Energiewende? Infrastrukturen erneuerbarer Energien als Herausforderungen und Chancen für ländliche Räume. Raumforschung und Raumordnung, DOI 10,1007/sl3147-014-0322-7 2014, 1–13

Geels, Frank W.: Technological transitions as evolutionary reconfiguration processes: a multi-level perspective and a case-studv. Research Policy, 31 2002a, 1257–1274

Geels, Frank W.: Towards sociotechnical scenarios and reflexive anticipation: using patterns and regularities in technology dynamics. In **Sorensen, Knut H./William, Robin (Hrsg.):** Shaping technology, guiding policy: concepts, spaces and tools. Edward Elgar, Cheltenham, UK, 2002b, 359–387

Geels, Frank W.: Ontologies, socio-technical transitions (to sustainability), and the multi-level perspective. Research Policy, 39 2010, 495–510

Geels, Frank W.: The multi-level perspective on sustainability transitions: Responses to seven criticisms. Environmental Innovation and Societal Transitions, 1 2011, 24–40

Geels, Frank W./Deuten, Jasper: Aggregation activities local and global dynamics in technological development: a socio-cognitive perspective on knowledge flows and lessons from reinforced concrete. Science and Public Policy, 33 2006, 265–275

Geels, Frank W./Raven, Rob P.J.M.: Non-linearity and expectations in niche-development trajectories: ups and downs in Dutch biogas development (1973–2003). Technology Analysis & Strategic Management, 18 2006, 375–392

Geels, Frank W./Raven, Rob P.J.M.: Socio-cognitive evolution and co-evolution in competing technical trajectories: biogas development in Denmark (1970–2002). International Journal of Sustainable Development and World Ecology, 14 2007, 63–77

Geels, Frank W./Schot, Johan: Typology of sociotechnical transition pathways. Research Policy, 36 2007 Nr. 3, 399–417

George, Wolfgang: Vorteile von Genossenschaftslösungen in der Energiewende. Informationen zur Raumentwicklung, 2012 Nr. 9/10, 503–513

Gertler, Merik: Best practice? Geography, learning and the instituional limits to strong convergence. Journal of Economic Geography, 1 2001, 5–26

Gertler, Merik: Tacit knowledge and the economic geography of context, or the undenable tacitness of being (there). Journal of Economic Geography, 3 2003, 75–99

Gibson-Graham, J. K.: The End of Capitalism (as we knew it): a Feminist Critique of Political Economy. Blackwells, Oxford., 1996

Giddens, Anthony: Central Problems in Social Theory. Action, Structure and Contradiction in Social Analysis. University of California Press, Berkely/Los Angeles, 1979

Giddens, Anthony: The constitution of society. University of California Press, Berkely, 1984

Giddens, Anthony: Die Konstitution der Geselschaft. Grundzüge einer Theorie der Strukturierung. Campus, Frankfurt/Main, New York, 1988

Glaser, Barney/Strauss, Anselm: Grounded Theory. Strategien qualitativer Forschung. 2. Auflage. Huber, Bern, 2008

Glückler, Johannes: Economic geography and the evolution of networks. Journal of Economic Geography, 7 2007, 619–634

Goodmann, Nelson: Weisen der Welterzeugung. Suhrkamp, Frankfurt am Main, 1984

Grabher, Gernot/Ibert, Oliver: Project Ecologies, A contextual view on temporary organizations. In **Morris, Peter/Pinot, Jeffrey/Söderlund, Jonas (Hrsg.):**The Oxford Handbook of Project Management, Oxford University Press, Oxford, 2011, 175–198

Grabher, Gernot/Ibert, Oliver: Distance as asset? Knowledge collaboration in hybrid virtual communities. Journal of Economic Geography, 14 2014, 97–123

Granoszewski, Karol et al.: Entscheidungsverhalten landwirtschaftlicher Betriebsleiter bei Bioenergieinvestitionen - Erste Ergebnisse einer empirischen Untersuchung, Diskussionspapiere des Department für Agrarökonomie und Rurale Entwicklung, 2009 Nr. 0911, ISSN 18652697

Granoszewski, Karol et al.: Growth of Biogas Production in German Agriculture: An Analysis of Farmers' Investment Behaviour. In **Ruppert, Hans/Kappas, Martin/Ibendorf, Jens (Hrsg.):** Sustainable Bioenergv Production – An Integrated Approach. Springer, Dordrecht/Heidelberg, 2013, 241–292

Granoszewski, Karol et al.: Die Diffusion regenerativer Energien in der deutschen Landwirtschaft – Investitionsverhalten in einem politisch induzierten Markt. 10th International Conference Marketing Trends Paris, January 20th -22nd 2011, 2011, working paper

Gregson, Nicky: Structuration theory: some thoughts on the possibilities for empirical research. Environment and Planning D: Society and Space, 5 1987 Nr. 1, 73–91

Griesen, M: Akzeptanz von Biogasanlagen. Dissertation. Shaker Verlag, Aachen, 2010, Bonner Studien zur Wirtschaftssoziologie 34

Großregion: Die Grossregion. http://www.granderegion.net/de/grande-region/index.html, letzter Zugriff: 08.01.2015 2004

Hall, J.: Integrated Assessment to Support Regional and Local Decision Making. In **Davioudi, S./Crawford, J./Mehmood, A. (Hrsg.):** Planning for Climate Change. Strategies for Mitigation and Adaption for Spatial Planners. earthscan, London, Sterling, VA, 2009, 235–248

Hamhaber, Johannes: Humangeographische Zugänge in der Geographischen Energieforschung vom euklidischen Raum zu sozial konstruierten Raumbezügen. In **Schüssler, Frank (Hrsg.):** Geographische Energieforschung. Peter Lang, Frankfurt/Berlin, 2010, 9–19

Hansen, Teis/Coenen, Lars: The Geography of Sustainability Transitions: A Literature Review. Environmental Innovation and Societal Transitions, 12 2014, DOI: 10.1016/j.eist.2014.11.001

Hattesohl, Caroline: Leitfaden für Biogasanlagen. Errichtung und Betrieb von Biogasanlagen im landwirtschaftlichen Bereich. Blanke Meier Evers, Bremen, 2006

Hauber, Jürgen/Ruppert-Winkel, Chantal: Moving towards Energy Self-Sufficiency Based on Renewables: Comparative Case Studies on the Emergence of Regional Processes of Socio-Technical Change in Germany. Sustainability, 4 2012, 497–530

Hauff, Jochen/Haag, Wolfgang/Zywietz, Dabiel; DLG/Systems, VD-MA Power/Kearney, A.T. (Hrsg.): Bioenergie und dezentrale Energieversorgung.

Chancen in Deutschland und Europa. Ergebnisse der Studie vom Oktober 2008. DLG Verlag, Frankfurt Main, 2008

Haus, Michael: Governance, Meta-Governanee und die Transformation lokaler Institutionen. In **Schwalb, L./Walz, H. (Hrsg.):** Local Governance – mehr Transparenz und Bürgernähe? VS Verlag, Wiesbaden, 2007, 67–92

Hay, lain: Qualitative Research Methods in Human Geography. Oxford University Press, Oxford, 2010

Heck, Peter et al.; Stoffstrommanagement, Institut für angewandtes (Hrsg.): Studie zur Weiterentwicklung der energetischen Verwertung von Biomasse in Rheinland-Pfalz. Institut für angewandtes Stoffstrommanagement, Birkenfeld, 2004

Heck, Peter et al.: 3. Bericht des Projektes Regionale Strategie zur nachhaltigen Umsetzung der Biomasse-Nutzung (RUBIN) im Rahmen des Interreg III A Programm De Lux. Institut für angewandtes Stoffstrommanagement, Birkenfeld, 2008

Hekkert, Marko et al.: Functions of innovation systems: a new approach for analysing technological change. Technological Forecasting and Social Change, 74 2007 Nr. 4, 413–432

Hermanns, Harry: Interviewen als Tätigkeit. In **Flick, Uwe Kardorff, Ernst von/ Steinke, Ines (Hrsg.):** Qualitative Forschung. Ein Handbuch. rowohlts enzvklopädie, Reinbek bei Hamburg, 2012, 360–368

Hess, Martin: 'Spatial' relationships? Towards a reeoneeptualization of embeddedness. Progress in Human Geography, 28 2004 Nr. 2, 165–186

Hesse, Markus: Periurbanes Wohnen, Definition, Positionierung und diskursive Konstruktion suburbaner Räume an der Grenze zwischen Stadt und Land, In **Wille, Christian et al. (Hrsg.):** Räume und Identitäten in Grenzregionen, Politiken – Medien – Subjekte, transcript, Bielefeld, 2014, 310–322

Hesse, Markus et al.: Regionalisation processes as practices of borderisation, IDENT2-Working Papers, 1 2012, 1–10

Hildebrand, Jan Rail, Irina Sehweizer-Ries, Petra: Die Bedeutung dezentraler Beteiligungsprozesse für die Akzeptanz des Ausbaus erneuerbarer Energien, Eine umweltpsychologische Betrachtung, Informationen zur Raumentwicklung, 2012 Nr. 9/10, 491–501

Hoare, Anthony: Alternative energies: alternative geographies? Progress in Human Geography, 3 1979, 506–537

Hodgson, Geoffrey M.: The mystery of the routine: the Darwinian destiny of an evolutionary theory of economic change. Revue Economique, 54 2003, 355–384

Hodson, Mike/Marvin, Simon: Can cities shape socio-technical transitions and how would we know if they were? Research Policy, 39 2010, 477–485

Hodson, Mike/Marvin, Simon: Mediating Low-Carbon Urban Transitions? Forms of Organization, Knowledge and Action, European Planning Studies, 20 2012 Nr. 3, 421–439

Hoffmann, Dunja: Regionale Wertschöpfung durch optimierte Nutzung endogener Bioenergiepotenziale als strategischer Beitrag zur nachhaltigen Regionalentwicklung, Dissertation, Universität des Saarlandes, Saarbrücken, 2007

Hoffmann, Harry et al.: Local biofuel production for rural electrification potentially promotes development but threatens food security in Laela, Western Tanzania, Regional Environmental Change 10,1007/sl0113-014-0596-x 2014

Hofierka, Jaroslav Kanuk, Jân Gallay, Michal: The spatial distribution of photovoltaic power plants in relation to a solar resource potential: a case study of the Czech Republic and Slovakia, Moravian Geographical Reports, 2 2014, 26–33

Hollstein, Betina/Straus, Florian: Qualitative Netzwerkanalyse, Konzepte, Methoden, Anwendungen, VS Verlag für Sozialwissenschaften, Wiesbaden, 2006

ICEDD: Énergies renouvelables: production d'électricité et de chaleur. Institut de Conseil et d'études en développement durable, Namur, http://www.icedd.be/atlasenergie/pages/menrfr01,htm, letzter Zugriff: 29.12.2014, 2013

Jacobsson, Staffan/Bergek, Anna: Transforming the energy sector: the evolution of technological systems in renewable energy technology. Industrial and Corporate Change, 13 2004, 815–849

Jacobsson, Staffan/Johnson, Anna: The diffusion of renewable energy technology: an analytical framework and key issues for research. Energy Policy, 28 2000, 625–640

Jacobsson, Staffan/Lauber, Volkmar: The politics and policy of energy system transformation – explaining the German diffusion of renewable energy technology. Energy Policy, 34 2006, 256–274

Jakubowski, Peter/Koch, Annika: Energiewende, Bürgerinvestitionen und regionale Entwicklung. Informationen zur Raumentwicklung, 9/10 2012, 475–490

James, Al: Everyday effects, practices and causal mechanisms of 'cultural embeddedness': Learning from Utah's high tech regional economy. Geoforum, 38 2007, 393–413

Janoschka, Michael: Konstruktion europäischer Identitäten in räumlich-politischen Konflikten. Franz Steiner Verlag, Stuttgart, 2009

Jarvie, Ian Charles: Die Logik der Gesellschaft. Über den Zusammenhang von Denken und sozialem Wandel. List Paul Verlag, Berlin, 1974

Johansson, Bengt: Renewable energy, energy security and resilient societies, conference paper: Resilient societies – governing risk and vulnerability for water, energy and climate change 2011

Jones, Andrew: Beyond embeddedness: economic practices and the invisible dimensions of transnational business activity. Progress in Human Geography, 32 2008 Nr. 1, 71–88

Jones, Andrew: Geographies of production I: Relationality revisited and the 'practice shift' in economic geography. Progress in Human Geography, Progress report 2013, 1–11

Jones, Andrew/Murphy, James: Theorizing practice in economic geography: Foundations, challenges, and possibilities. Progress in Human Geography, 35 2010 Nr. 3, 366–392

Jones, Martin: Phase space: geography, relational thinking, and beyond. Progress in Human Geography, 33 2009 Nr. 4, 487–506

Jørgensen, Ulrik: Mapping and navigating transitions—The multi-level perspective compared with arenas of development. Research Policy, 41 2012, 996–1010

Kallis, Giorgos/Norgaard, Richard: Coevolutionalry ecological economics. Ecological Economics, 69 2010 Nr. 4, 690–699

Kammer, Johannes: Die Windenergieindustrie. Evolution von Akteuren und Unternehmensstrukturen in einer Wachstumsindustrie mit räumlicher Perspektive, Mitteilungen der Geographischen Gesellschaft in Hamburg, Franz Steiner Verlag, Stuttgart, 2012

Kannen, Andreas/Gee, Kira Bruns, Antje: Governance Aspects of Offshore Wind Energy and Maritime Development. In Analyzing Coastal and Marine Changes - Offshore Wind Farming as a Case Study - Zukunft Küste - Coastal Futures. Institute for Coastal Research, Geesthacht, 2010, LOICZ Research and Studies No, 36, 170–190

Kanning, Helga: Energetische Biomassenutzung im ländlichen Raum – (Natur) Räumliche Auswirkungen des Biogaspfades und planerische Perspektiven für ein regionales (Energie)Ressourcenmanagement. In **Tietz, Hans-Peter/ Hühner, Tanja (Hrsg.):** Zukunftsfähige Infrastruktur und Raumentwicklung – Handlungserfordernisse für Ver- und Entsorgungssysteme. ARL, Hannover, 2011, Forschungsund Sitzungsberichte der Akademie für Raumforschung und Raumordnung, Bd. 235, 191–217

Kanning, Helga/Buhr, Nina/Steinkraus, Katharina: Erneuerbare Energien - Räumliche Dimensionen, neue Akteurslandschaften und planerische (Mit)

Gestaltungspotenziale am Beispiel des Biogaspfades. RuR, 67 2009 Nr. 2, 142–156

Kedron, Peter: An Analysis of the Evolution of Renewable Energy Production: The Role of Firms, Institutions, and Markets, Unveröfentlichte Dissertation, State University of New York at Buffalo, 2012

Kelle, Udo/Kluge, Susann: Vom Einzelfall zum Typus – Fallvergleich und Fallkon-trastierung in der qualitativen Sozialforschung. 2. Auflage. VS Verlag für Sozialwissenschaften, Wiesbaden, 2010

Kemfert, Claudia/Schäfer, Dorothea: Finanzierung der Energiewende in Zeiten großer Finanzmarktinstabilität. DIW-Wochenbericht, 79 2012 Nr. 31, 3–14

Kemp, René: Technology and the transition to environmental sustainability: the problem of technological regime shifts. Futures, 26 1994, 1023–1046

Kemp, René/Rip, Arie/Schot, Johan: Constructing transition paths through the management of niches. In **Garud, Raghu/Karnoe, Peter (Hrsg.):** Path Dependence and Creation. Lawrence Erlbaum, Mahwah, NJ, 2001, 269–299

Kemp, René/Schot, Johan/Hoogma, Remco: Regime shifts to sustainability through processes of niche formation: the approach of strategic niche management. Technology Analysis & Strategic Management, 10 1998, 175–196

Kern, Florian/Smith, Adrian: Restructuring energy systems for sustainability? Energy transition policy in the Netherlands. Energy Policy, 36 2008, 4093–4103

Klagge, Britta/Anz, Johanna: Finanzialisierung der Windenergienutzung in Deutschland? Springer Fachmedien Wiesbaden, 2013

Klagge, Britta/Arbach, Caro: Governance-Prozesse für erneuerbare Energien. Akademie für Raumforschung und Landesplanung, 2013, Arbeitsberichte der ARL 5

Klagge, Britta/Brocke, Tobias: Decentralized electricity generation from renewable sources as a chance for local economic development: a qualitative study of two pioneer regions in Germany. Energy, Sustainability and Society 2012, 2 2012 Nr. 5, 1–9

Klagge, Britta/Brocke, Tobias: Energiewende vor Ort. Dezentrale Stromerzeugung und die Rolle von Stadtwerken und Regionalversorgern. Gographische Rundschau, 1 2013, 12–19

Klein Woolthuis, Rosalinde/Lankhuizen, Maureen/Gilsing, Victor: A system failure framework for innovation policy design. Technovation, 25 2005, 609–619

Kosfeld, Reinhold: Regionale Wertsehöpfungseffekte unterschiedlicher Organisationsformen bei der Stromerzeugung aus Biomasse. Informationen zur Raumentwicklung, 9/10 2012, 555–561

Koster, Daniel/Hild, Paula/Schmitt, Bianca: Biomasse-Potentiale im Kanton Redange Eine Potentialbetrachtung im Rahmen des EU-Projektes SEMS. Centre de Recherche Public Henri Tudor, Luxembourg, 2008

Krause, Floreutin/Bossel, Hartmut/Müller-Reißmann, Karl-Friedrich: Energie-Wende. Wachstum und Wohlstand ohne Erdöl und Uran, Umwälz, Freiburg, 1980

Kretschmer, Andreas/Schnell, Roland/Jäkel, Kerstin; SMUL (Hrsg.): Planung landwirtschaftlicher Biogasanlagen. Sächsisches Staatsministerium für Umwelt und Landwirtschaft (SMUL), Dresden, 2003

Kromrey, Helmut: Empirische Sozialforschung. UTB Ulmer, Stuttgart, 2000

Kuhlmann, Stefan/Shapira, Philip/Smits, Ruud: A systemic perspective: the innovation policy dance. In **Smits, Ruud/Kuhlmann, Stefan/Shapira, Philip (Hrsg.):** The Theory and Practice of Innovation Policy. An International Research Handbook, Edward Elgar, Cheltenham, 2010, 1–22

Kunze, Conrad/Becker, Sören: Energiedemokratie in Europa: Bestandsaufnahme und Ausblick. Rosa-Luxemburg Stiftung, 2014

Kvale, Steinar: Doing Interviews, SAGE Publications, London/Thousand Oaks/New Delhi, 2007

Lamnek, Siegfried: Qualitative Sozialforschung, Beltz, Weinheim, 2010

Länderarbeitskreis Energiebilanzen: Energiebilanzen der Länder – Rheinland-Pfalz. http://www.lak-energiebilanzen.de/seiten/energiebilanzenLaender.cfm, letzter Zugriff: 29.12.2014. 2012

Larona, Ferdinand/Meller, Hendrik/Marquardt, Jens: Renewable Energies for Off-grid Power Generation in the Philippines. Deutsche Gesellschaft für Internationale Zusammenarbeit (GIZ), Bonn/Eschborn, 2013

Latour, Bruno: When things strike back: a possible contribution of 'science studies' to the social sciences. British Journal of Sociology, 51 2000 Nr. 1, 107–125

Latour, Bruno: Reassembling the Social. Oxford University Press, Oxford, 2005

Less, Serge/Thyes, M. Patrick: Anonymisierte tabellarische und grafische Zusammenfassung ausgewählter Daten der Jahresberichte 2010 der luxemburgischen Kofermentationsanlagen. Administration de l'environnement Luxembourg, Luxemburg, 2012

Linker, Sabine: Weizen: Rekordproduktion 2004/05 läßt den Preisen keine Chance. Landesbetrieb Landwirtschaft Hessen, http://www,agrarberatung-hessen.de/markt/aktuell/0101_2005q2/01012005040701.html, letzter Zugriff: 18.12.2014 2005

Lippuner, Roland: Raum – Systeme – Praktiken. Zum Verhältnis von Alltag, Wissenschaft und Geographie. Franz Steiner Verlag, Stuttgart, 2005, Sozialgeographische Bibliothek, Band 2

Lippuner, Roland: Reflexive Sozialgeographie. Bourdieus Theorie der Praxis als Grundlage für sozial- und kulturgeographisches Arbeiten nach dem cultural turn. Geographische Zeitschrift, 93 2006, 135–147

Lippuner, Roland/Lossau, Julia: In der Raumfalle. Eine Kritik des Spatial Turn in den Sozialwissenschaften. In **Markus Rieger-Ladich, Georg Mein und (Hrsg.):** Soziale Räume und kulturelle Praktiken. Über den strategischen Gebrauch von Medien. transcript, Bielefeld, 2004, 47–63

Loorbach, Derk: Transition management for sustainable development: a prescriptive, complexity-based governance framework. Governance, 23 2010, 161–183

Loorbach, Derk/Brugge, Rutger Van Der/Taanman, Mattijs: Governance in the energy transition: Practice of transition management in the Netherlands, International Journal of Environmental Technology and Management, 9 2008 Nr. 2/3, 294 - 315

Lundvall, Bengt-Åke: National Systems of Innovation – Toward a Theory of Innovation and Interactive Learning. Pinter, London, 1992

Mach, Rudolf/Blickwedel, P. T./Dehmel, G.: Informationen zu Biogas.Umweltbundesamt Fachgebiet III 2.3, Berlin, 1985

MacKinnon, Danny: Reconstructing scale: Towards a new scalaer politics. Progress in Human Geography, 35 2010 Nr. 1, 21–36

Maier, Urs: Grüner Strom aus heimischer Produktion. In **Bousch, Patrick et al. (Hrsg.):** Luxemburg Atlas. Emons Verlag, Köln, 2009, 98–99

Malerba, Franco: Sectoral systems of innovation and production. Research Policy, 31 2002, 247–264

Malmberg, Anders/Maskell, Peter: An evolutionary approach to localized learning and spatial clustering. In **Boschma, Ron/Martin, Ron (Hrsg.):** Handbook of Evolutionary Economic Geography. Edward Elgar, Cheltenham, 2010, 391–405

Manners, Gerald: The Geography of Energy. Hutchinson University Library, London, 1966

Markard, Jochen/Raven, Rob P.J.M./Truffer, Bernhard: Sustainability transitions: An emerging field of research and its prospects. Research Policy, 41 2012, 955–967

Markard, Jochen/Stadelmann, Martin/Truffer, Bernhard: Prospective analysis of innovation systems. Identifying technological and organizational development options for biogas in Switzerland. Research Policy, 38 2009, 655–667

Markard, Jochen/Truffer, Bernhard: Technological innovation systems and the multi-level perspective: towards an integrated framework. Research Policy, 37 2008, 596–615

Marston, Sallie: The social construction of scale. Progress in Human Geography, 24 2000 Nr. 2, 219–242

Martin, Ron: Institutional approaches in economic geography. In **Sheppard, Eric/ Barnes, Trevor J. (Hrsg.):** A companion to Economic Geography. Blackwell, Oxford, 2000, 77–94

Maskell, Peter/Malmberg, Anders: Localised learning and industrial competitiveness. Cambridge Journal of Economics, 23 1999, 167–185

Mattes, Jannika/Huber, Andreas/Koehrsen, Jens: Energy transitions in small-scale regions – What we can learn from a regional innovation systems perspective. Energy Policy, 78 2015, 255–264

Mattissek, Annika/Pfaffenbach, Carmella/Reuber, Paul: Methoden der empirischen Humangeographie. Westermann, Braunschweig, 2013

Mayring, Philipp: Qualitative Inhaltsanalyse. Forum: Qualitative Sozialforschung, 1 2000 Nr. 2, Art. 22

Mayring, Philipp: Einführung in die qualitative Sozialforschung. Beltz, Weinheim, 2002

Mayring, Philipp: Qualitative Inhaltsanalyse. In **Flick, U. Kardoff, E. von/ Steinke, I. (Hrsg.):** Qualitative Forschung. Ein Handbuch. rowohlts enzvklopädie, Reinbek bei Hamburg, 2004, 468–475

McCauley, Stephen M./Stephens, Jennie C.: Green energy clusters and socio-technical transitions: analysis of a sustainable energy cluster for regional economic development in Central Massachusetts, USA. Sustainability Science, 7 2012, 213–225

McMeekin, Andrew/Southerton, Dale: Sustainability transitions and final consumption: practices and socio-technical systems. Technology Analysis & Strategic Management, 24 2012 Nr. 4, 345–361

Meier Kruker, Verena/Rauh, Jürgen: Arbeitsmethoden der Humangeographie. Wissenschaftliche Buchgesellschaft, Darmstadt, 2005

Merkens, Hans: Auswahlverfahren, Sampling, Fallkonstruktion. In **Flick, Uwe/ Kardorff, Ernst von/Steinke, Ines (Hrsg.):** Qualitative Forschung. Ein Handbuch. rowohlts enzvklopädie, Reinbek bei Hamburg, 2012, 286–299

Merriam, Sharan: Qualitative Research. A Guide to Design and Implementation. Jossey-Bass, San Francisco, CA, 2009

Meusburger, Peter: Spatial mobility of knowledge: A proposal for a more realistic communication model. disP, 177 2009 Nr. 2, 29–39

Mono, Rene/Glasstetter, Peter/Horn, Friedrich: Ungleichzeitigkeit und Effekte räumlicher Verteilung von Wind- und Solarenergie in Deutschland. 100 Prozent Erneuerbare Stiftung, 2014

Monstadt, Jochen: Großtechnische Systeme der Infrastrukturversorgung: Übergreifende Merkmale und räumlicher Wandel. In **Gust, Dieter (Hrsg.):** Wandel der Stromversorgung und räumliche Politik. ARL, Hannover, 2007a, 7–34

Monstadt, Jochen: Urban Governance and the Transition of Energy Systems: Institutional Change and Shifting Energy and Climate Policies in Berlin. International Journal of Urban and Regional Research, 31 2007b Nr. 2, 326–343

Moore, Adam: Rethinking scale as a geographical category: from analysis to practice. Progress in Human Geography, 32 2008 Nr. 2, 203–225

Moss, Timothy et al.: Energie als Gemeinschaftsgut? Working Paper, Erkner, Leibniz-Institut für Regionalentwicklung und Strukturplanung 50, verfügbar unter: http://www.irs-net.de/download/wp_gemeinschaftsgut_energie.pdf, letzter Zugriff: 22.12.2014 2013

Mossig, Ivo/Fornahl, Dirk/Schröder, Heike: Heureka oder Phoenix aus der Asche? Der Entwicklungspfad der Offshore-Windenergieindustrie in Nord Westdeutschland. Zeitschrift für Wirtschaftsgeographie, 54 2010 Nr. 3-4, 222–23

MULEWF: Handbuch für die Planung, die Errichtung und den Betrieb von Biogasanlagen in der Landwirtschaft in Rheinland-Pfalz, Ministerium für Umwelt und Forsten Rheinland-Pfalz (MULEWF), Mainz, o. J.

Müller, Kathrin: Regionale Energiewende: Akteure und Prozesse in Erneuerbare-Energie-Regionen. Peter Lang, Frankfurt, 2014

Nadai, Alain/van der Horst, Dan: Introduction: Landscapes of Energies. Landscape Research, 35 2010 Nr. 2, 143–155

Nader, Laura: The Energy Reader. Wilev-Blaekwell, Malden, 2010

Narr, Wolf-Dieter: Wie kommt's zum Raum-Echo? http://www.raumnachrichten.de/ressouree/bueeher/1187-raum, lezter Zugriff: 27.06.2014 2010

Negro, Simona/Hekkert, Marko: Explaining the success of emerging technologies by innovation system functioning: the case of biomass digestion in Germany. Technology Analysis & Strategic Management, 20 2008, 465–482

Nelson, Richard: National Innovation Systems: A Comparative Analysis. Oxford University Press, New York, 1993

Nelson, Richard/Winter, Sidney: An Evolutionary Theory of Economic Change. Harvard University Press, Cambridge, 1982

Nestle, Uwe/Degenhart, Heinrich: Marktrealität von Bürgerenergie und mögliche Auswirkungen von regulatorischen Eingriffen in die Energiewende. Leuphana Universität Lüneburg, 2014

Norgaard, Richard: Development Betrayed: The End of Progress and a Coevolutionarv Revisioning of the Future. Routledge, London/New York, 1994

North, Dougals: Institutions, Institutional Change and Economic Performance. Cambridge University Press, New York, 1990

ONeill, Kirstie J./Gibbs, David C.: Towards a sustainable economy? Socio-technical transitions in the green building sector. Local Environment: The International Journal of Justice and Sustainability, 2013, DOI: 10.1080/13549839.2013.818954

Orlikowski, Wanda: Knowing in Practice: Enacting a Collective Capability in Distributed Organizing. Organization Science, 13 2002 Nr. 4, 249–273

Oßenbrügge, Jürgen: Eezensionsartikel zu WERLEN, Benno (1995): Sozialgeographie alltäglicher Regionalisierungen, Band 1: Zur Ontologie von Gesellschaft und Raum, Stuttgart: Franz Steiner Verlag, + WERLEN, Benno (1997): Sozialgeographie alltäglicher Regionalisierungen, Band 2: Globalisierung, Region und Regionalisierung, Stuttgart: Franz Steiner Verlag, Zeitschrift für Wirtschaftsgeographie 4 1997

Ouma, Stefan: "Markets in the Making": Zur Ethnographie alltäglicher Marktkonstruktionen in organisationalen Settings, Geographica Helvetica, 67 2012, 203–211

Pain, Kathy: Spaces of practice in advanced business services: Rethinking London-Frankfurt relations. Environment and Planning D: Society and Space, 26 2008 Nr. 2, 264–279

Parmigiani, Anne/Howard-Grenville, Jennifer: Routines revisited: exploring the capabilities and practice perspectives. The Academy of Management Annals, 5 2011, 1–41

Pasqualetti, Martin: The Competing Dimensions of Energy Security, In **Sovacool, Benjamin (Hrsg.):** The routledge handbook of Energy Security, Routledge, London/New York, 2011a

Pasqualetti, Martin: Social barriers to renewable energy landscapes. The Geographical Review, 1001 2011b Nr. 2, 201–223

Pasqualetti, Martin: Reading the Changing Energy Landscape, In **Stremke, Sven/ Dobbelsteen, Andy van den (Hrsg.):** Sustainable Energy Landscapes: Designing, Planning, and Development, CRC Press, Boca Raton, FL, 2013, 11–44

Patton, Michael: Qualitative research and evaluation methods. SAGE Publications, London/Thousand Oaks/New Delhi, 2002

Pentland, Brian/Feldman, Martha: Organizational routines as a unit of analysis. Industrial and Corporate Change, 14 2005, 793–815

Peters, Wolfgang et al.: Umweltbelange und raumbezogene Erfordernisse bei der Planung des Ausbaus des Höchstspannungs-Übertragungsnetzes, Umweltbundesamt, 2014

Plankl, Reiner: Regionale Verteilungswirkungen durch das Vergütungs- und Umlagesystem des Erneuerbare-Energien-Gesetzes (EEG), Thünen Working Paper 13 2013

Pohl, Jürgen: Werlen, Benno: Gesellschaftliche Räumlichkeit, http://www.erdkunde, uni-bonn.de/archive/2011/book-reviews-2011-4, letzter Zugriff: 02.07.2012, 4 2011, 12–14

Pollitt, Michael: The role of policy in energy transitions: Lessons from the energy liberalisation era. Energy Policy, 50 2012, 128–137

Pöschl, Martina/Ward, Shane/Owende, Philip: Evaluation of energy efficiency of various biogas production and utilization pathways. Applied Energy, 87 2010 Nr. 11, 3305–3321

Radwan, Lukas/Kinder, Sebastion: Practising the diffusion of organizational routines. Environment and Planning A, 45 2013, 2442–2458

Raven, Rob P.J.M.: Implementation of manure digestion and co-combustion in the Dutch electricity regime: a multi-level analysis of market implementation in the Netherlands. Energy Policy, 32 2004, 29–39

Raven, Rob P.J.M./Geels, Frank W.: Socio-cognitive evolution in niche development: Comparative analysis of biogas development in Denmark and the Netherlands (1973–2004). Technovation, 30 2010, 87–99

Reckinger, Rachel: Alltagspraktiken nachhaltiger Ernährung aus der Perspektive von räumlicher Identifizierung. In **Wille, Christian et al. (Hrsg.):** Räume und Identitäten in Grenzregionen. Politiken – Medien – Subjekte, transcript, Bielefeld, 2014, 257–270

Reckwitz, Andreas: Toward a Theory of Social Practices: A Development in Culturalist Theorizing. European Journal of Social Theory, 5 2002 Nr. 2, 243–263

Reimer, Hendrik: Finanzierung von Biogasanlagen – aus Sicht einer Bank. In **Fachagentur Nachwachsende Rohstoffe e.V. (Hrsg.):** Biogas in der Landwirtschaft – Stand und Perspektiven. Fachagentur Nachwachsende Rohstoffe, Gülzow, 2009

Reiner Lemoine Institut: Vergleich und Optimierung von zentral und dezentral orientierten Ausbaupfaden zu einer Stromversorgung aus Erneuerbaren Energien in Deutschland. Reiner Lemoine Institut gGmbH, Berlin, 2013

Retter, Carmen/Stahr, Kai/Boland, Hermann: Zur Rolle von Landwirten in dörflichen Kommunikationsnetzwerken. Berichte über Landwirtschaft: Zeitschrift für Agrarpolitik und Landwirtschaft. 80 2002 Nr. 3, 446–467

Rip, Arie: There's no turn like the empirical turn. In **Kroes, Peter Meijers, Anthonie (Hrsg.):** The Empirical Turn in the Philosophy of Technology, Elsevier, Amsterdam, 2000, 3–17

Rip, Arie/Kemp, René: Technological change. In **Rayner, Steve/Malone, Liz (Hrsg.):** Human Choices and Climate Change, Vol. 2, Battelle Press: Columbus, OH, 1998, 327–399

Rode, Johannes/Weber, Alexander: Die räumliche Diffusion von Photovoltaikinstal-lationen in Deutschland, In **Helbich, Marco Deierling, Hannah/Zipf, Alexander (Hrsg.):** Theorie und quantitative Methoden in der Geographie – Kolloquiumsbeiträge, Selbstverlag des Geographischen Instituts, Universität Heidelberg, 2011, Heidelberger Geographische Bausteine 19

Roesch, C/Kaltschmitt, M: Energy from biomass – do non-technical barriers prevent an increased use? Biomass and Bioenergv, 16 1999 Nr. 5, 347–356

Rogers, Everett: Diffusion of Innovations, The Free Press, New York, 1995

Rohracher, Harald/Späth, Philipp: The Interplay of Urban Energy Policy and Socio-technical Transitions: The Eco-cities of Graz and Freiburg in Retrospect, Urban Studies, 51 2014 Nr. 7, 1415–1431

Rothfuß, Eberhard: Hirtenhabitus, ethnotouristisches Feld und kulturelles Kapital Zur Anwendung der "Theorie der Praxis" (Bourdieu) im Entwicklungskontext: Himba-Rindernomaden in Namibia unter dem Einfluss des Tourismus. Geographica Helvetica, 61 2006, 32–40

Rotmans, Jan/Kemp, René/Asselt,, Marjolein van: More evolution than revolution: transition management in public policy. foresight, 3 2001 Nr. 1, 15–31

rubin: Regionale Strategien zu nachhaltigen Umsetzung der Biomasse Nutzung. www.rubin-biomass.deepweb.de/index [letzter Zugriff: 15.06.2012, mittlerweile offline] 2012

Ruppert, Hans/Kappas, Martin/Ibendorf, Jens: Sustainable Bioenergv Production An Integrated Approach. Springer, Dordrecht/Heidelberg, 2013

Saldaña, Johnny: The Coding Manual for Qualitative Researchers. SAGE Publications, London/Thousand Oaks/New Delhi, 2009

Schaper, Christian/Beitzen-Heineke, Christina/Theuvsen, Ludwig: Finanzierung und Organisation landwirtschaftlicher Biogasanlagen: Eine empirische Untersuchung, Yearbook of Socioeconomics in Agriculture, 2008, 39–74

Schatzki, Theodore R.: Social Practices: A Wittgensteinian Approach to Human Activity and the Social, Cambridge University Press, Cambridge, 1996

Schatzki, Theodore R.: The site of the social: a philosophical account of the constitution of social life and change, Penn State University Press, University Park, 2002

Schatzki, Theodore R.: A New Societist Social Ontology. Philosophy of the Social Science, 33 2003 Nr. 2, 174–202

Schellnhuber, Hans Joachim et al.; WBGU (Hrsg.): Welt im Wandel, Gesellschaftsvertrag für eine Große Transformation. Wissenschaftlicher Beirat der Bundesregierung Globale Umwelt Veränderungen (WBGU), Berlin, 2011

Schlottmann, Antje: EaumSprache - Ost-West-Differenzen in der Berichterstattung zur deutschen Einheit. Eine sozialgeographische Theorie. Franz Steiner Verlag, Stuttgart, 2005, Sozialgeographische Bibliothek Bd. 4

Schmidt, Michaela: Book Review „Die handlungstheoretische Sozialgeographie in der Retrospektive". Geographica Helvetica, 67 2012, 167–168

Scholwin, Frank et al.: Förderung der Biogaseinspeisung in Luxembourg, Institut für Energetik und Umwelt, Leipzig, 2006

Schot, Johan/Geels, Frank W.: Strategie niche management and sustainable innovation journeys: theory, findings, research agenda, and policy. Technology Analysis & Strategic Management, 20 2008 Nr. 5, 537–54

Schot, Johan/Hoogma, Remco/Elzen, Boelie: Strategies for shifting technological systems: the case of the automobile system. Futures, 26 1994, 1060–1076

Schulz, Christian: Post-Wachstums-Ökonomien – (k)ein Thema für die Wirtschaftsgeographie? Zeitschrift für Wirtschaftsgeographie, 56 2012 Nr. 4, 264–273

Schulz, Christian/Bailey, Ian: The Green Economy and Post-Growth Regimes: Opportunities and Challenges for Economic Geography, Geografiska Annaler: Series B, 96 2014 Nr. 3, 277–291

Schüssler, Frank: A Historical review of energy topics in german geographical Literature from 1950 to 2008. Erdkunde, 63 2009 Nr. 3, 269–282

Schüssler, Frank: Geographische Energieforschung. Strukturen und Prozesse im Spannungsfeld zwischen Ökonomie, Ökologie und sozialer Sicherheit. Tagungsband zur Jahrestagung 2009 des Arbeitskreises Geographische Energieforschung. Peter Lang, Frankfurt, 2010, Schriften zur internationalen Entwicklungs- und Umweltforschung 27

Schütz, Alfred: Über die mannigfaltigen Wirklichkeiten. In **Schütz, Alfred (Hrsg.):** Gesammelte Aufsätze I. Das Problem der sozialen Wirklichkeit. Martinus Nijhoff, Den Haag, 1971, 266–267

Schütz, Alfred/Luckmann, Thomas: Strukturen der Lebenswelt. Suhrkamp, Frankfurt am Main, 1988

Schütz, Alfred/Luckmann, Thomas: Strukturen der Lebenswelt. UVK Verlagsgesellsehft, Konstanz, 2003

Scott, W. Richard: Institutions and Organizations Ideas, Interests, and Identities. 3. Auflage. Sage Publications, Thousand Oaks, 2008

Seiwald, Markus: The (up)sealing of renewable energy technologies: experiences from the Austrian biomass district heating niche. Moravian Geographical Reports, 2014, 44–54

Semmler, Kerstin: Projektverträge: Generalunternehmervertrag und Biomasseliefervertrag. In **Böttcher, Jörg (Hrsg.):** Management von Biogas-Projekten. Rechtliche, technische und wirtschaftliche Aspekte. Springer, Berlin/Heidelberg, 2013, 110–141

Sengers, Frans/Raven, Rob P.J.M./Venrooij, Alex Van: From riches to rags: Biofuels, media discourses, and resistance to sustainable energy technologies. Energy Policy, 38 2010, 5013–5027

Shove, Elizabeth/Pantzar, Mika/Watson, Matt: The dynamics of social practice. SAGE Publications, London/Thousand Oaks/New Delhi, 2012

Shove, Elizabeth/Walker, Gordon: CAUTION! Transitions ahead: politics, practices, and sustainable transition management. Environment and Planning A, 39 2007, 763–770

Shove, Elizabeth/Walker, Gordon: Governing transitions in the sustainability of everyday life. Research Policy, 39 2010, 471–476

Slawinski, Natalie/Bansal, Pratima: A Matter of Time: The Temporal Perspectives of Organizational Responses to Climate Change, Organization Studies, 33 2012 Nr. 11, 1537–1563

Smith, Adrian: Translating sustainabilities between green niches and sociotechnical regimes. Technology Analysis & Strategic Management, 19 2007, 427–450

Song, Michael et al.: The Effect of IT and Co-location on Knowledge Dissemination, Journal of Product Innovation Management, 24 2007 Nr. 1, 52–68

Späth, Philipp/Rohracher, Harald: 'Energy regions': The transformative power of regional discourses on socio-technical futures. Research Policy, 39 2010, 449–458

Stake, Robert: Qualitative Case Studies, In **Denzin, Norman/Lincoln, Yvonna (Hrsg.):** The SAGE Handbook of Qualitative Research, SAGE Publications, London/Thousand Oaks/New Delhi, 2005, 443–466

Statistisches Landesamt Rheinland-Pfalz: Regionale Stromeinspeisung aus erneuerbaren Energien 2011. Statistisches Landesamt Rheinland-Pfalz, Bad Ems, 2013

Steinke, Ines: Gütekriterien qualitativer Forschung, In **Flick, Uwe/Kardorff, Ernst von/Steinke, Ines (Hrsg.):** Qualitative Forschung, Ein Handbuch, rowohlts enzvklopädie, Reinbek bei Hamburg, 2012, 319–331

Stoker, G.: Governance as theory: five propositions. International Social Science Journal – UNESCO, 155 1998, 17–28

strom.org: Güllebonus vor dem Aus? Verein für nachhaltige Energiewirtschaft, http://www.strom.org/energiewende/eeg-erneuerbare-energien-gesetz/gullebonus-vor-dem-aus/, letzter Zugriff: 28.12.2014 2014

Sunley, Peter: Relational Economic Geography: A Partial Understanding or a New Paradigm? Economic Geography, 84 2008 Nr. 1, 1–26

Swyngedouw, Erik: Neither global nor local: "glocalization" and the politics of scale. In **Cox, Kevin R. (Hrsg.):** Spaces of globalization. Reasserting the power of the local. The Guildford Press, New York, 1997, 137–166

Sydow, Jörg/Lerch, Frank/Staber, Udo: Planning for path dependence? The case of a network in the Berlin–Brandenburg optics cluster. Economic Geography, 86 2010, 173–195

teachSam: Erweiterte Argumentation, "Syntax" des Argumentierens, http://www.teaehsam.de/deutseh/d_rhetorik/argu/arg_erw_3_ 1,htm, letzter Zugriff: 27.11.2014

Teschner, Na'ama et al.: Integrated transitions toward sustainability: The case of water and energy policies in Israel. Technological Forecasting & Social Change, 79 2012, 457–468

Thrift, Nigel: Book review article: The arts of the living, the beauty of the dead: anxieties of being in the work of Anthony Giddens. Progress in Human Geography, 17 1993,111–121

Toulmin, Stephen: Der Gebrauch von Argumenten. Beltz, Weinheim, 1996 [1958]

Trink, Thomas et al.: Regional economic impacts of biomass based energy service use: A comparison across crops and technologies for East Styria, Austria. Energy Policy, 38 2010 Nr. 10, 5912–5926

Trojecka, Anetta Ewa: Landwirte als Energiewirte? Bedingungen einer ökologischen Modernisierung der Landwirtschaft am Beispiel der Biogaserzeugung (Dissertation). Fachbereich Sozialwissenschaften der Universität Osnabrück, 2007

Truffer, Bernhard: Society, technology, and region: contributions from the social study of technology to economic geography. Environment and Planning A, 40 2008, 966985

Truffer, Bernhard/Coenen, Lars: Environmental Innovation and Sustainability Transitions in Regional Studies. Regional Studies, 46 2012 Nr. 1, 1–21

Valentin, Florian: Biogasanlagen – Analyse von Bau und Betrieb aus vertragsrechtlicher Sicht. In **e.V., Fachagentur Nachwachsende Rohstoffe (Hrsg.):**

Biogas in der Landwirtschaft – Stand und Perspektiven. Fachagentur Nachwachsende Rohstoffe, Gülzow, 2009, 181–189

Vallance, Paul: Relational and dialectical spaces of knowing: knowledge, practice, and work in economic geography. Environment and Planning, 43 2011, 1098–1117

van der Horst, Dan: Landscapes of lost energy: counterfactual geographical imaginary for a more sustainable society. Moravian Geographical Reports, 2 2014, 66–72

Venjakob, Johannes: Qualitativ-narrative Szenarios für die langfristige Entwicklung des polnischen Energiesektors: eine energiegeographische Untersuchung, ibidem-Verlag, Stuttgart, 2012

Verbong, Geert P.J./Geels, Frank W.: The ongoing energy transition: Lessons from a socio-technical, multi-level analysis of the Dutch electricity system (1960–2004), Energy Policy, 35 2007, 1025–1037

Verbong, Geert P.J./Geels, Frank W.: Exploring sustainability transitions in the electricity sector with socio-technical pathways. Technological Forecasting & Social Change, 77 2010, 1214–1221

Verbong, Geert P.J./Geels, Frank W./Raven, Rob: Multi-niche analysis of dynamics and policies in Dutch renewable energy innovation journeys (1970–2006): hype-cycles, closed networks and technology-focused learning. Technology Analysis & Strategic Management, 20 2008, 555–573

Voss, Julian et al.: Innovationsverhalten in der deutschen Landwirtschaft – Empirische Ergebnisse am Beispiel der Biogasnutzung, In **Berg, Ernst et al. (Hrsg.):** Risiken in der Agrar- und Ernährungswirtschaft und ihre Bewältigung, Schriften der Gesellschaft für Wirtschafts- und Sozialwissenschaften des Landbaues e.V. 44, Landwirtschaftsverlag, Münster-Hiltrup, 2008, 379–391

Walla, Christoph/Sclineeberger, Walter: Ökostromerzeugung aus Energiepflanzen von konventionell wirtschaftenden Betrieben. Die Bodenkultur, 57 2006, 143–154

Walla, Christoph/Schneeberger, Walter: The optimal size for biogas plants. Biomass and Bioenergv, 32 2008, 551–557

Wardenga, Ute: Räume der Geographie und zu Raumbegriffen im Geographieunterricht, Wissenschaftliche Nachrichten, 120 2002, 47–52

Warren, Charles: Scales of disconnection: mismatches shaping the geographies of emerging energy landscapes, Moravian Geographical Reports, 22 2014, 7–14

Watson, Matt: How theories of practice can inform transition to a decarbonised transport system. Journal of Transport Geography, 24 2012, 488–496

Weber, Matthias/Rohracher, Harald: Legitimizing research, technology and innovation policies for transformative change. Research Policy, 41 2012, 1037–1047

Weller, Sally: The Regional Dimensions of the 'Transition to a Low-carbon Economy': The Case of Australia's Latrobe Valley. Regional Studies, 46 2012 Nr. 9, 1261–1272

Welsh, Rick et al.: Technoscience, anaerobic digester technology and the dairy industry: factors influencing North Country New York dairy farmer views on alternative energy technology. Renewable Agriculture and Food Systems, 25 2010, 170–181

Wenger, Etienne: Communities of Practice: Learning, Meaning and Identity, Cambridge University Press, Cambridge, 1998

Werlen, Benno: On Regional and Cultural Identity. Outline of a regional culture analysis, In **Steiner, Dieter/Nauser, Markus (Hrsg.):** Human Ecology, Fragments of Anti-Fragmentary Views of the World, Routledge, London, 1993, 296–309

Werlen, Benno: Sozialgeographie alltäglicher Regionalisierungen Band **1:** Zur Ontologie von Gesellschaft und Raum, Franz Steiner Verlag, Stuttgart, 1999

Werlen, Benno: Globalization of Local Action, A geographical perspective. In **Probst, Peter/Spittler, Gerd (Hrsg.):** Between Resistance and Expansion, Explorations of Local Vitality in Africa, LIT Verlag, Münster, 2004a, 159–174

Werlen, Benno: Sozialgeographie, Eine Einführung, UTB, Bern, 2004b

Werlen, Benno: Human Geographies without Space? A Viewpoint of Action theory. In **TIGR (Hrsg.):** Nouvelle Approche de Fespace dans les sciences de l'homme et de la société. Band 119–120, Travaux de l'Institut de Géographie de Reims, Reims, 2006, 9–22

Werlen, Benno: Sozialgeographie alltäglicher Regionalisierungen Band **2:** Globalisierung, Region und Regionalisierung, Franz Steiner Verlag, Stuttgart, **2007**

Werlen, Benno: Space and Causality, or Whatever Happened to the Subject? In **Philo, Chris (Hrsg.):** Theory and Methods. Aldershot, Burlington, 2008, 217–240

Werlen, Benno: Everyday Regionaliszations, In **Kitchin, Rob/Thrift, Nigel (Hrsg.):** The International Encyclopaedia of Human Geography, Elsevier, Oxford, 2009a, 286–292

Werlen, Benno: Geographie/Sozialgeographie, In **Günzel, Stephan (Hrsg.):** Raumwissenschaften. Suhrkamp, Frankfurt am Main, 2009b, 142–158

Werlen, Benno: Zur Räumlichkeit des Gesellschaftlichen: Alltägliche Regionalisierungen, In **Hey, Marissa/Engert, Kornelia (Hrsg.):** Komplexe Regionen - Regionenkomplexe. Multiperspektivische Ansätze zur Beschreibung regionaler und urbaner Dynamiken. VS Verlag, Wiesbaden, 2009c, 99–118

Werlen, Benno: Gesellschaftliche Räumlichkeit 1, Orte der Geographie. Franz Steiner Verlag, Stuttgart, 2010a

Werlen, Benno: Gesellschaftliche Räumlichkeit 2, Konstruktion geographischer Wirklichkeiten. Franz Steiner Verlag, Stuttgart, 2010b

Werlen, Benno: Global understanding. Public Service Review: European Science and Technology, 16 2012, 152–153

Wezemael, J. E. van: Contributions to economical geography-making. Social Geography Discussions, 1 2005, 1–23

Wiehe, Julia/Rode, Michael/Kanning, Helga: Biomasseanbau, Naturschutz und Steuerung. Zeitschrift Ökologisches Wirtschaften, Schwerpunktheft "Erneuerbare Energie Regionen", 3 2011, 22–25

Wille, Christian: Grenzgänger und Räume der Grenze, Raumkonstruktionen in der Großregion SaarLorLux, Peter Lang, Frankfurt, 2012, Luxemburg-Studien/Etudes luxembourgeoises 1

Wille, Christian et al.: Räume und Identitäten in Grenzregionen, Politiken – Medien – Subjekte. transcript, Bielefeld, 2014

Wille, Christian/Schnuer, Gregor/Boesen, Elisabeth: Bevond Luxembourg. Raum und Identitätskonstruktionen im Kontext grenzüberschreitender Wohnmigration. In **Wille, Christian et al. (Hrsg.):** Räume und Identitäten in Grenzregionen. Politiken – Medien – Subjekte. transcript, Bielefeld, 2014, 333–346

Wirth, Steffen et al.: Informal institutions matter: Professional culture and the development of biogas technology. Environmental Innovation and Societal Transitions, 8 2013, 20–41

Witzel, Andreas: Das Problemzentrierte Interview, In **Jüttemann, Gerd (Hrsg.):** Qualitative Forschung in der Psychologie: Grundfragen, Verfahrensweisen, Anwendungsfelder. Beltz, Weinheim, 1985, 227–255

Witzel, Andreas: Das problemzentrierte Interview. Forum: Qualitative Sozialforschung, 1 2000 Nr. 1, Art. 22

Wüst, André/Schmuck, Peter: Social Acceptance of Bioenergy Use and the Success Factors of Communal Bioenergy Projects. In **Ruppert, Hans/Kappas, Martin/Ibendorf, Jens (Hrsg.):** Sustainable Bioenergy Production - An Integrated Approach. Springer, Dordrecht/Heidelberg, 2013, 293–318

Yeung, Henry Wai-chung: Practing New Economic Geographies: A Methodological Considerations, Annals of the Association of American Geographers, 93 2003, 442–462

Yeung, Henry Wai-chung: Rethinking relational economic geography. Transactions of the Institute of British Geographers, 30 2005 Nr. 1, 37–51

Zerfaß, Ansgar: Unternehmensführung und Öffentlichkeitsarbeit. Grundlegung einer Theorie der Unternehmenskommunikation und Public Relations. VS Verlag für Sozialwissenschaften, Wiesbaden, 2010

Zimmerer, Karl: New Geographies of Energy: Introduction to the Special Issue. Annals of the Association of American Geographers, 101 2011 Nr. 4, 705–711

Zoellner, Jan/Schweizer-Ries, Petra/Wemheuer, Christin: Public acceptance of renewable energies: Results from case studies in Germany. Energy Policy, 36 2008, 4136–4141

Abkürzungsverzeichnis

Abb.	Abbildung
BHKW	Blockheizkraftwerk
bspw.	beispielsweise
CHP	*Combined Heat and Power*
CoP	*Community of Practice*
DLR	Dienstleistungszentrum ländlicher Raum
ebf.	ebenfalls
EEG	Gesetz für den Ausbau erneuerbarer Energien
et al.	*et alii*; und andere
EVU	Energieversorgungsunternehmen
f. / ff.	folgende / fortfolgende
GPS	Getreide-Ganzpflanzensilagen
GVE	Großvieheinheit
i. S. v.	im Sinne von
Kap.	Kapitel
KfW	Kreditanstalt für Wiederaufbau
LKW	Lastkraftwagen
MLP	*Multi-Level Perspective*; Mehr-Ebenen Perspektive
m. W.	Meines Wissens
NaWaRo	Nachwachsende Rohstoffe
o. Ä.	oder Ähnliche(s)
o. J.	ohne Jahresangabe
ORC	*Organic Rankine Cycle*
s.	siehe
S.	Seite
SGD-Nord	Struktur- und Genehmigungsdirektion Nord in Trier
SNM	*Strategic Niche Management*
SST	*Social Studies of Technology*
STS	*Socio-Technical Transitions*
Tab.	Tabelle
TIS	Technologische Innovationssysteme
TM	*Transition Management*
TS	Trockensubstanz

TÜV	Technischer Überwachungsverein
v. a.	vor allem
vgl.	vergleiche
vs.	*versus*
z. B.	zum Beispiel

Abbildungsverzeichnis

Tabellenverzeichnis

Luxemburg-Studien
Études luxembourgeoises

Herausgegeben von Peter Gilles, Markus Hesse, Michel Pauly und Christian Schulz

Band 1 Christian Wille: Grenzgänger und Räume der Grenze. Raumkonstruktionen in der Großregion SaarLorLux. 2012.

Band 2 Norbert Franz / Jean-Paul Lehners (Hrsg.): Nationenbildung und Demokratie. Europäische Entwicklungen gesellschaftlicher Partizipation. 2013.

Band 3 Monika Sonntag: Grenzen überwinden durch Kultur? Identitätskonstruktionen von Kulturakteuren in europäischen Grenzräumen. 2013.

Band 4 Vincent Artuso: La collaboration au Luxembourg durant la Seconde Guerre mondiale (1940-1945). Accomodation, Adaption, Assimilation. 2013.

Band 5 Tobias Chilla: Punkt, Linie, Fläche – territorialisierte Europäisierung. 2013.

Band 6 Peter Gilles / Cristian Kollmann / Claire Muller (Hrsg.): Familiennamen zwischen Maas und Rhein. 2014.

Band 7 Marc Birchen: Die Firmenbeteiligung der ARBED im Osteuropa der Nachkriegszeit. Luxemburger Wirtschaftsdiplomatie im Kalten Krieg. 2015.

Band 8 Magali Lehners: Bildungseinrichtungen im sozialen und räumlichen Kontext. Zur Integrationsfunktion von schulischen und außerschulischen Institutionen in ausgewählten Vierteln der Stadt Luxemburg. 2015.

Band 9 Gérald Arboit: Les réseaux du fer. Information, renseignement économique et sidérurgie luxembourgeoise entre France, Belgique et Allemagne 1911-1940. 2016.

Band 10 Fabian Faller : Energetisches Regionalisieren. Transformationspraktiken der Energiewende am Beispiel der Biogaserzeugung. 2016.

www.peterlang.com

www.ingramcontent.com/pod-product-compliance
Ingram Content Group UK Ltd.
Pitfield, Milton Keynes, MK11 3LW, UK
UKHW041826290926
8980IPUK00002B/84

9 783631 673195